地震勘探原理

刘淑芬　主编
石　颖　裴明波　主审

中国石化出版社

图书在版编目(CIP)数据

地震勘探原理/刘淑芬主编.—北京：中国石化出版社，2022.8
ISBN 978-7-5114-6767-6

Ⅰ.①地… Ⅱ.①刘… Ⅲ.①地震勘探 Ⅳ.①P631.4

中国版本图书馆 CIP 数据核字(2022)第 110009 号

中国石化出版社出版发行
地址:北京市东城区安定门外大街 58 号
邮编:100011 电话:(010)57512500
发行部电话:(010)57512575
http://www.sinopec-press.com
E-mail:press@sinopec.com
北京力信诚印刷有限公司印刷
全国各地新华书店经销
*
787×1092 毫米 16 开本 15 印张 307 千字
2022 年 8 月第 1 版 2022 年 8 月第 1 次印刷
定价:52.00 元

前　言

《地震勘探原理》是为勘查技术与工程等专业编写的本科生通用教材。笔者在剖析国内外多所院校相关教材特点的基础上，以多年教学和科研实践为基础，结合当前地震勘探技术的发展现状及石油工业科研与生产需求，编写了此教材。

该教材主要介绍了地震波的运动学和动力学基本概念、基本原理，以及地震资料采集、资料处理和地震资料解释的核心概念。该教材具有以下特点：①结构合理，深入浅出，通俗易懂，便于学生掌握；②教材内容覆盖面广，系统阐述了地震勘探的基本概念、原理和方法；③重点突出，根据勘查技术与工程等专业的特点，着重对地震资料采集原理、地震记录形成机理等方面进行了详细论述。

本教材由东北石油大学地球科学学院刘淑芬主编；东北石油大学石颖、张姣、王殿举、陈曦，中国石油大庆石油管理局有限公司技术监督中心赵霖，以及中国石油东方地球物理勘探有限公司大庆研究院裴明波任副主编。编写人员分工如下：陈曦编写第一章、第二章，刘淑芬编写第三章、第四章，王殿举编写第五章，张姣编写第六章、第七章；裴明波主审第一～第三章，赵霖主审第四章，石颖主审第五～第七章。

在本书编写过程中，得到了东北石油大学、中国石油东方地球物理勘探有限公司大庆研究院、长江大学等高校、企业相关同仁以及中国石化出版社各位编辑的热情帮助，编者在此深表谢意。

限于编写者水平，书中难免存在问题，欢迎广大读者指正。

目　录

第一章　绪论

第一节　勘探石油的基本方法

石油天然气勘探是为了寻找和查明油气资源而利用各种勘探手段了解地下地质状况，认识油气的生成、运移、聚集、保存等条件，综合评价含油气远景，确定油气聚集的有利地区，找到储油气圈闭，探明油气田面积，摸清油气藏情况和产出能力的过程。

一、油气勘探程序

根据含油气系统研究的观点，油气藏形成遵从“从源岩到圈闭”的过程；油气的生成、运移和聚集是油气藏形成的3个连续阶段。油气勘探工作只有遵循这一规律，才能取得事半功倍的效果。首先，要重点弄清盆地(坳陷、凹陷)的油气生成条件，即主要研究是否具有充足的油气资源、油气运移的有利指向区在哪里、是否具有可供油气大规模聚集的地质条件；然后，在选定的有利区带上，重点查明圈闭的数量、分布和各个圈闭的油气聚集条件，选定钻探井位，早日发现油气田；最后，要查明油气藏中油气的富集规律，为油田的进一步开发提供充分的地质依据。

油气勘探各阶段的主要工作任务包括区域普查、区带详查、圈闭预探、油气藏评价。

1. 区域普查

区域普查的对象是含油气盆地或者盆地内的区域构造单元，通过采用多种调查方法或综合勘探技术，全面系统地收集资料，并通过盆地和坳陷(凹陷)的类比、分析对比以及区域探井的钻探工作，选出最有利的生油坳陷(凹陷)，初步划分可能存在的含油气系统，提交盆地或坳陷(凹陷)的油气推测资源量。

2. 区带详查

区带详查是在有利的生油坳陷(凹陷)及其邻近地区，即在可能存在的含油气系统范围内，通过地震普查与详查，落实区带(或二级构造带)的基本特征，结合探井钻探，查明含油气系统的范围和基本特征，重点研究区域地温场、地压场、构造发育史、沉积相、成烃史、成藏史等有关烃类运移方向、运移方式、运移期次的问题，并通过油气系统分析与数值模拟，进行以优选有利区带为目的的勘探工作。该阶段结束后，将提交各区带的资源量。

3. 圈闭预探

圈闭预探是在选出的有利油气聚集区带上，通过进一步的地震详查和圈闭描述与评价工作，进行圈闭的优选，并通过预探井的钻探来揭示圈闭的含油气性。该阶段的最终目的是发现油气田，提交预测储量或控制储量。

4. 油气藏评价

油气藏评价是在已经发现工业油气，获得预测储量或控制储量的油气藏范围内，开展以查明油气藏地质特征、储量规模、开发特性为主要内容的勘探工作，为油田顺利投入开发作准备。该阶段结束后，将提交探明储量。

二、油气勘探方法概述

油气勘探工作是一项以寻找油气藏为基本目的的系统工程。随着现代科学技术水平的不断提高，油气勘探方法与技术日趋成熟，要高水平、高效率地发现和寻找含油气圈闭，必须充分利用各种勘探手段，采用各种先进技术和综合配套的勘探方法。目前常用的工作方法主要有地质方法、地球物理勘探方法、地球化学勘探方法和钻探方法。

1. 地质方法

地质方法以石油地质学、构造地质学、沉积岩石学等理论为基础，观察、研究出露在地表的地层、岩石，对地质资料进行综合分析，了解一个地区有无生成石油和储存石油的条件，最后提出对该地区的含油气远景评价，指出含有油气的有利地区。

2. 地球物理勘探方法

地球物理勘探方法，即物探法，是根据地质学和物理学的原理，利用电子学和信息论等多种科学技术领域的新技术，建立起来的一种较新的勘探油气的方法。该方法利用各种物探仪器，在地面观测地壳中的各种物理现象，从而推断了解地下地质构造和岩性分布的特点，寻找可能的储油(气)构造，这种方法是一种间接找油的方法。地球物理勘探方法主要包括：

(1)重力勘探(以岩石的密度差为依据，用重力仪测量由它引起的重力场变化的方法)。由于地球本身并非理想球体，物质密度的分布也是不均匀的，加之地球是不断旋转的，这使得地球表面(地壳)的重力值不同。各种岩石和矿物的密度(质量)不同，根据万有引力定律，其引力也不相同。据此研制出重力测量仪器来测量地面上各个部位的地球引力(即重力)，并排除区域性引力(重力场)的影响，即可得出局部的重力差异，发现异常区，这一方法称为重力勘探。重力勘探的任务是通过研究地面、水面、水下(或井下)或空间重力场的局部或区域不规则变化(即局部重力异常或区域重力异常)来寻找埋藏在地下的矿体和地质构造。

(2)磁法勘探(以岩石的不同磁性为依据，用各种磁力仪测量由它引起的磁场变化的方法)。在自然界中，由于受到地球磁场的作用，许多岩石或矿石都不同程度地被磁化而具有磁性。一般来说，铁磁性矿物含量愈高，磁性愈强。具有磁性的地质体在其周围空间内存在具有一定特征的磁场。通过测定地面上各部位的磁力强弱来研究地下岩石矿物的分布和地质构造的勘探方法称为磁法勘探。这种由磁性地质体产生的磁场叠加在正常地磁场之上而产生的磁场称为异常磁场。在油气田区域，由于烃类向地面渗漏而形成还原环境，可把岩石或土壤中的氧化铁还原成磁铁矿，用高精度的磁力仪可以测出这种磁异常。磁法勘探的主要任务就是测定、分析和研究各种磁异常，找出磁异常与地下岩石、地质构造及有用矿产的关系，并与其他勘探手段配合，进行地下地质情况和矿产分布等有关结论的判断。

(3)电法勘探(以岩石的导电性、导磁性、介电性为依据，用各种电法仪器测量由它们引起的电场变化的方法)。电法勘探是利用人工或天然产生的直流电场或电磁场在地下的分布规律来研究地球结构、地质构造及寻找矿产的一种物探方法。电法勘探是以岩石或矿石的电性差异为基础的，主要研究的电性差异参数包括电阻率、激发极化率、介电常数、磁导率、电化学活动性等。电法勘探的内容十分丰富，它们广泛应用于金属及非金属、石油、天然气勘探，以及工程地质、水文地质等的勘探研究工作中。电法勘探的每种方法几乎都有各自的一套数理基础、专用仪器设备、野外施工方法和解释方法。我国目前油气电法勘探中一般采用直流电测深、大地电磁测深、可控源声频大地电磁测深等方法，近年来还发展了差分标定电法、大地电场岩性探测法等新方法。

(4)地震勘探(以岩石的不同弹性为依据，用地震仪测量由它引起的地震波各参数的差异的勘探方法)。地震勘探是地球物理勘探中最重要、解决油气勘探问题最有效的一种方法。它利用人工方法激发的弹性波来定位矿藏(如油气、矿石、水资源、地热资源等)，确定考古位置，获取工程地质信息。它的基本原理是：人工激发所引起的弹性波在岩石中传播时，若遇到岩层的分界面便产生反射波或折射波，在它们返回地面时用高灵敏度的仪器记录下来，根据波的传播路程和旅行时间，确定发生弹性波反射或折射的岩层界面的埋藏深度和形状，从而认识地下地质构造，寻找油气圈闭。

(5)地球物理测井。地球物理测井利用井下专门仪器观测井筒周围岩层的电、声、热、放射性等地球物理异常，以此研究和辨别地下岩石物理性质与渗流特性。该方法属于寻找和评价油气及其他矿藏资源的一门应用技术学科，现已广泛用于油气藏、金属矿、煤田勘探，以及工程及水文地质等许多领域。目前用于油气勘探的测井方法包括声波测井、密度测井、自然电位测井、电阻率测井、放射性(中子与自然伽马)测井、井温测井、井径测井、全波列测井、地层倾角测井、成像测井、核磁共振测井、井下电视测井等。

地球物理勘探方法之所以能用来查明地下地质构造的特点，主要是因为组成地壳的各种岩石或组成地质构造的各个岩层具有不同的物理性质，因而不同岩石或地层对地面上的物理仪器就有不同的响应，根据仪器测量的结果，经过各种分析研究就可以推断地下地质构造的特点。

地球物理勘探方法特别适用于海洋、沙漠地区及地表较为松散的沉积地区，因为在这些地区的表面，看不到岩石，地质方法会受到限制，而用大量钻井、取岩心等方法成本高、效率低，所以一般采用地球物理勘探方法。

3. 地球化学勘探方法

地球化学勘探方法，是应用地球化学的分支学科。根据大多数油气藏的上方都存在烃类扩散的“蚀变晕”的特点，地球化学勘探方法借助现代分析测试仪器和技术手段在不同介质中直接鉴别石油和天然气化学成分、油气运移迹象及其在地表的衍生物，查明和评价区域含油气远景。该方法是操作周期短、见效快的一种油气勘探方法，且发展速度快、前景广阔。油气地球化学勘探方法的种类比较多，常用的有土壤气体测量法、土壤硫酸盐法、稳定碳同位素法、汞和碘测量法等，还包括地下水化学法及井下地球化学勘探方法等。

4. 钻探方法

地球物理勘探方法可以了解地下地质构造的特点，寻找到适合储油的地质构造，但这些构造内是否储存油气，还需根据提供的井位进行钻探才能得以证实。钻探方法就是利用地球物理勘探提供的井位进行钻探，直接取得地下最可靠的地质资料来确定地下的构造特点及含油气情况。

钻井是油气勘探中必须采用的重要手段。从勘探到开发油气藏都需要钻井，但在不同的勘探阶段，钻井的目的、任务有所不同。

参数井(区域探井)是在区域勘探阶段所钻的井。钻探的目的是了解勘探地区地层层序、岩性、岩相、厚度及生油条件，了解储集层和盖层组合情况，为物探解释提供参考。

预探井是在圈闭预探阶段所钻的井。钻探的目的是了解主要生、储油层位(储层)，烃源岩厚度、生油指标和储层的岩性、物性、厚度，以及储层的空间变化，等等。

评价井是在油气田评价勘探阶段所钻的井。钻探的目的是了解油层岩性、储集物性、流体性质及产能等。

生产井是在油气田投入开发后所钻的井。钻探的目的是在对油层全面认识、了解的基础上进行采油生产。

由此可见，勘探石油是一件很复杂的工作。它需要地质学家和地球物理学家紧密配合、综合分析。地质学家要有良好的地球物理知识，以便利用地球物理资料，做出地质解释，地球物理学家也要有良好的地质基础，这样通力合作，才有可能使石油勘探工作顺利进行。

第二节　地震勘探研究现状

地震勘探发展至今，在地震波的基本理论仪器设备、野外工作方法、处理技术、解释方法等各种方面，经历了不断改进的发展历程，大致可以分为 3 个阶段：

第一阶段：光点记录阶段。该阶段依靠人工整理资料。所谓光点记录，就是把地面振动的情况用照相的方法记录下来，但这样得到的记录是“死的”，不能改变因素重新处理，因此得到的原始资料质量低，操作效率低，数据精度也不高。

第二阶段：模拟磁带记录阶段。该阶段依靠模拟电子计算机整理资料。模拟磁带记录就是把地面振动的情况，以模拟的方式录制在磁带上(与磁带录音类似)。该方式比光点记录先进了一些，可以使记录更灵活，资料处理也可部分自动化。但是由于这种记录叠加次数少，干扰波得不到应有的压制，导致地震资料质量不够高，影响解释精度。

第三阶段：数字磁带记录阶段。该阶段依靠数字电子计算机整理资料，即在野外利用数字地震仪记录地震波振幅的离散数值。该方式得到的原始资料质量高，在室内处理时更加灵活、精确，资料整理的自动化程度和工作效率都有所提高，得到的地震剖面能更形象地反映地质构造形态，便于通过解释提供更精确的钻探井位。

回顾地震勘探技术的发展历程，其始终在不断创新、逐步提高，大概经过了六次飞跃（表1－2－1）。如今，该技术已经形成了一个复杂、庞大而完整的科学体系，数学、物理学、计算机科学及地质学的各个分支学科都渗透到这一领域之中。

表1－2－1 地震勘探技术的发展历程

时间	代表性进展
20世纪30年代	第一次飞跃，由折射地震法改进为反射法
20世纪50年代	第二次飞跃，出现多次覆盖技术
20世纪60年代	第三次飞跃，数字地震仪及数字处理技术
20世纪70年代初期	第四次飞跃，偏移归位成像技术
20世纪70年代后期	第五次飞跃，三维地震勘探技术
20世纪90年代	第六次飞跃，高分辨率与三维地震结合

地震勘探技术是较早发展起来且被实践证实的油气勘探的最有效的一种技术。最早的地震勘探技术是折射波法(1919～1921年)。

第一次世界大战期间，地震仪的研究促进了战后油气勘探技术的飞速发展。1921年出现了折射波法地震勘探技术，Mintrop因此建立了Seismos地震公司，并开始进行地球物理勘探。

1921年，由物理学家和地质学家组成的小分队在美国俄克拉何马州中北部的Vines Branch地区进行了历史性的地震勘探试验，过程中使用炸药震源和专门的地震仪器记录地震波。

20世纪40年代以后，反射波法地震勘探技术的发展十分迅速，产生了一系列专利。

20世纪五六十年代，地震勘探技术得到了进一步的迅速发展。在此期间有3项技术的发展可以认为是具有突破性的：①野外数据采集系统相关技术；②可控震源相关技术；③组合与多次覆盖技术。野外数据采集系统领域研发出了第一台数字地震仪，并且道数不断增加。数字地震仪和可控震源的出现为地震勘探技术的发展提供了广阔的前景，在此基础上出现了组合与多次覆盖技术。多次覆盖技术借助计算机对实际观测资料进行数字化处理，不但大大提高了勘探精度，而且提高了地震勘探技术解决地质问题的能力，使地震勘探由寻找构造圈闭发展到寻找地层尖灭、砂岩体、礁块、裂缝发育带等非构造圈闭。

20世纪70年代以后，地震勘探技术经历了由多次覆盖技术到三维地震技术等创新发展，在油气勘探中的作用越来越大。

在20世纪80年代中后期，地震勘探技术开始向开发地震方面发展，地震技术在油气田开发中发挥着越来越重要的作用。特别是“三高一准”地震技术的发展，使得地震勘探的精度大幅度提高，逐步从只能做简单的构造图发展到可以进行地层、沉积、构造、储层物性、生油层评价和超压预测等研究，进而发展到油气藏流体研究和动态监测。

20 世纪 90 年代以来，多道遥测地震采集系统取得了突破性进展，并得到了较为迅速的推广，适应了三维地震和高分辨率勘探的需要。由于多次覆盖和三维地震技术的使用，地震仪器记录道数急速增长，目前地震仪器记录道数已经超出万道。采集站记录道数是可变的。例如，为了实现高分辨率勘探，可用单站单道接收；单站三道则可适用于三分量观测，单站多道采集站可适用于大面积三维勘探技术。

进入 21 世纪后，三维可视化解释系统、时移地震技术、随钻井孔(测井、VSP)监测技术、弹性阻抗反演技术、叠前深度偏移技术、深度域地震信息展示技术、全矢量波场成像技术、固体地球模型技术、智能化油田开发监测技术、新型计算机技术等正在进一步发展完善，并逐步投入生产实践。

在石油和天然气勘探中，地震勘探技术的发展最为迅速，从主要研究地下的地质构造特征，发展到可以了解地层岩性圈闭，近几年来，逐步向可以提供储层内部参数发展，特别是在进行储层横向预测、储层参数描述，以及开发地震应用等方面都有较大进展。如今，地震勘探技术已成为石油勘探最重要的方法之一。

第三节　人工地震勘探方法

一、什么是地震勘探

根据所利用地震波类型的不同，地震勘探可以分为 3 种基本勘探方法：①反射波地震勘探法；②折射波地震勘探法；③透射波地震勘探法，其中包括垂直地震剖面法。反射波地震勘探法和折射波地震勘探法都是在地面激发，且地面上观测反射波和折射波；而垂直地震剖面法则是在地面激发，在井中观测地震波。反射波地震勘探法主要用于石油和天然气的勘探，透射波地震勘探法是它的辅助手段，折射波地震勘探法在石油勘探中较少使用。本书主要讨论反射波地震勘探法。

二、地震勘探的基本原理

“地震”就是地动的意思，天然地震是地球内部发生运动而引起的地壳的震动，而地震勘探是用人工的方法引起地壳振动。最常用的方法是打一口浅井，在井内放一定量的炸药，引爆后产生人工地震波(即“放炮”)，再用数字地震仪记录下爆炸后地面上各点震动的情况，利用所记录的资料，通过资料处理和人机联作解释，推断地下地质构造的特点。那么地震勘探为什么能查明地下地质构造呢？如同人在山谷或在大厅里大喊一声，能听到回声，这是因为声波在空气中传播，遇到障碍物会发生反射的缘故，利用声波反射现象，可以测出障碍物离人所站位置的距离，地震勘探的基本原理与此相似(图 1－3－1)。

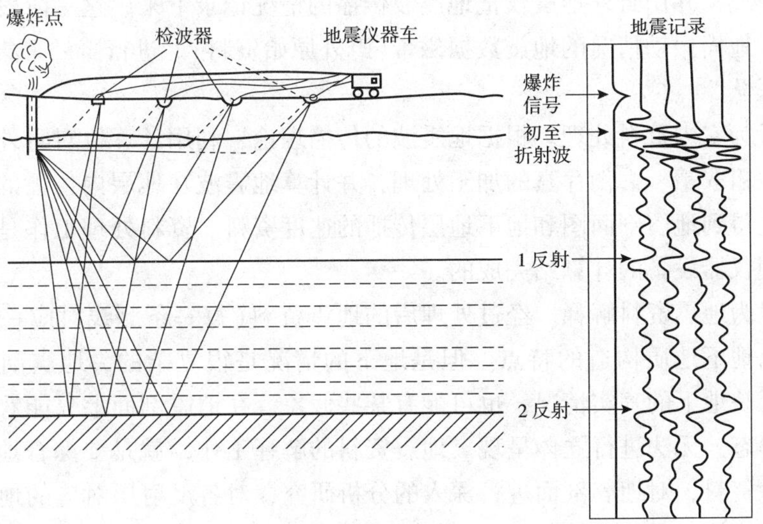

图1－3－1 地震勘探原理示意图

在地面某一条线上的某点放炮，可以产生向地下传播的地震波，一部分地震波遇到不同岩层的分界面(波阻抗差界面)就会发生反射，另一部分继续向下传播，遇到另一界面后再次发生反射。在放炮后，在地面上用检波器及数字地震仪记录下来自各个地层分界面的反射波引起的地面振动情况和反射波到达的时间 t，换算成垂直入射的反射时间 t_0，再测得速度，就可以计算出地下各地层的埋藏深度。在一条条测线上观测，并对观测结果进行一系列数字处理之后，就可以得到形象地反映地下岩层分界面埋藏深度起伏变化的资料——地震剖面图(图1－3－2)。再结合其他地质、钻井等方面的资料，对地震剖面进行解释，就能明确地下可能存在的储油构造，确定钻探井位。

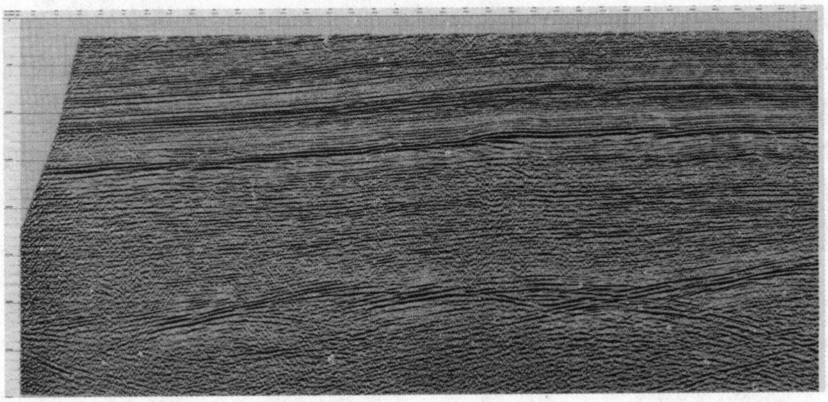

图1－3－2 地震剖面图

三、地震勘探的生产过程

地震勘探的生产工作，基本上可分为3个阶段：

第一阶段为野外采集工作。该阶段在前期初步确定的有含油气希望的地区布置测线，人工激发地震波，并用野外地震仪把地震波传播的情况记录下来。这一阶段的成果是得到一盘盘记录了地面振动情况的地震数据磁带(野外原始资料)。进行野外采集工作的组织形式是野外地震队。

第二阶段为室内资料处理。根据地震波的传播理论，利用计算机对野外获得的原始资料进行各种去粗取精、去伪存真的加工处理，并计算地震波在地层内传播的速度等。这一阶段的成果是得到地震剖面图和地下地层传播的速度资料。资料处理工作是在配备有计算机和有关专用仪器设备的计算站完成的。

第三阶段为地震资料解释。经过处理后的地震资料(每一条测线对应一张地震剖面)，能基本反映出地下地质构造的特点。但是地下的情况是很复杂的，地震剖面上的许多现象，既可能反映地下的真实情况，也可能有某些假象。在地震剖面上只能看出地层沿剖面方向的起伏形态，无法进行立体呈现。地震资料的解释工作，就是要综合地质、测井、钻井及其他物探资料，对地震剖面进行深入的分析研究，对各反射层对应的地质层位进行判断，对地下地质构造的特点进行说明，并绘制反映某些主要层位完整起伏形态的图件(构造图)；最后，查明含油气构造或地层圈闭，提供钻探井位。

地震资料解释技术的发展大致可以分为 3 个阶段，即地震构造解释阶段、地震沉积解释阶段及地震地质综合解释阶段。20 世纪 70 年代中期以前，主要是地震构造解释阶段，即在构造地质学和地震成像基本原理的基础上，确定地下主要反射界面的埋藏深度，描述地下岩层的构造形态特征，为钻探提供有利的构造圈闭。20 世纪 70 年代中期，随着数字地震技术的发展，地震剖面质量显著提高，科研人员开始进行地震沉积学方面的解释。主要以地震地层学和层序地层学理论为基础，识别地震反射层所代表的地层学和岩石学意义，确定反射层或波组所代表的地层年代，确定地震相类型，从而分析沉积体系与砂体的横向展布，以落实隐蔽油气藏，描述地下储层空间的几何形态为主要目的。进入 20 世纪 80 年代后期，油气勘探的难度越来越大，在新的勘探地区会遇到十分复杂的地表条件和地下地质条件，且油气藏类型十分复杂；在老油区则面临着如何寻找隐蔽油气藏，提高油气资源潜力等问题。人们对地球物理勘探的综合分析与解释予以了更多关注，并提出了地震地质综合解释的理念，即以地震资料为基础，综合一切可能获得的资料(包括地质、钻井、测井、地球化学等方面的资料)，合理判别和分析各种地震信息的地质意义，以达到精确重现地下地质情况的目的。

第二章　地震波运动学

地震勘探的基本任务之一是确定地下的地质构造，完成这个任务主要是利用地震波的运动学特性。

地震波运动学主要研究地震波波前的空间位置与其传播时间的关系。它与几何光学相似，也是引用波前、射线等几何图形来描述波的运动过程和规律，因此也叫几何地震学。本章首先介绍地震波相关的基本概念和传播规律，然后讨论反射波、折射波和特殊波的运动学特征。

第一节　地震波的基本概念

一、地震波的形成

1. *什么是地震波*

波是一种常见的现象，例如声波、水面波、地震波等。敲鼓时因鼓面振动带动它周围的空气分子振动，振动通过空气向外传播形成声波；石子投入水中，水的质点发生振动，振动沿着水表面由近及远向外传播出去，形成水面波。

波就是振动在介质(空气、水、岩层等)中的传播过程。没有振动就谈不上振动的传播，波也就不存在。振动是波动的震源，所以首先要有开始振动的震源存在。当震源在地表层被激发后，地表层介质中的质点通过介质质点的相互作用，会引起邻近质点的振动，邻近质点的振动又会引起下一个邻近质点的振动，如此使能量传播下去就形成了波动。在地震勘探中，震源有两种：一种是炸药震源；另一种是非炸药震源(如可控震源、蒸汽枪、电火花震源等)。虽然震源的激发形式不同，但其目的都是引起岩层质点的振动，激发较强的地震波。因此，所谓地震波就是在地球介质中传播的振动。

2. *地震波是一种岩层中传播的弹性波*

弹性理论研究表明，每一种物体在外力作用下主要表现出弹性还是塑性，要取决于具体的条件。在外力很大，作用时间又很长的情况下，大部分物体都表现为塑性性质，外力去掉后，物体还保持其受外力作用时的状态；反之，在外力很小，作用时间又很短的情况下，大部分物体表现为弹性性质(外力取消后，恢复成原来状态)。物质的弹性和塑性是相对的，在一定条件下可以相互转化。

那么地层是否可以看成是弹性介质呢？当在岩层中使炸药爆炸激发地震波时，在炸药包爆炸附近所产生的强大压力大大超过了岩石的极限强度，岩石遭到破坏，形成一个破坏

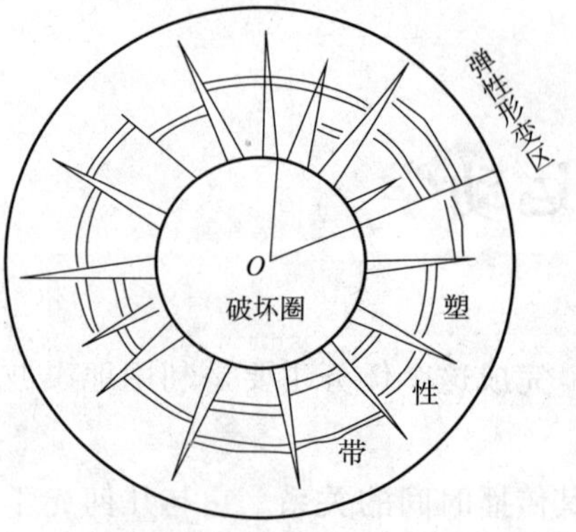

图2-1-1　爆炸对岩石的影响示意图

圈。随着离开震源距离的增大，压力减小，但仍超过了岩石的弹性限度，使之发生塑性变形；在塑性带以外，压力降到弹性限度以内，加之炸药爆炸的产生的是一个延续时间很短的作用力，根据弹性理论，这一区域的岩石会发生弹性形变(图2-1-1)。地震勘探通常都在远离震源的地方进行接收，因此，在震源附近以外的绝大部分地区，岩石都可以近似地被视作理想弹性体或完全弹性体来研究，所以地震波实质上是一种岩层中传播的弹性波。这里需要指出的是，振动通过弹性介质向外传播时，仅仅是把振动的能量向外传播，而质点本身并不向外移动。如果弹性介质是无限的，那么振动将在很大的范围内进行传播。

二、波的特征

1. 波面

假设地下岩层是均匀的(波的传播速度是常数)，在 O 点爆炸，地震波就从爆炸点开始，向地面以下各个方向传播。如果在某一时刻 t，我们把空间中所有刚刚开始振动的点连成曲面，该曲面称为某一时刻 t 的波前面，简称波前。所有刚刚停止振动的点构成的曲面叫作波尾(图2-1-2)。显然，在某一时刻，波前以外的质点尚未开始振动，波尾以内的质点振动已经停止，只有在波前和波尾之间，质点正处在不同强度的振动状态，这个区间称为振动带。在振动带内，振动相位相同的各点构成的面叫作等相位面。波前面既是等相位面，也是等时面。如果依次给出不同时刻的波前，就可以确定一系列等时面的时间与空间的关系，也就得出了波在介质中的传播特征。必须指出，波是不断前进的，因而波前和波尾这两个曲面也在随着时间不断地推进，所以不指明哪一时刻来谈波前和波尾是没有确切意义的。

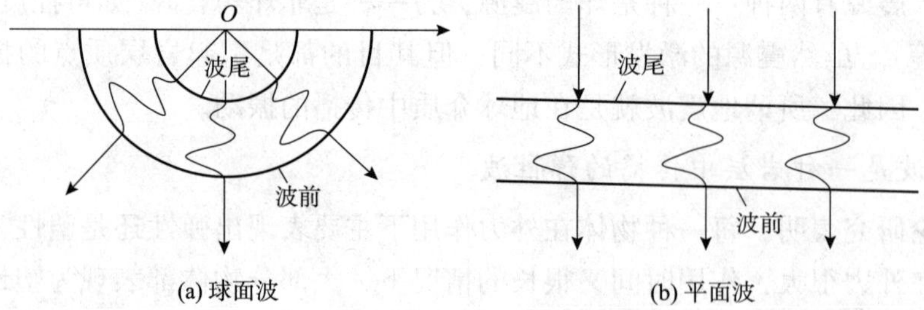

图2-1-2　波前、波尾示意图

根据波前的形状，可以把波分为球面波和平面波两种。图2-1-2(a)为球面波，图2-1-2(b)为平面波。在地震勘探中由点震源激发的波是球面波，当远离震源只考虑波面上的一部分时，这部分球面波又可以近似地被视为平面波。

2. 射线

在几何地震学中，用于描述波动能量从一点传播到另一点的路径就是射线，又称波线。它是用来描述波的传播路线的，且总是垂直于波面。

我们引入射线概念只是为研究问题方便，但必须记住并不存在真正的射线，在均匀介质中(v一定)，通常认为地震波以直线形式向外传播，射线垂直于波面；在非均匀介质中(v变化)，通常认为地震波以曲线形式向外传播，射线也垂直于波面。

在条件适当时，利用射线的概念，可以将波的传播问题简单化，而得到的结果又和实际情况相近或相同。这是一种用几何作图来反映物理过程的简单方法。

3. 振动曲线和波剖面

振动在弹性介质中的传播过程(又称波动)实质上是质点位移随时间和空间(指质点的空间位置)变化的过程。描述质点位移随时间和空间变化的图形叫波形。如果在地面上沿某一条测线观测地震波，质点的空间位置用 x 表示，振动时间用 t 表示，质点的位移用 u 表示，则地震波的波形可以用 $u(x, t)$ 的函数关系(称为波动方程)表示；地震波的波形又可分为振动曲线和波剖面两种，分别用 $u(t)$ 和 $u(x)$ 表示。

1)振动曲线

波在传播过程中，某一质点的位移大小是随时间而变化的，描述某一质点位移与时间关系的图形叫振动曲线，习惯上称为振动图(图2-1-3)。振动图反映了地震波在传播过程中，某一质点随时间振动的特点，用振动的周期、频率和振幅可以区别不同的振动。

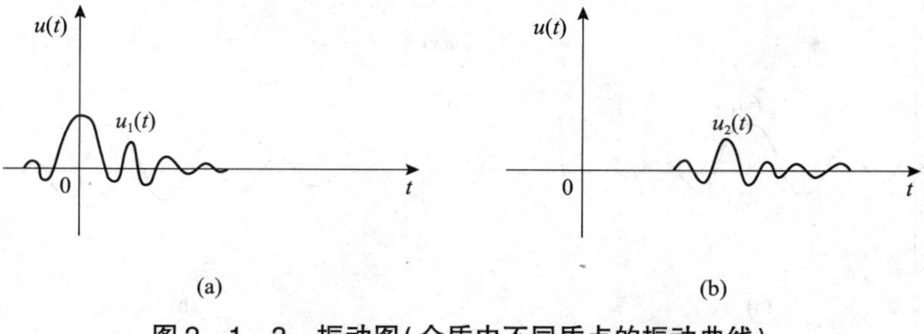

图2-1-3 振动图(介质中不同质点的振动曲线)

振动一般分为周期振动和非周期振动。

周期振动：振动过程中周期(或频率)保持不变的振动叫作周期振动。谐振动属于周期振动的一种，振动图形是一条正弦曲线。周期振动的振动图形不仅周期不变，振幅也始终保持不变，它是振动中最简单的振动形式。

非周期振动：在振动过程中周期或频率会发生变化的振动叫作非周期振动。脉冲振动是非周期振动的一种，其特点是延续时间很短(图2-1-4)，且脉冲振动的周期和振幅都是变化的。为了和谐振动相区别，通常在脉冲振动的周期、频率和振幅前面都加一个“视”字，即视周期、视频率和视振幅，并分

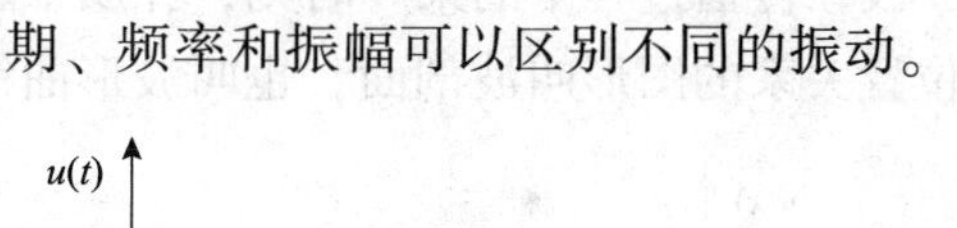

图2-1-4 单道地震记录

别用 T^*、f^* 和 A^* 表示。

地震波属于脉冲振动，地震勘探中所获得的地震记录，实际上是一系列地震波传播到地表时，引起地表质点振动所形成的脉冲图形。其中，每个脉冲图形都表示一个岩层分界面的反射波，返回到地面引起的质点振动图形，靠上面的脉冲表示浅层反射，靠下面的脉冲表示深层反射。如果在地面沿测线设置多道检波器，得到的多个振动图形的总和就是地震记录(图 2－1－5)。

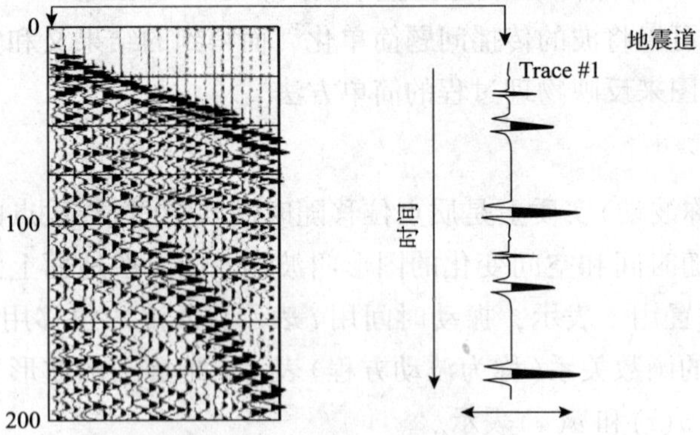

图2－1－5　共炮点野外地震记录

地震勘探中，振动的正向极值叫作波峰，负向极值叫作波谷，波峰的个数习惯上称为相位数，如第一波峰叫作第一相位。在地震资料对比中所说的波形特征，就是指振动相位数、视周期、视振幅及其相互关系。同一界面来的波，其波形特征是相似的，不同界面来的波，其波形特征是不同的，这是在地震资料解释中经常运用的基本原则之一。

2)波剖面

波在传播过程中的某一时刻，介质中各个质点的位移也是不同的，描述质点位移与空间位置关系的图形叫波剖面，也叫波形曲线(图 2－1－6)。

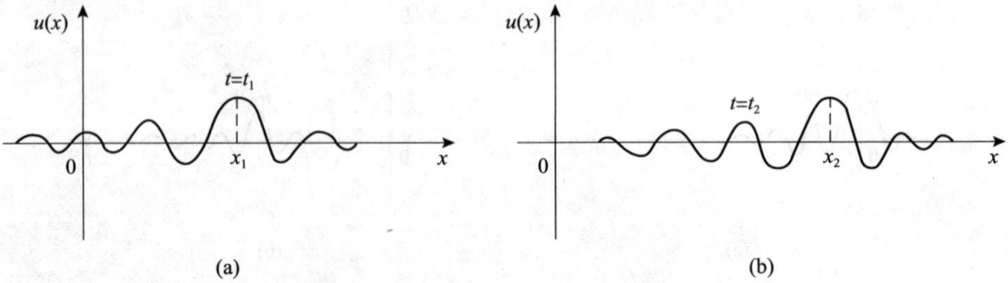

图2－1－6　波剖面(两个不同时刻)

在地震剖面上，如果我们沿横坐标轴 x 点位置画出某一时刻各检波点地面质点的位移 $u(x)$，那么这条曲线就是某时刻 t 的波剖面。图 2－1－7 所示为一个谐波的波剖面。对于谐波，质点从平衡位置又回到平衡位置的最小距离，称为波长 λ。波长的倒数称为波数 k，它表示单位距离上波的个数。波源每振动一次，波就前进一个波长的距离(λ)。波源每秒振动的次数就是频率 f，所以每秒前进的距离是波速 $v=\lambda f$。于是我们得到：

图2－1－7　波长定义示意图

$$v = \lambda f = \lambda / T \qquad (2-1-1)$$

在同一种介质中，如果频率不同的正弦波具有相同的传播速度，则由上述公式可见，波的频率越高，它的波长就越短。

4. 地震子波

在信号分析领域中，把具有确定的起始时间和有限能量的信号称为子波。在地震勘探领域中，子波通常指的是1～2个周期组成的地震脉冲。由于大地滤波器的作用，尖脉冲变成了频率较低、具有一定延续时间的波形，称为地震子波(图2－1－8)。一般情况下，地震子波在地层中传播，随着传播距离的增大，其振幅和波形会发生变化，但在许多情况下，可以粗略地认为地震子波形状基本不变，只是幅度会因各种原因而衰减。在地震勘探中把地震子波看作组成一道地震记录的基本元素。地震勘探的原理，可以理解为利用地震子波从地下地层界面反射回地面时带回的旅行时间和形状变化的信息，用以推断地下的地层构造和岩性信息。实际工作中，根据能量分布状况，可以将子波分为最小相位子波、最大相位子波、零相位子波。最小相位子波，有时称为前载子波，能量集中在前端。由于大多数脉冲地震震源产生的原始脉冲是接近最小相位的，因此，地震子波一般是最小相位(最小延迟)子波。最大相位子波能量则可能主要集中在尾部。零相位子波能量主要集中在中间，且波形对称(图2－1－9)。

图2－1－8　地震子波的形成

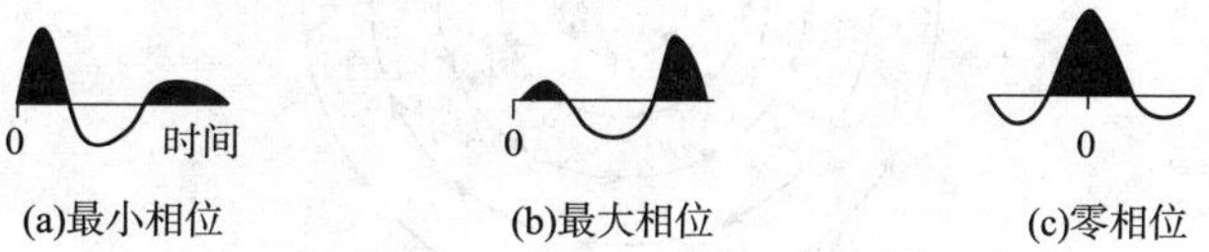

图2－1－9　几种子波能量分布

三、地震波的基本类型

1. 体波

地震波的传播实质上是岩层中弹性形变的传递。物体受应力作用后的应变一般具有两种形式，即平动和转动。平动是指平移或体积形变，具有这种运动形式的波称为纵波；转动是指物体形状变化，又称剪切应变，具有这种运动形式的波称为横波。两种形变状态以其本身的速度从震源向外传播。这两种波都是体波，都在无限均匀介质中传播。

1)纵波(P波)

已知纵波传播的扰动是体积膨胀(或压缩)类型。当弹性体受胀缩力的作用时，弹性介质将发生伸缩形变。反映在介质内的质点层面之间，在纵波传播的路径上会形成一系列的膨胀带和压缩带(图2－1－10)。图中的AB区是压缩带，而BC区则是膨胀带。在另一时刻，原来的压缩带变成了膨胀带，而原来的膨胀带却变成了压缩带。这种由近

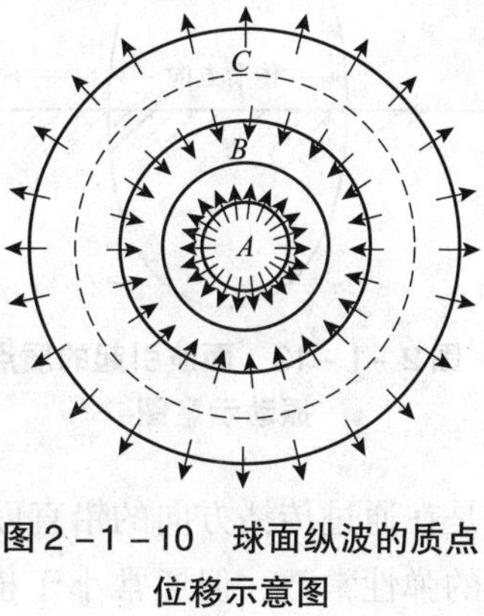

图2－1－10　球面纵波的质点位移示意图

而远、胀缩相间的交替过程向外传播，就形成了波，这种波称为纵波。质点的振动方向与波的传播方向一致。由于它的质点振动是胀缩型的，所以这种波又称为胀缩波。

2)横波(S 波)

当弹性体受剪切力作用时，弹性介质将产生切变。反映在介质的质点层面之间，将发生横向交错，从而引起介质中的质点产生横向振动。这种由近及远、质点交错横向振动的向外传播，也形成一种波，这种波称为横波。在横波传播中，质点的振动方向与波的传播方向垂直(图 2－1－11)。由于横波是由物体受到剪切力而产生的，所以又称为剪切波。横波分为两种形式：如果质点的横向振动发生在通过波传播方向的垂直平面内，这种横波称为 SV 波；如果质点的横向振动发生在波传播方向的水平面内，这种横波称为 SH 波(图 2－1－12)。

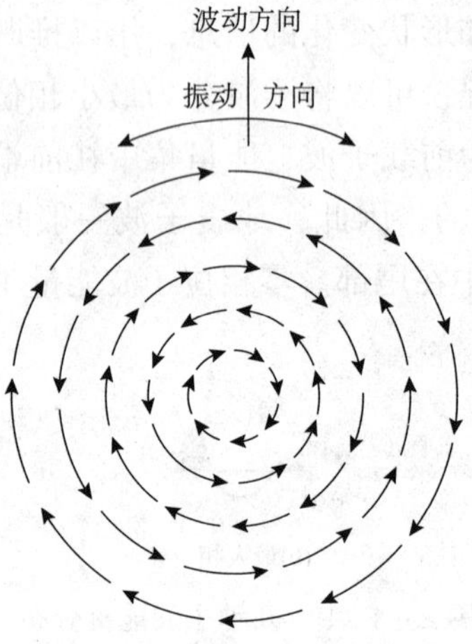

图 2－1－11　球面横波的质点位移示意图

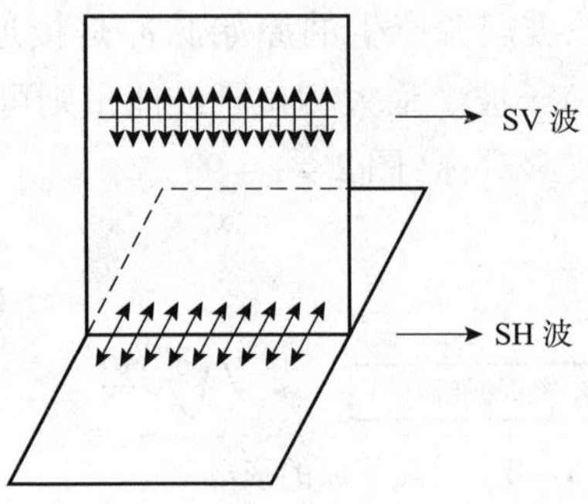

图 2－1－12　SV 波和 SH 波示意图

2. 面波

在无限均匀的介质中只产生纵波和横波，它们都是体波。但在地表与空气接触的自由表面或在不同弹性的介质分界面上，还会产生一些特殊的波，这类特殊波因为只沿界面附近介质传播，所以又称为面波(图 2－1－13)。在垂直于岩层分界面的方向上，面波的强度随着离开分界面的距离的增大而衰减。因此，在地面上接收不到深部岩层分界面上的面波。

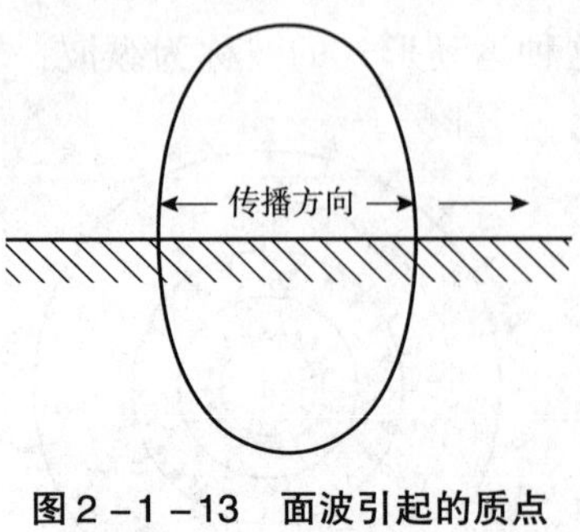

图 2－1－13　面波引起的质点振动示意图

在地震勘探中，最常见的沿地面传播的面波是瑞利波，还有一种不常见的拉夫波。

1)瑞利波(R)

瑞利波是只存在于自由表面附近，并沿着地面传播的弹性波。瑞利波传播时，地面质点不是作直线运动，而是在通过传播方向的铅直面内沿椭圆轨迹倒转运动。瑞利波的传播速度，决定于地面介质的弹性常数，但通常小于横波的传播速度，近似等于横波在同一介质中的传播速度的

0.9倍。瑞利波的能量随深度的增大呈指数衰减，并且与波的频率及传播距离有关，所以瑞利波的波形也随着传播距离的变化而显著变化。

瑞利波通常表现为低频、强振幅、低速度，它强烈地干扰有效纵波和横波反射地震记录，是影响陆上地震勘探最主要的面波，所以通常在地震勘探中把它当作干扰波而设法予以消除。

2)拉夫波(L)

拉夫波是一种SH型面波，其质点振动平面平行于地面，这种面波的能量沿着界面上层(近震源的岩层)横波波速低于下层(离震源远的岩层)横波波速地震界面分布，其振幅在垂直方向上随深度的增大呈指数衰减。地震勘探中使用的震源一般不激发明显的拉夫波，这种面波对陆上地震勘探是不重要的。如果工作地区的表层厚度不大，而且又满足上层介质中横波速度小于下层介质中横波速度这一条件时，则在地面上会接收到这种干扰波。

3)斯通利波(S)

在两个半无限弹性介质分界面上还可以形成一种面波，它沿着分界面方向传播，其振幅在垂直分界面的方向上按指数规律随着距离的增大而衰减，这样的面波称为斯通利波。斯通利波在液体介质和固体介质分界面上总是可以形成的，其传播速度小于固体介质自由表面瑞利波传播的速度。有资料表明，在海底附近，海水层与海底地层之间的分界面上存在着海底波，这是一种在液体－固体分界面上形成的斯通利波，对海上勘探是有影响的。

另外，采用炸药震源激发地震波时，除了产生纵波、横波、面波外，还会产生声波。声波也是一种纵波，它是从空气中传播到检波器上的，它的速度是340m/s，特点是频率较高。

四、地震波的传播规律

1. 地震波的基本原理

1)惠更斯原理

惠更斯原理是用波前的概念来处理问题的，因此也叫波前原理。地震波向外传播时，是由震源产生振动，通过地层介质的质点，依次传播出去的。因此，这样的质点都可以看成是新的震源。由实验可知，水面波在传播过程中遇到障碍物时，若障碍物上小孔的大小与波长相差不多，就可以看到穿过孔的波是圆形波，而且与原来波的形状无关。这说明波前面上的点都可以看作是新的震源。根据上述现象，惠更斯指出，波前面上的每一个点，都可以看作是新的震源，而这些小震源发出的子波波前的包络面，就是新的波前面(图2－1－14)。根据这个原理，只要我们知道某一时刻t的波前位置，就能够确定出地震波在各种不

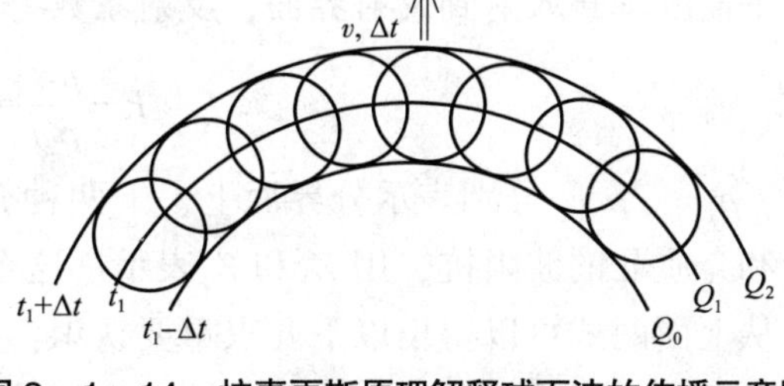

图2－1－14　按惠更斯原理解释球面波的传播示意图

同时刻的波前位置。特别是当波遇到另一种介质的时候，利用这个原理来解释波的反射、透射和折射等现象的规律，就更显出其重要性。

2）惠更斯－菲涅耳原理

惠更斯原理只体现了波传播的空间几何位置，而没有涉及波到达该位置的物理状态。菲涅耳对惠更斯原理进行了补充，他指出，从同一波阵面上的各点所发出的子波，经传播而在空间相遇时可以相互叠加而产生干涉现象，因此，在该点观测到的是总扰动。这就使得惠更斯原理具有更明确的物理意义。这一原理是物理地震学解释反射波的形成和特点的主要理论依据。

3）费马原理

费马原理从射线角度描述波传播的特点，也叫射线原理。在几何地震学中，用射线和波前面来表示时间场，地震波射线垂直于一系列波前面。费马原理中，地震波沿射线的旅行时与沿其他任何路径的旅行时相比为最小，射线是波沿旅行时最小的路径传播。根据费马原理，在均匀各向同性介质中，射线应是从震源出发的直射线。

2. 地震波在界面上的反射、透射和折射

实际的地下介质是具有多界面的分层介质。地震波在传播过程中，遇到两种介质的分界面时，便会产生波的反射、透射、折射等现象。研究这些波的传播规律，对地震勘探有着十分重要的意义。

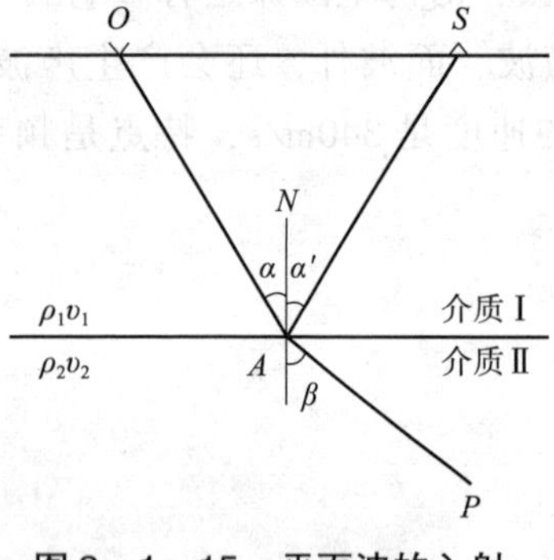

图2－1－15　平面波的入射、反射和透射示意图

1）反射波

（1）反射定律。地震波在传播时，遇到两种不同介质的分界面，便会产生波的反射，在原来介质中形成一种新的波，这种波称为反射波，入射到界面上的波叫作入射波。反射波与入射波满足反射定律：入射角等于反射角，入射线、法线和反射线在同一平面内。由入射线、反射线和法线组成的平面叫作射线平面，射线平面永远和界面垂直（图2－1－15）。

（2）反射系数。设入射波的振幅为 A_r，反射波的振幅为 A_f，反射波的振幅与入射波的振幅之比，叫作反射界面的反射系数，用 R 表示，即：

$$R=\frac{A_f}{A_r} \tag{2-1-2}$$

平面波垂直入射到反射界面，反射系数有下列关系：

$$R=\frac{\rho_2 v_2-\rho_1 v_1}{\rho_2 v_2+\rho_1 v_1} \tag{2-1-3}$$

式中，$\rho_1 v_1$、$\rho_2 v_2$ 分别表示分界面上、下两种介质的密度和速度的乘积。这个乘积叫作介质Ⅰ和介质Ⅱ的波阻抗，用 Z_1 和 Z_2 表示。这个关系式对于入射角不大的情况也基本适用。

从上面两式可以得出以下几点重要认识：

①反射波形成的条件。当界面波阻抗相等时只有透射而无反射，只有界面波阻抗不等

时才能产生反射波，这是界面形成反射波必要的物理条件。

②反射波强度。波阻抗差越大，反射系数越大，反射波越强；反射波的强度不仅随波阻抗差的增大而增强，还随波阻抗之和的增大而减弱。由于一般地层的波阻抗随深度增大而加大，浅层反射界面具有相同的波阻抗差时，深层反射界面反射系数会相对变小，反射波强度减弱。

③反射极性。当反射界面下介质波阻抗大于入射介质波阻抗时，反射波与入射波的相位相同，称为正极性反射；反之，反射波与入射波相位相反，相位相差180°，称为负极性反射。利用反射极性的变化，可以判断地下岩层的性质(图2－1－16)。

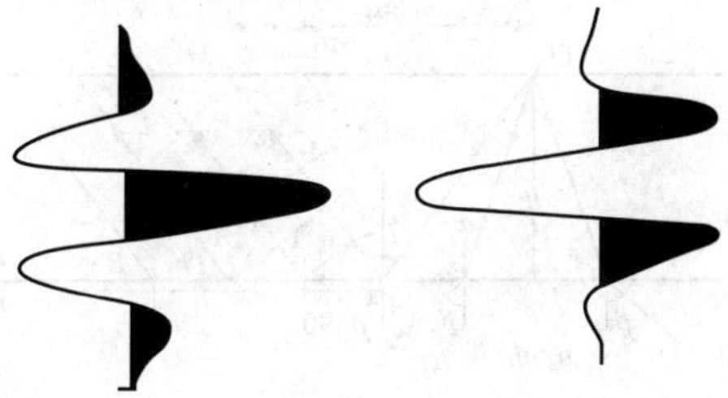

图2－1－16　地震波极性显示示意图

2) 透射波

(1) 透射定律。地震波在传播过程中遇到两种介质分界面时，一部分能量返回原介质形成反射波，另一部分能量透过分界面，在第二介质中传播形成透射波，又叫透过波。当波透射到第二种介质中时，由于在介质分界面两边波的速度不同，在分界面上会产生射线的偏折现象，透射波的射线，将偏离原来入射波的方向。透射波和入射波之间的关系满足透射定律：入射线、透射线位于法线的两侧，入射线、透射线和法线在同一射线平面内；入射角的正弦和透射角的正弦之比，等于入射波的速度和透射波的速度之比(图2－1－15)，即：

$$\frac{\sin\alpha}{\sin\beta}=\frac{v_1}{v_2} \quad (2-1-4)$$

根据透射定律不难证明，波在层状介质中的传播规律，应遵循如下恒等式：

$$\frac{\sin\alpha_1}{v_1}=\frac{\sin\alpha_2}{v_2}=\frac{\sin\alpha_3}{v_3}=\cdots=\frac{\sin\alpha_n}{v_n}=P \quad (2-1-5)$$

P 称为射线参数。在水平层状介质中，当波的某条射线以某一角度入射到第一个界面后，再向下透射的方向将由式(2－1－5)决定，这条射线就对应于一个射线参数值 P_i。透射定律也是一个实验定律，同样可以用惠更斯原理和费马原理导出。

(2) 透射系数。设入射波的振幅为 A_r，透射波的振幅为 A_t，透射波的振幅与入射波的振幅之比，叫作透射系数，用字母 T 表示，则：

$$T=\frac{A_t}{A_r} \quad (2-1-6)$$

根据理论证明，当平面波垂直入射时，透射系数为：

$$T=\frac{2\rho_1 v_1}{\rho_1 v_1+\rho_2 v_2}=1-R \quad (2-1-7)$$

综上所述，当 $v_1 \neq v_2$ 时，才形成透射波。因此，透射波发生在速度不同的分界面上，而反射波发生在存在波阻抗差异的分界面上。在入射波能量不变的情况下，反射波振幅越强，透射波振幅就越弱；反射波振幅越弱，透射波振幅就越强。

3) 折射波

根据透射定律，当 $v_2 > v_1$ 时，透射角大于入射角，当入射角不断增大时，透射角也随之增大，当入射角增大到一定角度 i 时，透射角 β 增加到90°，即：

$$\sin i = \frac{v_1}{v_2} \tag{2-1-8}$$

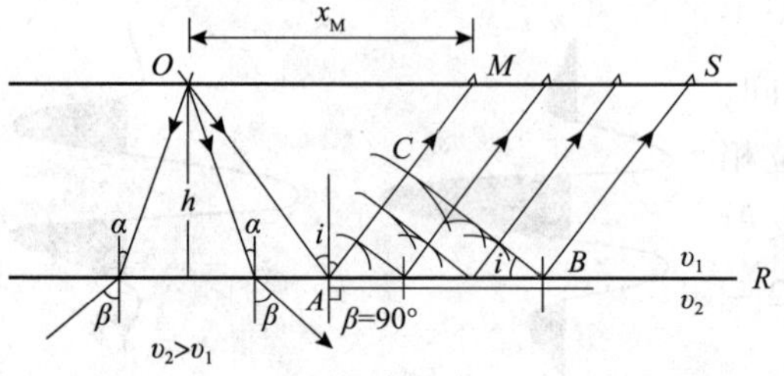

图2-1-17 折射波示意图

这时，透射波就以 v_2 的速度沿界面滑行（图2-1-17）。我们称这时的透射波为滑行波，入射角 i 为临界角，A 点为临界点。过了临界点 A 以后，由于滑行波的速度比入射波的速度大，所以滑行波比入射波先到达分界面上的各点。这样介质Ⅱ中的质点就要先发生振动。由于界面两侧的介质质点之间存在着弹性联系，所以介质Ⅱ表面上的质点振动，必然要引起介质Ⅰ中的质点振动。于是在介质Ⅰ中产生了一种新波，这种新波在地震勘探中称为折射波。当滑行波沿界面滑行时，它所经过的任何一点都自波到达时刻起，作为一个新的点震源开始振动，并向第Ⅰ介质发出半圆形子波。同一时刻的各半圆形子波的包络线，就是折射波的波前。

由上述分析可知，假设只有一个分界面时，要形成折射波必须是下面介质的波速大于上覆介质的波速，且入射角以临界角入射。在实际的多层介质中，一般速度随深度而递增，因而可形成多个折射界面。上、下地层速度倒转的现象很少。

4) 全反射波

当地震波的入射角大于临界角 i 时，入射波的全部能量都转换为反射波，即在临界角点 A 以外的分界面上，没有透射波发生，这种现象叫作波的全反射。如果 $v_2 \gg v_1$，这样临界角 i 就很小，临界点紧靠震源点的下面，所以能产生透射波的范围很小。由震源激发出的地震波的能量，绝大部分都被界面反射回来，所以地震波的能量不能向深部传播，这就是在实际地震勘探工作中，遇到的所谓“地层屏蔽”现象。

第二节 反射波运动学

一、时距曲线

研究地震波传播规律的目的，是用它来指导我们用地震勘探方法查明地下地质构造的特点。在地面激发地震波以后，如果地下介质结构不同，地震波的传播特点就会不一样，即使在相同的介质结构下，波的类型不同(反射波、直达波、折射波等)，其传播特点也会不同。这时，为了说明不同类型的波在各种介质结构情况下传播的特点，就引用了“时距曲线”的概念。

根据地震勘探的基本原理，可以采用单道记录、自激自收的野外工作方法，但是由于效率较低，以及一系列技术方面的问题，在实际生产工作中早已放弃这种方法。目前多采用一次激发沿测线多道接收的方式。所谓时(间)距(离)关系，就是表示波从震源出发，传播到测线上各观测点的传播时间 t，同观测点相对于激发点(取坐标原点)的距离 x 之间的关系。要注意，这个距离 x 不一定是波传播实际路程的长度，对沿测线传播的直达波，接收点相对于激发点的距离也就是直达波传播路程的长度，但对于来自地下界面的反射波，则不是这样。

在生产实践中，地震波的激发和接收工作是在地面上进行的，通常爆炸点和接收点位于同一条直线上，而接收点在直线上是按等间隔分布的。地震波从爆炸点出发，经界面返回地面接收点，在接收点上记录下的是连续的振动曲线。显然，波到达地面接收点的时间应以波前的到达时刻为依据，反映在振动曲线上，应该是振动开始的一点，即以振动的初至时刻作为波到达检波器的标志，但实际上这个时刻在记录上很难准确确定，更常用的办法是以振动图上某个明显的极大值(相位)的时间作为波的到达时间。

下面以直达波时距曲线为例，进一步说明时距曲线的概念。如图 2－2－1 所示，在 O 点激发，沿测线在 x_1、x_2、x_3、x_4 等点上接收，在地震记录上直达波的振动图如图 2－2－1(a)所示。如果在 $x-t$ 直角坐标系里，把激发点作为坐标的原点，横坐标 x 表示测线上各观测点到激发点的距离，纵坐标 t 表示直达波到达各观测点的传播时间[图 2－2－1(b)]，连接点$(t_1, x_1)(t_2, x_2)(t_3, x_3)(t_4, x_4)$得到一条曲线，它表示直达波到达测线上任一观测点时间同观测点与激发点之间距离的关系，这条曲线就称为直达波的时距曲线。更细致地说，直达波到达 x_1 点的时间是 t_1，即 x_1 点由原来的静止状态到波的到达而开始振动的时刻，这个时刻称为波的初至。实际上，这个时刻在记录上很难准确确定，更常用的办法是以振动的图上某个明显的极大值(在地震勘探中称为“相位”——这与物理学中的“相位”的含意是不同的)的时间作为波的到达时间。显然，这两个时间是有差别的，时距曲线方程里的 t 表示的是初至时间，图 2－2－1 中所示为相位时距曲线。

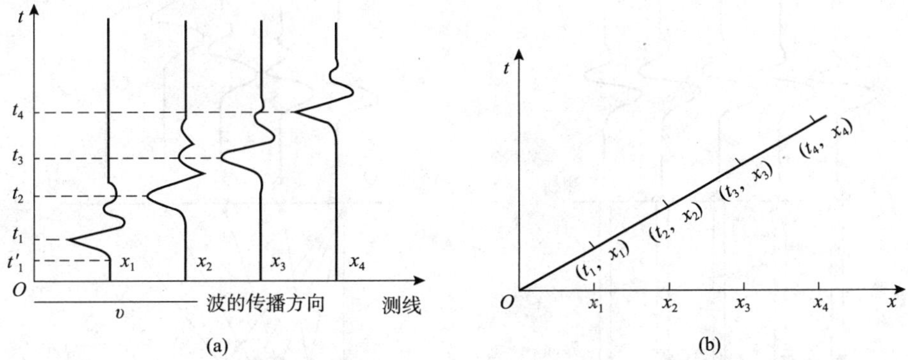

图 2－2－1　直达波时距曲线

在许多情况下，还需要知道波到达测线上任意一观测点的时间同观测点与激发点之间距离的明确定量关系，即所谓时距曲线方程。直达波的时距曲线方程很容易得出，因为在测线上距离激发点为 x 的任一观测点，直达波的到达时间是：

$$t = x/v \tag{2-2-1}$$

式中，v 为直达波的速度。

式(2-2-1)就是直达波时距曲线方程。从式(2-2-1)中可以看出 t 与 x 是成正比的，因此在这种情况下直达波的时距曲线是一条直线。

如果地下有一个水平界面[图2-2-2(b)]，在 O 点激发，在测线上的 O、x_1、x_2 等点上接收，从图上可以看出，O 点接收到的反射波是垂直入射到界面又垂直反射回地面的，所走路程最短。其他各点随着它们到激发点的距离的增大，所接收到的反射波传播的路程就增长，传播时间也更长。反射波的传播时间 t 同接收点坐标 x 的关系比较复杂，这种关系在 $t-x$ 坐标系里是一条双曲线。由这两个例子可以初步看到，直达波与反射波这两种不同类型的地震波，它们的时距曲线是不同的。这表明，一种波的时距曲线确实能反映它本身一些特点，并且时距曲线的特点还包含了地下岩石的速度、形态等十分有用的信息。因此，分析并掌握各种类型地震波的时距曲线特点，是在地震记录上识别各种类型地震波的重要依据。

讨论反射时距曲线还有另一方面的主要意义：如果采用自激自收，则在由各接收点记录的反射波振动图组成的地震剖面上，反射波同相轴的形态是与地下界面的形态相对应的[图2-2-2(a)]。但是，在一点激发，多道接收的地震记录上，反射波同相轴的形态与地下界面的形态不相对应[图2-2-2(b)]。因为这时在各接收点记录下来的反射波的到达时间，不仅与界面的深度、地震波的速度等地下地质因素有关，还与接收点与激发点之间的距离这一非地质因素有关。为了解决这个矛盾，就要了解各道由于离开激发点距离不同而产生的波到达时差的大小，以便从实际观测到的波至时间中减去这部分时差，只保留与界面深度有关的部分时差，这一过程称为动校正。为此，需要了解在一点激发、多道接收时，到达各观测点的时间的规律，即共炮点时距曲线方程。

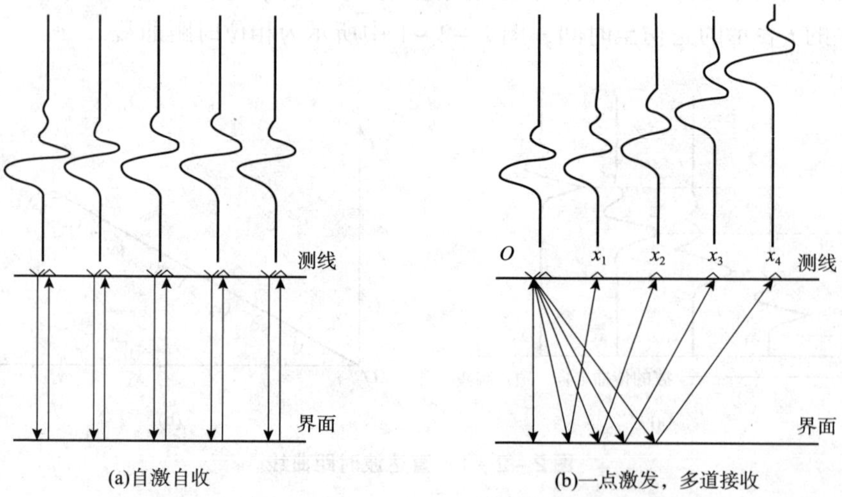

图2-2-2　多道同相轴与界面形态的关系示意图

还需指出，当激发点和观测点在同一条直线上时，这样的测线称为纵测线，用纵测线进行观测得到的时距曲线称为纵时距曲线。除非特殊说明，一般讨论的都是纵测线的情况。当激发点不在测线上时，这样的测线叫作非纵测线，用非纵测线进行观测得到的时距曲线叫作非纵时距曲线。应当注意，对同一类型的波，在同样的介质结构情况下，它的纵时距曲线和非纵时距曲线是不同的。例如，直达波的时距曲线是直线，但它的非纵时距曲线是双曲线。

二、单一界面共炮点反射波时距曲线

1. 水平界面共炮点反射波时距曲线方程

设有水平反射界面 R，深度为 h_0（图 2－2－3），在 O 点激发，在测线上离开 O 点距离为 x 的某点 S 接收，界面 R 的反射波到达 S 点的时间 t 与 x 之间的函数关系 $t=f(x)$，就是界面 R 的共炮点反射波时距曲线方程。

根据反射定律，作 OC 垂直于反射界面 R，并延长至 O^*，使 $CO^*=OC$，O^* 为虚震源。由平面几何关系可得：$O^*A=OA$。即波由 O 点入射到 A 点再反射回 S 点所走过的路程，就好像波由 O^* 点直接传播到 S 点一样。在地震勘探中把这种讨论地震波反射路程的方法称为虚震源原理。

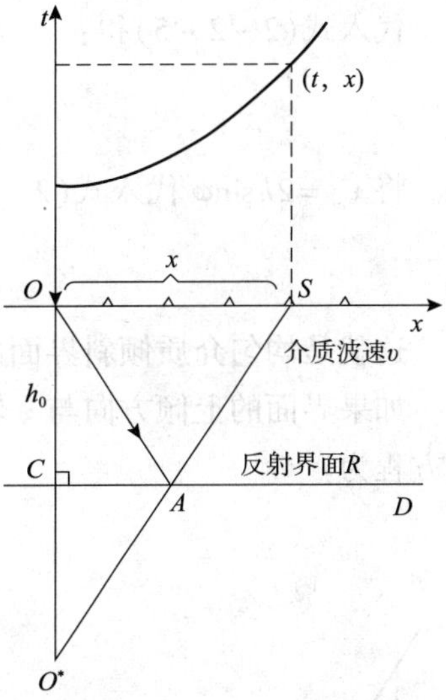

图 2－2－3　水平界面反射波时距曲线

由此可得出均匀介质水平界面时距曲线方程：

$$t=\frac{\overline{O^*S}}{v}=\frac{\sqrt{4h_0^2+x^2}}{v} \tag{2-2-2}$$

式中，v 为界面 R 以上介质中的波速。

式(2－2－2)还可以写成另外两种：

$$t^2=t_0^2+\frac{x^2}{v^2} \tag{2-2-3}$$

$$\frac{t^2}{(2h_0/v)^2}-\frac{x^2}{(2h_0)^2}=1 \tag{2-2-4}$$

式中，$t_0=2h_0/v$，指自激自收时间或零炮检距时间。

由式(2－2－4)可知，均匀介质水平界面时距曲线为一双曲线。

2. 一个倾斜界面共炮点反射波时距曲线方程

图 2－2－4 所示为倾斜界面的介质结构。已知：地面上的一条测线，地下有一条倾斜界面，在 O 点放炮，O 点处界面法线深度为 h，界面视倾角为 φ，O 点为坐标原点。讨论：界面上倾方向与 x 轴正方向一致的情况下反射波时距曲线方程。作虚震源 O^*，根据虚震源原理可知：

$$t=\frac{O^*S}{v} \tag{2-2-5}$$

过 O^* 作测线 Ox 的垂线 O^*M，设 $OM=x_m$，$OS=x$，则：

$$\begin{cases} O^*S = \sqrt{MS^2 + O^*M^2} \\ MS = x - x_m \\ O^*M^2 = O^*O^2 - OM^2 = 4h^2 - x_m^2 \end{cases} \tag{2-2-6}$$

代入式(2-2-5)得：

$$t = \frac{1}{v}\sqrt{x^2 - 2xx_m + 4h^2} \tag{2-2-7}$$

将 $x_m = 2h\sin\varphi$ 代入式(2-2-7)得：

$$t = \frac{1}{v}\sqrt{x^2 - 4hx\sin\varphi + 4h^2} \tag{2-2-8}$$

这就是均匀介质倾斜界面的共炮点反射波时距曲线方程。

如果界面的上倾方向与 x 轴的正方向相反，则 $x_m = -2h\sin\varphi$，同理可以得到其时距曲线方程为：

$$t = \frac{1}{v}\sqrt{x^2 + 4hx\sin\varphi + 4h^2} \tag{2-2-9}$$

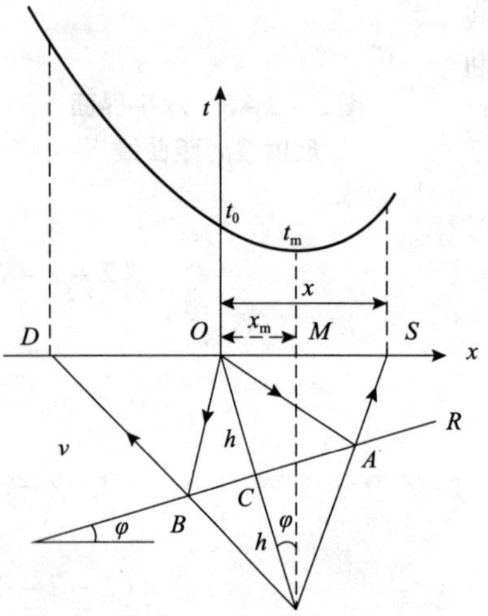

图 2-2-4　倾斜界面反射波时距曲线示意图

由反射波时距曲线方程可以看出 t 与 x、h、φ、v 存在明确的内在关系。通常情况下，如果通过观测得到了一个界面的反射波时距曲线，就有可能利用时距曲线方程求出界面的深度 h、倾角 φ 及波速 v，这就是利用反射波法研究地下地质构造的基本依据。

3. 倾斜界面共炮点反射波时距曲线的特点

对式(2-2-9)进行变换后，可得：

$$\begin{cases} \dfrac{t^2}{a^2} - \dfrac{(x - x_m)^2}{b^2} = 1 \\ a = \sqrt{\dfrac{4h^2 - 4h^2\sin^2\varphi}{v^2}} = \dfrac{2h\cos\varphi}{v} \\ b = \sqrt{4h^2 - 4h^2\sin^2\varphi} = 2h\cos\varphi \end{cases} \tag{2-2-10}$$

式(2-2-10)所代表的是一条双曲线，这表明倾斜界面、覆盖介质为均匀介质情况下的共炮点反射波时距曲线是一条双曲线。再根据双曲线的特点可知，x_m（$x_m = \pm 2h\sin\varphi$）是时距曲线极小点的横坐标。极小点总是相对激发点偏向界面上倾一侧，在极小点上反射波返回地面所需的时间最短，M 点称为极小点。它们的坐标分别为：

$$\begin{cases} x_{min} = \pm 2h\sin\varphi \\ t_{min} = \dfrac{2h}{v}\cos\varphi \end{cases} \tag{2-2-11}$$

由图 2-2-4 可以看出，x_m 实际上就是虚震源在测线上的投影 M 到震源 O 的距离，反射波时距曲线是以过 M 点的 t 轴为对称轴而对称的。

三、正常时差与倾角时差

1. 正常时差

1)正常时差的引入

如前文所述，采用自激自收观测方法可以得到在每一个观测点处界面的 t_0，得到形象地反映界面形态的地震剖面。但是从实际生产的可能性来考虑，又必须采用一点激发、多道接收的方法，这样就出现了两个问题：

(1)在 O 点激发、S 点接收，记录下来的反射波并不是来自 O 点正下方，也不是来自 S 点正下方。在界面水平的情况下，该反射来自 $\overline{OS}/2$ 处的 M 点(称其为中心点)的正下方(图 2-2-5)。也就是说，为了得到 M 点正下方界面上一点的反射，如果不是在 M 点自激自收，则要在 M 点两侧对称的两点分别激发和接收。

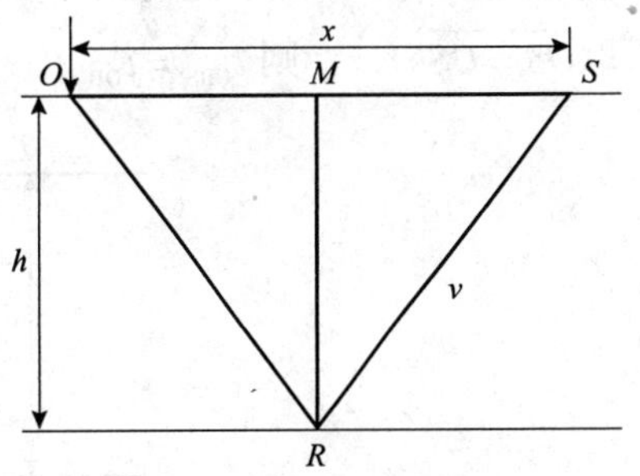

图 2-2-5　正常时差的产生

(2)在 M 点自激自收，R 点的反射时间为 $t_{0M}=2h/v$(t_{0M}表示在 M 点的 t_0)，若按上述条件在 O 点激发、S 点接收，仍可接收到来自 R 点的反射，但反射时间 t_{RS} 比 t_{0M}大，$t_{RS}=\sqrt{x^2+4h^2}/v$。这种差别是由于在 S 点观测时炮检距不为零的缘故。

2)正常时差的定义

在界面水平的情况下，对界面上某点以炮检距 x 进行观测得到的反射波旅行时与以零炮检距(自激自收)进行观测得到的反射波旅行时之差，称为正常时差。它实际上是由于炮检距不为零而引起的时差。

3)正常时差的定量计算

根据正常时差的定义，可以得出水平界面情况下正常时差 Δt 的精确表达式：

$$\Delta t = t - t_0 = \frac{1}{v}\sqrt{x^2+4h^2} - \frac{2h}{v} \tag{2-2-12}$$

或：

$$\Delta t = \sqrt{\frac{x^2}{v^2}+{t_0}^2} - t_0 \tag{2-2-13}$$

式中变量符号的意义如图 2-2-5 所示；t_0 为 M 点的自激自收时间，$t_0=2h/v$。

为了直观起见，可以将水平界面均匀介质情况下的共激发点反射波时距曲线方程改写为：

$$t = \frac{1}{v}\sqrt{x^2+4h^2} = \frac{2h}{v}\left(1+\frac{x^2}{4h^2}\right)^{\frac{1}{2}} = t_0\left[1+\left(\frac{x}{2h}\right)^2\right]^{\frac{1}{2}} \tag{2-2-14}$$

当 $x/(2h) \ll 1$ 时，用泰勒级数展开得到简单的近似公式：

$$t = t_0\left[1+\frac{1}{2}\left(\frac{x}{2h}\right)^2+\cdots\right] = t_0\left[1+\frac{1}{2}\left(\frac{x}{vt_0}\right)^2+\cdots\right] \approx t_0 + \frac{1}{2}\frac{x^2}{v^2 t_0} \tag{2-2-15}$$

于是有：

$$\Delta t = t - t_0 = \frac{x^2}{2v^2 t_0} \tag{2-2-16}$$

2. 倾角时差

1)倾角时差的定义

由前文可知，当界面水平时，在 S' 点、O 点、S 点 3 个位置自激自收(图 2-2-6)，反射波旅行时都相等，即 $t_{s'} = t_0 = t_s = t_0 = 2h/v$。同样在水平界面的情况下，在 O 点激发 S 点接收(图 2-2-7)，此时由于 S 点的炮检距不为零，因而存在正常时差，即 $t_{ORS} > t_0$。如果取 $\overline{OS} = \overline{OS'} = x$，则 $t_{ORS} = t_{OR'S'}$。

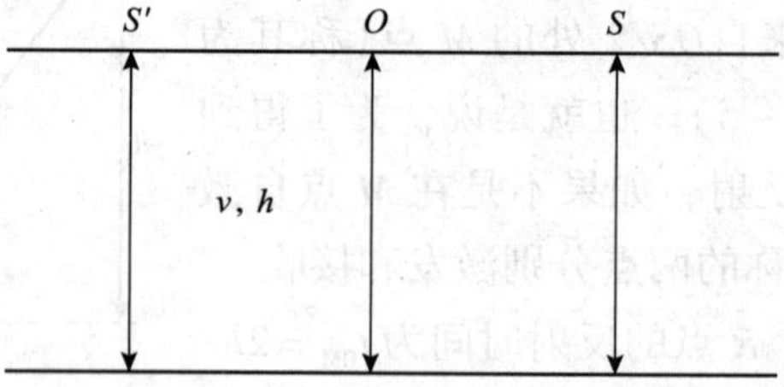

图 2-2-6　水平界面各点自激自收反射波旅行时相等的情况示意图

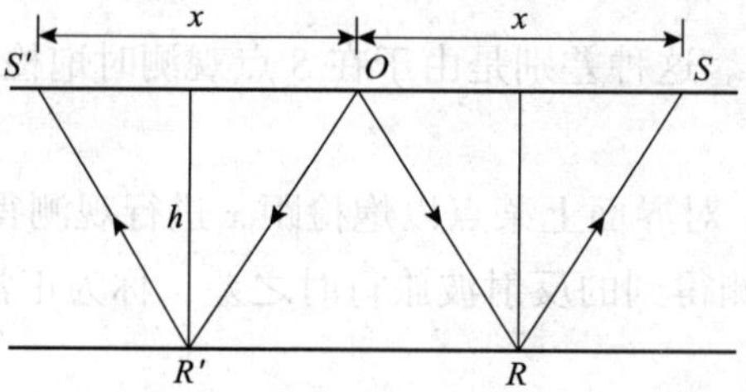

图 2-2-7　水平界面且在激发点两侧对称接收时的反射波旅行时关系示意图

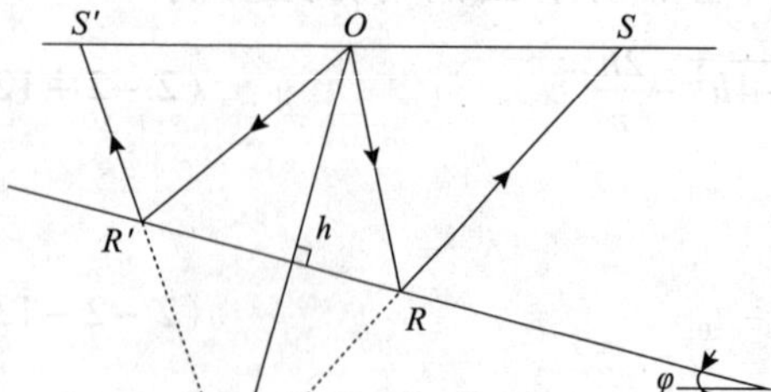

图 2-2-8　倾角时差示意图

在倾斜界面的情况下，倾角为 φ，测线与界面的倾向一致(图 2-2-8)，这时虽然还保持 $\overline{OS} = \overline{OS'} = x$，但 $t_{ORS} \neq t_{OR'S'}$，它们之间差值称为倾角时差，是由于界面倾斜而引起的。倾角时差也可以理解为由激发点两侧对称位置观测到的来自同一倾斜界面的反射波的旅行时差。

因为倾角时差是由界面倾斜引起的，所以如果测出了界面的倾角时差，则有可能利用它来估算界面倾角。界面倾角是地下构造分析的重要内容。

2)倾角时差的定量计算

由图 2-2-8 可以看出，对于 S 点，反射波旅行时 t_S 为：

$$\begin{cases} t_S = \dfrac{1}{v}\sqrt{x^2 + 4h^2 + 4hx\sin\varphi} \\ = \dfrac{2h}{v}\left(1 + \dfrac{x^2 + 4hx\sin\varphi}{4h^2}\right)^{\frac{1}{2}} \end{cases} \tag{2-2-17}$$

在 $x/(2h) \ll 1$ 的情况下，将上式用泰勒级数展开，略去 2 次幂以上的高次项可得：

$$t_S \approx t_0\left(1 + \frac{x^2 + 4hx\sin\varphi}{8h^2}\right) \tag{2-2-18}$$

对于 S' 点，同理可得反射波旅行时 $t_{S'}$：

$$\begin{cases} t_{S'} = \dfrac{1}{v}\sqrt{x^2 + 4h^2 - 4hx\sin\varphi} \\ t_{S'} \approx t_0\left(1 + \dfrac{x^2 - 4hx\sin\varphi}{8h^2}\right) \end{cases} \tag{2-2-19}$$

式中，t_0 为 O 点处的自激自收时间，$t_0 = 2h/v$；h 为 O 点处界面的法线深度。

将震源两边等距的两观测点的反射波旅行时相减，可得倾角时差 Δt_d：

$$\Delta t_d = t_S - t_{S'} = \frac{t_0 x\sin\varphi}{h} = \frac{2x\sin\varphi}{v} \tag{2-2-20}$$

当在 O 点两边炮检距为 x 的两点上测出倾角时差 Δt_d 后，就可用下式估算界面倾角：

$$\sin\varphi = \frac{v\Delta t_d}{2x} \tag{2-2-21}$$

应当注意：用 S' 点与 S 点的反射波旅行时相减时，因为它们的炮检距 x 相同，所以相减后正常时差抵消了，t_0 也抵消了，剩下的就是这两点之间的倾角时差。

若用 O 点的 t_0 与 t_S 相减，所得的时差并不是 Δt_d 的一半。这是因为在 O 点观测，$x = 0$，没有正常时差，而相减的结果既含有 S 点的正常时差，也含有 S 点与 O 点之间的倾角时差。

也可以这样理解，在一个炮检距不为 0 的点观测到的倾斜界面反射波旅行时包括 3 个部分，即 t_0、正常时差和倾角时差，则 $t_{S'}$ 与 t_S 之差实质上应当视为这两点的倾角时差之差。

四、多层介质情况下的反射波时距曲线

实际地层介质是非常复杂的，在地震勘探中针对客观存在的形形色色的地层剖面，人们根据对问题研究的深入程度和成果精度要求等，建立了多种地层介质结构模型，诸如各向同性介质模型、各向异性介质模型等。在常规地震勘探中，主要研究的介质模型有均匀介质模型、层状介质模型及连续介质模型 3 种。

均匀介质模型中(假设反射界面 R 以上的介质是均匀的)，地震波传播速度 v 是一个常数，界面既可以是水平的也可以是倾斜的(图 2-2-9)。

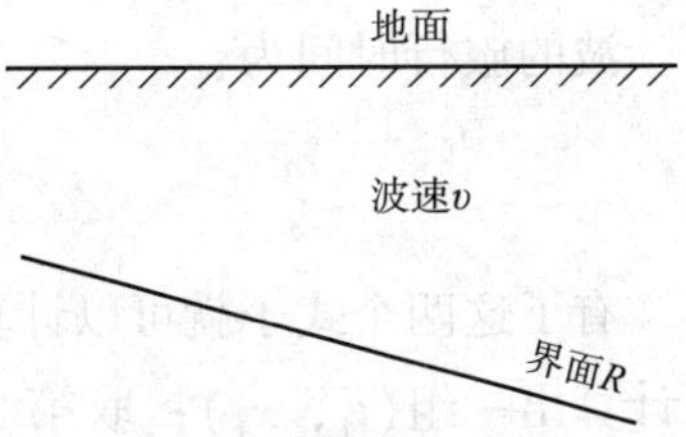

图 2-2-9　均匀介质模型

层状介质模型中(假设地层剖面是层状结构的)，每一层内速度是均匀的，但各层的速度是不相同的，这些分

界面可以是倾斜的也可以水平的(分别称为倾斜层状介质或水平层状介质，图 2－2－10)。本节重点阐述层状介质模型中反射波的时距关系。

连续介质模型中，认为介质Ⅰ与介质Ⅱ的速度是不相等的，有突变，且介质Ⅰ内部的波速不是一个常数，而是连续变化的。最常见的是速度是深度的函数 $v(z)$(图 2－2－11)。

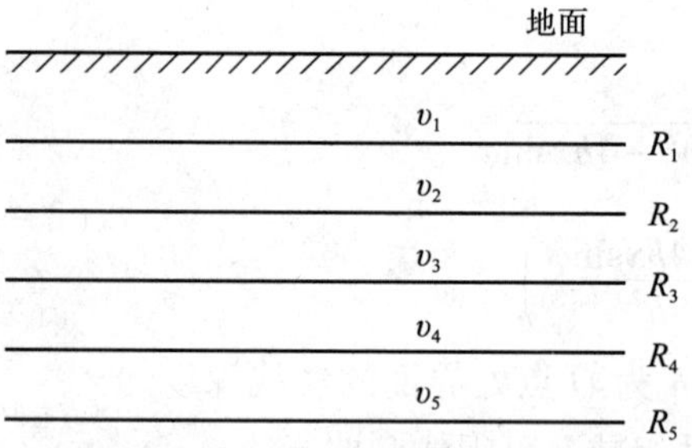

图 2－2－10　层状介质模型

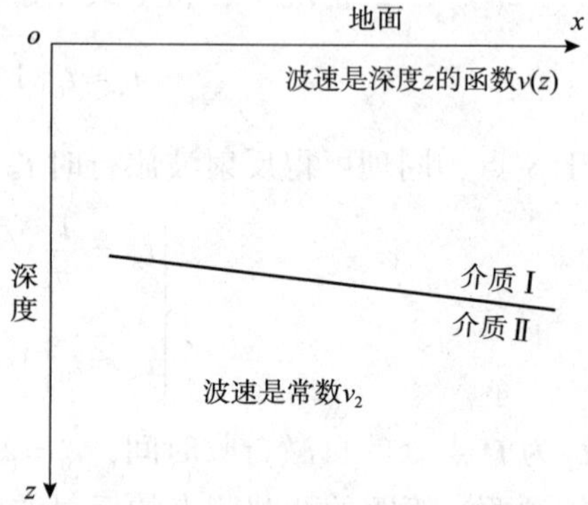

图 2－2－11　连续介质模型

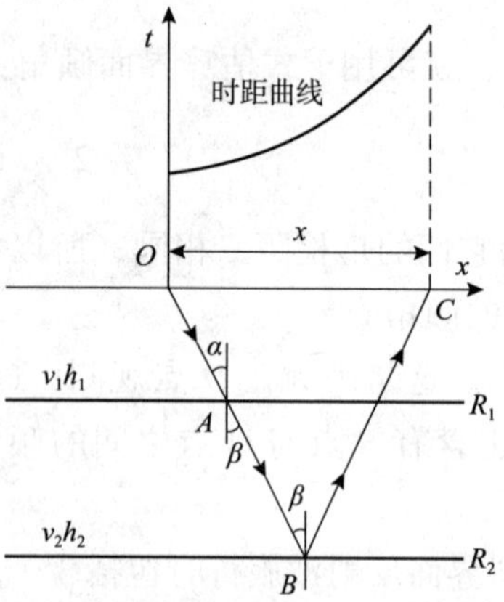

图 2－2－12　三层水平层状介质模型

1. 水平层状介质模型中共炮点反射波时距曲线

三层水平层状介质模型如图 2－2－12 所示。在 O 点激发，在 Ox 上观测，因为 R_2 界面上部有两层介质，所以不能用虚震源原理简单地推导时距曲线方程。根据时距曲线的定义，计算沿着从不同入射角 α 入射到第一个界面 R_1，然后再透射到 R_2 界面反射回地面的各条射线路程。计算地震波传播的时间 t，以及相应的接收点的距离 x。当计算出一系列 (t, x) 值后，就可具体地画出 R_2 界面反射波的时距曲线。

波从震源 O 出发，透过界面 R_1，其传播方向必然满足透射定律，即：

$$\frac{\sin\alpha}{v_1}=\frac{\sin\beta}{v_2}=p \tag{2－2－22}$$

式中，α 为波在 R_1 界面上的入射角；β 为波在 R_2 界面上的入射角；p 为射线参数。

由于界面水平，反射路程与入射路程是对称的。接收点 C 到激发点的距离为：

$$x=2(h_1\mathrm{tg}\alpha+h_2\mathrm{tg}\beta) \tag{2－2－23}$$

波的旅行时间为：

$$t=2\left(\frac{h_1}{v_1\cos\alpha}+\frac{h_2}{v_2\cos\beta}\right) \tag{2－2－24}$$

有了这两个式子就可以计算 R_2 界面的反射波时距曲线，例如，取第一条射线 $\alpha=\alpha_1$，可计算出一组 (t_1, x_1)；取第二条射线 $\alpha=\alpha_2$，可计算出一组 (t_2, x_2)，等等。把许多组 (t, x) 值标出来，就可得到 R_2 界面的反射波时距曲线。

由于 α 和 β 之间的关系由式(2－2－22)表示，所以式(2－2－23)、式(2－2－24)还可以进一步转化为以射线参数 p 表示的参数方程：

$$\begin{cases} x = 2\left(\dfrac{h_1 v_1 p}{\sqrt{1 - v_1^2 p^2}} + \dfrac{h_2 v_2 p}{\sqrt{1 - v_2^2 p^2}}\right) \\ t = 2\left(\dfrac{h_1}{v_1 \sqrt{1 - v_1^2 p^2}} + \dfrac{h_2}{v_2 \sqrt{1 - v_2^2 p^2}}\right) \end{cases} \tag{2-2-25}$$

但是它不能转化成某种标准的二次曲线方程，如双曲线方程。

2. 三层水平层状介质模型的简化

虽然三层水平层状介质的反射波时距曲线已不是双曲线，但是可以将介质模型简化，用一条双曲线去近似它，即用一种假想的均匀介质来代替层状介质，使地震波在假想均匀介质中的传播情况很接近于真实情况。具体方法是引入“平均速度”，将层状介质简化为均匀介质。平均速度 v_{av} 的定义为层状介质中地层的总厚度除以波在垂直层面的旅行总时间。对于三层水平层状介质模型，第二层底面上的平均速度公式为：

$$v_{av} = \frac{h_1 + h_2}{\Delta t_1 + \Delta t_2} = \frac{h_1 + h_2}{\dfrac{h_1}{v_1} + \dfrac{h_2}{v_2}} \tag{2-2-26}$$

对于 $n+1$ 层水平层状介质，地震波在各层的传播速度(称为层速度)分别为 v_1，v_2，…，v_n；每层的厚度分别为 h_1，h_2，…，h_n；波垂直各层的传播时间分别为 Δt_1，Δt_2，…，Δt_n，如图 2－2－13 所示，则这组地层第 n 层底面以上的平均速度为：

$$v_{av} = \frac{h_1 + h_2 + \cdots + h_n}{\Delta t_1 + \Delta t_2 + \cdots + \Delta t_n} = \frac{\sum_{i=1}^{n} h_i}{\sum_{i=1}^{n} \dfrac{h_i}{v_i}} \tag{2-2-27}$$

必须指出，引入平均速度也是对介质结构的一种简化。例如，根据 v_1、h_1、v_2、h_2 计算出 R_2 界面以上的平均速度 $v_{av,2}$，就可以把 R_2 界面以上的介质看作速度为 $v_{av,2}$ 的均匀介质；再根据 v_1、h_1、v_2、h_2、v_3、h_3 计算出 R_3 界面以上的平均速度 $v_{av,3}$，就可以把 R_3 界面以上的介质视作速度为 $v_{av,3}$ 的均匀介质……。显然，这种近似虽然在一定程度上便于进行解释，但仍然存在不少问题。

平均速度资料是地震资料解释的重要资料，是通过对深井进行专门地震测井而取得的。

图 2－2－13　多层水平层状介质模型

3. 两种情况下的反射波时距曲线的比较

根据前文假想的均匀介质的波速可以得出两条时距曲线的 t_0 是相等的，即它们在($x=0$，$t=t_0$)点重合。那么在其他部分又如何呢？假设介质参数是 $h_1=500\text{m}$，$h_2=700\text{m}$，

$v_1=1000\text{m/s}$，$v_2=1500\text{m/s}$；给出一系列 α 值，按式(2-2-23)、式(2-2-24)计算出相应的 t 和 x 值(表2-2-1)，根据表中数据制作出的三层水平层状介质模型共炮点反射波时距曲线如图2-2-14中虚线所示。

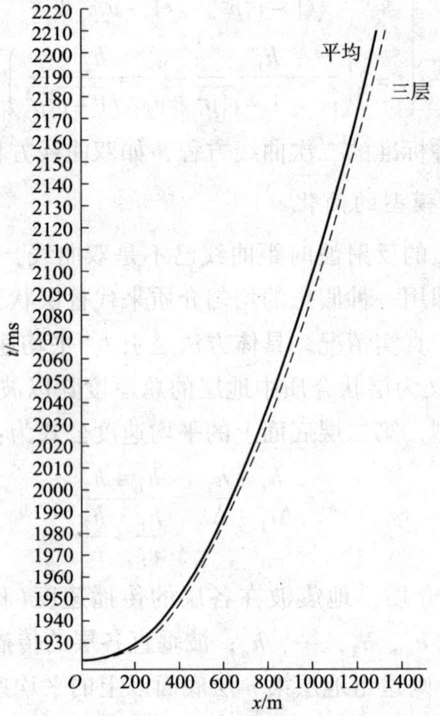

图2-2-14　三层水平层状介质模型的反射波时距曲线

表2-2-1　三层水平层状介质模型反射波时距曲线数据

α	0	1	2	3	4	5	6	7	8
x/m	0	54.3	108.3	162.6	217.5	272.3	327.3	383.1	439.4
t/s	1.993	1.934	1.935	1.938	1.941	1.945	1.949	1.956	1.964
α	9	10	11	12	13	14	15	16	17
x/m	496.6	552.8	612.6	672.6	732.6	194.8	857.8	922.3	989.0
t/s	1.973	1.928	1.992	2.005	2.018	2.032	2.046	2.064	2.084
α	18	19	20	21	22				
x/m	1062.9	1127，8	1200.7	1276.4	1355.0				
t/s	2.106	2.128	2.151	2.176	2.206				

把 R_2 界面以上介质换成速度为平均速度 v_{av} 的均匀介质后，平均速度 $v_{av}=1240\text{m/s}$，用 $t=\sqrt{x^2+4h_0^2}/v_{av}$ 计算出一系列$(t,\ x)$值(表2-2-2)。

表 2-2-2　三层水平层状介质模型平均速度计算所得的反射波时距曲线数据

x	0	50	100	200	300	400	500	600
$t_{平均}$	1.993	1.934	1.936	1.942	1.949	1.959	1.975	1.991
$\Delta t = t_{平均} - t_{三层}$	0.000	0.000	0.000	0.001	0.001	0.001	0.002	0.002
x	700	800	900	1000	1100	1300	1355	
$t_{平均}$	2.013	2.037	2.064	2.093	2.160	2.197	2.219	
$\Delta t = t_{平均} - t_{三层}$	0.003	0.005	0.007	0.008	0.011	0.012	0.012	

该时距曲线如图 2-2-14 中实线所示，并可求出在一系列 x 值上两条时距曲线的时间差 $\Delta t(\Delta t = t_{平均} - t_{三层})$，列于表 2-2-2 中。对于这两条时距曲线的比较、分析，可以看到两种现象：第一，在激发点附近，这两条时距曲线基本上是重合的；第二，随着离激发点的距离越来越远，它们逐渐分开，三层水平层状介质模型的时距曲线在下方。这说明地震波在三层水平层状介质模型中传播时，真正速度比平均速度大。对许多不同的介质结构情况进行计算和比较，会发现类似的现象。

通过分析可以得到这样的结论：三层水平层状介质模型的反射波时距曲线在激发点附近很接近于把覆盖介质视作速度为平均速度的均匀介质时得到的反射波时距曲线，这样，我们用引入平均速度的办法，就可以把三层水平层状介质模型问题转化为均匀介质模型问题，且可以把三层水平层状介质模型的时距曲线近似地看成双曲线。

引入平均速度是对层状介质模型的一种简化方案。它的前提是两种情况下的 t_0 相等。其实，也可以从别的方面考虑，例如使两条时距曲线整体非常接近，从而可以导出均方速度这一概念。

实际地层剖面中，介质有很多层，这时仍可以采用上述方法，用不同的平均速度，把各个界面的上覆介质简化为均匀介质，而每个层面的反射波时距曲线也都可以近似地被视作双曲线。例如，设有图 2-2-13 所示的水平多层介质模型，现采用两种方法来计算各界面的反射波时距曲线。

第一种方法是考虑射线在各个界面上的偏折，在水平多层介质模型中，反射波时距曲线参数方程的一般公式是：

$$\begin{cases} x = 2\sum\limits_{i=1}^{n} \dfrac{h_i v_i p}{\sqrt{1 - v_i^2 p^2}} \\ t = 2\sum\limits_{i=1}^{n} \dfrac{h_i}{v_i \sqrt{1 - v_i^2 p^2}} \end{cases} \tag{2-2-28}$$

式中，p 为射线参数。

即：

$$\frac{\sin\alpha_1}{v_1} = \frac{\sin\alpha_2}{v_2} = \cdots = \frac{\sin\alpha_n}{v_n} = p \tag{2-2-29}$$

给定不同的 α_1，就可以算出某个界面的反射波时距曲线。这种计算结果反映了地震波在水平层状介质模型中真实的传播情况。

第二种方法是采用平均速度法，即把某一个界面以上的介质用具有平均速度 v_{av} 和厚度为 H 的均匀介质来代替，用下式计算该界面的反射波时距曲线：

$$t_{平均} = \frac{1}{v_{av}}\sqrt{x^2 + 4H^2} \tag{2-2-30}$$

式中：

$$\begin{cases} v_{av} = \dfrac{\sum\limits_{i=1}^{n} h_i}{\sum\limits_{i=1}^{n} \dfrac{h_i}{v_i}} \\ H = \sum\limits_{i=1}^{n} h_i \end{cases} \tag{2-2-31}$$

通过计算表明，在炮检距不大时，可以把多层介质的反射波时距曲线近似地看成双曲线。

第三节　折射波运动学

一、视速度的概念

首先分析波出射方向和地震同相轴形态的关系。

图2-3-1(a)所示的射线互相平行，垂直于地面出射，波的视速度 $v_a = \infty$，波的同相轴为一条水平线。图2-3-1(b)所示的射线互相平行，但不垂直于地面出射，波的视速度 $v_a = \Delta x/\Delta t$，波的同相轴为一条倾斜线。图2-3-1(c)所示的射线出射角是变化的，互相不平行，波的视速度逐点变化，为 $v_a = \mathrm{d}x/\mathrm{d}t$，出射角越大，同相轴越陡，视速度越小，即波的出射方向与视速度密切相关，某点处视速度的大小与该点处同相轴的切线关系为 $v_a = \mathrm{d}x/\mathrm{d}t$。

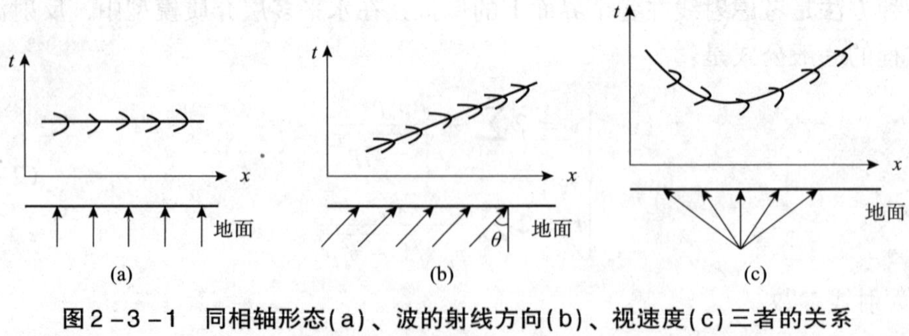

图2-3-1　同相轴形态(a)、波的射线方向(b)、视速度(c)三者的关系

由上述分析可知，当某一区域同时接收到两个波时，它们的同相轴、射线等的关系如图2-3-2(a)所示，两条直线同相轴在 A 点相交，表明波Ⅰ的所有射线是平行的，波Ⅱ的所有射线也是平行的，但两个波并不平行，因为同相轴的斜率不同。在 A 点，这两个波的到达时间相等，但两个波在 A 点出射的两条射线并不平行。如图2-3-2(b)所示，一条弯曲的同相轴与另一条直线同相轴在 B 点处相切，表明两个波的同相轴在 B 点处有相同的斜率和相同的到达时间，即两个波出射到与 B 点对应的地面 A 点的射线是重合的。

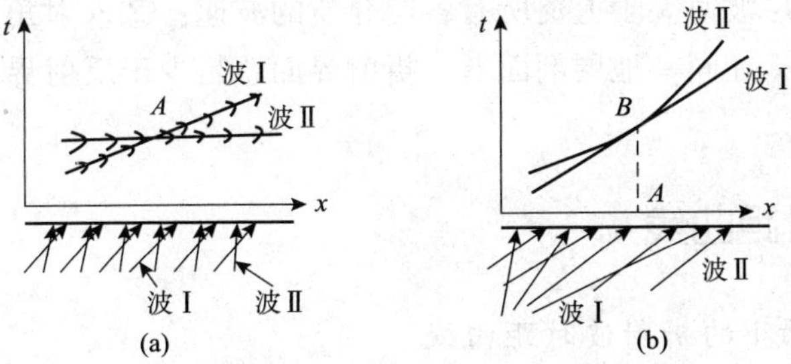

图2－3－2　两个波的同相轴视速度(a)、射线方向(b)的关系

二、折射波的传播规律

当界面以下介质的波速 v_2 大于以上介质的波速 v_1，波的入射角等于临界角时，透射波就会变成沿界面以 v_2 传播的滑行波，由滑行波在上部介质中激发出新的波动，即地震折射波。可以证明，在临界角以外，界面上任一点的滑行波将比入射波先到(图2－3－3)，即 $T_{OC}>t_{OB}+t_{BC}$。其传播规律和特点如图2－3－4所示。波在 C' 点以临界角 θ_C 入射到两种介质的分界面上，滑行波从 C' 点开始滑行，波速为 v_2，在分界面的各点上，通常反射波依然存在，但由于入射线不平行，所以反射线也不平行，除 C' 点外，任何地方的反射角都不等于 θ_C，而折射波的射线却是平行的，都与界面法线成 θ_C 角度，并且在 OA 范围内是接收不到折射波的，这个范围叫折射波的“盲区”，且有 $OA=2h\mathrm{tg}\theta_C$（h 为波源到水平分界面的距离）。

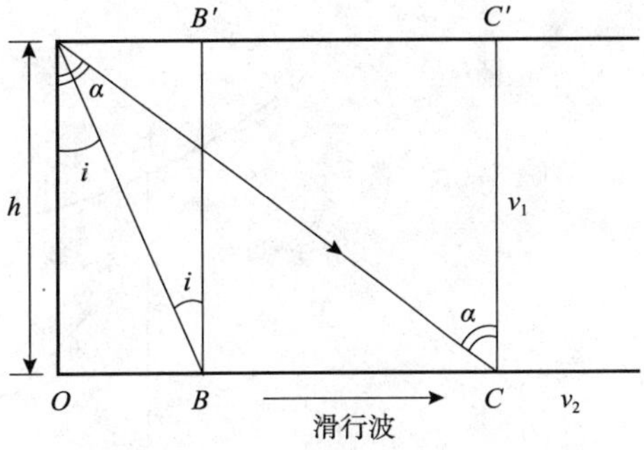

图2－3－3　临界角外滑行波与入射波的关系

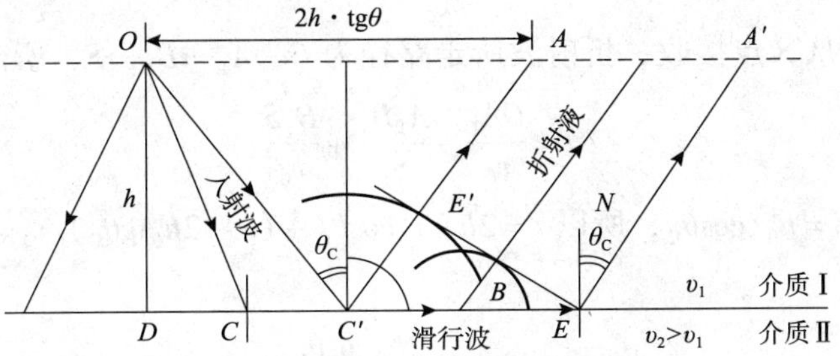

图2－3－4　滑行波和折射波

由上述分析可知，假设只有一个界面时，要形成折射波必须使下面介质的波速大于上覆介质的波速，且入射角以临界角入射。在实际的多层介质中，一般波速会随深度的增大而增大，因而可形成多个折射面。上、下地层波速倒转的现象在油气层等地层中经常发

生，即在地层剖面中，中间可能出现相对波速较低的层，此时在这个低速层的顶界面就无法形成折射波。用斯奈尔定律可以证明，在多层介质中，要在某一地层顶界面形成折射波的必要条件是：①该层波速大于上覆所有各层介质的波速；②入射角以临界角入射。与形成反射波的条件相比，在同一地层剖面上，折射界面总是少于反射界面，形成折射波的条件比形成反射波苛刻。

三、折射波时距曲线

1. 一个水平界面下的折射波时距曲线

如图 2－3－5 所示，在 O 点激发，反射界面 R 上、下层的波速分别为 v_0、v_1，且 $v_1 > v_0$，在盲区 OM_1、OM_2 内无折射波，折射波从 M_1、M_2 开始接收，即以 F_1 和 F_2 为折射波时距曲线的始点。

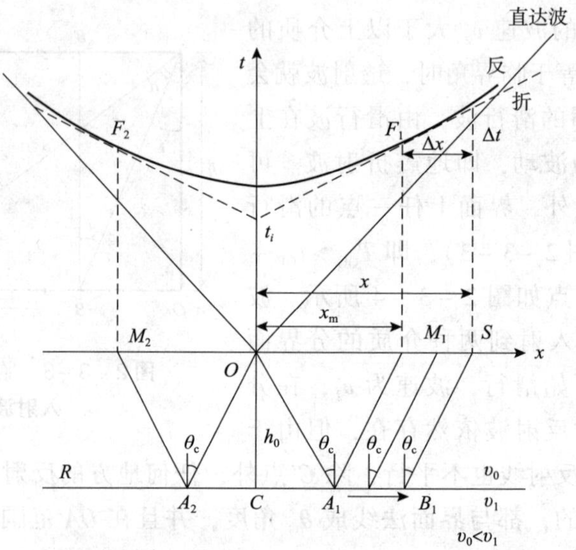

图 2－3－5　一个水平界面的折射波时距曲线

从 O 点激发，从 S 点接收，折射波所走路径为 $O \to A_1 \to B_1 \to S$，所需时间为：

$$t = \frac{OA_1}{v_0} + \frac{A_1B_1}{v_1} + \frac{B_1S}{v_0} \qquad (2-3-1)$$

因为 $OA_1 = B_1S = h_0/\cos\theta_C$，所以 $t = 2h_0/v_0\cos\theta_C + (x - 2h_0\mathrm{tg}\theta_C)/v_1$。将 $v_1 = v_0/\sin\theta_C$ 代入上式，得：

$$t = \frac{x}{v_1} + \frac{2h_0\cos\theta_C}{v_0} \qquad (2-3-2)$$

式(2－3－2)就是水平界面折射波时距曲线方程。当 $x = 0$ 时，有：

$$t = t_i = \frac{2h_0\cos\theta_C}{v_0} \qquad (2-3-3)$$

这说明折射波时距曲线延长后与时间轴交于 t_i，t_i 称为与时间轴的交叉时。

折射波时距曲线的始点坐标可以由图2-3-5中数据得出：

$$\begin{cases} x_m = 2h_0\text{tg}\theta_C \\ t_m = \dfrac{2h_0}{v_0\cos\theta_C} \end{cases} \qquad (2-3-4)$$

由式(2-3-4)可以看出，界面埋藏越深，盲区越大。在折射波时距曲线的始点，由于同一界面的反射波时距曲线和折射波时距曲线有相同的时间和视速度(在 M_1 点出射的射线既是反射波射线也是折射波射线)，因此，这两条时距曲线在该点相切。

由图2-3-5可知，直达波、反射波和折射波的时距曲线之间具有如下关系：

(1)直达波时距曲线是反射波时距曲线的渐近线。

(2)折射波时距曲线与反射波时距曲线在 F_1 点或 F_2 点相切，切点为折射波时距曲线的始点。

(3)直达波与折射波的时距曲线有一个交点 P，交点坐标为：

$$\begin{cases} x_P = \dfrac{t_i v_1 v_2}{v_2 - v_1} \\ t_P = \dfrac{t_i v_2}{v_2 - v_1} \end{cases} \qquad (2-3-5)$$

(4)在 $x < x_P$ 的区间内，直达波为初至波(最先接收到的波)；在 $x > x_P$ 的区间内，折射波为初至波，而直达波为续至波，反射波总是最后被接收到(直达波、反射波、折射波3种波相比)。

(5)时距曲线的陡缓取决于上覆介质的波速与界面的埋藏深度。对于折射波而言，界面速度越大，时距曲线越平缓；反之，时距曲线越陡。对于反射波来讲，同一界面的反射波时距曲线的斜率随 x 的变化而变化，不同界面的反射波时距曲线随界面埋深的增大而逐渐趋于平缓。

2. 倾斜界面的折射波时距曲线

如图2-3-6所示，当 $v_2 > v_1$ 时，界面为 R，爆炸点为 O，临界角为 i，A 点产生的滑行波沿界面滑行到 B 点，在介质Ⅰ中形成折射波，最后到达接收点 S，当观测点位于界面下倾方向时，传播时间为：

$$t = \frac{OA}{v_1} + \frac{AB}{v_2} + \frac{BS}{V_1} \qquad (2-3-6)$$

在直角三角形 OCA 中，$OA = h/\cos i$，$AB = CD - CA - BD$，$CD = OE = x\cos\varphi$，$CA = h\text{tg}i$，$BD = SD\text{tg}i = (h + SE)\text{tg}i = (h + x\sin\varphi)\text{tg}i$，所以有：

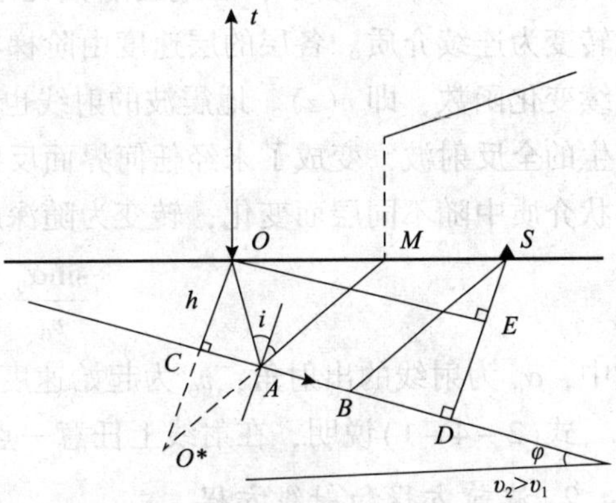

图2-3-6　倾斜界面的折射波时距曲线

$$AB = x(\cos\varphi - \sin\varphi\text{tg}i) - 2h\text{tg}i \qquad (2-3-7)$$

在直角三角形 SBD 中，有：

$$SB = SD/\cos i = (h + x\sin\varphi)/\cos i \qquad (2-3-8)$$

将上述各式代入式(2－3－6)得到：

$$t = \frac{h}{v_1 \cos i} + \frac{1}{v_2}[x(\cos\varphi - \sin\varphi \operatorname{tg} i) - 2h\operatorname{tg} i] + \frac{1}{v_1 \cos i}(h + x\sin\varphi) \qquad (2-3-9)$$

将 $1/v_2 = \sin i/v_1$ 代入式(2－3－6)得：

$$t = \frac{2h}{v_1}\cos i + \frac{x}{v_1}\sin(i+\varphi) \qquad (2-3-10)$$

用同样的方法可得到观测点位于界面上倾方向的折射波的时距曲线方程：

$$t = \frac{2h}{v_1}\cos i + \frac{x}{v_1}\sin(i-\varphi) \qquad (2-3-11)$$

应当注意，并不是所有倾斜界面都能产生折射波和能在地面被接收到的折射波。只有当界面的视倾角 $\varphi < 90° - \theta_C$ 时，折射波才能返回地面被接收到；当 $\varphi \geq 90° - \theta_C$ 时，在地面上就无法接收到折射波了。可见界面倾角超出一定限度后，就无法用折射波法进行勘探了。

第四节　连续介质中地震波的运动学

在沉积岩地区，地震波传播速度的分布规律具有成层性，因此可以近似地把地层看成层状介质。但通过地震勘探的大量实践，人们发现，对于较深的界面，把它的覆盖介质的波速看成随深度连续变化的，更接近真实情况的，因此，本节讨论地震波在连续介质中的传播规律。

一、地震波在连续介质中的波前方程和射线方程

1. 地震波在连续介质中的传播特点

如图 2－2－13 所示，当地层层数无限增多，每一层的厚度都趋近于零时，层状介质就转变为连续介质。各层的层速度由阶梯状变化转变为连续变化，地震波的速度是深度的连续变化函数，即 $v(z)$。地震波的射线也将变成一簇圆滑的曲线，称为曲射线。由界面上产生的全反射波，变成了未经任何界面反射，而返回到地面的波，称为回折波。入射角由层状介质中随不同层而变化，转变为随深度而连续变化，透射定律变成下面形式：

$$\frac{\sin\alpha_0}{v_0} = \frac{\sin\alpha(z)}{v(z)} = p \qquad (2-4-1)$$

式中，α_0 为射线的出射角；v_0 为起始速度。

式(2－4－1)说明，在射线上任意一点都满足透射定律。

2. 波前方程和射线方程

假定地震波的速度是深度的连续变化函数 $v(z)$，在射线上任取一段 ds(图 2－4－1)，并把它看作直线，则：

$$dx = \operatorname{tg}\alpha\, dz \qquad (2-4-2)$$

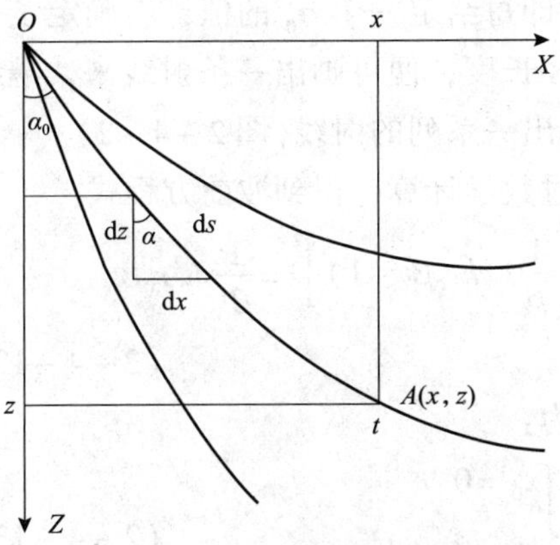

图2-4-1　地震波传播示意图

$$dt = \frac{ds}{v(z)} = \frac{dz}{v\cos\alpha} \tag{2-4-3}$$

将式(2-4-1)代入上述两式得：

$$dx = \frac{pv}{\sqrt{1-p^2v^2}}dz \tag{2-4-4}$$

$$dt = \frac{1}{v\sqrt{1-p^2v^2}}dv \tag{2-4-5}$$

射线上 A 点的横坐标为 x，旅行时间为 t，则上面两式从0到 z 的积分：

$$x = \int_0^z \frac{pv}{\sqrt{1-p^2v^2}}dz \tag{2-4-6}$$

$$t = \int_0^z \frac{1}{v\sqrt{1-p^2v^2}}dz \tag{2-4-7}$$

式(2-4-6)和式(2-4-7)分别为连续介质的射线方程和波前方程。已知 $v(z)$ 和给出射线参数 p 的值，根据式(2-4-6)和式(2-4-7)就可以确定波前和射线的具体形状。

3. 速度规律 $v(z)=v_0(1+\beta z)$ 时的射线和等时线

上述为在 $v=v(z)$ 时，地震波的射线和等时线的一般表达式，从这些公式还不能看出射线和等时线的具体形状，只有把速度随深度变化的具体规律，即速度函数 $v(z)$ 的具体形式代入上述公式后，才能找出地震波射线和等时线的具体形状。目前，各探区根据对速度资料的综合分析，总结出速度随深度的变化规律大体是呈线性增大的，即速度随深度的变化率为 $dv(z)/dz=v_0\beta$，即 $v(z)$ 可以表示为：

$$v(z) = v_0(1+\beta z) \tag{2-4-8}$$

式中，v_0 为在地面($z=0$ 处)的速度；β 为速度随深度的相对变化率，即速度随深度的变化率同 v_0 之比。

例如，我国某探区 $v_0=1800$m/s，$\beta=0.00026$，不同探区 v_0、β 的值不同，分析在 $v(z)=v_0(1+\beta z)$ 的条件下，射线和等时线的方程以及它们的几何形状。把式(2-4-8)代入式(2-4-6)和式(2-4-7)后，计算得线性连续介质中的波的射线方程为：

$$\left(x-\frac{1}{\beta}\text{ctg}\alpha_0\right)^2 + \left[z-\left(-\frac{1}{\beta}\right)\right]^2 = \frac{1}{\beta^2}\csc^2\alpha_0 \tag{2-4-9}$$

式(2-4-9)是一个圆的方程，其圆心坐标为：

$$\begin{cases} x'_0 = \dfrac{1}{\beta}\text{ctg}\alpha_0 \\ z'_0 = -\dfrac{1}{\beta} \end{cases} \tag{2-4-10}$$

圆的半径 R'_0 为：

$$R'_0 = \frac{1}{\beta}\csc\alpha_0 \tag{2-4-11}$$

式(2-4-11)中，α_0 为起始出射角(即表层的出射角)。射线在介质中的位置取决于

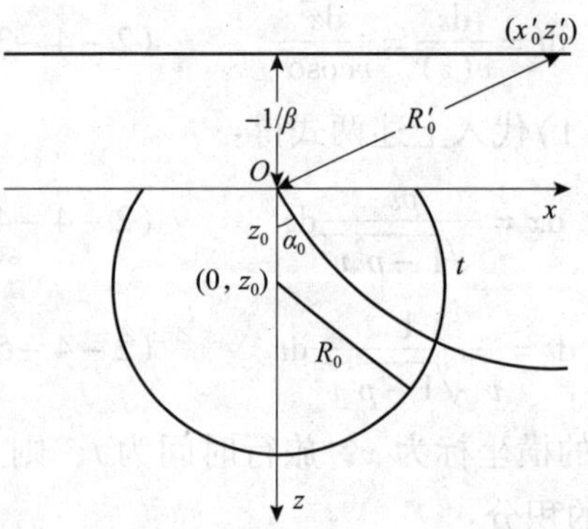

图 2－4－2　$v(z)$ 速度下的射线形态

出射角 α_0 的值。即每给定一个 α_0 的值，就确定了一个圆心位置和半径长度，便可画出一条射线来，继续变化 α_0 值，可绘出一系列的射线（图 2－4－2）。

同样地，经过数学计算，得到波前方程式：

$$x^2 + \left[z - \frac{1}{\beta}(chv_0\beta t - 1)\right]^2 = \frac{1}{\beta^2}sh^2 v_0\beta t \tag{2-4-12}$$

其圆心坐标为：

$$\begin{cases} x_0 = 0 \\ z_0 = \dfrac{1}{\beta}(chv_0\beta t - 1) \end{cases} \tag{2-4-13}$$

圆半径 R_0 为：

$$R_0 = \frac{1}{\beta}shv_0\beta t \tag{2-4-14}$$

式中，t 为地震波的旅行时间。因此，等时线的位置取决于 t，即给定一个 t 值，就可以确定一个圆心位置和半径长度，可以画出一条波前（等时线）来（图 2－4－2）。

图 2－4－3 所示为在线性连续介质中的射线和波前（等时线），射线和波前为相互垂直的圆弧线。在资料解释中，有时直接用它们绘制地震剖面，所以也把它们称为综合射线图版。

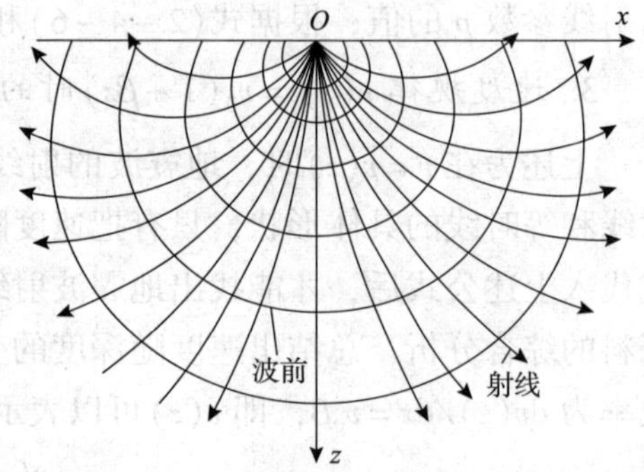

图 2－4－3　$v(z)$ 速度下连续介质射线和波前形态

对于连续介质中等时线方程及其规律的讨论，在地震资料解释中是很有用的。这些方程可直接用于时深转换，如只要给出 v_0、β、t 就可以计算出 Z、R 的值，画出波前。设在时间剖面上有一个反射波同相轴，我们可以等间隔读取 x_1、x_2、x_3 时的 t_{01}、t_{02}、t_{03}，然后利用式（2－4－13）和式（2－4－14）分别计算出相应的 z_1、z_2、z_3 和 R_1、R_2、R_3，从 x_1 点垂直向下作一线段，使其长度为 z_1；以 z_1 端点为圆心，以 R_1 为半径作出一个波前。同理可作出 x_2、x_3 点的波前，作它们的包络就可以得到地下的反射深度剖面（图 2－4－4）。

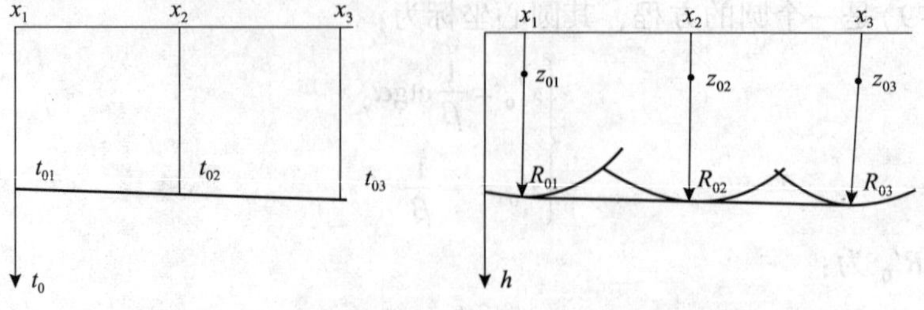

图 2－4－4　在连续介质中由 t_0 绘制深度剖面

二、覆盖层为连续介质时的反射波时距曲线

假设地下有一水平界面 R，界面以上的地层介质是线性连续介质。地震波的波速是 $v(z)$，它是深度的连续变化函数。O 点为震源，S 点是接收点，地震波从震源 O 点出发在 R 界面上 A 点反射，最后到达接收点 S 的传播时间为 t，接收点到震源的距离为 x。由于射线的对称性(图 2－4－5)，反射波到达 S 点的旅行时间 t 和炮检距 x 的关系为：

$$\begin{cases} x = 2\int_0^z \dfrac{pv(z)}{\sqrt{1-p^2v^2(z)}}dz \\ t = 2\int_0^z \dfrac{1}{v(z)\sqrt{1-p^2v^2(z)}}dz \end{cases} \tag{2-4-15}$$

式(2－4－15)即水平界面连续介质反射波的时距曲线方程，是以射线 p 为参数的参数方程组。如果设 $v_0=1880\text{m/s}$，$\beta=0.00026\text{m}^{-1}$，$H=2000\text{m}$。利用式(2－4－15)计算时距关系，可绘制出时距曲线的具体形状如图 2－4－5 所示。用速度为平均速度的均匀介质代替连续介质，对于 $v(z)=v_0(1+\beta z)$ 连续介质，其平均速度为：

$$v_{av}(H) = \frac{H}{\int_0^H \frac{dz}{v(z)}} = \frac{H}{\int_0^H \frac{dz}{v_0(1+\beta z)}} = \frac{v_0\beta H}{\ln(1+\beta H)} \tag{2-4-16}$$

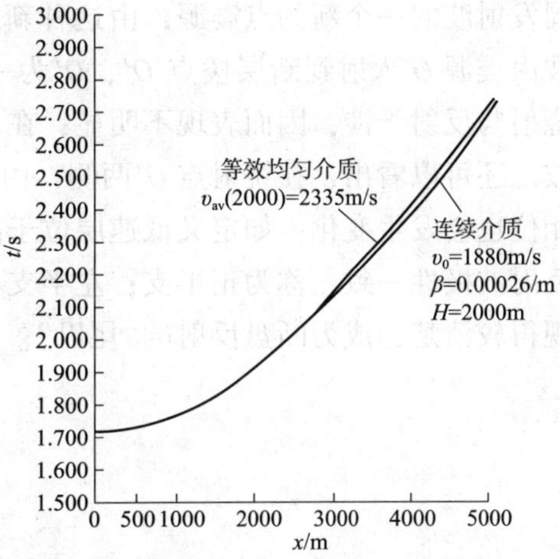

图 2－4－5 覆盖层为显性连续介质时反射波时距曲线与等效均匀介质反射波时距曲线

代入具体数据，计算得平均速度 $v_{av}=2335\text{m/s}$。时距曲线如图 2－4－5 所示。通过理论讨论和计算实例的比较表明，在 x 较小的条件下，覆盖层为线性连续介质时的反射波时距曲线很接近于双曲线。该双曲线关于 t 轴对称，在 $x=0$ 处有极小值。反射波时距曲线与回折波时距曲线的关系是：当 $x=\pm 2\sqrt{(1+\beta H)^2-1}/\beta$ 时，两曲线相切。

第五节 特殊波时距曲线

前文中分析了在层状介质、均匀介质、连续介质反射界面均为平面的情况下，反射波的传播规律。但是，把地层分界面看成是一些延伸很长的平滑平面，只是对地下实际情况的一种很粗略的简化。实际上的地下地质构造往往是很复杂的，在构造运动的作用下，会产生断层、不整合、地层的挠曲褶皱等。

由于存在这些比较复杂的构造，地下的地层界面就可能发生中断、弯曲或变得起伏不平，地下的地质构造除了产生次反射波外，还会出现一些与复杂构造有关的地震波，如断面反射波、绕射波、回转波等，习惯上把它们称为异常波。

异常波的存在，一方面，会与一次反射波发生干涉，使地震剖面的面貌复杂化，给波的对比和解释带来困难；另一方面，异常波是由地下复杂的地质构造引起的，必然同地下复杂地质构造存在某些联系，因而为利用它们分析地下复杂构造提供了可能。因此，只要能认识和利用异常波，就可以了解地下复杂构造的特点。为此，必须分析其产生的原因，了解其传播规律及其在时间剖面上表现出的特征。

一、绕射波

1. 绕射波的产生

根据惠更斯原理可知，地震波传播过程中，遇到界面上任何一种不规则体，例如断层棱点、地层尖灭点、不整合面上的突起点等(图 2－5－1)，在这些不规则体处会形成向四周发射波的一个新的点震源，由这种新的点震源产生的波叫作绕射波。在图 2－5－2 中，波由震源 O 入射到断层棱点 O'，O'为一次的绕射源，向四面发出绕射波。在 O'点右侧，绕射与反射干涉，因而表现不明显；在 O'点左侧，绕射不受反射干涉，会形成明显的绕射波。还可以看出，在绕射点 O'两侧，由于断层两侧岩性差异会引起速度的变化，双曲线的相位也会发生变化；如定义低速层位于高速层之上的反射为正极性，那么绕射波右半支与反射波极性一致，称为正半支；左半支与反射波极性相反，称为负半支。通常，正半支表现得较清楚，成为断盘反射的“尾巴”。

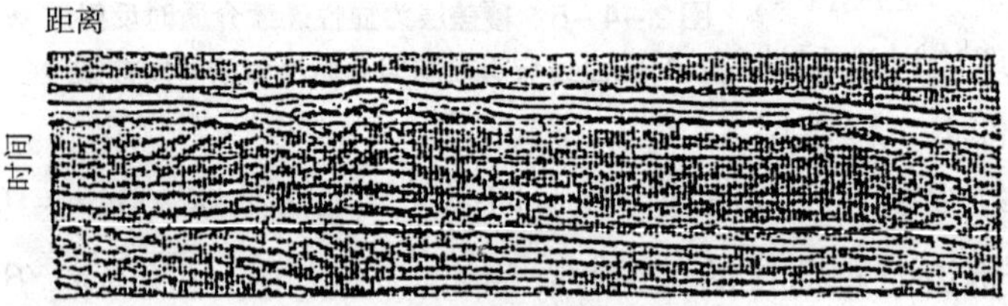

图 2－5－1　侵蚀面上产生的绕射波

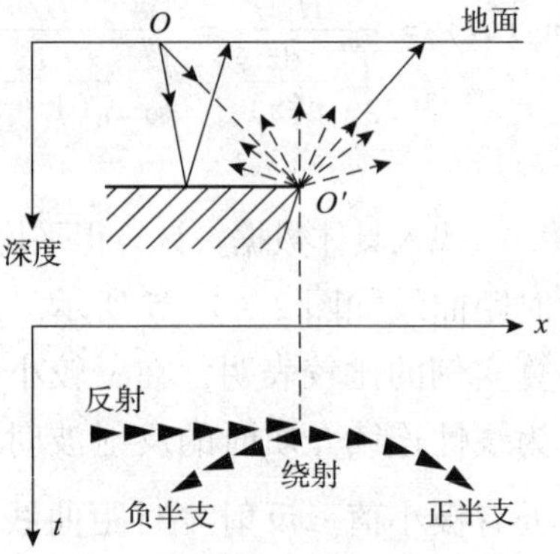

图 2－5－2　绕射波的产生

2. 绕射波的主要特征

首先，分析绕射波的时距曲线，设测线 OX 垂直于断棱，断棱的埋深为 h，断棱上 R 点在地面的投影点为 R'，R'距爆炸点 O 的距离为 L，地震波自震源点 O 出发，入射到断棱点上，在 R 点上形成绕射波(图 2－5－3)。

波的入射时间 t_1 为：

$$t_1 = \frac{OR}{v} = \frac{1}{v}\sqrt{L^2 + h^2} \tag{2－5－1}$$

绕射波自 R 点传到地面任意一点的时间 t_2 为：

$$t_2 = \frac{RS}{v} = \frac{1}{v} = \sqrt{(x-L)^2 + h^2} \tag{2－5－2}$$

于是，在 S 点接收到绕射波总的时间为：

$$t = t_1 + t_2 = \frac{1}{v}\left[\sqrt{L^2 + h^2} + \sqrt{(x-L)^2 + h^2}\right] \qquad (2-5-3)$$

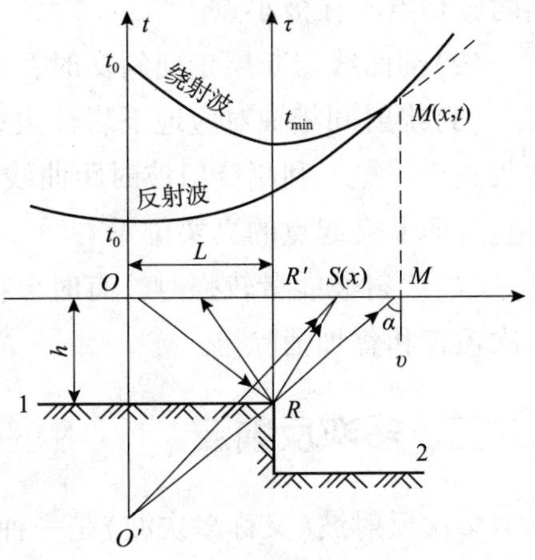

图 2－5－3　绕射波的时距曲线

式(2－5－3)为绕射波时距曲线方程，与反射波时距曲线方程相比具有以下特点：

(1)绕射波时距曲线是双曲线，且比同 t_0 值反射波时距曲线弯曲度大。当用一次反射波的正常时差进行动校正时，由于校正量不足，校正后的绕射波时距曲线的形状仍然是曲线。

(2)在绕射点 R 上产生的绕射波时距曲线，与在 R'点上激发、深度为 $h/2$ 的水平界面上形成的反射波时距曲线相比，其形状是一样的，同为双曲线。由于时距曲线的弯曲度随深度减小而增大，所以绕射波时距曲线的形状与同 t_0 值的反射波时距曲线的形状相比，要弯曲得多。

(3)绕射波时距曲线的极小点在绕射点 R 的正上方，而水平界面反射波时距曲线的极小点在爆炸点 O 点的正上方，绕射波时距曲线极小点的坐标是：

$$\begin{cases} x_{min} = L \\ t_{min} = \dfrac{1}{v}\left(\sqrt{L^2 + h^2} + h\right) \end{cases} \qquad (2-5-4)$$

应当注意，由绕射点 R 产生的绕射线，以 $\overline{RR'}$ 为最短，无论爆炸点位置如何移动，绕射波时距曲线的极小点总在绕射点的正上方。由式(2－5－3)可见，爆炸点位置 L 的变化，仅使入射波的时间 t_1 改变，而绕射波的时间 t_2 却是不变的。所以爆炸点位置的变化，只会引起绕射波时距曲线沿 t 轴平移，而曲线的形状却是不变的。

(4)绕射波时距曲线与反射波时距曲线相切。在图 2－5－3 所示情形下，射线 RM 是反射波的中断线，它既是反射线，又是绕射线，所以在这一点上，两者时间相等，视速度相同，斜率一致。而在其他点上，绕射波的时间总大于反射波的时间，所以绕射波时距曲线与反射波时距曲线是相切的。

由于绕射双曲线的曲率同样与控制反射带大小的参数有关，当绕射源位于低速剖面的浅部时，绕射表现出很大的曲率；而当绕射源在高速剖面的深部时，其曲率要小得多。如果测线不垂直于断层，振幅减弱开始得会早一点，绕射也更平一些。

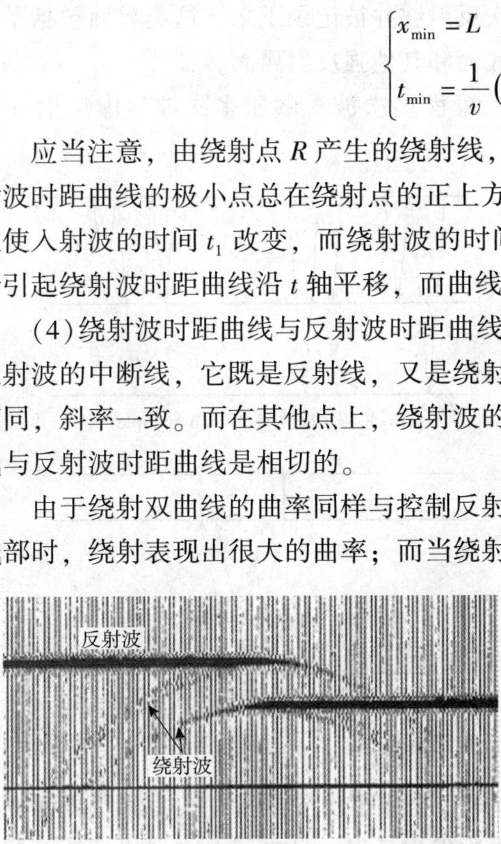

图 2－5－4　绕射波的理论地震记录剖面

由此可见，在时间剖面上，绕射波与反射波是有明显区别的：

(1)在地层水平的简单情况下，绕射波同相轴极小点位置指示断点位置；绕射波极小点与反射波相切(图 2－5－4)；在地层倾斜时，切点不在极小点。

(2)剖面线与断层走向斜交时，绕射波传播变缓。

(3)绕射同相轴对应地下岩性尖灭点、断点和不整合面上突起点，经偏移处理后绕射波收敛于一点，利用绕射波时距曲线极小点的特征，可以准确地确定地下断点、尖灭点和不整合面上突起点的真实位置。

(4)绕射波能量较强时，有时会在地震记录上严重掩盖和干扰反射波，可以通过组合、多次覆盖和叠加消除。

二、多次反射波

多次反射波(又称多次波)是一种特殊波，也是一种干扰波。多次反射波与绕射波、断面波和回转波不同，它不仅不能用于研究复杂的地质现象，而且有可能造成地质假象。因此，应注意辨认和消除多次反射波。

1. 多次反射波的产生及类型

当地震波遇到波阻抗分界面时，除产生一次反射波外，还产生一些往来于分界面之间的多次反射波。产生多次反射波要有良好的反射界面，因为反射界面的反射系数一般较小，一次反射波的强度较弱，经多次反射后多次反射波就很弱了，只有在反射系数较大的反射界面上发生的多次反射才能形成较强的多次反射波并被记录下来。这类界面包括基岩面、不整合面、火成岩面、地面、海水面、海底面和其他强反射界面。

多次反射波的类型一般分为全程多次波、短程多次波、微屈多次波、虚反射4种(图2-5-5)。

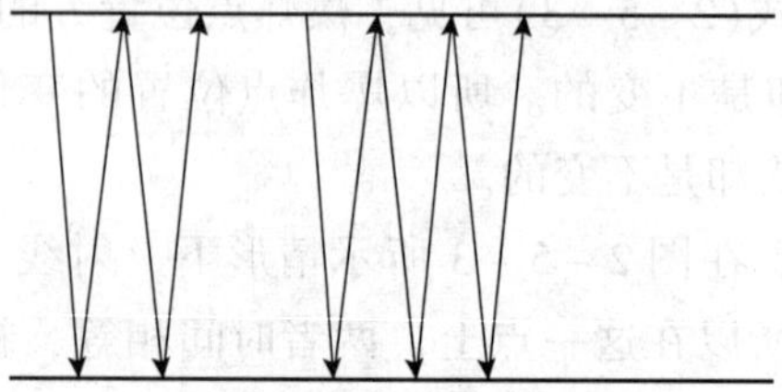

(a) 全程多次波(long-path multiple)

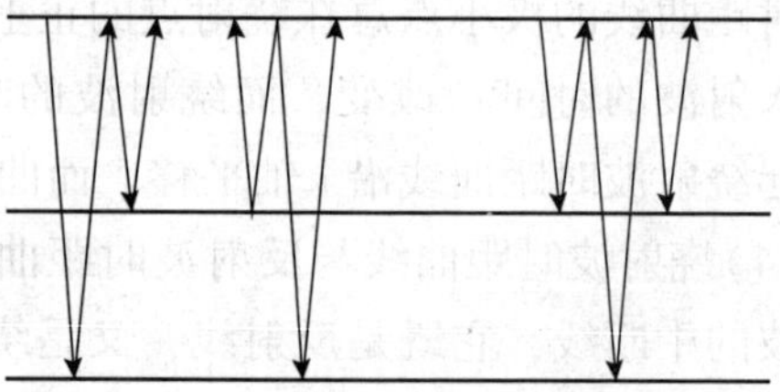

(b) 短程多次波(short-path multiple)

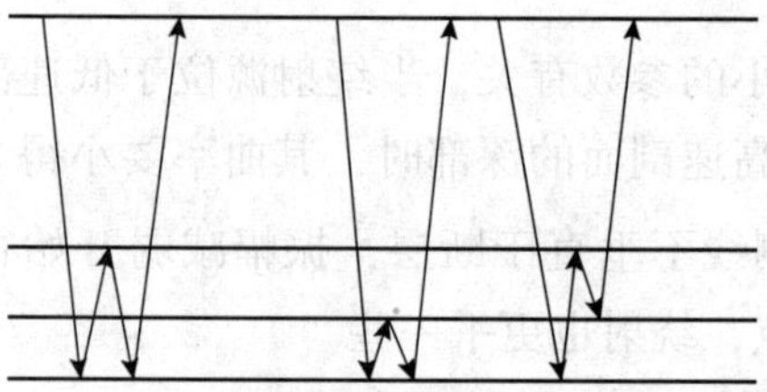

(c) 微屈(层间)多次波(peg-leg multiple)

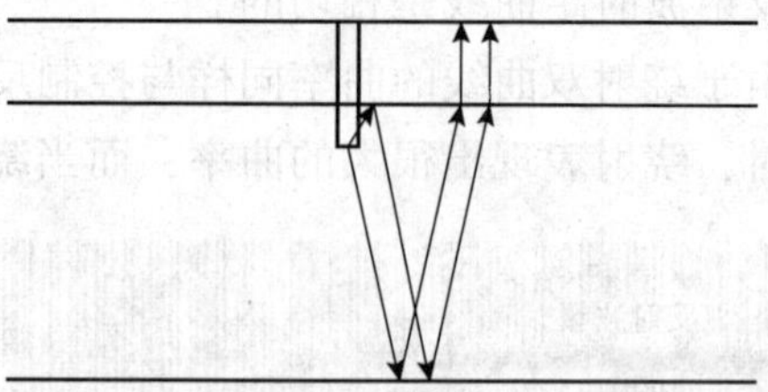

(d) 虚反射(ghost)

图2-5-5 多次反射波的类型

(1)全程多次波。在陆地进行地震勘探工作时，全程多次波是指在某一深层界面产生的反射波在地面又发生反射，向下在同一界面再次发生反射，且来回多次形成的波。其又称为简单多次波。

(2)短程多次波。地震波从某一深部界面反射回来后，再在地面向下反射，然后又在某一个较浅的界面发生反射而形成的波。其又称为局部多次波。

(3)微屈多次波。在地下几个界面上发生多次反射，多次反射的路径是不对称的，或在一个薄层内多次反射形成的波。其与短程多次波并没有显著的差别。

(4)虚反射。进行井中爆炸激发时，地震波的一部分能量向上传播，遇到地面再向下反射，这种波称为虚反射。它与直接由激发点向下传播的地震波相差一个延迟时间 τ，τ 等于波从井底到地面的双程旅行时。如果井中激发点位于低(降)速带以下，低(降)速带的分界面也能形成类似于地面所产生的虚反射。

典型的多次波剖面如图 2－5－6 所示。图中 SB 是海底反射，SBM1 和 SBM2 是海底的二次、三次反射，RH 是不规则侵蚀面的反射，RHM1 是 RH 的二次反射。h 为全新世半远洋沉积，在 SB 与 RH 之间(即 d)可以看到典型的三角洲沉积现象。

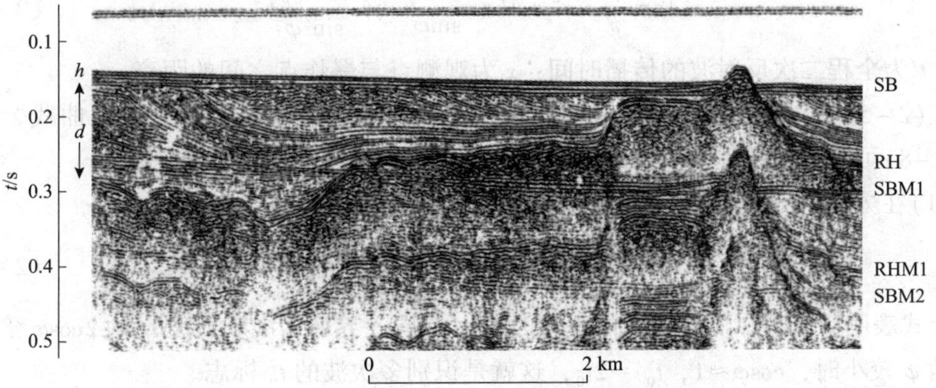

图 2－5－6　希腊 Patras 海湾典型的多次波剖面

2. 全程二次反射波时距曲线

如图 2－5－7 所示，设 R 为产生多次反射波的界面，爆炸点下界面的法线深度为 h，倾角为 φ，上覆地层波速为 v。当我们在 O 点爆炸时，波自爆炸点 O 传至界面反射点 A，然后返回地面上的 B 点，由于地面是一个强的波阻抗界面，所以波又从 B 点向下反射至界面上的 C 点，最后返回地面，在 S 点上接收到二次反射波。

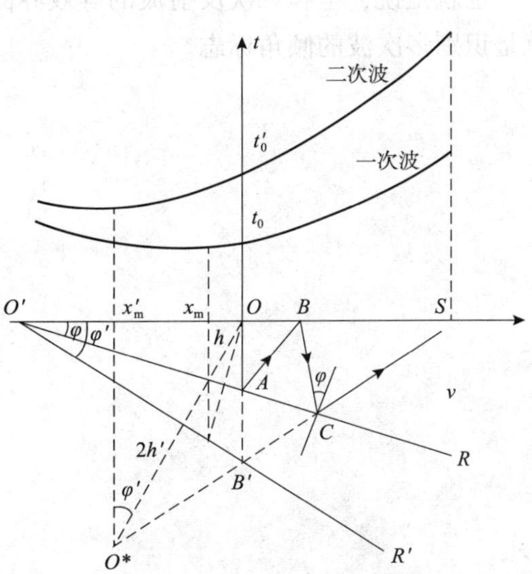

图 2－5－7　多次反射波时距曲线

如果将二次反射波传播路径中的 AB 段和 BC 段向下翻转180°到 AB' 和 $B'C$ 的位置，则路径 $OAB'CS$ 与波实际传播的路径 $OABCS$ 完全一致。因此，在界面 R 上发生的二次反射波传播的时间就和等效界面 R' 上所产生的一次反射波是一样的。由于B'点与B点对反射界面R是对称的，所以等效界面R'与地面对反射界面R也是对称的，R'相当于地面绕界面R旋转180°所形成的。所以，等效界面R'的倾角φ'应该等于反射界面R倾角φ的2倍，即$\varphi'=2\varphi$，等效界面的法线深度h'可以通过下式求得：

$$h'=OO'\sin\varphi'=OO'\sin2\varphi \tag{2-5-5}$$

而$h=OO'\sin\varphi$，所以：

$$h'=\frac{\sin2\varphi}{\sin\varphi}h \tag{2-5-6}$$

利用等效界面的概念，可以得出S点接收到全程二次反射波的时间t'为：

$$t'=\frac{1}{v}\sqrt{x^2\pm4h'x\sin\varphi'+4h'^2} \tag{2-5-7}$$

将式(2-5-2)代入得到：

$$t'=\frac{1}{v}\sqrt{x^2\pm4hx\frac{\sin^2 2\varphi}{\sin\varphi}+4\frac{\sin^2 2\varphi}{\sin^2\varphi}h^2} \tag{2-5-8}$$

式中，t'为全程二次反射波的传播时间；x为观测点与爆炸点之间的距离。

式(2-5-8)为全程二次反射波的时距曲线方程，该曲线仍为一条双曲线。分析式(2-5-8)可以得出全程二次反射波与一次反射波之间两个很重要的关系：

(1)在爆炸点O观测到的全程二次反射波的垂直时间：

$$t_0'=\frac{2h'}{v}=\frac{2h}{v}\cdot\frac{\sin2\varphi}{\sin\varphi}=\frac{\sin2\varphi}{\sin\varphi}\cdot t_0=2t_0\cos\varphi \tag{2-5-9}$$

上式表明，全程二次反射波的垂直时间t_0是同一界面一次反射波t_0的$2\cos\varphi$倍。当界面倾角φ较小时，$\cos\varphi\approx1$，$t_0'\approx2t_0$，这就是识别多次波的t_0标志。

(2)等效界面的倾角为：

$$\varphi'=2\varphi \tag{2-5-10}$$

也就是说，全程二次反射波的等效界面的倾角φ'等于一次反射界面倾角φ的2倍，这就是识别多次波的倾角标志。

第三章　地震波动力学

随着地震勘探技术的进步，地震波动力学问题的理论研究和实际应用得到了发展。地震波动力学特征及其变化规律与地下的地层结构、岩石性质及流体性质之间存在联系，因此，利用地震波的动力学特征及其变化规律来研究地下的地层、岩性及油气显示具有实际意义。地震波动力学主要是研究地震波在运动状态中的能量、波形、频谱等特征及其变化规律。所以在这一章里，我们首先讨论地震波的频谱，其次对地震波的能量、反射波的振幅等进行分析。

第一节　地震波的动力学参数

地震波的频谱是地震波的动力学特点之一，它既与波的类型有关，又与地层岩性结构有一定相关性。所以，地震波的频谱特征是识别波的类型和进行数字滤波的重要依据，同时也是进行岩性解释的参考信息之一。此外，在应用频谱理论讨论地震波的组合、叠加等问题时，地震波的频谱特征还是一种十分方便的工具。

一、频谱的概念

1. 振动的合成与分解

任意一个周期振动的波形，无论怎样复杂，都可以看成由许多正弦波(或余弦波)叠加而成，而这些正弦波(或余弦波)的频率是基本正弦波频率的整数倍。基本正弦波又称为基波，频率为基波频率整数倍的正弦波称为谐波。

图3－1－1所示为振幅相同、谐波频率不同的两个余弦振动叠加以后形成的合成振动(或合成波形)。把参与叠加的谐振动称为分振动(或分量波形)。由上文分析可知，一个谐振动由振幅、频率和相位3个量确定，改变分振动中的任意一个量，合成振动的波形都会发生变化。图3－1－2所示为只改变分振动的振幅，得到的不同合成波形。由此可知，合成波形完全由它的分量波形确定，而分量波形由它的振幅、频率和相位3个量确定，不知道这3个量就无法确定一个波形。由分量波形叠加得到合成波形，称为振动的合成。反之，合成波形也可以分解成组成它的分量波形，称为振动的分解。

2. 周期振动的频谱

如何用分振动的振幅、频率、相位这3个量来表示一个合成波形呢？一般用振幅谱和相位谱可表示一个复杂的周期振动，振幅谱表示分振动的振幅和频率的关系，即$A(w)$。相位谱则表示分振动的相位与频率的关系，即$\varphi(w)$。图3－1－3和图3－1－4所示为周期振动的振幅谱和相位谱，振幅谱和相位谱统称为频谱。进一步分析，一个复杂的振动信号可以看成由许多简谐分量叠加而成，组成这个复杂振动的各个谐振动分量的特征与其频率的关系总和就称为这个振动的频谱。由图 3－1－3、图 3－1－4 可知，只有同时具备振幅谱和相位谱，才能唯一地确定一个波形；相反地，任意一个周期波形也只能确定一对谱。在地震勘探中，振幅谱用得多，相位谱用得很少，所以习惯上振幅谱又可单独被称为频谱。由图 3－1－4 还可以看出，周期振动的频谱是由一些直线段组成的，所以周期振动的频谱又称为线谱。

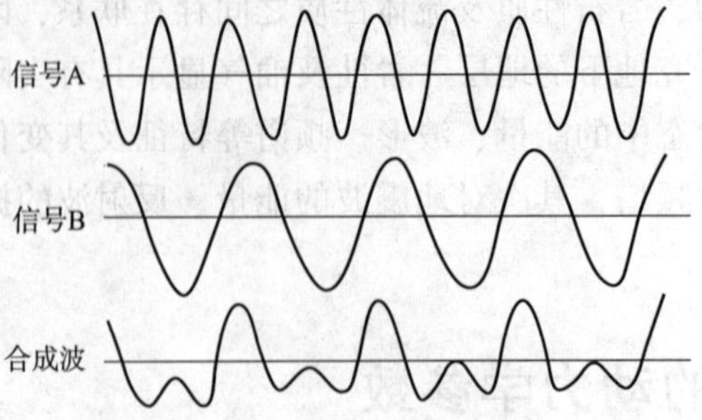

图 3－1－1　合成振动示意图(1)

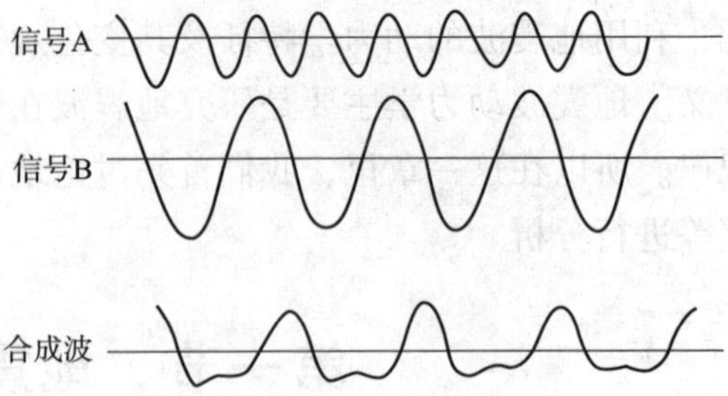

图 3－1－2　合成振动示意图(2)

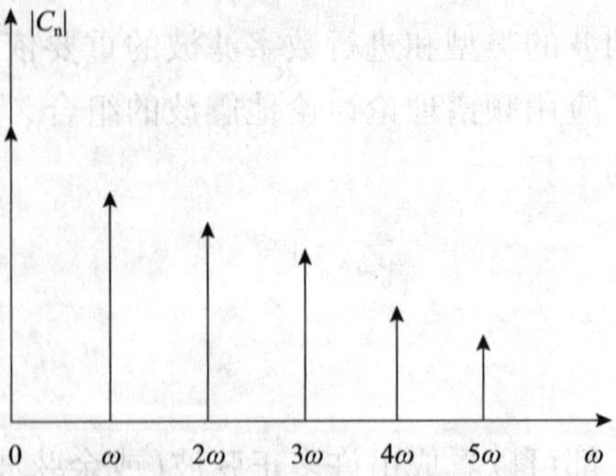

图 3－1－3　周期振动的振幅谱

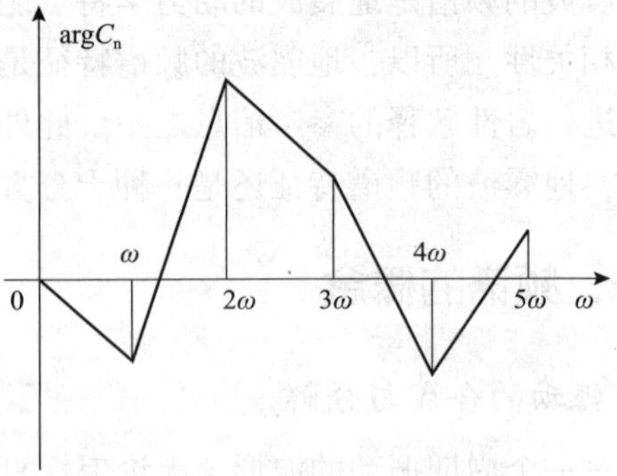

图 3－1－4　周期振动的相位谱

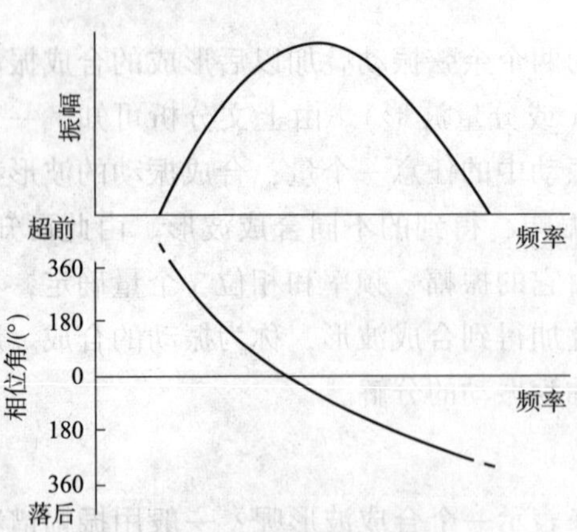

图 3－1－5　非周期振动的频谱

3. 非周期振动的频谱

当周期振动的周期趋于无穷大时，周期振动将变为非周期振动。如果频谱间隔趋于零，就可以由周期振动的频谱得到非周期振动的频谱。这时线谱(图 3－1－4)将转化为连续谱(图 3－1－5)。由此可知，非周期振动的频谱是连续谱，它的波形由无限多个不同振幅、不同相位，且频率是连续变化的谐振动波形叠加而成。

根据傅里叶变换理论可知，随时间 t 变化的非周期函数 $f(t)$，它的频谱用 $F(w)$ 表示，则：

$$F(w) = \int_{-\infty}^{\infty} f(t)\mathrm{e}^{-jwt}\mathrm{d}t \qquad (3-1-1)$$

其中，

$$f(t) = \frac{1}{2\pi}\int_{-\infty}^{\infty} F(w)\mathrm{e}^{jwt}\mathrm{d}w \qquad (3-1-2)$$

式中，$F(w)$为$f(t)$的傅里叶变换，由$f(t)$求$F(w)$的过程称为频谱分析；而$f(t)$为$F(w)$的逆傅里叶变换。根据尤拉公式：

$$\mathrm{e}^{-jwt} = \cos wt - j\sin wt \qquad (3-1-3)$$

将式(3-1-1)展开，得

$$F(w) = \int_{-\infty}^{\infty} f(t)\cos wt\mathrm{d}t - j\int_{-\infty}^{\infty} f(t)\sin wt\mathrm{d}t \qquad (3-1-4)$$

令：

$$\begin{cases} a(w) = \int_{-\infty}^{\infty} f(t)\cos wt\mathrm{d}t \\ b(w) = -\int_{-\infty}^{\infty} f(t)\sin wt\mathrm{d}t \end{cases} \qquad (3-1-5)$$

则式(3-1-4)变为：

$$F(w) = a(w) + jb(w) \qquad (3-1-6)$$

这是一个复数，其模为：

$$A(w) = \sqrt{a^2(w) + b^2(w)} \qquad (3-1-7)$$

式(3-1-7)就是非周期振动的振幅谱公式。而式(3-1-6)的幅角为：

$$\varphi(w) = \operatorname{arctg}\frac{b(w)}{a(w)} \qquad (3-1-8)$$

式(3-1-8)是非周期振动的相位谱公式。

图3-1-6给出了一个非周期振动的波形，它由16个振幅不同、相位相同的谐振动叠加而成，这个波形叫作零相位波形。它的特点是振幅大，振动延续时间短。

地震波是非周期振动的一种，它是一种脉冲振动，根据数学分析，脉冲振动的频谱具有以下特点：

(1)一个脉冲只对应一个频谱。不同形状的脉冲，其频谱不同；形状类似的脉冲，则有类似的频谱。

(2)脉冲振动的延续时间越长，其频谱越宽；反之，振动延续时间越短，则频谱越窄。

(3)如果脉冲振动具有一定的视频率f^*，则它的频谱在这个频率值附近有极大值。因为在无限多个分振动中，频率f^*的振动能量最强，对脉冲起着决定性作用，其他频率成分的分振

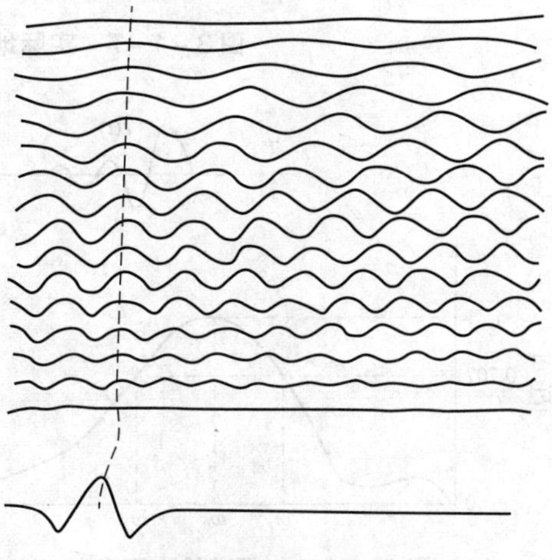

图3-1-6　许多简谐信号合成一个复杂振动

动则处于次要地位，所以脉冲必然会以f^*为主的振动形式表示出来。

通过上述分析可知，对脉冲频谱的研究，相当于研究了脉冲的振动图形。研究频谱特征，不仅能了解地震波的性质及形成地震波的地质原因，而且有助于对地震仪器进行频率选择和频率滤波选择。

二、频谱的表示方法

获得一个地震信号频谱的方法很多，主要为知道信号的具体形式$f(t)$后，用傅里叶变换方式计算频谱。如今，通过计算机计算地震信号频谱的方式普及后，常用的方法是对一道地震记录从浅到深的各个反射波组连续进行频谱分析，因为预先不知道反射波出现的时间，通常沿一个滑动时窗计算整道记录各段的频谱，时窗长度应与一个有效波组一致，深、浅层可取不同数值(用傅里叶变换公式可求得一系列取值)的时窗计算出频谱。图3－1－7所示为一个地震道用普通离散傅里叶变换公式沿一系列时窗计算出的频谱。

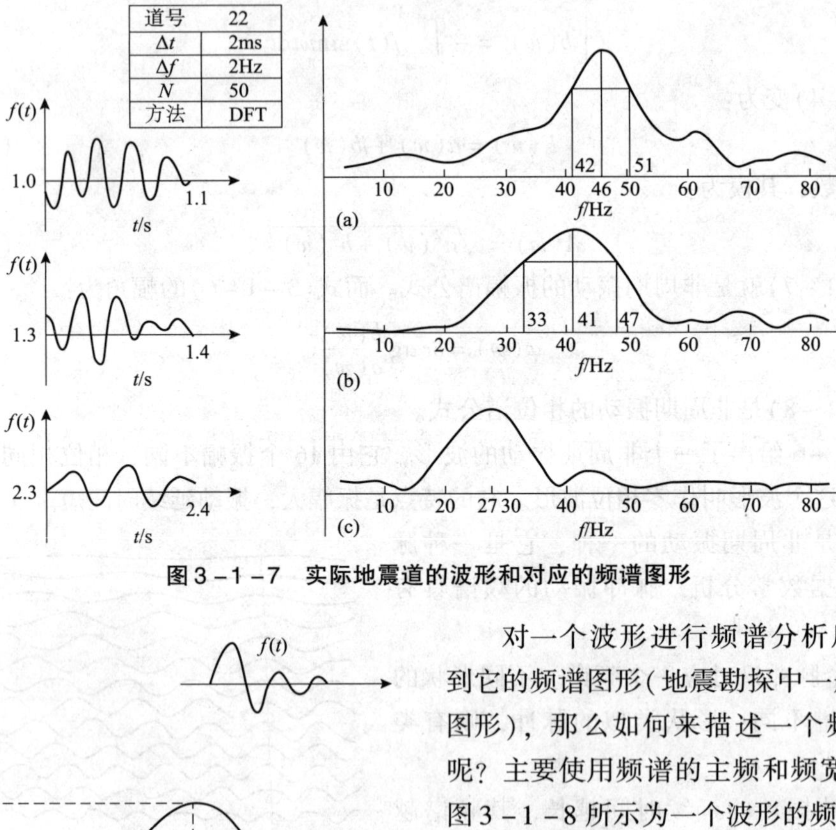

图3－1－7　实际地震道的波形和对应的频谱图形

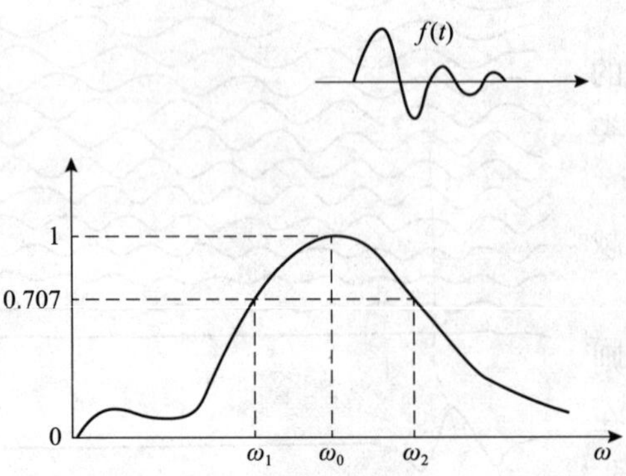

图3－1－8　频谱的主要参数

对一个波形进行频谱分析后，可以得到它的频谱图形(地震勘探中一般指振幅谱图形)，那么如何来描述一个频谱的特征呢？主要使用频谱的主频和频宽两个参数。图3－1－8所示为一个波形的频谱的典型例子。w_0是频谱的主频，即频谱曲线极大值所对应的频率。这个频率也就是地震脉冲的主频率，脉冲的大部分能量都集中在频率为w_0附近的简谐分量中。若以$|F(w_0)|=1$，可找出$|F(w_0)|=0.707$

的两个频率值 w_1 和 w_2，且把 $\Delta w = w_2 - w_1$ 称为频带宽度，w_1 和 w_2 反映了绝大部分能量集中频率范围；Δw 可以体现该范围的大小。

频谱表示不同频率的信号对整个信号贡献的大小。地震记录是一个复杂的信号，它由许多不同频率的信号叠加而成，不同的信号各有其频谱。因此，通过频谱特征的比较，可以分辨各类型的波动，从而区分有用信号和噪声。

三、地震波的频谱特征

1. 频谱的性质

信号的频谱具有许多重要的性质。本小节仅阐述物理意义，不作数学证明。

1)线性叠加原理

线性叠加原理指的是合成振动的频谱等于分振动的频谱之和。如果用 $f_1(t)$、$f_2(t)$ 表示两个分振动的波形，它们的频谱分别为 $F_1(w)$、$F_2(w)$。用 $f(t)$ 表示合成振动的波形，即：

$$f(t) = f_1(t) + f_2(t) \tag{3-1-9}$$

则合成振动的频谱 $F(w)$ 为：

$$F(w) = F_1(w) + F_2(w) \tag{3-1-10}$$

设有 N 个函数 $u_1(t)$，$u_2(t)$，…，$u_N(t)$，以及 N 个常数(可以是实数，也可以是复数)a_1，a_2，…，a_N，则有：

$$a_1u_1(t) + a_2u_2(t) + \cdots + a_Nu_N(t) \leftrightarrow a_1F_1(\omega) + a_2F_2(\omega) + \cdots + a_NF_N(\omega) \tag{3-1-11}$$

线性叠加原理有一个特例：当 $N=1$ 时，$au(t) \leftrightarrow aF(\omega)$，这称为相似性定理。其意义是：两信号成比例时，其频谱也成比例；反过来，两频谱成比例时，其信号也成比例。

2)时延定理

信号在时间上的延迟(或超前)，其振幅谱不变，相位谱只差一个与频率有关的常数。设 τ 是一个实值常量，如果 $f(t) \leftrightarrow F(\omega)$，则：

$$f(t \pm \tau) \leftrightarrow F(\omega)e^{\pm j\omega\tau} \tag{3-1-12}$$

由时延定理可知，虽然地震波到达各道的时间不同，但是各道的振幅谱都相同，只是相位谱不一样。

3)时标变换定理

如果 a 是一个正实数，设 $f(t) \leftrightarrow F(\omega)$，则：

$$f\left(\frac{t}{a}\right) \leftrightarrow aF(\omega) \tag{3-1-13}$$

或：

$$f(at) \leftrightarrow \frac{1}{a}F\left(\frac{\omega}{a}\right) \tag{3-1-14}$$

此定理说明脉冲信号越窄，它的频谱就越宽；反之，脉冲信号越宽，其频谱就越窄。

4)褶积定理

设τ是一个实值常量，而且$f_1(t)\leftrightarrow F_1(\omega)$，$f_2(t)\leftrightarrow F_2(\omega)$，则：

$$f_1(t)*f_2(t) = \int_{-\infty}^{\infty} f_1(t)f_2(t-\tau)\mathrm{d}\tau \longleftrightarrow S_1(w)\cdot S_2(w) \qquad (3-1-15)$$

这个定理说明，对时间函数作复杂的褶积运算，可以变为对它们的频谱作简单的乘法运算。在数字处理中，经常使用到这一定理。

2. 地震波的频谱

地震波是非周期振动的一种，它的频谱亦是连续谱。若用$f(t)$表示地震波的振动图形，结合式(3-1-1)，由于地震波在$t<0$时，$f(t)=0$。它的频谱为：

$$F(w) = \int_0^{\infty} f(t)\mathrm{e}^{-jwt}\mathrm{d}t \qquad (3-1-16)$$

用尤拉公式展开，得：

$$\begin{aligned} F(w) &= \int_0^{\infty} f(t)\cos wt\mathrm{d}t - j\int_0^{\infty} f(t)\sin wt\mathrm{d}t \\ &= a(w) + ib(w) \\ &= A(w)\mathrm{e}^{j\varphi(w)} \end{aligned} \qquad (3-1-17)$$

其中，

$$\begin{cases} a(w) = \int_0^{\infty} f(t)\cos wt\mathrm{d}t \\ b(w) = -\int_0^{\infty} f(t)\sin wt\mathrm{d}t \end{cases} \qquad (3-1-18)$$

地震波的振幅谱：

$$A(w) = \sqrt{a^2(w) + b^2(w)} \qquad (3-1-19)$$

地震波的相位谱：

$$\varphi(w) = \mathrm{arctg}\frac{b(w)}{a(w)} \qquad (3-1-20)$$

3. 地震波频谱的特点

地震波一般包括反射波、折射波、面波、声波等，也包括纵波和横波。根据实际资料分析可知，地震波的频谱具有以下特点：

(1)不同的波具有不同的谱。如图3-1-9所示，面波在低频处有极大值，主频为10~30Hz。反射波主频为30~60Hz。风干扰造成的微震，它的频谱很宽，通常在60Hz以上。声波具有较高的频率范围，一般在100Hz以上。工业交流电干扰，主频约为50Hz，频带很窄。浅层折射波和直达横波的频谱，分布于反射波的频带之内。由此可知，反射波与面波、声波、微震等干扰波，在频谱上有明显的差别，利用这种差别进行频率滤波，可以减少干扰波的能量，提高信噪比。

还应该指出，在不同地区，或是在同一地区，采用不同仪器和工作方法时，所得地震记录的频谱是不一样的。当采用数字仪器和低频检波器接收时，记录下来的反射波和面波的最低频率在 10Hz 以下。

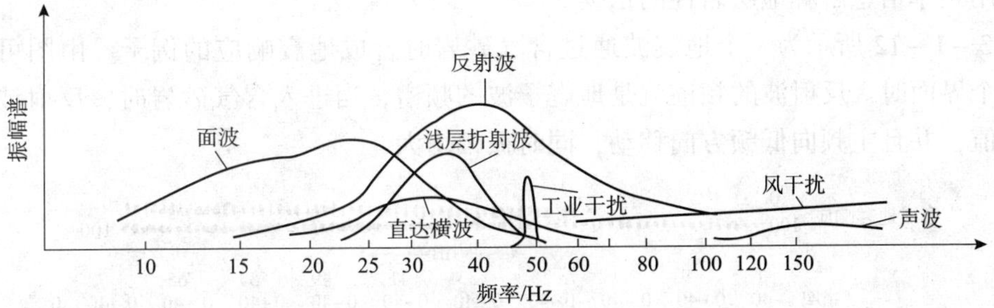

图 3-1-9 与地震勘探有关的一些波的频谱

(2)同一界面反射纵波比反射横波具有更高的频谱和较宽的频带。如图 3-1-10 所示，横波的主频为 20～40Hz，而纵波的主频为 40～70Hz。由此可知，横波不仅传播速度低于纵波，而且频谱也低于纵波。横波频谱偏低的原因，是在沉积岩层中，横波的吸收系数比纵波大。

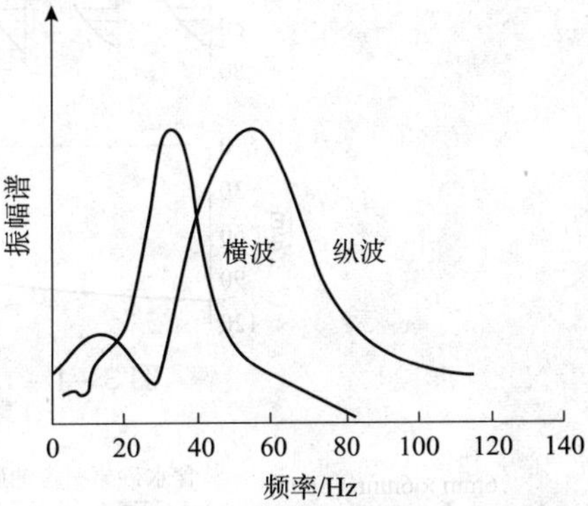

图 3-1-10 纵横波频谱

(3)反射波的频谱随着传播距离的增大而向低频方向移动。地震波在传播过程中，由于地层的吸收作用，高频成分比低频成分更容易被吸收，因此使反射波频谱的极大值向左移动而变低。由此可知，不同界面的反射波的频谱不同，深层反射比浅层反射的频谱低。同一界面的反射波，在不同炮检距的记录道上，其频谱也不一样，炮检距大的主频较低。图 3-1-11 说明反射波的频谱随着时间的增加，主频逐渐降低。例如 $t_0 = 1.0s$ 时，反射波主频为 33Hz，时间增加到 2.3s 时，主频降低到 24Hz。

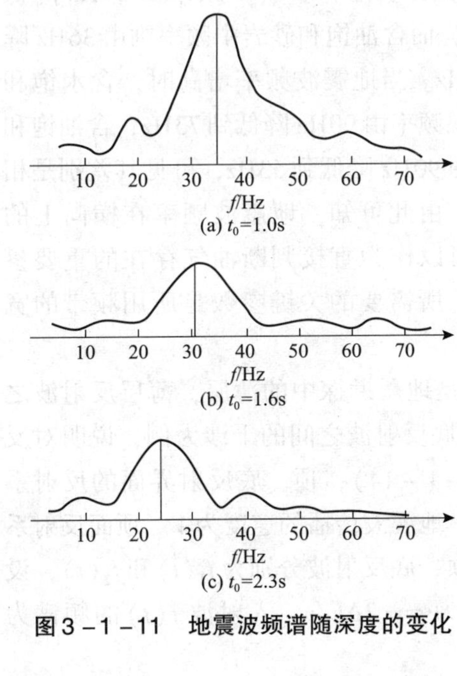

图 3-1-11 地震波频谱随深度的变化

(4)反射波的频谱与反射界面的结构有关。为了说明这个问题，首先将一个单界面的反射波称为地震子波。大量实际资料说明，这种单界面的反射波是很少的，绝大多数反射波都是由互相邻近的多个界面的地震子波叠加而成。由地震子波叠加的合成波称为反射波。显然，反射波的波形与地震子波的波形不同。因此，它们的频谱也不一样，而反射波的波形与反射界面的结构紧密相关。反射界面的结构包括界面的数量、界面之间的厚度、界面的反射系数等。这些因素中，任何一种因素发生变化，都会引起反射波的波形变化。如果地层的岩性岩相发生变化，反射界面的结构也将发生变化，进而导致反射波的频谱变化。因此，利用反射波频谱的横向变化，可以判断岩性岩相的变化，这就是利用频率信息解释地层岩性的依据。

图3－1－12所示为一个地震波通过含气砂岩时合成地震响应的例子。由图可知，当只有一个界面时，反射波的频谱就是地震子波的频谱，当进入含气砂岩时，反射波频谱出现次极值，并且主频向低频方向移动，同时振幅增大。

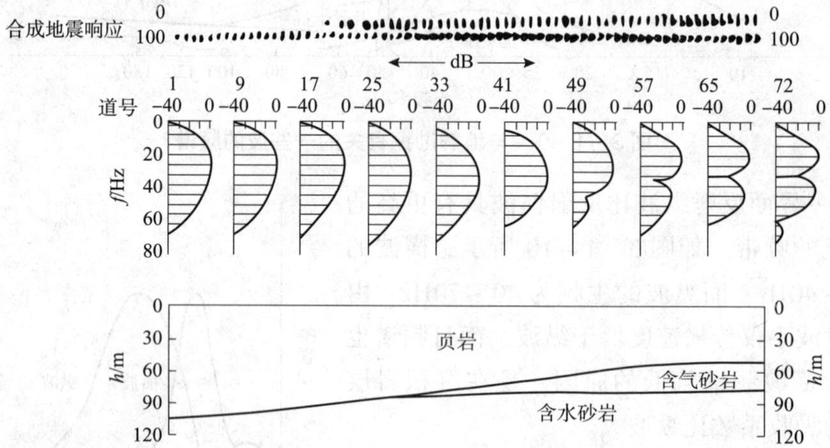

图3－1－12　含气砂岩地震响应频谱图

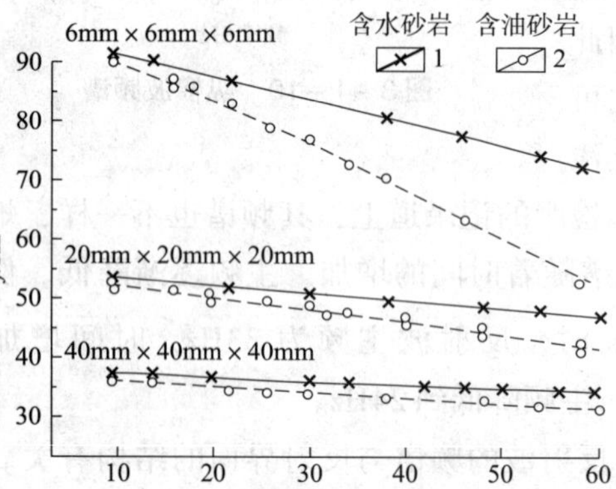

图3－1－13　地震波频率与传播距离的关系曲线

图3－1－13是含水饱和砂岩与含油饱和砂岩中，地震波频率与传播距离的关系曲线。由图可知，在含油饱和砂岩中频率降低较快，但是只有地震波本身的频率较高时，两种砂岩才有明显的区别。传播距离由10cm增大到60cm时，含水饱和砂岩中频率由37Hz降低到35Hz，而含油饱和砂岩中频率则由36Hz降低到32Hz。当地震波频率增高时，含水饱和砂岩中视频率由90Hz降低到73Hz，含油饱和砂岩却由90Hz降低到53Hz，可见其差别是相当大的。由此可知，地震波频率在横向上的降低，可以作为直接判断油气存在的重要参数。同时还说明，能否用地震频率进行含油气解释，所需要的关键参数是所用频带的宽度，频带宽度越宽越好。

(5)波的干涉影响反射波频谱。由于油气层通常是地震勘探中的薄层，薄层反射波之间的干涉将影响反射波的频率变化。以含气砂岩顶、底反射波之间的干涉为例，说明对反射波频率的影响。假设含气砂岩位于页岩中间(图3－1－14)，顶、底反射界面的反射系数数值相等，符号相反。如果含气砂岩的厚度为Δh，地震波传播的速度为V。顶面反射系数为$-R$，底面反射系数为R。当入射波为$f(t)$时，顶、底反射波分别为$f_1(t)$和$f_2(t)$，设它们的频谱相同，只是到达时间不一样，到达时差为$\tau=2\Delta h/v$。入射波$f(t)$的频谱为

$F(w)$时，顶面反射波$f_1(t)=-Rf(t)$；频谱$F_1(w)=-RF(w)$，底面反射波$f_2(t)=(1-R^2)Rf(t-\tau)$；由于$R\ll1$，所以$f_2(t)\approx Rf(t-\tau)$，则底面反射波的频谱为：

$$F_2(w)=Re^{-jw\tau}F(w) \tag{3-1-21}$$

含气砂岩顶、底反射波的合成波形为：

$$f_\Sigma(t)=f_1(t)+f_2(t)=-Rf(t)+Rf(t-\tau) \tag{3-1-22}$$

合成波的频谱，根据叠加原理有：

$$\begin{aligned}F_\Sigma(w)&=F_1(w)+F_2(w)=-RF(w)+Re^{-jw\tau}F(w)\\&=(e^{-jw\tau}-1)RF(w)\end{aligned} \tag{3-1-23}$$

合成波的频谱和顶面反射波的频谱之比为：

$$\frac{F_\Sigma(w)}{F_1(w)}=1-e^{-jw\tau} \tag{3-1-24}$$

振幅谱之比为：

$$\left|\frac{F_\Sigma(\omega)}{F_1(\omega)}=1-e^{-j\omega\tau}\right|=\sqrt{2-2\cos\omega\tau} \tag{3-1-25}$$

式(3-1-25)就是含气砂岩顶、底反射波干涉时的频率特性方程，其图形如图3-1-15所示。由图可以看出，含气砂岩的频谱具有振荡性质。

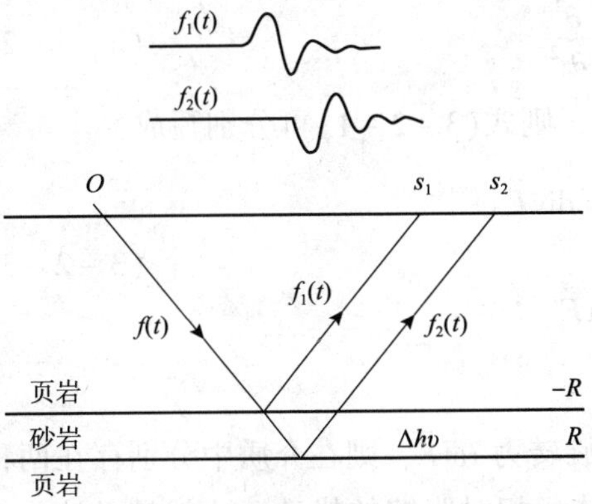

图3-1-14　页岩中夹含气砂岩时的反射波示意图

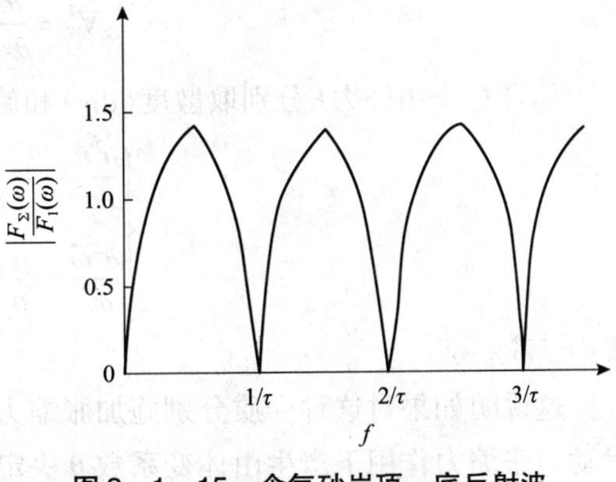

图3-1-15　含气砂岩顶、底反射波干涉时频率特性图

综上所述，地震波的频谱在油气藏上的特点有两个：一是频率降低；二是产生振荡现象。

(6)反射波的频谱与激发和接收条件有关。激发岩性、爆炸深度和炸药量会对反射波产生影响。实际资料表明，在坚硬岩石中激发比在疏松岩石中激发的反射波频谱高，小药量激发比大药量激发的反射波频谱高，深井激发比浅井激发的反射波频谱高。例如，采用小药量在坚硬岩石中激发，浅层反射波的频率高达100~200Hz；在砂岩中用大药量激发，加上地层的吸收作用影响，深层反射波的频率会低于10~20Hz。由此可见，反射波的频率变化范围较大。接收条件对反射波的频谱影响，包括检波器的频率特性、组合检波的频率特性和地震仪器的频带宽度等，如前文所述，当采用数字仪器和低频检波器接收时，反射波的频谱通常较宽。

第二节　地震波传播的动力学特点

本小节重点分析最简化的均匀、各向同性、理想弹性介质模型。这种模型在整个空间内充满各向同性的理想弹性体，且无边界，在这种介质中只存在纵波和横波两种波动。本小节首先讨论两种波传播的动力学特点，然后描述波场的定量计算。

一、地震波的球面扩散

由固体弹性理论可知，在均匀、各向同性的理想弹性介质中，三维波动方程可以用矢量表示为：

$$\rho\frac{\partial^2\vec{u}}{\partial t^2}=(\lambda+\mu)\,\mathrm{grad}\theta+\mu\nabla^2\vec{u}+\rho\vec{F} \tag{3-2-1}$$

式中，$\vec{u}$ 为介质质点受外力$\vec{F}$作用后的位移，称位移向量；$\vec{F}$为作用的外力，称力向量；λ、μ 为介质的弹性常数，称拉梅(Lame)常数；ρ 为介质的密度；θ 为体变系数，$\theta=div\vec{u}$。

标符∇^2为拉普拉斯(Laplace)算子：

$$\nabla^2=\frac{\partial^2}{\partial x^2}+\frac{\partial^2}{\partial y^2}+\frac{\partial^2}{\partial z^2} \tag{3-2-2}$$

如果对作用外力$\vec{F}$分别取散度(div)和旋度(rot)，则式(3-2-1)可分别写成：

$$\begin{cases}\dfrac{\partial^2\theta}{\partial t^2}-\dfrac{\lambda+2\mu}{\rho}\nabla^2\theta=\mathrm{div}\vec{F}\\[2ex]\dfrac{\partial^2\vec{\omega}}{\partial t^2}-\dfrac{\mu}{\rho}\nabla^2\vec{\omega}=\mathrm{rot}\vec{F}\end{cases} \tag{3-2-3}$$

式中，$\vec{\omega}=\mathrm{rot}\vec{u}$。

这说明如果对这种介质分别施加胀缩力 $\mathrm{div}\vec{F}$和旋转力 $\mathrm{rot}\vec{F}$，则在介质中分别存在两种扰动，胀缩力作用下产生由体变系数 θ 决定的介质体积相对胀缩的扰动，这就是纵波；在旋转力作用下，则产生由向量 $\vec{\omega}$ 决定的角度转动的扰动，这就是横波。这两种独立的扰动，分别以速度 V_P 和 V_S 传播：

$$\begin{cases}V_P=\left(\dfrac{\lambda+2\mu}{\rho}\right)^{\frac{1}{2}}\\[2ex]V_S=\left(\dfrac{\mu}{\rho}\right)^{\frac{1}{2}}\end{cases} \tag{3-2-4}$$

正如重力场可用重力位描述，电场可用电位描述一样，地震波场亦可用质点位移的位移位来描述。

根据亥姆霍兹(Helmholtz)涡流理论，任何一个矢量场，如果在定义域内有散度和旋度，则该矢量场可以用一个标量位的梯度场和一个矢量位的旋度场之和来表示。则式(3-2-1)中的位移矢量$\vec{u}$ 和力矢量$\vec{F}$可分别用位函数表示为：

$$\begin{cases}\vec{u}=\vec{u}_P+\vec{u}_S=\mathrm{grad}\varphi+\mathrm{rot}\vec{\psi}\\ \vec{F}=\vec{F}_P+\vec{F}_S=\mathrm{grad}\Phi+\mathrm{rot}\vec{\Psi}\end{cases} \tag{3-2-5}$$

式中，φ 为位移场的标量位；$\vec{\psi}$ 为位移场的矢量位；Φ 为标量力位；$\vec{\Psi}$ 为矢量力位。

将式(3-2-5)代入式(3-2-3)可以得到用位移位表示的波动方程：

$$\frac{\partial^2\varphi}{\partial t^2}-V_P^2\nabla^2\varphi=\Phi \tag{3-2-6}$$

$$\frac{\partial^2\vec{\psi}}{\partial t^2}-V_S^2\nabla^2\vec{\psi}=\vec{\Psi} \tag{3-2-7}$$

研究这两种波动的动力学特点，需求解其运动方程。求解波动方程须先明确其初始条件。地震勘探一般为炸药震源，激发出的脉冲延续度为 Δt，可写为：

$$\Phi=\begin{cases}0, & t<0\\ \Phi(t), & 0\leqslant t<\Delta t\\ 0, & t>\Delta t\end{cases} \tag{3-2-8}$$

式中，当 $t>\Delta t$ 时，$\Phi=0$ 的物理意义是震源力作用已结束，波动在弹性介质中传播，此时波动方程式(3-2-6)或式(3-2-7)变为齐次方程：

$$\frac{\partial^2\varphi}{\partial t^2}-V_P^2\nabla^2\varphi=0 \tag{3-2-9}$$

$$\frac{\partial^2\vec{\psi}}{\partial t^2}-V_S^2\nabla^2\vec{\psi}=0 \tag{3-2-10}$$

以上齐次方程仅用于研究波与介质性质的关系，而不考虑震源力的作用，这类问题属于波的传播问题。但是波动的性质首先决定于震源的性质，因而必须将波动与震源联系起来，并求解非齐次方程，这类问题称为波的激发问题。因此，在研究波动方程时通常先解齐次方程，这样不但在数学上容易处理，而且只需研究波同介质的关系，不涉及震源，能够使问题单一化；然后，再研究激发问题，把波动同震源联系起来。

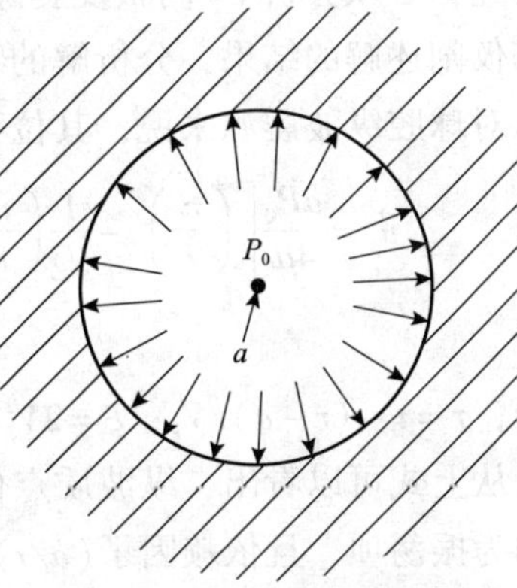

图 3-2-1　球腔震源激发纵波示意图

首先，研究纵波的传播问题。用图 3-2-1 所示的球腔震源模拟实际炸药爆炸震源，半径为 a 的球腔具有球形对称性，均匀作用在腔壁上的力是单位正压力 P_0。

考虑到球体的对称性，波动方程式(3-2-9)可以用球坐标(r，α，β)表示成更简单的形式：

$$\frac{\partial^2\varphi}{\partial t^2}-V_P^2\left(\frac{\partial^2\varphi}{\partial r^2}+\frac{2}{r}\frac{\partial\varphi}{\partial r}\right)=0 \tag{3-2-11}$$

由于波动方程仅与波传播方向 r 有关，三维波动方程便转化为一维方程，如果令 $\varphi_1=r\varphi$，则上式变为：

$$\frac{\partial^2 \varphi_1}{\partial t^2} - V_P^2 \frac{\partial^2 \varphi_1}{\partial r^2} = 0 \tag{3-2-12}$$

式(3－2－12)为弦方程式，可用达朗贝尔(D Alembert)法解得：

$$\varphi_1 = r\varphi = C_1\left(t - \frac{r-a}{V_P}\right) + C_2\left(t + \frac{r-a}{V_P}\right) \tag{3-2-13}$$

式中，C_1、C_2 为两个任意函数，其中，如果自变量$\left(t - \frac{r-a}{V_P}\right)$为常数，$\left(t + \frac{r-a}{V_P}\right)$为常数，则描述了波动的某种状态。其中，第一项 $C_1[t-(r-a)/V_P]$表示波动随时间的增加而远离震源传播；第二项 $C_2[t+(r-a)/V_P]$表示随时间的增加，波动由远处向震源方向传播。前者称为发散波，后者称为会聚波。会聚波不符合起始条件，于是式(3－2－13)变为：

$$\varphi_1 = r\varphi = C_1\left(t - \frac{r-a}{V_P}\right) \tag{3-2-14}$$

或：

$$\varphi = \frac{\varphi_1}{r} = \frac{1}{r}C_1\left(t - \frac{r-a}{V_P}\right) \tag{3-2-15}$$

从上述波的传播问题中可看到，在震源作用结束后，纵波以速度 V_P 向远离震源沿 r 方向传播，传播的快慢仅决定于介质的弹性常数 λ、μ 及密度 ρ。同理可见，横波以速度 V_S 沿 r 方向远离震源传播，它的速度仅决定于介质的参数 μ、ρ。

波的传播问题只描述了波动的某些特点，还不能由此明确波动的具体状态。为作进一步研究，必须分析 C_1 同激发震源的关系，即激发问题。解非齐次方程比解齐次方程复杂，本书仅阐述解的结果，分析解的物理意义。

对球腔纵波震源来说，其位移解是：

$$\vec{u}_r = \frac{aP_0}{4\mu}\left[\left(\frac{a}{r}\right)^2 - \frac{1}{\sqrt{2}}\left(\frac{a}{r}\right)^2 e^{-\xi\tau}\left(\sin\tau\omega + \sqrt{2}\cos\omega\tau\right) - \left(\frac{a}{r}\right)\frac{\sqrt{2}}{V_P}e^{-\xi\tau}\sin\omega\tau\right]\frac{\vec{r}}{r} \tag{3-2-16}$$

式中，$\tau = t-(r-a)/V_P$；$\xi = 2V_S^2/aV_P$；$\omega = \xi\sqrt{(V_P/V_S)^2 - 1}$。

从上式可以看出，纵波质点位移分为 3 项：第一项为常数，是非振荡项；第二、第三项均为振荡项，且依赖因子$(a/r)^2$及(a/r)。当波远离震源，满足条件 $r \gg a$ 时(地震勘探观测通常满足此条件)，第二项可忽略不计；且由于第一项为非振荡项，则式(3－2－16)可简化为：

$$\vec{u}_r = \frac{a^2 P_0}{2\sqrt{2}\mu r V_P} e^{-\xi\tau}\sin\omega\tau\,\frac{\vec{r}}{r} \tag{3-2-17}$$

分析上式可得：

(1)在球腔壁上作用单位正压力(纵波激发)时，弹性介质中产生的纵波质点位移规律是按指数衰减的正弦振动，衰减快慢决定于系数 ξ 的大小。

(2)振动的强弱决定于系数 $a^2P_0/2\sqrt{2}\mu r V_P$，由于该系数中仅 r 为变量，说明振动的强度随波传播距离 r 的增大而减小，在地震勘探中称为波的球面扩散。

(3) 纵波质点位移的方向$\vec{u}_r$同波传播的方向$\vec{r}$是一致的，地震勘探中把质点位移的振动方向称为极化方向，由于纵波仅在波传播的方向振动，因此是线性极化。

可以用同样的思路对横波进行分析。如果在半径为a的球腔壁上加一个剪切力(图3-2-2)，这时仅产生横波。为了简化问题，本小节仅研究某一平面(例如水平面)内偏振的横波，这样在球坐标内，横波的位移分量只有$\vec{u}_\alpha$，且$\vec{u}_r=\vec{u}_\beta=0$。令加在球腔壁上的切应力为单位切应力$S_0$，则在远离震源处横波的质点位移表达式为：

$$\vec{u}_\alpha=\frac{2a^2S_0}{\sqrt{3}\mu r}e^{-\frac{3}{2}\frac{V_S}{a}\tau}\sin\frac{\sqrt{3}V_S}{2\ a}\tau \quad (3-2-18)$$

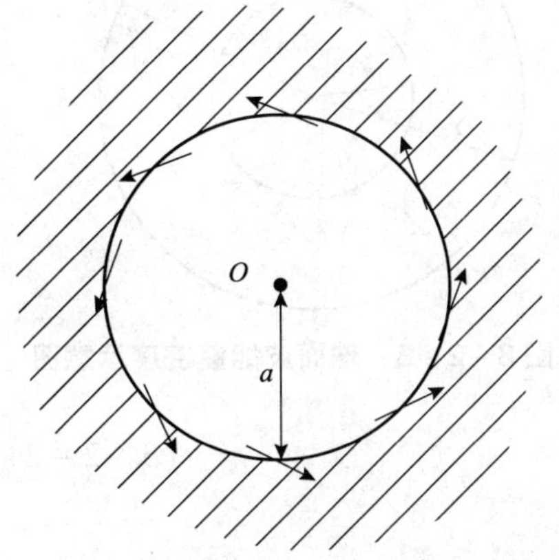

图3-2-2 球腔震源激发横波示意图

分析上式同样可以得出横波的特点为：

(1) 在球腔壁上加上单位切应力S_0后，横波的质点位移是衰减的正弦振动，衰减快慢决定于系数τ。

(2) 横波的振幅也随波的传播距离r的增大而减小，亦具有球面扩散。

(3) 横波亦为线性极化波，但由于在球坐标内α同r是互为正交的，故横波的质点位移振动方向有别于纵波，它同波的传播方向r垂直。

二、地震波的能量

地震波的传播实质是能量的传播。根据一般波动理论可知，波在介质中传播时的能量等于动能E_r和位能E_P之和。假设波通过的介质体积为W，介质的密度为ρ，对于谐和振动来说，波的能量E可用下式表示：

$$E=E_r+E_P\propto\rho A^2f^2W \quad (3-2-19)$$

式中，A为波动的振幅；f为波的频率。

上式说明波的能量和振幅的平方、频率的平方及介质的密度成正比，因此，包含在介质中单位体积内的能量(称能量密度)ε亦应正比于振幅的平方：

$$\varepsilon=\frac{E}{W}\propto\rho A^2f^2 \quad (3-2-20)$$

定义单位时间通过单位面积的能量为波的能通量密度(也称波的强度)I，由于实际地震勘探是在波前面的单位面积上观测波的能量信息，如果时间dt内通过面积dS的能量为$\varepsilon\cdot V\cdot dtdS$，则波的强度$I$为：

$$I=\frac{\varepsilon\cdot V\cdot dtdS}{dtdS}=\varepsilon\cdot V\propto A^2 \quad (3-2-21)$$

式中，V为速度。

因此，波的强度I正比于波的振幅平方。

进一步对球面波的能量密度进行研究。图3-2-3所示为一个从中心O点发出的球面纵波的波前示意图，两个球面的半径分别为r_1和r_2，以r_1、r_2为半径的部分球面面积分别

为 S_1、S_2。

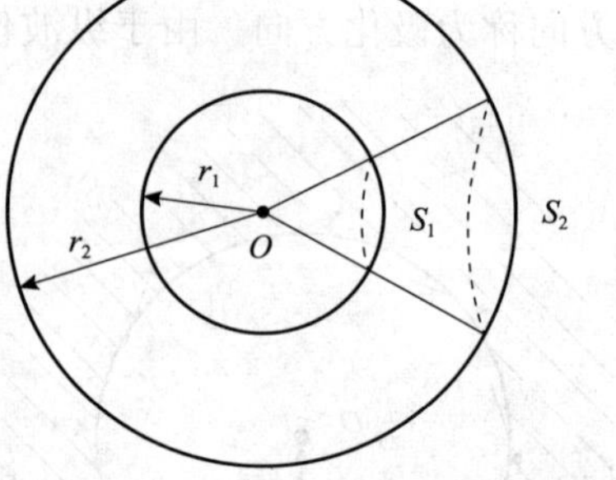

图 3-2-3　球面波能量密度示意图

单位时间内流过面积 S_1 的能量应等于流过面积 S_2 的能量，有：

$$I_1 \cdot S_1 = I_2 \cdot S_2 \tag{3-2-22}$$

因此，

$$\frac{I_2}{I_1} = \frac{S_1}{S_2} \tag{3-2-23}$$

根据 S_1 和 S_2 具有相同的立体角 $\mathrm{d}\Omega$，从立体角定义出发，有：

$$\mathrm{d}\Omega = \frac{S_1}{r_1^2} = \frac{S_2}{r_2^2} \tag{3-2-24}$$

所以，

$$\frac{S_1}{S_2} = \frac{r_1^2}{r_2^2} \tag{3-2-25}$$

代入(3-2-23)式得：

$$\frac{I_2}{I_1} = \frac{r_1^2}{r_2^2} \tag{3-2-26}$$

因为强度 I 正比于振幅平方 A^2，因此有：

$$\frac{A_2}{A_1} \propto \frac{r_1}{r_2} \tag{3-2-27}$$

上述各式说明波的振幅与波的传播距离成反比，这就是波的球面扩散特征。

三、地震波的波形图和波剖面

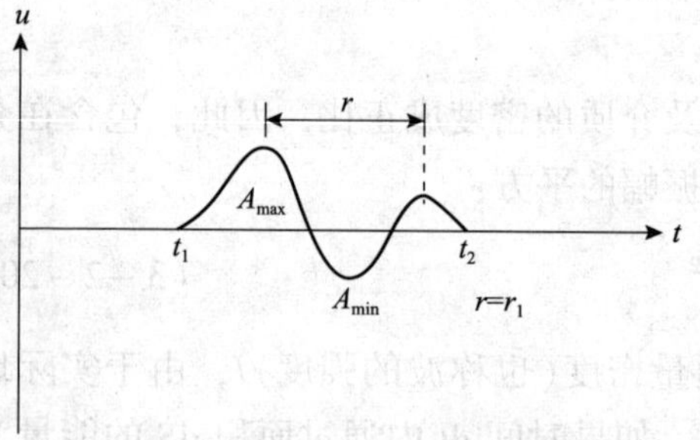

图 3-2-4　波的振动图形

图 3-2-4 所示为在某一确定的距离 $r = r_1$ 上观测该处质点位移随时间的变化规律图形，横坐标表示时间 t，纵坐标表示质点位移 u。振动图的极值(正或负)称为波的相位，极值的大小称波的振幅 A，相邻极值间的时间间隔为视周期 T^*，视周期的倒数称为视频率 $f^* = 1/T^*$，质点振动的起始时间 t_1 和终止时间 t_2 之间的时间长度 $\Delta t = t_2 - t_1$ 即波的时间延续长度。

假设时间 $t = t_1$，意味着把时间“固定”在 t_1 时刻，此时可以研究波动在 $u-r$ 坐标系中的状态。令横坐标代表波离开震源的距离 r，纵坐标仍表示质点移开平衡位置的位移 u，这种图形称为波的剖面图(图 3-2-5)，亦可用一些术语来定义波剖面。波剖面上具有极大正位移的点称为波峰，具有极大负位移的点称为波谷，两相邻波峰(谷)之间的距离称为视波长 λ^*，视波长的倒数称为波数 $k = 1/\lambda^*$，即单位距离内波的数目。

根据一般波动理论可知，视波长 λ^*、波数分量 k(一般沿地表观测就是 k_x，也可称为视波数)和视速度 V 之间有下述关系：

$$\lambda^* = T \cdot V^* = \frac{V^*}{f} \qquad (3-2-28)$$

$$k = \frac{1}{\lambda^*} = \frac{1}{T \cdot V^*} = \frac{f}{V^*} \qquad (3-2-29)$$

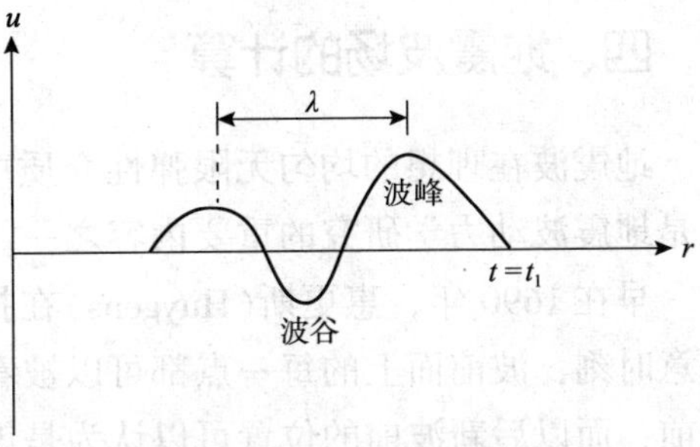

图 3-2-5 波剖面图

观察波剖面在介质中的传播过程可以看出，在波到达的介质处时，介质的质点都离开平衡位置产生位移，由于地下岩石介质质点间是紧密相连，振动的质点又让其邻近静止的质点振动，从而可形成质点振动的相互传递，这就是地震机械波动的物理机理。波在介质中传播将介质划分为 3 个球形层(图 3-2-6)。处于球层内的质点以各自的状态振动，称为扰动区，其横截面即波剖面；扰动区的最前端(传播方向上)刚开始振动的质点与尚未振动的质点间的分界面称为波前面；扰动区的另一个面是将要停止振动的质点与已经停止振动的质点间之的分界面，称为波尾面。对于纵波而言，扰动区内某一时刻一些质点相互靠近，密集在一起，形成局部密集带，而另一些质点却彼此分开，形成局部疏松带，最终会在扰动区内构成彼此相间的压缩带和疏松带(图 3-2-7)。而且随着波的传播，介质中的压缩带和疏松带交替更换，这就是对于纵波传播的描述。对于横波而言，由于其质点位移方向垂直于波传播方向，它会构成质点运动与波前(尾)面相切的扰动层。

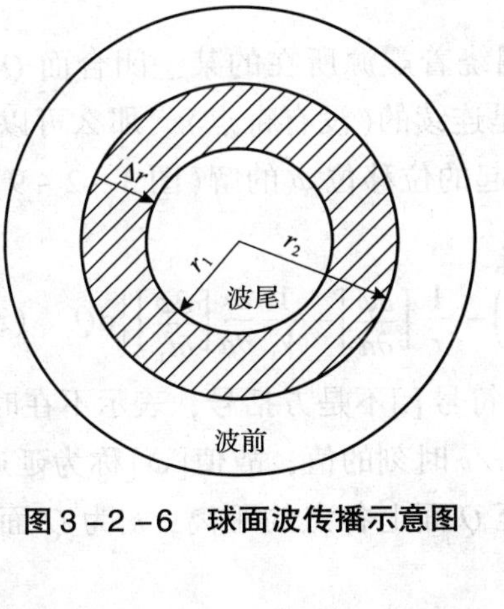

图 3-2-6 球面波传播示意图

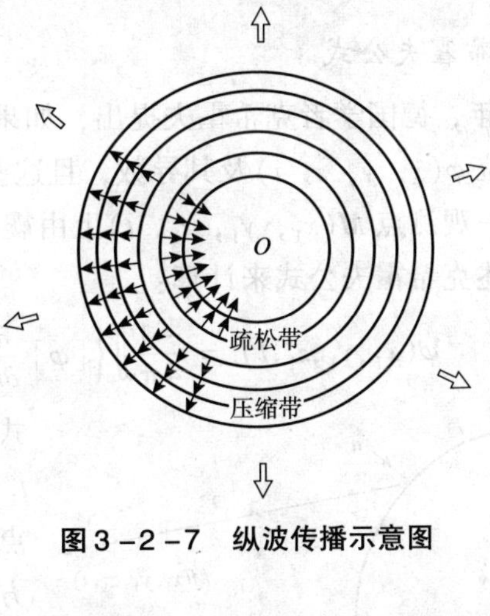

图 3-2-7 纵波传播示意图

在同一时刻，介质中不同质点的位移处于不同的振动相位，其中必有某些点是处于相同相位的状态，这些相同相位的质点共同构成了等相位面。均匀介质中，在球腔对称的震源作用下，等相位面是以震源为球心的同心球面，显然波前面和波尾面亦为等相位面。球面波随着传播距离的增大，球面不断扩大，当球面扩大到非常大时，可以把球面的局部看成一个近似的平面来研究，于是球面波变成平面波。从能量角度来看，真正的平面波是一种数学的抽象，不存在球面的扩散问题。

四、地震波场的计算

地震波在理想的均匀无限弹性介质中传播时，如何计算波到达空间任意一点的波场，也是地震波动力学研究的重要内容之一。

早在1690年，惠更斯(Huygens)在描述波动传播时，首先提出一个原理，其重点是：任意时刻，波前面上的每一点都可以被看作一个新的点源，由它产生的二次扰动，形成子波前，而以后新波前的位置可以认为是该时刻各子波前的包络(图3-2-8)，这就是著名的惠更斯原理。后来夫列涅尔(Fresnel)补充了惠更斯原理，认为由波前面各点所形成的新扰动(二次扰动)在空间观测点上相互干涉叠加，其叠加结果是该点观测到的总扰动。惠更斯-夫列涅尔原理亦可以从广义绕射的角度来理解，把任意时刻的波前面上的每一个点看成一个新点源，由这个新点源发出的子波可以被认为是一种广义绕射子波，因此，空间内任意一个观测点的波场可以被认为是由这些广义绕射子波叠加而成。因此，惠更斯-夫列涅尔原理提出了计算任意一个观测点波场的思路，但没有解决具体计算问题。

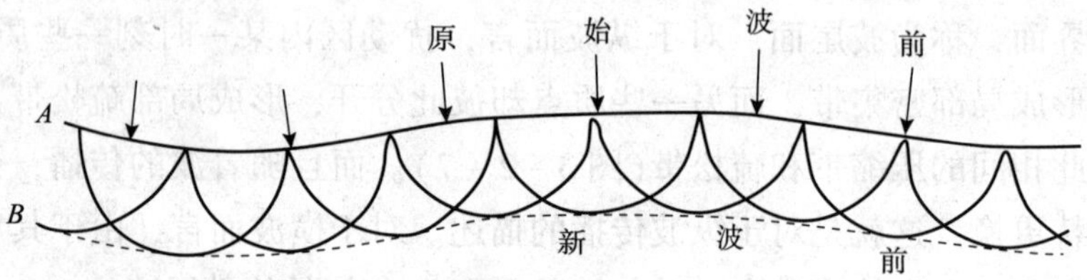

图3-2-8 惠更斯原理示意图

1. 克希霍夫公式

1883年，德国学者克希霍夫提出，如果在围绕着震源所在的某一闭合面 Q 上已知波动的位移位 $\varphi(x, y, z, t)$ 及其导数，且这些值是连续的(没有奇点)。那么可以算出 Q 面以外任意一观测点 $M(x_1, y_1, z_1, t)$ 上由震源引起的位移位 φ 的解(图3-2-9)。该解 φ 可以用下述克希霍夫公式来计算：

$$\varphi(x_1,y_1,z_1,t) = \frac{-1}{4\pi}\iint_Q\left\{[\varphi]\frac{\partial}{\partial n}\left(\frac{1}{r}\right)-\frac{1}{r}\left[\frac{\partial\varphi}{\partial n}\right]-\frac{1}{V_r}\frac{\partial r}{\partial n}\left[\frac{\partial\varphi}{\partial t_1}\right]\right\}dQ \quad (3-2-30)$$

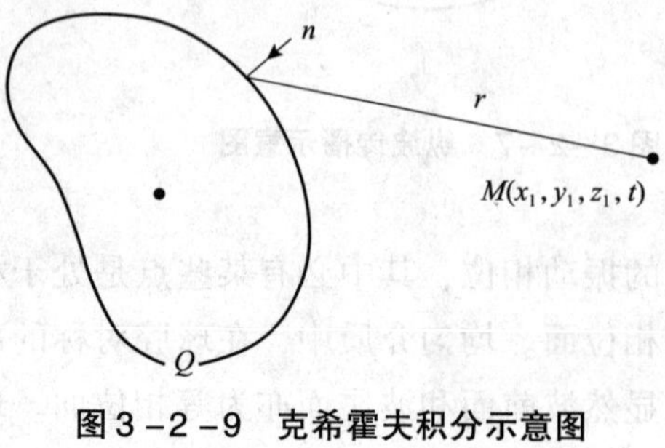

图3-2-9 克希霍夫积分示意图

式中，符号[ ]不是方括号，表示不在时刻 t 而是 $t_1 = t - r/v$ 时刻的值，故值$[\varphi]$称为延迟位；r 为点 M 至 Q 面上各点的距离；n 为 Q 面的外法线方向。

2. 泊松公式

作为克希霍夫公式的一个特例，可以导出泊松(Poisson)公式。即假设封闭曲面 Q 是以 $r = Vt$ 为半径的球面，且 M 点位于球心(图3-2-10)，可以从式(3-2-30)出发计算出球心 M 点的波场解：

$$\varphi = \frac{1}{4\pi}\frac{\partial}{\partial r}r\iint_Q[\varphi]\mathrm{d}\Omega + \frac{1}{4\pi}t\iint_Q\left[\frac{\partial\varphi}{\partial t}\right]\mathrm{d}\Omega \quad (3-2-31)$$

如果令：

$$\begin{cases}\bar{\varphi} = \dfrac{1}{4\pi}\displaystyle\iint_Q[\varphi]\mathrm{d}\Omega \\ \overline{\left(\dfrac{\partial\varphi}{\partial t}\right)} = \dfrac{1}{4\pi}\displaystyle\iint_Q\left[\dfrac{\partial\varphi}{\partial t}\right]\mathrm{d}\Omega\end{cases} \quad (3-2-32)$$

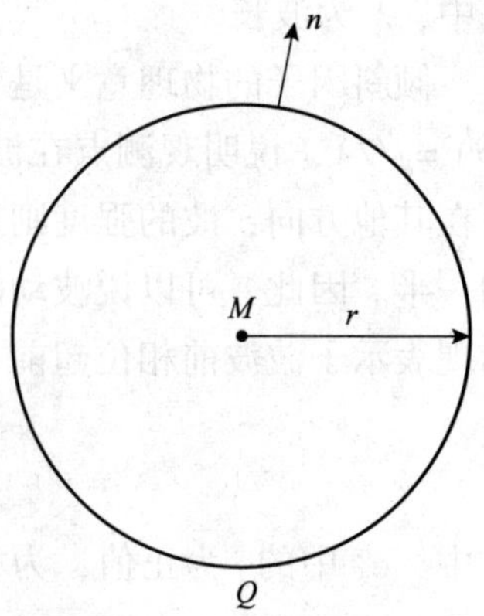

图 3-2-10　泊松公式示意图

则泊松公式(3-2-31)可简化成：

$$\varphi = \frac{\partial}{\partial r}(r\bar{\varphi}) + t\overline{\left(\frac{\partial\varphi}{\partial t}\right)} \quad (3-2-33)$$

式中，$\bar{\varphi}$ 及 $\overline{(\partial\varphi/\partial t)}$ 表示球面 Q 上 $[\varphi]$ 及 $[\partial\varphi/\partial t]$ 的平均值。由泊松公式可知，只要知道球面上的 $[\varphi]$ 及 $[\partial\varphi/\partial t]$ 的平均值，便可求得 M 点波场的解 φ。泊松公式不仅可以用来描述波场，且为研究波的运动学射线理论中的费马原理奠定了理论基础。

3. 倾斜因子

克希霍夫公式的另一应用是推导出倾斜因子 $K(\theta)$。

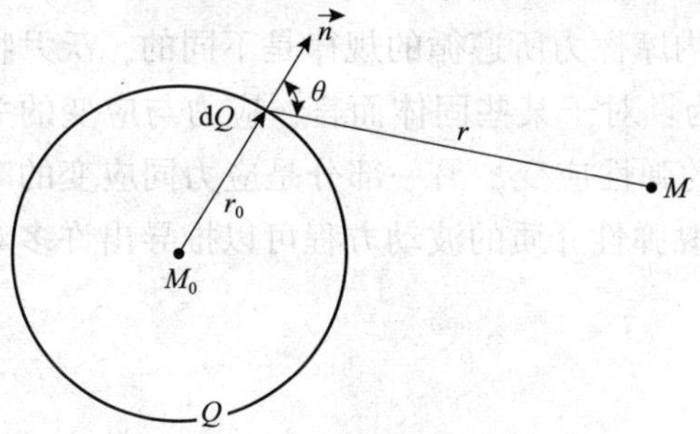

图 3-2-11　倾斜因子示意图

假设 Q 是由点源 M_0 发出的任意时刻的波前面位置，其半径为 r_0，波前面上任意小面元用 $\mathrm{d}Q$ 表示，M 点是球面外任一点，它至 $\mathrm{d}Q$ 的距离为 r，θ 是 $\mathrm{d}Q$ 的法线 $\vec{n}$ 与 r 的夹角(图 3-2-11)。现求在面外任一点 M 观测到的波场值同 θ 角的关系。

如果 M_0 点发出的球面谐波其振幅为 A，圆频率为 ω，则由 M_0 点到达小面积单元 $\mathrm{d}Q$ 上的振动为：$(A/r_0)\mathrm{e}^{j\omega\left(t-\frac{r_0}{V}\right)}$。

如果用 $k=\omega/V$ 表示圆波数，且略去周期因子 $\mathrm{e}^{j\omega t}$(因为 $\mathrm{e}^{j\omega t}$ 只表示谐波形状，同能量无关)，则到达 $\mathrm{d}Q$ 的振动为：$(A/r_0)\mathrm{e}^{-jkr_0}$。

根据惠更斯-夫列涅尔原理，可以把波前面 Q 上的小面元 $\mathrm{d}Q$ 看作二次震源，则在 M 点观测到的扰动可以写为：

$$\mathrm{d}u(M) = K(\theta)\frac{A}{r_0}\mathrm{e}^{-jkr_0}\cdot\frac{1}{r}\mathrm{e}^{-jkr}\mathrm{d}Q \quad (3-2-34)$$

由整个波前面 Q 在点 M 形成的总扰动为：

$$u(M) = \frac{A}{r_0}\mathrm{e}^{-jkr_0}\iint_Q\frac{\mathrm{e}^{jkr}}{r}K(\theta)\mathrm{d}Q$$

式中，$K(\theta)$ 是与夹角 θ 有关的因子，称倾斜因子。应用克希霍夫公式已证明 $K(\theta)$ 有下列表达式：

$$K(\theta) = \frac{j}{2\lambda}(1+\cos\theta) \quad (3-2-35)$$

式中，λ 为波长。

倾斜因子的物理意义是：当 $\theta=0$ 时，$K(\theta)$ 具有最大值 $K(\theta)=j/\lambda$；当 $\theta=\pi/2$ 时，$K(\theta)=j/2\lambda$，说明观测点在波前的法线 $\vec{n}$ 方向上具有最大值，该方向就是波的射线方向。而在其他方向，波的强度则迅速衰减，当 $\theta=\pi/2$ 时，倾斜因子的绝对值已衰减到最大值的一半。因此，可以说波动的大部分能量都集中在射线方向。式(3－2－35)中，因子 j 的出现表示子波波前相位超前 $\pi/2$，因为因子 j 可以写成：

$$j=\cos\frac{\pi}{2}+j\sin\frac{\pi}{2}=e^{j\frac{\pi}{2}} \tag{3-2-36}$$

式中，$e^{j\frac{\pi}{2}}$ 中的 j 为正值，为相位超前。

五、地震波的吸收

理想弹性介质是对实际介质的近似，实践表明，实际介质对地震波的能量具有不同程度的吸收作用，使波的能量在实际介质中传播时很快衰减。因此，在实际介质中影响地震波振幅衰减的原因除了波前扩散以外，还需考虑实际介质的吸收作用。

目前，对于吸收的机理研究尚无定论，但可以通过模型来说明地震波的吸收。有的模型中认为，岩石颗粒之间出现的内摩擦力是导致振动能量向其他形式转化的主要原因，这种内摩擦力也称黏滞力。据研究，不同固体中，内摩擦力所遵循的规律是不同的，沃尹特(Voigt)的假设同实验结果最为接近。该假设认为：对于某些固体而言，应力与应变的关系包括两部分，一部分是满足虎克(Hooke)定律的弹性应变，另一部分是应力同应变的时间变化率成比例关系的黏滞效应。由此而导出的黏弹性介质的波动方程可以推导出许多对地震波动力学特点有影响的结果。

1. 吸收系数

黏滞弹性介质中的波动方程式可写为：

$$\rho\frac{\partial^2\vec{u}}{\partial t^2}=(\lambda+\mu)\nabla\theta+\mu\nabla^2\vec{u}+\frac{1}{3}\eta\nabla\frac{\partial\theta}{\partial t}+\eta\nabla^2\frac{\partial\vec{u}}{\partial t} \tag{3-2-37}$$

式中，η 为黏滞系数，它与介质的黏滞性质有关。

对上式两边取散度 div 得：

$$\rho\frac{\partial^2\theta}{\partial t^2}=\left[(\lambda+2\mu)+\eta'\frac{\partial}{\partial t}\right]\nabla^2\theta \tag{3-2-38}$$

式中，

$$\eta'=\frac{4}{3}\eta \tag{3-2-39}$$

两边取旋度 rot 得：

$$\rho\frac{\partial^2}{\partial t^2}(\nabla\times\vec{u})=\left(\mu+\eta\frac{\partial}{\partial t}\right)\nabla^2(\nabla\times\vec{u}) \tag{3-2-40}$$

由式(3－2－38)和式(3－2－40)可知，在黏滞介质中同样存在两种独立扰动(纵波和横波)，但是它们的波动方程中都多了一项与时间有关的附加项。为了研究该附加项对波传播的影响，以一个平面简谐纵波沿 x 向传播为例进行分析。

设纵波的位移位为 $\varphi(x,t)$，按平面波理论可写为：

$$\varphi(x,t)=\varphi_0 e^{j(\omega t-kx)} \tag{3-2-41}$$

由于在沿 x 方向传播时，有：

$$\theta=\frac{\partial u}{\partial x}=\frac{\partial^2\varphi}{\partial x^2}=-K^2\varphi \tag{3-2-42}$$

将上式代入式(3-2-38)得到：

$$\rho\omega^2=(\lambda+2\mu)K^2+j\eta'\omega K^2$$

故：

$$K^2=\frac{\rho\omega^2}{(\lambda+2\mu)+j\eta'\omega} \tag{3-2-43}$$

上式经有理化后可写成：

$$K^2=\frac{\rho\omega^2}{[(\lambda+2\mu)^2+\eta'^2\omega^2]^{\frac{1}{2}}}\left\{\frac{\lambda+2\mu}{[(\lambda+2\mu)^2+\eta'^2\omega^2]^{\frac{1}{2}}}-\frac{j\eta'\omega}{[(\lambda+2\mu)^2+\eta'^2\omega^2]^{\frac{1}{2}}}\right\} \tag{3-2-44}$$

在图3-2-12所示的三角形关系中可以看出，上式括号内的实数项和虚数项分别为：

$$\begin{cases}\dfrac{\lambda+2\mu}{[(\lambda+2\mu)^2+\eta'^2\omega^2]^{\frac{1}{2}}}=\cos\beta\\[2ex]\dfrac{\eta'\omega}{[(\lambda+2\mu)^2+\eta'^2\omega^2]^{\frac{1}{2}}}=\sin\beta\end{cases} \tag{3-2-45}$$

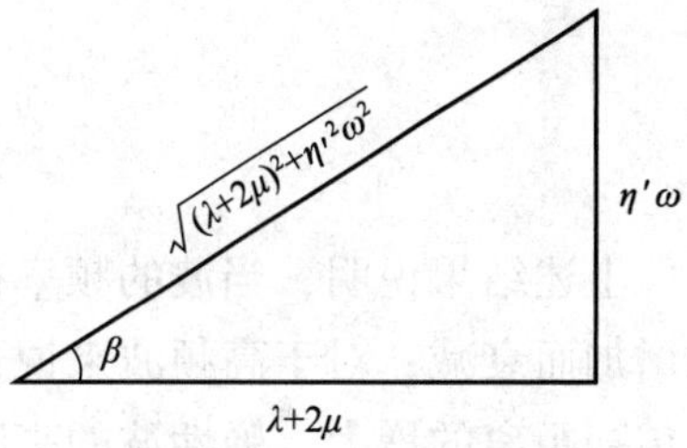

图3-2-12 $\eta'\omega$ 和 $\lambda+2\mu$ 关系示意图

且有：

$$\mathrm{tg}\beta=\frac{\eta'\omega}{\lambda+2\mu};\ \beta=\mathrm{tg}^{-1}\frac{\eta'\omega}{\lambda+2\mu} \tag{3-2-46}$$

故式(3-2-44)可转化为：

$$K^2=\frac{\rho\omega^2}{[(\lambda+2\mu)^2+\eta'^2\omega^2]^{\frac{1}{2}}}\exp\left(-j\mathrm{tg}^{-1}\frac{\eta'\omega}{\lambda+2\mu}\right) \tag{3-2-47}$$

因而有：

$$K=\left[\frac{\rho^2\omega^4}{(\lambda+2\mu)^2+\eta'^2\omega^2}\right]^{\frac{1}{4}}\left[\cos\left(\frac{1}{2}\mathrm{tg}^{-1}\frac{\eta'\omega}{\lambda+2\mu}\right)-j\sin\left(\frac{1}{2}\mathrm{tg}^{-1}\frac{\eta'\omega}{\lambda+2\mu}\right)\right] \tag{3-2-48}$$

令 k 代表上式中实数部分，α 代表上式中虚数部分，则有：

$$\begin{cases}k=\left[\dfrac{\rho^2\omega^4}{(\lambda+2\mu)^2+\eta'^2\omega^2}\right]^{\frac{1}{4}}\cos\left(\dfrac{1}{2}\mathrm{tg}^{-1}\dfrac{\eta'\omega}{\lambda+2\mu}\right)\\[2ex]\alpha=\left[\dfrac{\rho^2\omega^4}{(\lambda+2\mu)^2+\eta'^2\omega^2}\right]^{\frac{1}{4}}\sin\left(\dfrac{1}{2}\mathrm{tg}^{-1}\dfrac{\eta'\omega}{\lambda+2\mu}\right)\end{cases} \tag{3-2-49}$$

于是有：

$$K=k-j\alpha \tag{3-2-50}$$

将上式代入式(3－2－41)得：

$$\varphi(x,\ t)=\varphi_0 e^{-\alpha x} e^{j(\omega t-kx)} \tag{3-2-51}$$

上式说明，平面纵波在黏滞介质中传播时，它的振幅按指数规律衰减，衰减的快慢由式(3－2－49)的 α 值来确定，α 称为衰减系数或吸收系数。

根据式(3－2－49)可以得到波的传播速度 V：

$$V=\frac{\omega}{k}=\frac{1}{\left[\dfrac{\rho^2}{(\lambda+2\mu)^2+\eta'^2\omega^2}\right]^{\frac{1}{4}}\cos\left(\dfrac{1}{2}\mathrm{tg}^{-1}\dfrac{\eta'\omega}{\lambda+2\mu}\right)} \tag{3-2-52}$$

当波的频率很低时，满足不等式 $\eta'\omega\ll\lambda+2\mu$，则式(3－2－49)和式(3－2－52)可简化为：

$$\alpha\approx\frac{1}{2}\frac{\eta'\omega^2\rho^{\frac{1}{2}}}{(\lambda+2\mu)^{\frac{3}{2}}} \tag{3-2-53}$$

$$V\approx V_P \tag{3-2-54}$$

而频率较高时，满足不等式 $\eta'\omega\gg\lambda+2\mu$，则得到：

$$\alpha\approx\left(\frac{\rho\omega}{2\eta'}\right)^{\frac{1}{2}} \tag{3-2-55}$$

$$V\approx\left(\frac{2\eta'\omega}{\rho}\right)^{\frac{1}{2}} \tag{3-2-56}$$

上述结果说明，当波的频率很低时，地震波在黏滞介质中以恒速 V_P 传播，振幅随 ω^2 的增加而衰减；对于高频波来说，振幅和传播速度都与圆频率的平方根成正比。因此，随着传播距离的增大，弹性波的高频成分很快地被吸收，只保留较低的频率成分。这样，弹性波在实际介质中传播时，相当于一个滤波器，滤去了较高的频率成分而仅保留较低的频谱成分，这种作用称为大地滤波作用。高频成分的损失，改变了脉冲的频谱成分，使频谱变窄，被激发的短脉冲延续时间加长(图 3－2－13)。

图 3－2－13　大地滤波作用对波形的改造示意图

2. 品质因素

地震波的吸收还可以用一个与衡量无线电路中损耗方法相似的参数——品质因素来描述。品质因素 Q 被定义为在一个周期内(或一个波长距离内)，振动所损耗的能量 ΔE 与总能量 E 之比的倒数，即：

$$\frac{1}{Q}=\frac{\Delta E/E}{2\pi}=\frac{\Delta E}{2\pi E} \text{或} \frac{2\pi}{Q}=\frac{\Delta E}{E} \tag{3-2-57}$$

Q 是一个无量纲量，Q 越大，能量的损耗越小，介质越接近完全弹性体。

由式(3－2－51)可知，一个波长 λ 距离内的相对能量损耗量为：

$$\frac{\Delta E}{E}=1-(\mathrm{e}^{-\alpha\lambda})^2=1-\mathrm{e}^{-2\alpha\lambda} \tag{3-2-58}$$

由式(3－2－57)有：

$$\frac{1}{Q}=\frac{1-\mathrm{e}^{-2\alpha\lambda}}{2\pi}\approx\frac{\alpha\lambda}{\pi}=\frac{\alpha V_{\mathrm{P}}T}{\pi} \tag{3-2-59}$$

于是可以求得吸收系数 α 与品质因素 Q 之间的关系：

$$\alpha=\frac{\pi f}{QV_{\mathrm{P}}} \tag{3-2-60}$$

第三节　地震波的薄层效应

影响地震波传播过程中动力学特点的因素，除了扩散、吸收、反射、折射等，地层的结构，特别是薄层结构也是有影响的。众所周知，在沉积旋回比较发育的沉积岩地区，有大量薄层结构的地层。这种薄层结构基本上分两种类型：一类是韵律型薄层，薄层的波阻抗高于或低于上、下介质；另一类是递变型薄层，薄层的波阻抗介于上、下介质之间(海进、海退时期的沉积或页岩覆盖含油砂层时都属于这种类型)。

一、地震薄层

在地震勘探中，薄层的概念是相对的。因为地震勘探中定义薄层时是以它的纵向分辨率为依据的，即对地震子波而言，不能分辨出地层顶、底板反射的地层称为薄层。由于地震子波具有不同的频谱、延续度、波长等，因此，薄层厚度的概念是相对的，可以从不同的角度来定义薄层的厚度。

通常我们定义厚度 Δh 满足下列不等式的地层为地震薄层：

$$\Delta h<\frac{\lambda}{4}\ 或\ 2\Delta h<\frac{\lambda}{2} \tag{3-3-1}$$

式中，λ 为谐和振动的波长或脉冲波的视波长。

不等式两边除以波传播速度 V，则上式变为：

$$\frac{2\Delta h}{V}<\frac{\lambda}{2V}\ 或\ \tau<\frac{T}{2} \tag{3-3-2}$$

式中，τ 为波在薄层内传播的双程旅行时间；T 为谐和振动的周期或脉冲波的视周期。

因此，薄层亦可定义为地震波在该层内传播的双程旅行时小于波的半个周期或半个视周期的地层。

二、薄层的调谐效应

薄层的调谐效应在地层勘探中可能会成为分辨薄层的非常有效的工具。

就厚度变化的尖灭地层的顶、底板反射情况进行分析，图 3－3－1 所示为这两个反射层上反射波的相干干涉情况。图左侧部分用波长(λ)表示地层的相对厚度(Δh)。当层厚等于一个波长时($\Delta h/\lambda=1$)，顶、底板反射是相互分开的；当$\Delta h/\lambda<1$时，两个反射相互干涉。如果用ΔT表示这两个反射波的主极值的时间间隔，用ΔA表示它们波峰与波谷之间的相对振幅，则可以作出ΔT与ΔA的关系曲线(图3-3-2)。

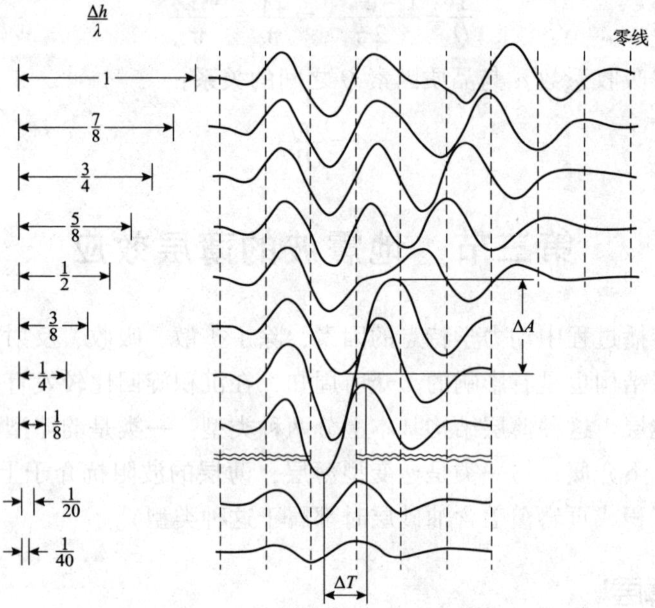

图3-3-1 薄层干涉的分辨率研究

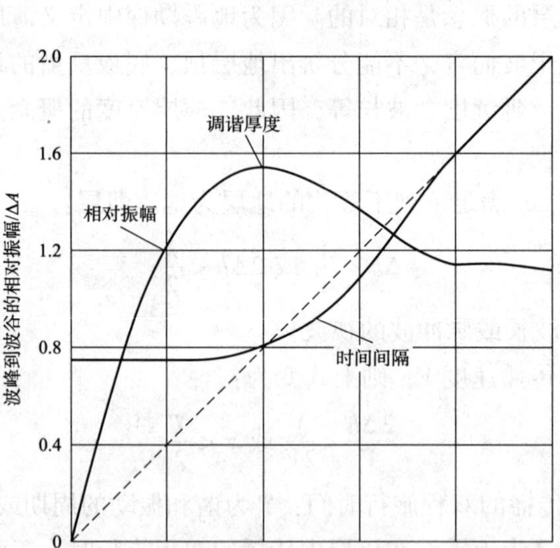

图3-3-2 调谐效应的时间ΔT与振幅ΔA关系曲线图

由图3-3-1、图3-3-2可知：

(1)由于来自地层上、下界面的反射波发生了相长干涉，在四分之一波长地层厚度处会出现相对振幅的极大值(这种现象称为薄层的调谐效应)，这时的厚度称为调谐厚度(图3-3-2中20ms处)；

(2) 当层厚减小到调谐厚度以后，由图 3－3－2 可以清楚地观察到，间隔时间已不再发生显著变化，波形趋于稳定。

由上述结果可知，调谐振幅出现在振幅转为常量的点上。利用薄层的调谐效应，可以分辨出四分之一波长的薄层厚度，亦可利用调谐效应确定薄层的厚度。

第四节　反射波记录形成的物理机制

分析多层实际介质时，如果在地面激发，地震纵波向地下传播，经过多层界面反射，然后返回至地面时被接收到的是一个什么样的振动呢？为解决这一问题应研究反射记录道形成的物理机制。

一、地震波的透射损失

假设在地面以下半无限空间内有 $n+1$ 层弹性介质，则共有 n 个弹性分界面，每个弹性分界面上的反射系数用 R_i 表示，透射系数用 T_i 表示，此处下标“i”表示第 i 个弹性分界面，$i=1, 2, 3, \cdots, n$。首先，分析地震波经过上覆 $i-1$ 个反射面后在第 i 个反射面上的反射情况。研究模型如图 3－4－1 所示，第 i 个和第 $i-1$ 个反射面上的反射系数和透射系数分别用 R_i、T_i 和 R_{i-1}、T_{i-1} 表示。

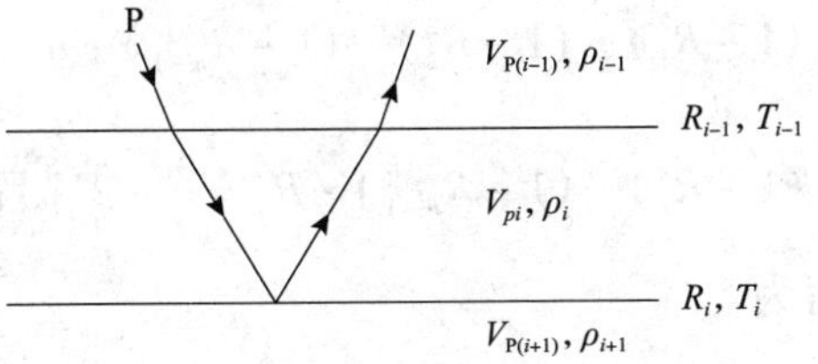

图 3－4－1　反射波的透射损失模型

假设入射波的振幅为 A，则经过第 $i-1$ 界面，且在第 i 界面上反射，再经过第 $i-1$ 界面透射的振幅应该是：

$$A_i = A \cdot T_{i-1} \cdot R_i \cdot T'_{i-1} \tag{3-4-1}$$

式中，T'_{i-1} 为由第 i 层向第 $i-1$ 层入射时，在第 $i-1$ 个界面上的透射系数；T_{i-1} 为第 $i-1$ 层向第 i 层入射时，在第 $i-1$ 个界面上的透射系数。

根据透射系数与反射系数之间的关系可知：

$$T_{i-1} = 1 - R_{i-1} \tag{3-4-2}$$

同理可求得：

$$T'_{i-1} = 1 - R'_{i-1} \tag{3-4-3}$$

式中，R'_{i-1} 为由第 i 层入射在第 $i-1$ 个界面上反射的反射系数。

且：

$$R'_{i-1} = \frac{Z_{i-1} - Z_i}{Z_i + Z_{i-1}} = -R_{i-1} \tag{3-4-4}$$

因此，有：

$$T'_{i-1}=1-R'_{i-1}=1+R_{i-1} \tag{3-4-5}$$

于是式(3－4－1)可写为：

$$A_i=A\cdot(1-R_{i-1})\cdot R_i\cdot(1+R_{i-1})=A\cdot(1-R_{i-1}^2)\cdot R_i \tag{3-4-6}$$

上式的物理意义是：入射波每透射一个弹性界面，必使入射波的振幅 A 乘上一个因子 $(1-R_{i-1}^2)$，这个因子称为透射损失因子。由于该因子总是小于1，所以说明经过一个界面后，入射波的能量会因为透射而损耗一部分。如果上覆有两个界面，则应乘以两个界面的透射损失因子，依此类推。因此，经过第 $n-1$ 个界面在第 n 个界面上反射的反射波振幅可以写为：

$$A_n=A\cdot(1-R_1^2)\cdot(1-R_2^2)\cdots(1-R_{n-1}^2)\cdot R_n \tag{3-4-7}$$

二、地震反射波记录道

如果地下实际介质存在 n 个反射界面，地面接收点可以接收到每个界面上的反射波，则一个实际地震道上会记录 n 个反射波。每个反射波的子波波形，决定于激发震源的形状和介质对它们的滤波改造作用；每个反射子波的振幅由波前扩散、介质吸收、透过损失及反射系数等因素所决定的。如果用 A_0 表示入射波振幅，α 表示吸收系数，r 表示波的传播距离，$\Phi(t-r/V_P)$表示子波，则一个反射波的解可以写为：

$$\vec{u}_P=\frac{A_0}{r}e^{-\alpha r}\cdot(1-R_1^2)\cdot(1-R_2^2)\cdots(1-R_{n-1}^2)\cdot R_n\cdot\Phi\left(t-\frac{r}{V_P}\right)\frac{\vec{r}}{r} \tag{3-4-8}$$

令 $$\tilde{A}_n=\frac{A_0}{r}e^{-\alpha r}\cdot(1-R_1^2)\cdot(1-R_2^2)\cdots(1-R_{n-1}^2)\cdot R_n=\frac{A_0}{r}e^{-\alpha r}\left[\prod_{i=1}^{n-1}(1-R_i^n)\right]\cdot R_n \tag{3-4-9}$$

则式(3－4－8)可简写为：

$$\vec{u}_P=\tilde{A}_n\cdot\Phi\left(t-\frac{r}{V_P}\right)\cdot\frac{\vec{r}}{r} \tag{3-4-10}$$

则在地面上接收到 N 个反射波总和的一个地震道记录 $g(t)$ 可以表示为：

$$g(t)=\sum_{n=1}^{N}\tilde{A}_n\cdot\Phi\left(t-\frac{r_n}{V_P}\right)\cdot\frac{\bar{r}}{r_n} \tag{3-4-11}$$

式中，$\tilde{A}_n$ 为各层反射振幅。

若每层反射波的延续度 Δt 满足 $\Delta t\leqslant\tau_i$（τ_i 是波在第 $i-1$ 层和第 i 层之间厚度为 Δh 的间隔内传播的双程旅行时），则两个反射波在记录上彼此分开；反之，则相互重叠。因此，Δt 与 τ_i 的关系决定了两个波是否相互干涉。

三、地震道褶积模型

根据实际测井资料可知，在含油的沉积盆地进行地震勘探时，存在大量的薄层，有些地区甚至平均不到3m就有一个反射界面。一个实际地震记录道就是由无数多个反射地震子波组成的复合振动，其中，具有较大反射系数的反射波构成记录上的强振动，称为优势波；而反射系数较小的反射波会构成弱振动，称为劣势波。这些优势波和劣势波的组合共同构成目前地震记录道上的波组和振动背景。根据式(3－4－11)可以近似地认为，一个反射记录道是地层反射系数序列 R_t 和地震子波 b_t 的褶积(卷积)结果：

$$g(t) = \sum_{n=1}^{N} R_n \cdot b_{t-n} = R_t * b_t \tag{3-4-12}$$

这就是所谓的地震道褶积模型。地震道褶积模型是简化了的反射记录道线性模型，一般来说，它省略了介质吸收、透射损失等因素，但是它仍具有一定的实用性。

利用地震褶积模型可以制作正演的地震理论记录。图3－4－2所示为是制作理论地震记录的示意图。值得指出的是，实际地震记录可能远非上述简单的组合，因为层与层之间可能还会产生多次反射，这些反射依然可以返回地面被接收。因此，在地面所观测到的不仅是各反射层上反射波的组合，还包括层间多次反射的组合，它们按到达时间先后组合构成实际的反射记录道的复合振动。

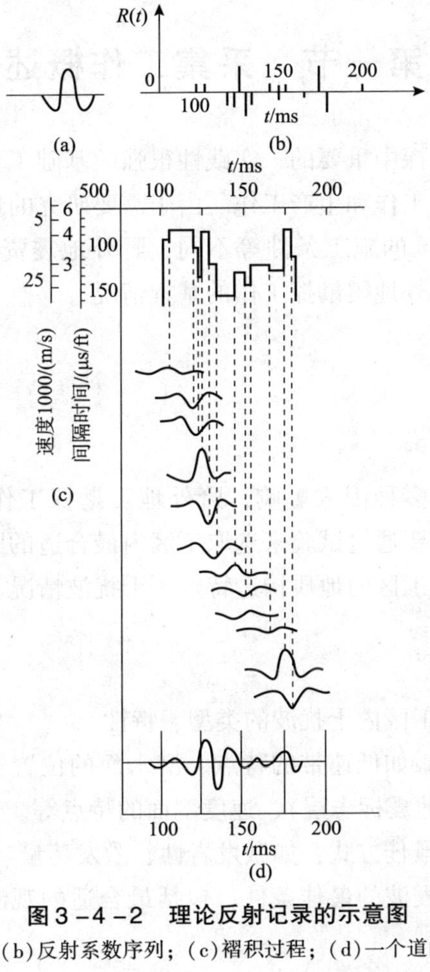

图3－4－2　理论反射记录的示意图

(a)地震子波；(b)反射系数序列；(c)褶积过程；(d)一个道的理论地震记录

第四章　野外地震资料采集

野外地震资料采集是根据油田的勘探或开发部署，由物探公司组织专门的地震队来实施的，主要工序包括测量、激发(钻激发井、下炸药人工爆炸或使用可控震源，海上作业则使用空气枪)和接收(使用检波器、采集站、电缆和数字地震仪等设备)，涉及的主要方法和技术包括观测系统设计、组合和多次覆盖等。野外采集的主要成果是测量数据、施工班报及大量的原始地震记录数据。

第一节　采集工作概述

野外工作是整个地震勘探中重要的、实践性很强的基础工作，其基本任务是采集地震数据。野外工作可分为试验工作和生产工作。由于需要研究的地质问题、采集环境(陆地、海洋、过渡带等)、各个工区的施工条件等不同，野外地震资料采集的方法也各不相同。本节简要介绍陆地和海洋野外地震勘探工作的基本情况。

一、陆地采集

1. 试验工作

因为地震记录质量会受多种因素影响，野外地震勘探工作的方法、技术选择比较复杂。在生产工作进行前，需要通过试验来选取工区内最合适的野外工作方法和技术。具体的试验内容根据地质任务、工区的地质构造特点、干扰波情况、地震地质条件及以往的勘探程度而定。

试验项目通常有：

(1)干扰波调查，包括工区内干扰波的类型、特性。

(2)了解地震地质条件，如低速带的特点、潜水面的位置、地震界面存在与否、地震界面的质量如何(是否存在地震标志层)、速度剖面的特点等。

(3)选择激发地震波的最佳方式，如激发岩性、激发药量、激发方式等。

(4)选择接收和记录地震波的最佳条件，包括最合适的观测系统、组合形式、仪器因素等。

试验工作一般放在正式生产之前进行。试验工作中，应由易到难一步步地完成各项任务。试验过程中不能同时改变一个以上的试验条件，否则将无法判断记录变化的原因。在试验开始之前要有明确的目的、方案，且需正确的理论指导；在试验工作进行过程中，必须及时分析、整理每次试验所得资料，总结经验，从而指导下一次试验工作的高效开展。

2. 生产工作

试验完成，取得工区标准剖面后，可转入正式生产。生产前应对地震仪器进行详细检查，确保仪器正常工作，之后才能正式开始生产。生产工作的基本内容及步骤如下：

(1)地震测量。测量是地球物理勘探工作的基础和先行步骤，主要任务是根据野外施工设计方案，应用测量设备和相应的测量方法，将勘探部署图上的点、线、网放样到实地，为物探的野外施工、资料处理和解释提供符合一定要求的测量成果和图件。地震勘探中的测量工作与工程测量有着非常密切的关系。测区内三角点加密工作需要布设高精度网点，用到三角交汇法、精密导线、精密水准导线法、静态 GPS(global positioning system)定位等技术。地震观测排列上的激发点和检波点的布设一般采用量距导线、红外测距导线、实时差分 GPS 定位等技术。

我国测量技术和设备研发的发展经历了漫长的过程。在 20 世纪 70 年代末之前，测量技术及相应设备研发发展较缓慢；20 世纪 80 年代中期到 90 年代初是测量技术和相应设备研发发展较快的时期，这期间我国使用的测量设备主要有瑞士维特厂生产的 T1、T2 型光学经纬仪和与之配套的 DI4L、DI5S 红外测距仪，国产光学经纬仪有 DJ1、DJ2、DJ15 等类型；20 世纪 90 年代初，引进了 SET2C 型电子全站仪，可适用于山区、沙漠或地形复杂的地区；随着电子工业、航空航天技术、遥感技术的发展，全新的全球卫星定位系统 GPS 投入使用，大大推动了测量技术的发展。此外，随着物探技术的发展和勘探区域难度的增大，我国于 20 世纪 90 年代还先后引进了适用于特殊工区的测量仪器，如 DMU520 和 DMU586 微波定位系统，美国天宝公司生产的静态 GPS 4000SE 定位仪，美国德尔诺特公司生产的 DGPS 3006 定位仪，法国 Sercel 公司生产的 DGPS NR102 - K 接收机和 202K 定位仪，等等。

(2)地震波的激发。目前，我国陆上地震勘探大多数使用炸药作为震源，但也可使用可控震源或其他激发方式。使用炸药震源在井中激发时，要在规定的位置钻炮井，把按规定的炸药量装好的药包下至井中指定深度引爆激发。爆炸组在做好激发工作的同时，必须严格做好安全工作。

(3)地震波的接收。这一工作主要通过检波器、排列和地震仪器来实现，即使用地震检波器、电缆线、野外地震仪等设备，按照确定的观测系统和具体参数布设一系列检波点。在各检波点上准确埋置检波器，连通电缆，确保线路通畅；然后由仪器操作员通知爆炸组引爆激发，在发出爆炸信号的同时启动记录系统；在确认获得合格记录后，可转移到下一排列继续工作。每天所获得的地震记录、填写的班报等原始资料必须整理清楚，保证准确无误。通常情况下，利用野外记录的原始资料进行现场处理的目的是监控资料质量，为地震资料批量处理提供先验参数等。

3. 干扰波调查

干扰波调查是试验工作的重要内容。为了压制干扰波，突出有效波，提高地震资料的品质，必须调查、分析各种干扰波的特点，这是保证各种野外工作方法和技术高效使用的重要前提。在生产实践中，通常采用以下几种观测方法来了解干扰波的类型、性质及其特点。

1）小排列

采用3～5m道距、土坑爆炸的小排列，并使用不混波、不加振幅控制、宽频带等仪器进行连续观测，其目的是连续记录、追踪各种规则干扰波，分析、研究干扰波的类型和分布规律。图4－1－1所示为采用小排列观测方法获得的干扰波调查记录。从该记录上可以看到浅层折射波、声波和几组面波等规则干扰波。对记录数据进行量化分析，可以得到这些干扰波的视周期、视速度等基本特征参数。

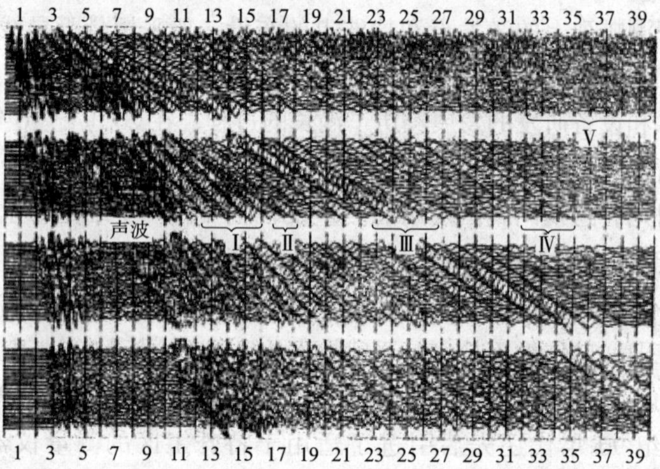

图4－1－1　小排列干扰波调查记录

2）直角排列

直角排列的观测方式如图4－1－2所示，主要适用于不知道干扰波传播方向的情况。可将排列的一半布置在一个方向上（图4－1－2中的AB），另一半布置在与之垂直的方向上（图4－1－2中的AC），激发点O距A点有一定距离（如500m），从记录上可以求得两个方向各自的时差Δt_1和Δt_2，然后在图上沿两个方向按一定比例尺标出矢量Δt_1和Δt_2的大小，其方向指向时间增大方向，求出矢量Δt_1和Δt_2的合矢量Δt，其方向将近似于干扰波的传播方向。

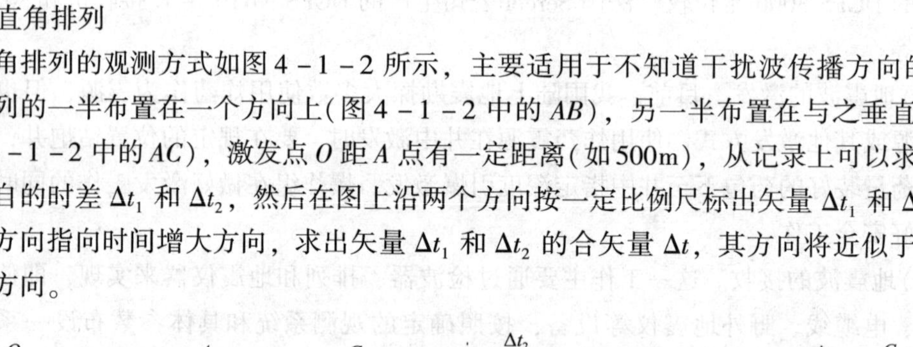

(a) 直角排列平面图　　(b) 地震记录　　(c) 确定干扰波传播方向

图4－1－2　使用直角排列查明干扰波传播方向的原理示意图

3）三分量检波器观测法

在井孔地震（如垂直地震剖面、井间地震）观测或地面多波勘探时，使用三分量检波器接收到的记录可以识别波的类型和传播方向及提取多种地震参数。三分量检波器可以视为在同一点上沿3个轴向安置3个垂直检波器。3个轴向的取法可以是 x、y、z 正交型，也可以是54°正交型。

在分析三分量检波器的观测资料时，应该着注关注波的射线方向、质点振动方向和检波器轴向间的相互关系，并考虑某个波到达检波器时引起的位移分量的大小及方向。

4）环境噪声调查

噪声调查的一个重要内容是环境噪声调查，因为在高分辨率地震勘探中，环境噪声是主要的噪声。

根据调查目的和方法的不同，环境噪声调查大致可分成以下3类：

（1）环境噪声基本情况调查。用单个检波器，不滤波、不放炮，在不同环境条件下记录噪声。根据工区内情况，选择公路、河床、堤坝、耕地、荒地、树林、居民点、沼泽等不同的地面条件进行分别记录。分析记录的振幅谱特征，包括谱的形状、幅度大小等。

（2）组合对环境噪声作用的调查。在相同条件下，一些道采用不同的组合形式，一些道不组合而将同样数目的检波器放在一起。不放炮、不滤波，对观测结果进行振幅谱分析，比较组合对各种频率成分噪声衰减情况的影响，从而选择合适的组合形式。

（3）生产条件下的噪声调查。这一过程中，主要在室内选择有代表性的记录分析初至波到达前的噪声振幅谱。对目的层附近的时窗内记录同样进行振幅谱分析（包括信号与噪声），近似估算不同频率的信噪比。结合信噪比与频率的关系，可以确定应采取怎样的措施，比如覆盖次数、组合个数等，有助于确定采取一定措施可以达到的具有优势信噪比的频带范围，并对能达到的分辨率进行估计。

4. 干扰波的类型和特点

根据干扰波的出现规律，干扰可分为规则干扰和无规则干扰（随机干扰）两大类。

1）规则干扰

规则干扰是指有一定主频和一定视速度的干扰，例如面波、声波、浅层折射波、侧面波等。常见规则干扰波的主要特点如下：

（1）面波。地震勘探中遇到的面波（图4－1－1）的特点是频率低，一般为几 Hz 至 30Hz；波速小，一般为100～1000m/s，以200～500m/s 最为常见。面波时距曲线是直线，因此，在小排列（100～150m）的波形记录上面波同相轴是直的。随着传播距离的增大，面波振动延续时间也增长，形成“扫帚状”，即发生频散（波的传播速度是频率的函数）。面波能量的强弱与激发岩性、激发深度及表层地震地质条件有关。这是因为在淤泥、厚黄土及沙漠地区，由于对地震波能量的强烈吸收，有效波能量减弱，面波能量相对增强；在疏松的低速岩层中激发或所用炸药量过大，造成激发频率降低，使面波能量增强；爆炸井较深时面波减弱，井较浅时面波增强。合理选择激发条件和组合参数是克服面波干扰的有效办法。

(2)声波。在坑中、浅水池中或干井中，爆炸会出现强烈的声波。声波是空气中传播的弹性波，传播速度为340m/s左右，比较稳定，频率较高，延续时间较短，呈窄带状(图4-1-1)。为了避免声波干扰，应尽量不在坑中或浅井中放炮，而尽量在井中爆炸，并用埋井的方法增强有效波的能量并防止声波干扰。在山区工作时，有时还会遇到多次声波干扰。

(3)浅层折射波。当表层存在高速层时，或第四系下面的老地层埋藏较浅时，可能观测到同相轴为直线的浅层折射波。

(4)侧面波。在地表条件比较复杂的地区进行地震勘探时，还会出现侧面波(一种来自射线平面以外的反射波)干扰。例如在黄土塬地区，由于水系切割，形成了沟谷交错的复杂地形，黄土塬的侧面是沟，塬和沟的相对高差为几百米，塬和沟的交界为陡峻的黄土与空气的接触面，易形成一个较强的波阻抗分界面，因此，在地震波激发后，其传播到黄土边沿并被反射回来，记录上可能出现来自不同方向的具有不同视速度的干扰波，即侧面波。需要说明的是，在地震资料解释时还会遇到一种由地下的一些大倾角界面产生的侧面波，这类侧面波是包含有用信息的，而本小节涉及的侧面波只是一种干扰波。这两种侧面波的形成如图4-1-3所示。

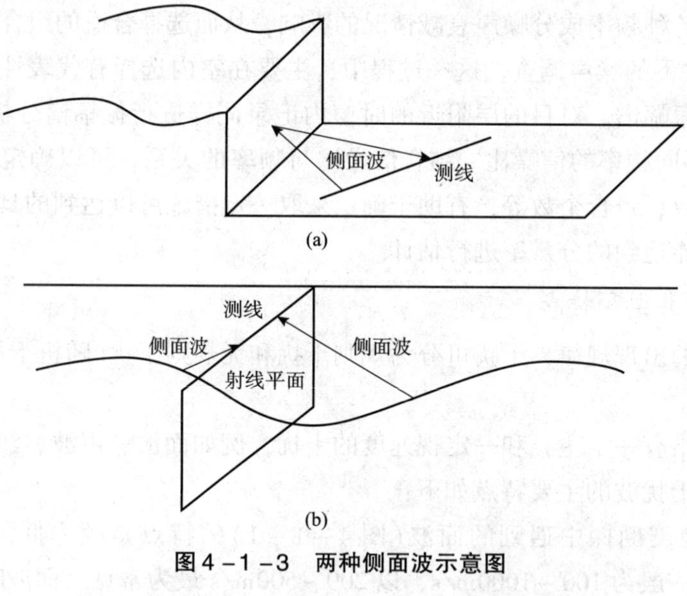

图4-1-3　两种侧面波示意图

(5)工业电干扰。当地震测线通过高压输电线路时，地震检波器电缆会感应频率为50Hz的电压，使整张记录或部分记录道上出现50Hz的正弦干扰波。

(6)虚反射。指从震源首先到达地面或潜水面发生反射，然后向下传播，再从地下界面反射的波。

(7)多次反射波。当地下存在强波阻抗界面时，会产生多次反射波，其特点与正常反射波相似，但时距曲线斜率较一次波大。

各种多次波和虚反射如图4－1－4所示。

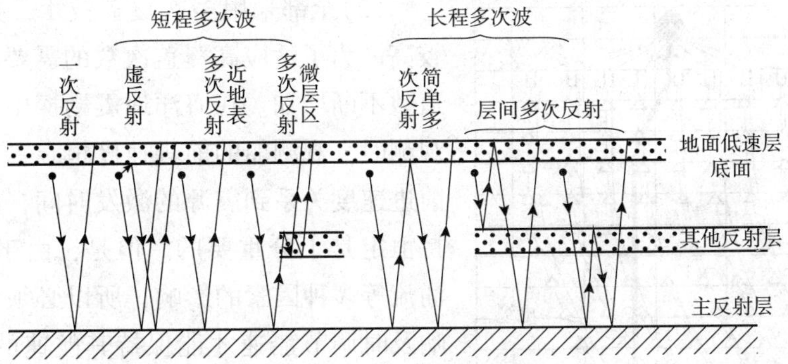

图4－1－4　多次波和虚反射示意图

2)无规则干扰(随机干扰)

无规则干扰主要是指没有固定频率，也没有固定传播方向的波，它们在记录上形成杂乱无章的干扰背景。无规则干扰主要包括地面微震、低频干扰和高频干扰等。

(1)微震。与激发震源无关的地面扰动统称为微震。它主要由地表植物随风摇动、海浪、水流、人畜走动、机器开动等外因随机产生。

(2)低频和高频背景干扰。在沼泽、流沙、泥潭等松散介质中激发地震波时，这些介质的固有振动会构成低频干扰背景(10～30Hz)；在坚硬岩石中激发时，波传到浅层不均匀体(如砾岩、多孔石灰岩等)上产生的散射会构成高频干扰背景(80～200Hz)。低频、高频背景的特点是在整个记录上出现，而且杂乱无章、没有规律性。

总体而言，规则干扰又可分为：沿水平方向传播的干扰波，如面波和车辆引起的干扰；沿垂直方向传播的干扰波，如多次波；具有重复性的干扰波，如面波；不具有重复性的干扰波，如一些人为因素产生的干扰波。随机干扰也可以分为重复出现的干扰波，如地表不均匀性引起的散射波；不重复出现的干扰波，如海浪等自然因素引起的随机干扰波。

还要指出，有些波在某种地震勘探方法中被视为干扰波(如反射法中的浅层折射)，而在其他地震勘探方法中则可能被视为有效波。还有一些包含地下地质信息的波，在未被利用时只能被视为干扰波，但随着技术的创新发展，它们将来可以被利用了，也可能转变成有效波。

二、海上采集

1. 工作概述

海上地震采集工作是把地震仪器安装在船上，使用海上专用的电缆和检波器，在观测船航行过程中连续进行地震波的激发和接收。

海上地震工作方法发展至今，主要具有如下特点：

(1)广泛使用非炸药震源，根据HSE(health 健康，safety 安全，environment 环境)的倡导，炸药震源已杜绝使用；比陆上更早实现了野外记录数字化；使用等浮电缆；单船作业，记录仪器和震源在同一条船上，不需要采用松放电缆的措施就能保证连续工作。

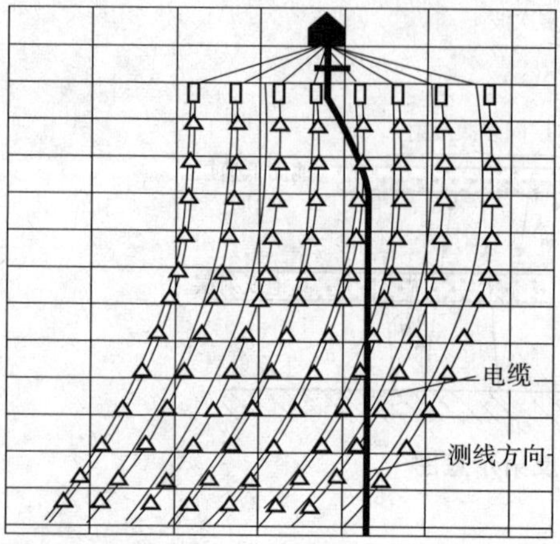

图4-1-5 电缆偏角示意图

(2)全部采用多次覆盖技术，并且覆盖次数较高。为了适应高覆盖次数的需要，等浮电缆的道数不断增加。在海洋地震勘探中进行多次覆盖观测时，观测船的前进速度恒定，由于观测船的前进速度关系到震源的激发时间，因此该速度保持恒定是十分重要的。但是，由于船速受风浪、涌流等多种因素的影响，所以必须使用多普勒声呐及时调节船速才能保持其航速的恒定。此外，在海上连续工作的情况下还有一些影响多次覆盖的因素，例如由于海流的影响，电缆与测线方向往往具有一定的夹角(称为电缆偏角，图4-1-5)，激发点间距也不均匀，在反射层倾角很大时会造成道集内反射点之间分散性较大。为了减小电缆偏角的影响，测线要尽可能垂直于反射层走向，也可以通过适当增大船速来克服侧流的影响。

2. 特殊干扰波

海上地震勘探中可能观测到的干扰波主要包括重复冲击波、交混回响或鸣震、侧面反射波、底波等。

1)重复冲击波

震源在海水中激发所产生的气泡在静水作用下将产生胀缩运动(气泡效应)，每次胀缩都可视为一个新震源。重复冲击波在记录上最明显的表现为在初至波以后一定时间内，再次出现与初至波的视速度及方向相同的振动(图4-1-6)。为了避免产生重复冲击，在海上作业时应选用合适的气枪沉放深度或采用无气泡蒸汽枪震源。

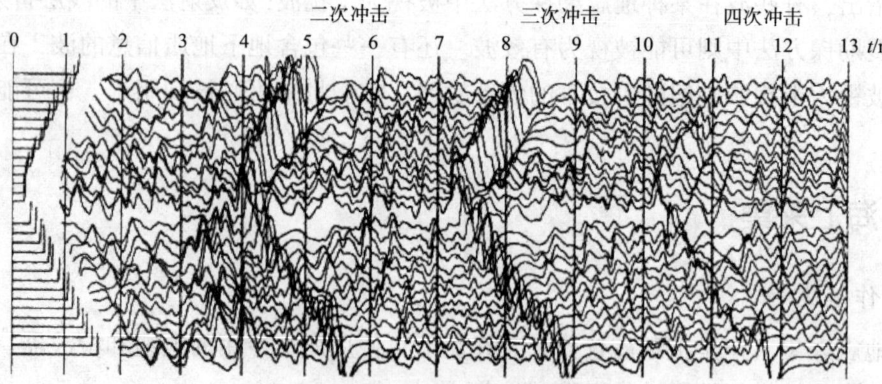

图4-1-6 典型的重复冲击记录

2)交混回响和鸣震

由于海水表面和海底是两个反射系数比较大的界面，因此，在夹着水层的这两个界面之间会形成多次反射。当海底起伏不平时，由于地震波的散射和水层内的多次波相互干涉，会造成严重的干扰，称为交混回响。图4－1－7(a)所示为高频交混回响记录。如果海底是比较平坦的、反射系数比较稳定的界面，则进入水层内的能量会产生多次反射造成水层共振现象，称为鸣震。鸣震记录[图4－1－7(b)]具有稳定的似正弦波形，延续时间比较长，掩盖了有效波，是海上地震勘探中的主要干扰波之一。掌握鸣震的规律和特点，可在地震资料处理中设法消除鸣震干扰。

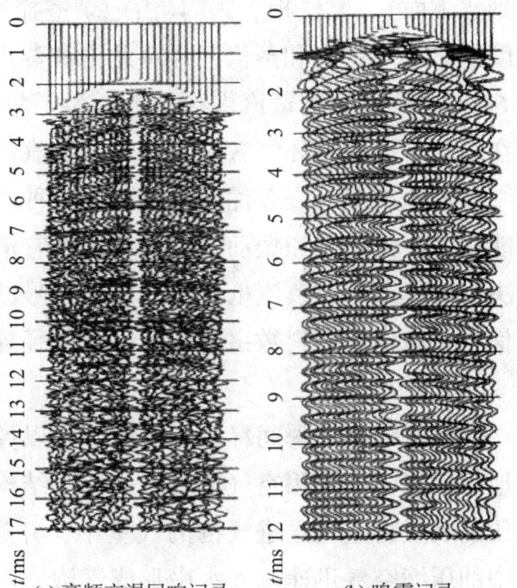

(a) 高频交混回响记录　(b) 鸣震记录

图4－1－7　海上干扰波

3)侧面反射波

侧面反射波是指海底潜山、水下暗礁等产生的反射，由于它不是石油勘探中的研究对象，因而成为一种干扰。它的强度衰减较慢，以各种不同的视速度在整个记录上出现，有时可能延伸很长。在利用水平叠加资料进行地质解释时，通过分析对比可以识别侧面反射波。在三维地震勘探中，使用全三维偏移技术可以使侧面波反射准确归位。

4)底波

底波是与海底界面有关的面波。在淤泥较厚的浅海域经常观测到这种面波。它的特点是频率和视速度都较低，而且离开海底后其能量迅速衰减。

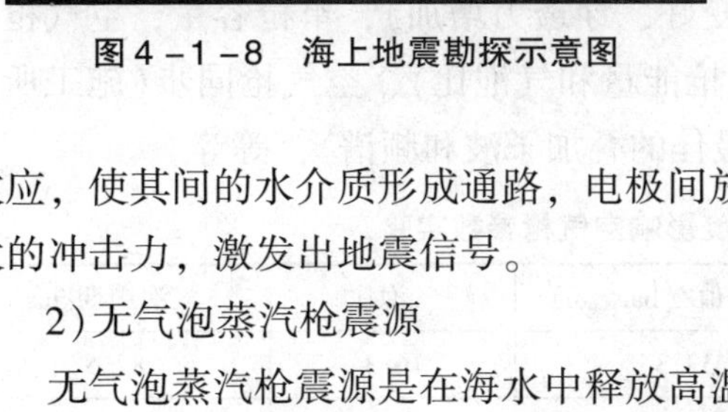

图4－1－8　海上地震勘探示意图

3. 海上震源

相比于陆地地震勘探而言，海上地震勘探具有诸多差异，例如震源、检波器、观测方式(图4－1－8)等。按照HSE要求，目前海上地震勘探主要使用非炸药震源，包括电火花震源、空气枪震源、蒸汽枪震源等。

1)电火花震源

电火花震源是利用高压电极在水中的放电效应，使其间的水介质形成通路，电极间放电产生的热能使电极周围的海水汽化而产生巨大的冲击力，激发出地震信号。

2)无气泡蒸汽枪震源

无气泡蒸汽枪震源是在海水中释放高温蒸汽而造成振动。蒸汽在海水中迅速散热，并恢复其体积，可以消除气泡效应，并达到良好的地震效果。

蒸汽枪震源装置的组成部分包括：蒸汽发生器(1个锅炉和1个过热器)、导管(即枪，伸到水下面）、贮气柜、阀门（由记录室控制）。工作时，在锅炉中把水变成压力为6MPa、温度达276°C的饱和蒸汽，再将此饱和蒸汽送入过热器，使其温度增高到400°C，压力仍为6MPa。用这样的蒸汽供给气枪。为了防止蒸汽凝聚，两次激发之间采用可调阀门使蒸汽在装置中不断循环。激发后，多余蒸汽可以排出或继续膨胀和凝聚，使水又恢复原状。

蒸汽枪震源有许多优点，例如，这种装置无笨重的转动机械或电子部件，各部分工作性能良好，无噪声和振动，便于使用；它消耗的是与轮船所用相同的燃料；激发速度主要取决于蒸汽产量；蒸汽枪每次激发的信号波形重复性很好，而且可用检波器精确地记录激发信号，为地震资料数字处理和分析解释提供了真实的地震子波。

3）空气枪震源

它将压缩空气瞬间释放于水中，可以像炸药爆炸一样形成气泡，造成强烈的振动。海洋地震勘探中所使用空气枪震源的具体结构不完全一样，但它们的工作原理可概括为：空气压缩装置将空气送进气枪的气室中，并达到一定的压力；工作时，用电磁阀打开气室，其中的压缩空气迅速进入水中形成气泡，产生振动。

空气枪震源的类型主要有：

（1）按枪的工作压力可分为高压枪和低压枪。

（2）按枪的用途可分为深水工作枪、浅水工作枪、泥枪、陆地枪等。

（3）按枪的结构可分为BOLT枪、G枪、GI枪、套筒枪、RLS－6000高压枪等。BOLT枪包括1500LL、1900LLX、2800LLX这3种型号。1500LL型主要用于深水，2800LLX型主要用于浅水，而1900LLX型用于介于上述两者之间的水域。G枪的主要特点是：结构简单，工作压力可在2000～3000psi（1psi＝0.0068MPa）之间变化，可以组成背靠背和边靠边的相干枪，具有更好的同步性。GI枪放置了两个独立的枪体：一个是GENERATOR枪，用于产生主脉冲；另一个是INJECTOR枪，用于消除气泡效应。此类枪的主要特点是：安全系数高，环保性能好，工作效率高，气枪阵列设计自由、多样。

空气枪震源的基本参数有：主脉冲（primary），峰－峰值（peak-peak），气泡比（P/B ratio），气泡周期（period），系统压力，工作压力，空气枪总容量。

空气枪震源的很多参数并不是一成不变的，会受到许多因素影响，例如空气枪沉放深度（表4－1－1），空气枪压力（空气枪压力升高后，频谱中低频输出增加，峰－峰值升高，气泡比增加，故压力升高后，空气枪子波品质变好，穿透力增加），单枪容量，空气枪阵列（将一组空气枪有机结合在一起，以提高空气枪能量和气泡比），空气枪同步（施工所用的空气枪在规定的时间内同时激发，以便得到最佳的叠加子波和频谱），等等。

表4－1－1　空气枪沉放深度影响空气枪参数实验

空气枪沉放深度/m	主脉冲/（bar·m）	峰－峰值/（bar·m）	气泡比	气泡周期/ms
1.5	15.5	33.3	16.3	87.5
3.0	23.8	51.6	13.0	82.0
5.0	27.4	60.1	8.8	74.0

注：1bar＝0.1MPa。

4. 海上定位

1) 无线电定位导航系统

无线电定位导航系统要求使用已知精确经纬度的岸台设备，且岸台发射的无线电波具有可以被视为常数的传播速度。观测船接收无线电波并精确地确定其到达参数，就可以求得观测船相对于发射岸台的位置线[以岸台为圆心，以 $\rho = 0.5v(t_2 - t_1)$ 为半径作圆，观测船的可能位置就在该圆弧上。t_1 和 t_2 分别为观测船发射和接收无线电信号的时间]，两条位置线的交点就是所求的船位(图 4-1-9)。

根据岸台的参量、设备及使用参数，无线电定位导航系统大体可以分成两类。第一类是测距系统。在离海岸线不太远的海区内工作，可以使用测距系统[如绍兰(Shorn)]来定位。第二类是双曲线系统。20 世纪 50 年代开始在海洋物探工作中广泛使用无线电定位的双曲线系统。这种系统有着多种多样的型号和产品，但都是利用 3 个以上的岸台发射信号，在一定的海域上空组成双曲线形状的巷格网，由观测船上的船台接收信号并进行定位。

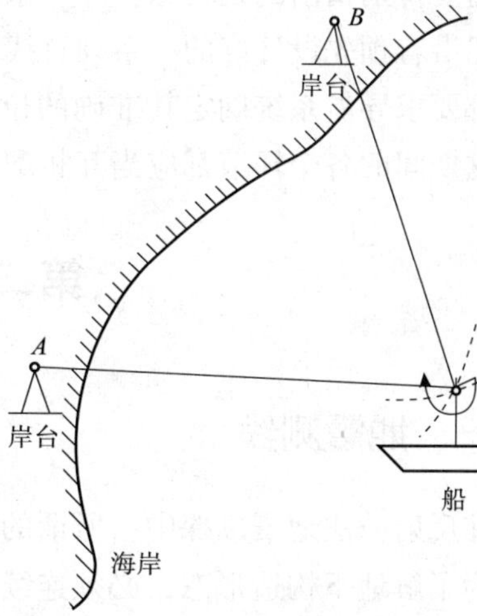

图 4-1-9　无线电测距系统示意图

2) 卫星导航系统

利用卫星导航系统最显著的优点是不受离岸距离的限制，而且可全天候工作，并具有较高的精度。但是，要有效利用人造地球卫星导航定位，必须具有下列设备和条件：首先，要有足够的、轨道适当的导航卫星；其次，必须对卫星的运行进行跟踪并及时向卫星精确地预报其轨道参数，以提高定位精度；第三，卫星高速运行中发射的无线电信号频率有多普勒频移，必须采用专门的设备进行接收；第四，轨道参数和定位的计算都必须使用计算机完成。

由于子午卫星导航定位是全球覆盖的，它不受地球上任何地域的限制，因而摆脱了定位岸台设置的问题；同时，它又不受天气、风浪等气候条件的限制，能够每天 24 小时提供精确的位置资料。根据大量实际应用结果的统计可知，子午卫星导航的均方误差为 50～100m。不过，卫星导航定位也有不足之处，子午卫星大约 108min 出现一次，可以取得一个准确的船位，但在两次测定船位之间要进行内插，这会给海上地震勘探的精确定位造成不利影响。

3) 综合导航系统

对于海上地震工作来说，对导航定位的要求是在观测船上能实时计算航迹，连续显示航线，以及能自动控制并记录地震震源的位置。为了满足这些要求，当前主要采用由计算机控制并进行数据采集和处理的综合卫星导航系统。这种系统在 1967～1970 年出现并逐步得到广泛应用，取得了良好的应用效果。这种系统中包括通过计算机与海洋物探设备连接起来的卫星接收机，多普勒声呐、陀螺罗经和劳兰 C，并实行自动控制。在卫星接收机测定的船位之间，使用多普勒声呐提供速度资料，使用陀螺罗经(或惯性导航系统)提供航向资料，再由计算机进行适时计算、校正并进行内插。在多普勒声呐不能取得准确速度资料的深海大洋地区，则应用劳兰 C 提供测定船位的补充资料。

以四轴多普勒声呐为例阐述多普勒声呐测定观测船相对于海底的运动速度的原理。由船底伸出的传感器向海底发射 4 条狭窄的高频声脉冲束，高频声脉冲遇到海底之后发生反射，再经过接收、放大并以相应的频率跟踪。回返信号由于船与海底之间相对速度的变化而产生多普勒频移。此频移值与速度的变化成比例，由此可以推算出速度变化的资料。

需要特别指出的是，综合导航系统必须与海上地震工作紧密结合。因为地震工作要求观测船沿着预先设计好的一系列直线测线航行，震源也应沿测线等时或等间距分布，每次激发都要求导航系统确定其准确的位置，而激发时又必须使地震仪器处于正常工作状态，所以这期间的各个环节都应当互相配合并由计算机统一控制。

第二节　观测系统

一、地震测线

在反射波法地震勘探中，所谓的观测系统是指地震波的激发点与接收点的相互位置关系。为了解地下构造形态，必须连续追踪各界面的反射波。为此，就要沿测线在许多激发点上分别激发，并进行连续的多次观测。每次观测时，激发点和接收点的相对位置应该保持一定的关系，以保证能够连续追踪地震界面。观测系统的选择取决于地震勘探的地质任务、工区的地震地质条件和使用的采集方法。总体原则是：施工简便，经济高效，能够连续追踪地下界面，并满足地震勘探对资料品质(信噪比、分辨率等)的基本要求。

地震测线是指沿地面或海平面进行地震勘探野外工作的路线，其布置方式对了解地下地质构造至关重要。

1)基本要求

地震测线的布设必须考虑地质任务、干扰波与有效波特点、地表施工条件等诸多因素。具体来讲，有两个基本要求：一是测线应为直线，保证所反映的构造形态比较真实；二是测线应该垂直构造走向，其目的是更加真实地反映构造形态，为绘制构造图提供方便。

2)不同勘探阶段的测线布置要求

根据不同勘探阶段的精度要求，地震测线的布置方法可分为下列几种情况：

(1)区域概查阶段。该阶段一般在勘探程度低、未做过地震工作的地区进行。它的地质任务是了解区域性地质构造分布情况，确定含油气远景区或含油气盆地。布置测线的依据是从地质测量或重磁电物探资料中了解区域构造的初步资料，如构造线的方向、区域构造单元的预测范围等。布置测线的要求是在垂直区域地质构造走向的原则下，尽可能穿过较多的构造单元，测线尽量为直线，也可根据地表条件将测线沿道路、河流布设。线距根据工区内区域地质构造规模而定，一般为几十千米或几百千米。

(2)面积普查阶段。面积普查主要是在具有含油气远景区寻找可能的油气储集带，研究地层分布规律，查明较大的局部构造。此阶段测网布置较稀疏，通常以二维地震勘探的方式将测线布设为“丰”字形。布置测线的要求是：主测线垂直构造走向，测线间距以不漏掉局部构造为原则，线距不应大于预测构造长轴的一半。在构造顶部或断裂带部位应适当加密测线，并要做一定数量的联络测线。联络测线一般垂直于主测线，与主测线组成测网。

(3)面积详查阶段。面积详查阶段的任务是在已知构造单元上查明其构造特点，如分布范围、空间形态、目的层厚度、上下地层的接触关系、高点位置、闭合度、与相邻构造的关系、断层的大小及其分布等，提供最有利的含油气圈闭，为钻探提供井位。要求主测线垂直构造走向，二维地震勘探的测网稍密，线距为2～3km，也可根据需要直接进行三维地震勘探。

(4)构造精查细测阶段。构造精查细测是在含油气圈闭工作的基础上，查清油气藏的具体地质特征，为油藏描述提供基础资料。此阶段通常以三维地震勘探为主，二维地震的测网要求较密，线距一般为几百m至1km。

上述各勘探阶段并不是截然分开的，且测网的疏密也不是绝对的，以便于探明具体地质目标为准则。

二、多次覆盖观测系统

1. 观测系统定义

为了更详细地了解地下构造形态，需要连续追踪地下各界面的反射波。为此，就必须沿测线在许多个炮点上分别激发地震波，并进行多次观测。每次观测时，爆炸点和接收点的相对位置要保持一定的关系。这种炮点和接收点的相对位置关系，称为观测系统。习惯上，把每次激发时，接收地震波的那段测线称为“接收段”。接收段上布设的所有检波器与接收电缆，称为“排列”。

按炮点与接收点的相对位置关系，测线分为纵测线和非纵测线。炮点与接收点在同一条直线上的称为纵测线，不在同一条直线上的称为非纵测线。二维地震中很少使用非纵测线，本小节只分析纵测线的观测系统。

2. 观测系统的图示法

观测系统一般用图示法表示，以反射波法观测系统为例加以说明。

1)一次覆盖的简单观测系统及其图示

地下界面通常是连续的(发育断层的情况除外)，因此，要了解连续的界面形态就要在有一定长度的测线上使用连续观测系统，进行连续观测。最简单的一次覆盖连续观测系统如图4－2－1所示。O_1激发，O_1^*、O_2^*接收，追踪A_1R_1间的反射界面；O_2激发，仍在O_1^*、O_2^*接收，追踪A_2R_1间的反射界面；O_2激发，O_2^*、O_3^*接收，追踪A_2R_2间的反射界面。然后O_2^*、O_3^*排列不动，激发点移至O_3，则接收到的是R_2A_3间的反射界面。这样不断地移

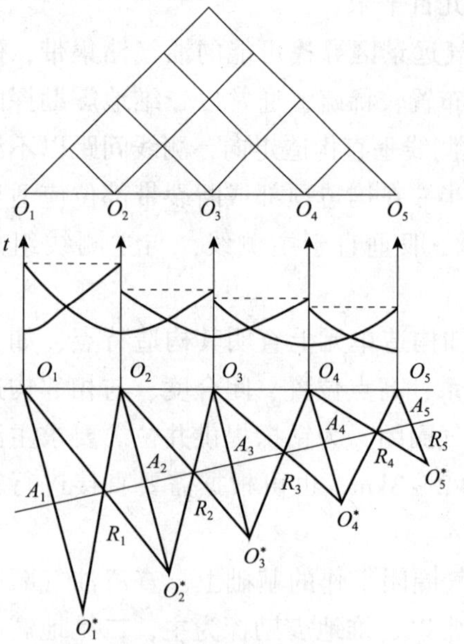

图 4-2-1　一次覆盖连续观测系统示意图

动接收点和激发点位置，就可以连续追踪界面 R。这种简单连续观测系统的优点是激发点与接收点靠近，野外施工方便，不受折射波的干扰，还可减少有效波之间的干涉；缺点是近激发点的几道时常会受到爆炸后的声波和面波的干扰。

上述简单连续观测系统属于端点激发或中点激发。它的特点是每次激发后只往前移动半个排列。

地震勘探中的观测系统可用综合平面图示法来表示。综合平面图示法可以在平面图上表示激发点和接收点的相对位置关系，以及观测到的地下界面段。这种图示法的优点是在复杂情况下，要表示的观测内容也是明确的。它是观测系统图示法中最简单的一种，在二维地震勘探生产中大多采用这一方法。

观测系统的综合平面图示法如图 4-2-2 所示。把分布在测线上的激发点 O_1、O_2、O_3…按一定比例尺标在水平直线上，然后从激发点向两侧作与测线成 45°的斜线，组成坐标网。当在测线上某点激发而在某一地段接收时，可将测线上的接收地段投影到通过激发点的 45°斜线上，用这段投影来表示观测排列。即当在 O_1 激发、O_1O_2 之间接收时，可用线段 O_1A 表示；若在 O_1 激发、O_2O_3 之间接收，可用线段 AB 表示。同理，O_2 激发、O_1O_2 之间接收，可用 O_2A 表示。至于观测段反映的界面(只要界面是水平的)，把观测段向水平线段作投影便得到所反映的界面，O_1O' 便是观测段 O_1A 所对应的地下界面位置。

2) 多次覆盖的观测系统及其图示

所谓"一次覆盖"或"多次覆盖"，指的是对被追踪的界面观测的次数而言。例如，对同一界面追踪了两次，则称为两次覆盖。

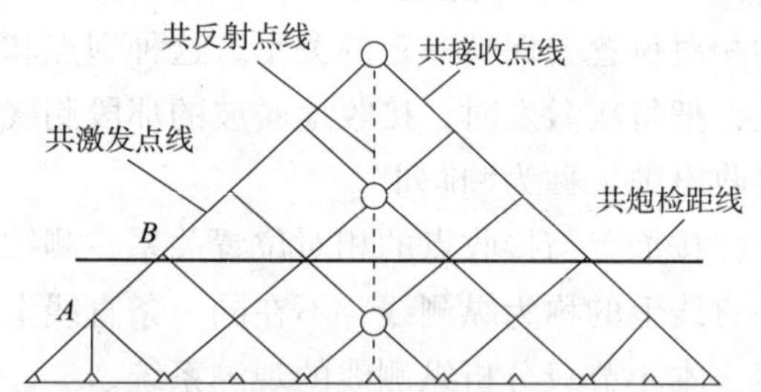

图 4-2-2　观测系统的综合平面图示法

以单边激发 6 次覆盖为例来说明多次覆盖观测系统。图 4-2-3 所示是 24 道接收，激发点位于排列一端，偏移距(激发点离开第 1 道的距离)为 1 个道间距。每激发一次，激发点随接收点一起向前移动两个道间距。这样就组成了 6 次覆盖观测系统。将所有的激发点 O_1、O_2、O_3…标在同一水平线上，然后从各激发点向排列前进方向作一条与激发点成 45°的直线，将同一排列上的 24 道分别投影在这些 45°斜线上。从图 4-2-3 中可以看出，O_1 激发点的第 21 道、O_2 激发点的第 17 道、O_3 激发点的第 13 道、O_4 激发点的第 9 道、O_5 激发点的第 5 道、O_6 激发点的第 1 道都接收来自 A 点的反射，因此，分别在这 6 个记录上选出的第 21 道、第 17 道、第 13 道、第 9 道、第 5 道、第 1 道就是公共反射点 A 的共反射点道集。其他的反射点也可以找到相应的共反射点道集。从图中可以看到，激发点连线和共反射点叠加道的连线是相互垂直的，其交点就是共反射点在地面上的投影位置。另外还可以看到，对于24道记录，O_1、O_2、O_3、O_4、O_5、O_6这6个激发点只能获得6次覆盖的4个共反射点A、B、C、D，若继续激发O_7、O_8、O_9、O_{10}、O_{11}、O_{12}…，则可以获得一条连续的6次覆盖剖面。显然，自A点以后，每一个反射点的信号都可以在6个相应的记录上找到，这就是单边激发的6次覆盖观测系统。

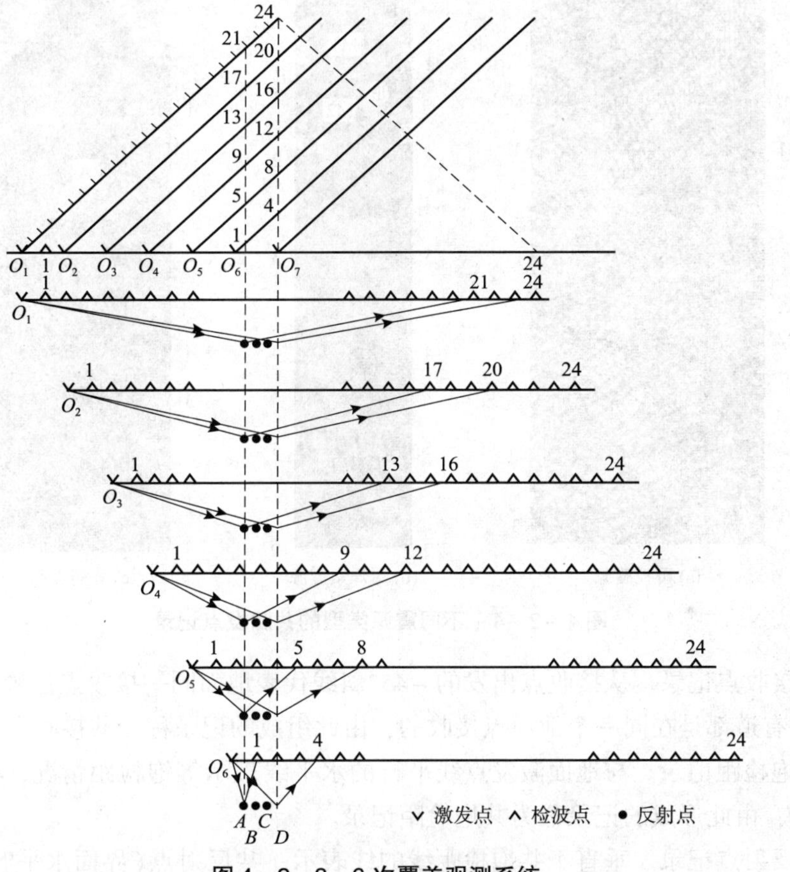

图4-2-3　6次覆盖观测系统

12次覆盖、96次覆盖等情况与此类似。野外施工中，每激发一次，排列和激发点向前移动的道间距数d为：

$$d=\frac{NS}{2n} \tag{4-2-1}$$

式中，N为排列中的接收道数；n为覆盖次数；S为在一端激发时，$S=1$，两端激发时，$S=2$。

例如，24道接收，3次覆盖，一端激发，则激发一次后激发点的排列应向前移动4道检波点距；若12次覆盖，则应移动1道检波点距。

3) 四种道集记录

在多次覆盖观测系统的综合平面图上，可以构成4个不同方向的线，得到相应的4种记录(图4-2-2)。

(1)共激发点记录。从激发点出发的45°斜线代表一个排列，在此线上所有的接收点有共同的激发点，属于同一激发点的各道记录称为共激发点记录(图4-2-4)。其中，图4-2-4(a)所示为可控震源的共激发点记录，图4-2-4(b)所示为爆炸索震源的共激发点记录，图4-2-4(c)所示为炸药震源的共激发点记录。

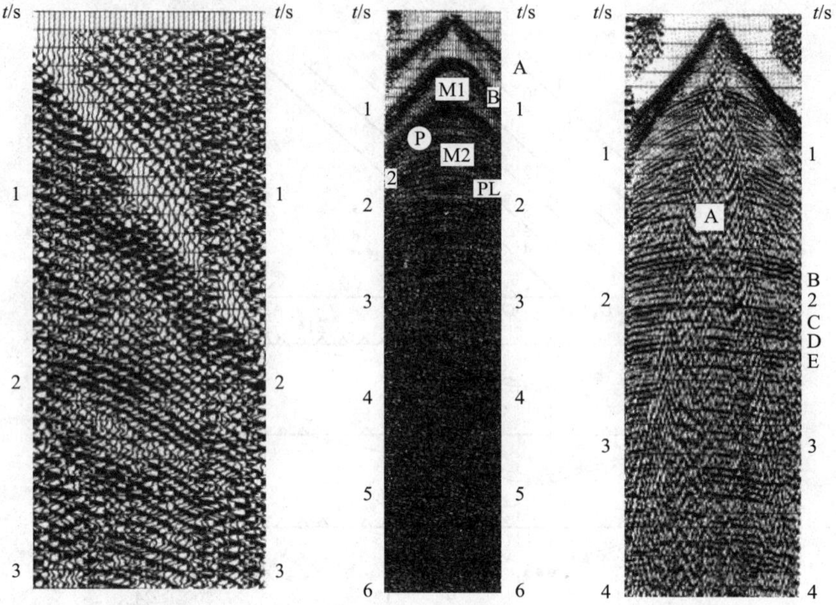

(a) 可控震源　(b) 爆炸索震源　(c) 炸药震源

图4-2-4　不同震源类型的共激发点记录

(2)共接收点记录。从接收点出发的-45°斜线代表地面同一接收点位置，此线上不同激发点的所有道都是在同一个地面点接收的，由此组成的记录称为共接收点记录。

(3)共炮检距记录。与地面激发点线平行的水平线表示等炮检距情况，各接收点的炮检距都相等，由此形成的记录称为共炮检距记录。

(4)共反射点记录。垂直于共炮检距线的线表示，共反射点(界面水平时，共反射点、共深度点和共中心点的概念是一致的，但界面倾斜时三者有差别)的位置。当界面水平时，此线上各点接收到来自地下同一反射点的反射，由此组成的记录称为共反射点记录。由于事先不知道地下界面是否倾斜，故通常称为共中心点记录[图4-2-5(c)]。图4-2-5(a)为海上地震勘探使用大功率脉冲作为震源得到的共激发点记录，图中标示的A、B、C、D、E分别为来自地下界面的反射波。图4-2-5(b)为海上空气枪震源的共激发点记录，图中标示的A为直达波，B为海底反射波，C为来自海底以下界面的反射波，M为海底的多次波，PL为层间多次波。

以上4种记录在地震勘探中被广泛使用。例如，共激发点记录和共接收点记录用于求激发点和检波点的静校正量；在野外作业中，通过显示共激发点记录实行记录质量的监控；在资料处理中，需要对共激发点记录进行抽道集，得到大量的共中心点道集记录，然后进行速度分析、动校正、水平叠加或偏移归位等处理，最终得到可用于资料解释的成果数据；在速度分析或某些偏移处理时，为了增加数据量或提高处理质量，需要抽取共炮检距记录，用于特殊分析和处理。

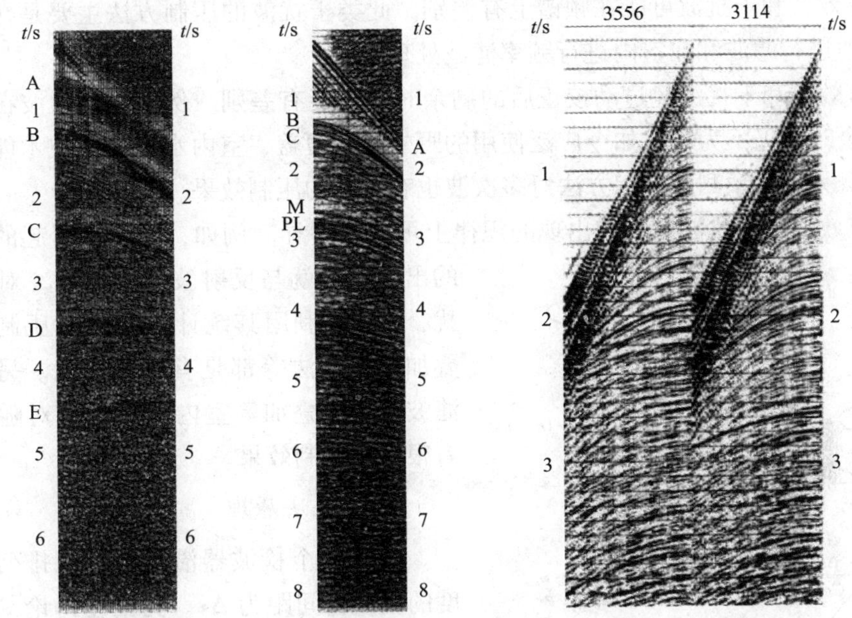

(a) 海上大功率脉冲震源共激发点记录　(b) 海上空气枪震源共激发点记录　(c) 共中心点记录

图 4－2－5　海上共激发点记录和共中心点记录

第三节　地震组合法原理

地震组合法是利用有效波与干扰波的传播方向不同来压制干扰波的一种方法。它主要用于压制面波等低视速度的规则干扰波及无规则的随机干扰波。所谓组合，指的是用多个检波器接收的信号组成一个地震道的输入或者多个震源同时激发构成一个总震源。前者称为检波器组合；后者称为震源组合。按照互换原理，震源组合与检波器组合是等价的，本小节以检波器组合法为例阐述地震组合法的原理。

一、检波器组合法原理

1. 有效波与干扰波的主要差别

要提高地震勘探的精度，完成各种复杂地区的勘探任务，则必须突出有效波、压制干扰波。要解决此问题，必须首先深入观察和分析有效波与干扰波的差别，然后才能找出解决问题的方法。

通过总结和分析大量地震勘探实践资料，了解到有效波和干扰波的差别主要表现在以下几个方面：

(1) 有效波和干扰波在传播方向上可能不同。例如，水平界面的反射波通常是垂直从地下反射回地面的，而面波则是沿地面传播的。这实质上就是视速度的差别。针对这一类型的干扰波，在野外施工时往往采用检波器组合的方法来压制；在进行资料处理时，还可以采用视速度滤波($f-k$ 滤波)予以去除。

(2)有效波和干扰波可能在频谱上有差别。此类干扰波的压制方法主要是在野外记录时有目的地进行滤波和在室内进行频率滤波处理。

(3)有效波和干扰波经过动校正后的剩余时差可能有差别。例如，多次波在经过动校正后，剩余时差仍不为零，如今广泛使用的野外多次覆盖、室内水平叠加技术能较好地压制多次波。另外，预测反褶积方法对多次波也有良好的压制效果。

(4)有效波和干扰波在它们出现的规律上可能有差异。例如，风吹等引起的随机干扰的出现规律就与反射波很不相同。对于随机干扰，主要是利用其统计规律进行压制，如多次叠加、组合法等都是有效的方法。另外，相关滤波、相干叠加等室内处理方法对随机干扰也有很好的压制效果。

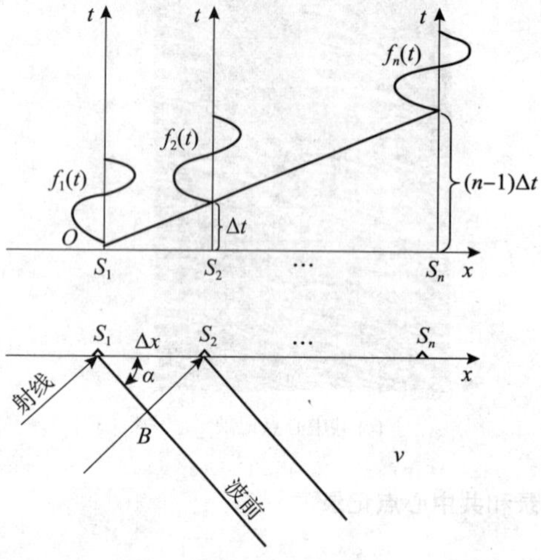

图 4-3-1　简单线性组合示意图

2. 组合法原理

设有 n 个检波器沿直线等距排列，等灵敏度的检波器间距为 Δx。为简化讨论，设地震波是平面波，波前与地面所成角度为 α，地震波速度为 v(图 4-3-1)。将第 1 个检波器接收到振动的时间记为 0，振动函数为 $f(t)$。又设组内各检波器接收到的振动波形和振幅都一样，只是有相对时差。那么，第 2 个检波器接收到的振动相对于第 1 个要晚 Δt。这个时差 Δt 与参数 Δx，v，α 有关。

从图 4-3-1 可以看出：

$$\Delta t = \frac{\overline{S_2B}}{v} = \frac{\Delta x\sin\alpha}{v} \tag{4-3-1}$$

所以，第 2 个检波器接收到的振动是 $f(t-\Delta t)$。同理，第 3 个检波器接收到的振动为 $f(t-2\Delta t)$……第 n 个检波器接收到的振动为 $f[t-(n-1)\Delta t]$。

所谓组合，就是把这 n 个检波器的输出叠加起来作为一道的信号。组合后总振动的表达式，即总振动与检波器个数 n、检波器间距 Δx 和平面波波前与地面的夹角 α 等参数之间的关系。

设 $f(t)$ 的谱是 $g(j\omega)$，根据频谱定理中的时延定理，则有 $f(t-\Delta t)$ 的谱是 $g(j\omega)\cdot e^{-j\omega\Delta t}$，$f(t-2\Delta t)$ 的谱是 $g(j\omega)\cdot e^{-2j\omega\Delta t}$，…，$f[t-(n-1)\Delta t]$ 的谱是 $g(j\omega)\cdot e^{-(n-1)j\omega\Delta t}$。组合后的合振动记作 $F(t)$，并有：

$$F(t) = f(t) + f(t-\Delta t) + f(t-2\Delta t) + \cdots + f[t-(n-1)\Delta t] \tag{4-3-2}$$

利用上面的关系，并对式(4-3-2)两边取傅里叶变换，将 $F(t)$ 的傅里叶变换记作 $G(j\omega)$，可得：

$$G(j\omega)=g(j\omega)+g(j\omega)\cdot \mathrm{e}^{-j\omega\Delta t}+g(j\omega)\cdot \mathrm{e}^{-2j\omega\Delta t}+\cdots+g(j\omega)\cdot \mathrm{e}^{-(n-1)j\omega\Delta t}$$

即有：

$$G(j\omega)=g(j\omega)\cdot[1+\mathrm{e}^{-j\omega\Delta t}+\mathrm{e}^{-2j\omega\Delta t}+\cdots+\mathrm{e}^{-(n-1)j\omega\Delta t}] \tag{4-3-3}$$

式(4-3-3)中，等号右边方括号内是一个等比级数，求和后仍是 ω 的函数，所以可把它记作 $K(j\omega)$。这个级数的和为：

$$K(j\omega)=\sum_{i=0}^{n-1}\mathrm{e}^{-j\omega i\Delta t}=\frac{1-\mathrm{e}^{-nj\omega\Delta t}}{1-\mathrm{e}^{-j\omega\Delta t}} \tag{4-3-4}$$

将 $-\omega\Delta t$ 记作 $\Delta\varphi$，式(4-3-4)可转换为：

$$K(j\omega)=\frac{1-\mathrm{e}^{jn\Delta\varphi}}{1-\mathrm{e}^{j\Delta\varphi}} \tag{4-3-5}$$

化简后得：

$$K(j\omega)=\frac{\sin\frac{n\Delta\varphi}{2}}{\sin\frac{\Delta\varphi}{2}}\mathrm{e}^{j\frac{n-1}{2}\Delta\varphi} \tag{4-3-6}$$

它的振幅特性是：

$$|K(j\omega)|=\frac{\sin\frac{n\Delta\varphi}{2}}{\sin\frac{\Delta\varphi}{2}} \tag{4-3-7}$$

它的相位特性是：

$$\theta(\omega)=\frac{n-1}{2}\Delta\varphi \tag{4-3-8}$$

于是，式(4-3-3)可写为：

$$G(j\omega)=g(j\omega)\cdot K(j\omega)=g(j\omega)\cdot\frac{\sin\frac{n\omega\Delta t}{2}}{\sin\frac{\omega\Delta t}{2}}\mathrm{e}^{-j\frac{n-1}{2}\omega\Delta t} \tag{4-3-9}$$

从对组合法基本原理的讨论中可以看到，组合确实可以视为一个滤波过程。单个检波器信号为该滤波器的输入，多个检波器组合后的信号为该滤波器的输出。滤波器的系统特性如式(4-3-6)所示。

二、简单线性组合的方向特性

1. 简单线性组合的方向-频率特性

进一步分析式(4-3-6)可以看到，函数 $K(j\omega)$ 与信号的形状无关，与信号的到达时间也无关，只与信号的频率及信号到达组内各检波器的相对时差 Δt 有关。由此可见，$K(j\omega)$ 应该理解为方向-频率特性。因为若固定 $\omega=\omega_i$，即只研究某一频率的简谐波的组合效果时，此时的 $K(\omega_i, \Delta\varphi)$ 就是方向特性，反映了组合对来自不同方向的频率为 ω_i 的简谐波的组合效果；若固定 $\Delta\varphi=\Delta\varphi_i$ 或 $\Delta t=\Delta t_i$，即只研究来自某一方向的不同频率的组合效果时，此时的$K(\omega, \Delta t_i)$就是频率特性。在地震勘探中讨论组合问题时，主要讨论组合的方向特性。

在讨论检波器组合时，通常用组合后总振动的振幅与组合前单个检波器接收到振动的振幅的n倍的比值来表示组合对来自不同方向的波的相对加强或压制效果，称为组合的方向特性，记作中$\Phi(n, \Delta\varphi)$，即：

$$\Phi\left(n, \frac{\Delta t}{T}\right)=\frac{\sin n\pi\dfrac{\Delta t}{T}}{n\sin\pi\dfrac{\Delta t}{T}}=\frac{\sin n\pi f\Delta t}{n\sin\pi f\Delta t} \tag{4-3-10}$$

从式(4-3-6)转换为式(4-3-10)，利用了$\Delta\varphi=-\omega\Delta t=2\pi\Delta t/T$，$f=1/T$。

式(4-3-10)具体体现了方向特性与波到达组内两个相邻检波器的时间Δt的关系。因为$\Delta t/T=\Delta x/v_a T=\Delta x/\lambda_a$（$\lambda_a$为波沿组合基线的视波长），故方向特性也可以写成与视波长的关系：

$$\Phi(n, \lambda_a)=\frac{\sin\dfrac{n\pi\Delta x}{\lambda_a}}{n\sin\dfrac{\pi\Delta x}{\lambda_a}} \tag{4-3-11}$$

式(4-3-11)称为简单线性组合的方向特性。

令$y=\Delta t/T=\Delta x/\lambda_a$，按式(4-3-11)计算并绘图（图4-3-2）。$\Phi(n, y)$曲线的特点如下：

(1)当$\Delta t/T=0$，即$y=0$时，$\Phi(n, y)=1$，为最大值。

(2)当$y=1/n, 2/n, \cdots, (n-1)/n$时，$\Phi(n, y)=0$，为最小值，零点个数为$n-1$个，落入零点的波有最大的压制。

(3)通放带通常定义为：对于某一类波，若组合后的$\Phi(y)\geqslant 1/\sqrt{2}\approx 0.7$，则$y$的这个变化范围就是通放带。可以说明，当$0\leqslant y_1\leqslant 1/(2n)$时（在$0\leqslant y\leqslant 1$的区间内），$\Phi(y_1)\geqslant 0.7$，所以$0\leqslant y_1\leqslant 1/(2n)$就是通放带的范围。从图4-3-2可以看出，$n$越大，$y_1$越小，即通放带越窄，特性曲线越尖锐，相应的压制带也越宽。

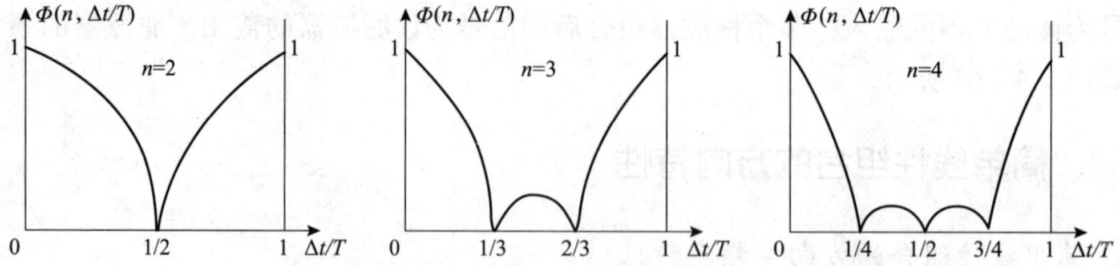

图4-3-2　组合的方向特性曲线与检波器个数n的关系

(4)压制区$\Phi(y)$也有周期性，有极值。在$0\leqslant y\leqslant 1$范围内，极值的个数是$n-2$，极值的位置近似为$3/(2n)$，$5/(2n)$，$7/(2n)$……

组合的方向效应分析，即估计组合对信噪比的改善程度。设组合前有效波$s(t)$与规则干扰波$p(t)$的振幅比b_e为：

$$b_e = \frac{A_s}{A_p} \tag{4-3-12}$$

又设 y_s 为有效波的组合参量，y_p 为干扰波的组合参量，则组合后有效波与干扰波的振幅比 $b_{e\Sigma}$ 为：

$$b_{e\Sigma} = \frac{A_s|\Phi(y_s)|}{A_p|\Phi(y_p)|} \tag{4-3-13}$$

所以组合后的方向效应 G_e 为：

$$G_e = \frac{b_{e\Sigma}}{b_e} = \frac{A_s|\Phi(y_s)|/[A_p|\Phi(y_p)|]}{A_s/A_p} = \frac{|\Phi(y_s)|}{|\Phi(y_p)|} \tag{4-3-14}$$

当干扰波落入压制带时，$|\Phi(y_p)| \leqslant 1/n$，故 $G_e \geqslant n|\Phi(y_s)| = |\sin n\pi y|/|\sin\pi y|$。如果此时有效波落入通放带，即 $y_s \approx 0$，$|\Phi(y_s)| \approx 1$，则有 $G_e \approx n$。在最有利条件下，组合的方向效应与组内检波器个数相等。检波器个数 n 越多，信噪比的改善越大。

2. 脉冲波的组合特性

上述关于组合方向特性公式的分析虽然是从脉冲波 $f(t)$ 出发的，但经过傅里叶变换后，其结论实际上只适用于简谐波，因为只有固定频率 f 才能得到确定的 y 或 $\Delta\varphi$，以求得确定的方向特性数值。讨论脉冲波组合的方向特性时主要有两种方法：一种方法是把脉冲波分解为无数个不同频率的简谐波，研究每个简谐波组合后的变化，再对组合后的简谐波进行合成，此方法比较麻烦；另一种方法是根据组合方式和参数，计算脉冲波到达组内相邻检波器的旅行时差，再利用实际脉冲波波形进行人工或计算机组合叠加，不断改变参数，多次计算、叠加，即可求得脉冲波的方向特性，此方法比较方便易行。

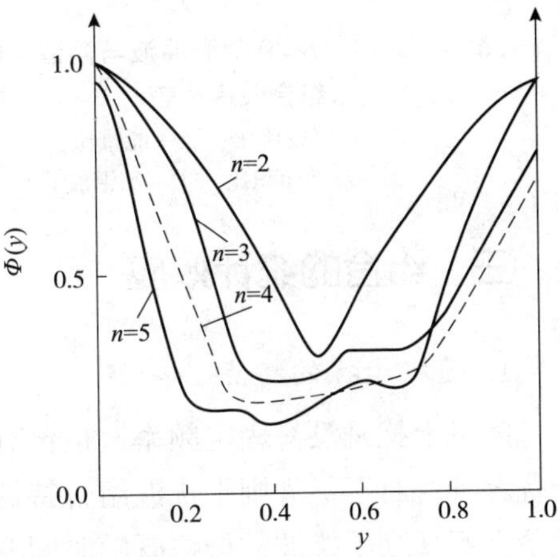

图 4-3-3　n 分别为 2、3、4、5 时脉冲波的组合特性曲线

需特别注意，对于脉冲波，不能用组合前后的振幅比来说明组合的方向特性，只能用其他的参数，如振幅极值比、能量比或包络面积比等。通过对脉冲波的组合特性的讨论，所得到的主要结论是：脉冲波与简谐波组合特性曲线的通放带宽度基本一致，脉冲波的压制带不是周期性曲线，无零值，但其数值基本与简谐波的压制带极值相同，为 $1/n$ 左右（图 4-3-3）。

由图 4-3-3 可以看到，脉冲波组合特性曲线的二次极大区较宽，数值较小，有的甚至不出现。由此可见，简谐波的组合方向特性曲线基本上也适用于脉冲波，只是在二次极大区方面两者有所不同(图 4-3-4)。

图 4-3-5 所示为考虑起伏地表相邻检波器的高程差变化对简单线性组合特性的影响。图中脉冲波主频范围为 8～180Hz。细点线表示相邻检波器高程差 $\Delta h=0$m 时的脉冲波组合特性曲线；细实线表示相邻检波器高程差 $\Delta h=4$m 时的脉冲波组合特性曲线；粗实线表示相邻检波器高程差 $\Delta h=8$m 时的脉冲波组合特性曲线。从图 4-3-5 中可以看出，当

组内相邻检波器高程差 $\Delta h \leqslant 4\text{m}$ 时，简单线性组合的方向特性曲线与无高程差的组合特性曲线几乎一样，表明此时的高程差影响可以忽略不计；当高程差 $\Delta h > 4\text{m}$ 时，其组合特性曲线的通放带变宽，此时应该考虑高程差对组合特性的影响。

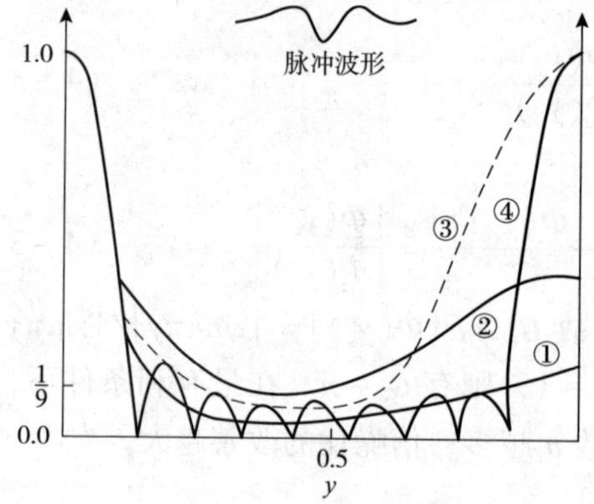

图 4-3-4　$n=9$ 时脉冲波与简谐波的组合效应比较

①—振幅极值比；②—能量比；
③—包络面积比；④—简谐波

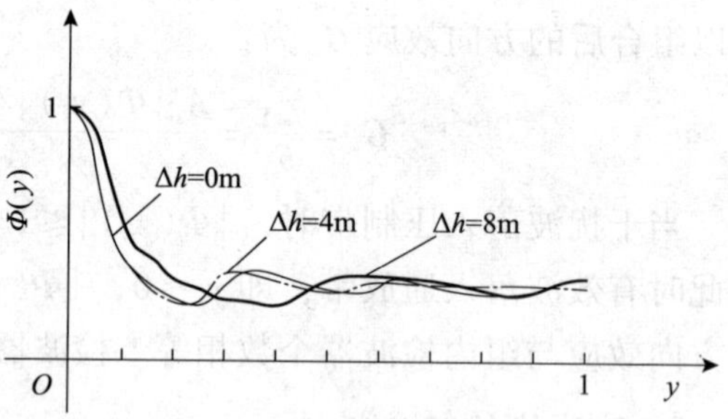

图 4-3-5　$n=5$ 时脉冲波简单线性组合的方向特性曲线

三、组合的统计效应

1. 随机干扰的特点

随机干扰是没有固定频率，也没有固定传播方向的波，它们在记录上形成杂乱无章的干扰背景。对于不规则干扰波组合特性的讨论，只能使用概率统计理论。多点接收的地震记录上不规则干扰波的振幅既随时间变化又随检波点位置变化，即表示为 $g(x, t)$。随机干扰可视为具有各态历经性的、平稳的随机过程。所谓平稳随机过程，是指其基本条件在时间变化过程中保持不变，故其统计规律也不随时间而变化的随机函数的集合。例如，地震勘探中的随机干扰在自然条件大致相同、激发条件基本一致的情况下，可以被视为平稳随机过程。随机过程的各态历经性是指一个随机过程的统计规律不必通过多次实现来求得，而只需要通过一次实现便可求得。换句话说，如果一个平稳随机过程是各态历经的，则在一次实现中已能反映该随机过程的全部特点。

通过大量资料分析证明，地震勘探中的随机干扰可以视为具有各态历经性的平稳随机过程。于是，利用随机干扰的这一特性研究其统计规律比较方便，不必进行多次激发来获得随机干扰的多次实现，而只需要获得随机干扰的一次较长时间记录就可以用来研究其统计规律了。

度量随机干扰的统计特性通常使用平均值、方差和相关函数 3 个统计参数。随机干扰的平均值表示围绕平衡位置(通常为一个常数)而随机变化的特点，如地震勘探中的随机干扰的均值为0，海浪偏离静止海平面而起伏变化，等等。具有各态历经性的平稳随机过程 $n(t)$ 的均值 $\overline{n(t)}$ 的计算公式为：

$$\overline{n(t)} = \frac{1}{M}\sum_{i=1}^{m} n(t_i) \tag{4-3-15}$$

随机干扰的方差是表示随机过程幅度变化的统计参数，通常用 D 表示，即：

$$D=\frac{1}{N}\sum_{i=1}^{N}[n(t_i)-\overline{n(t)}]^2 \tag{4-3-16}$$

由方差的计算公式可见，D 也是一个非负的常数，与时间 t 无关，描述的是随机过程偏离其平均值的幅度变化的统计特性。

随机干扰的相关函数用于描述随机过程变化快慢的统计特性。两个离散序列 x_i 和 y_i 的相关函数 $R(\tau)$ 的计算公式为：

$$R(\tau)=\frac{1}{n}\sum_{i=1}^{n}y_i x_{i+\tau} \tag{4-3-17}$$

按式(4-3-14)计算出来的 $R(\tau)$ 值可以用来定量衡量两个波形之间的相似程度。$R(\tau)$ 不仅与两个波形本身的特点有关，还与两个波形之间的相对移动量 τ 有关。$R(\tau)$ 称为这两个波形的相关函数。$R(\tau)$ 的最大值所对应的 τ_i 值表示两个波形相对移动 τ_i 时它们之间最相似，而 $R(\tau_i)$ 的数值表示两者的相似程度。

相关函数有两种，即互相关函数和自相关函数。对于连续函数 $x(t)$ 和 $y(t)$，其互相关函数 $R_{xy}(\tau)$ 和自相关函数 $R_{xx}(\tau)$ 的计算公式分别为：

$$R_{xy}(\tau)=\frac{1}{T}\int_0^T y(t)x(t+\tau)\mathrm{d}t \tag{4-3-18}$$

$$R_{xx}(\tau)=\frac{1}{T}\int_0^T x(t)x(t+\tau)\mathrm{d}t \tag{4-3-19}$$

由上述分析可知，虽然随机过程本身不能以准确的函数形式来表示，但是它的平均值和方差却是两个确定不变的量，其自相关函数是一个确定函数，而不是一个随机函数。对于均值为 0 的随机过程，只需用自相关函数这一统计参数就可以充分描述该随机过程的统计特性，所以自相关函数是随机过程的 3 个统计参数中最重要的统计参数。

2. 随机干扰的相关半径

由于地震勘探中的随机干扰可以视为具有各态历经性的平稳随机过程，所以 $n(t_R, x)$ 和 $n(t, x_R)$ 的统计特性是相同的。组合是同一次激发各检波器输出的叠加，即时间相同而位置不同的叠加，所以只与位置的相关性有关，仅讨论 $n(t_R, x)$ 即可。此时随机过程的变量是 x，而不是 t，即可以使用随机干扰的波剖面来研究其统计特性。

现在计算 $n(t_R, x)$ 的自相关函数 $R_{nn}(\tau)$。如果有 m 个检波器组合，组内距为 Δx，每个检波器记录下一个随机干扰的振动图，共有 m 个，即 $n(x_1, t)$，$n(x_2, t)$，…，$n(x_m, t)$。取 $t=t_R$ 时刻的 m 个随机干扰的幅值，可组成该时刻的波剖面 $n(t_R, x)$，其离散值可简记为 n_1，n_2，…，n_m。按下列关系计算随机干扰的自相关函数：

$$R_{nn}(l\Delta x)=\frac{1}{m-l}\sum_{i=l}^{m-l}(n_i-\bar{n})(n_{i+1}-\bar{n}) \tag{4-3-20}$$

用 $R_{nn}(l\Delta x)$ 除以 $l=0$ 时的 $R_{nn}(0)$，可得标准化的自相关函数：

$$\frac{R_{nn}(l\Delta x)}{R_{nn}(0)}=\frac{\frac{1}{m-l}\sum_{i=l}^{m-l}(n_i-\bar{n})(n_{i+1}-\bar{n})}{\frac{1}{m}\sum_{i=l}^{m}(n_i-\bar{n})^2} \tag{4-3-21}$$

式中，n_i 为随机干扰的波剖面；$\bar{n}$ 为波剖面的均值；$m-l$ 为计算自相关时两个波形振幅值对应相乘的项数；Δx 为随机干扰记录中的道间距。

在每次相对移动 l 后，求和项数将减少，除以 $m-l$ 可保证衡量两个波形的相似性不受波形长短的影响。

利用式(4-3-21)计算的自相关函数值可以绘制相应的随机干扰相关函数曲线。当 $R_{nn}(l\Delta x)/R_{nn}(0)=0$ 时，表明随机干扰的统计特性独立，在该距离 $l\Delta x$ 上随机干扰互不相似，称此距离 $l\Delta x$ 为随机干扰的相关半径。也就是说，随机干扰的相关半径就是自相关函数第 1 个零值点所对应的 $l\Delta x$ 值。

3. 统计效应

检波器组合可以压制随机干扰、提高信噪比，当组内各检波器之间的距离大于该地区随机干扰的相关半径时，用 m 个检波器组合后，其信噪比增大 $\sqrt{m}$ 倍。

假设一个地震记录道 $f(t)$ 是由有效波 $s(t)$ 和干扰波 $n(t)$ 组成的，即：

$$f(t)=s(t)+n(t) \tag{4-3-22}$$

在讨论组合的统计效应时，信噪比 b 是指有效波振幅 A_s 与随机干扰的均方根 σ 之比，即：

$$b=\frac{A_s}{\sigma} \tag{4-3-23}$$

组合之前，随机干扰的统计特性参数(平均值 $\bar{n}$、方差 D 和均方差 σ)分别为：

$$\begin{cases}\bar{n}=\dfrac{1}{m}\sum\limits_{i=1}^{m}n_i\\ D=\dfrac{1}{m}\sum\limits_{i=1}^{m}(n_i-\bar{n})^2\\ \sigma=\sqrt{D}\end{cases} \tag{4-3-24}$$

假设有效波在组合前的振幅为 A_s，且各道振幅基本一致，则组合前的信噪比就是式(4-3-23)。组合后的方差 D_Σ 为：

$$D_\Sigma=\sigma_\Sigma^2=E\left[\sum_{i=1}^{m}(n_i-\bar{n})\right]^2 \tag{4-3-25}$$

式中，E 为数学期望。

令 $\Delta_i=n_i-\bar{n}$，展开上式中求和的平方，并分别作数学期望，则上式可写为：

$$\begin{aligned}D_\Sigma&=E\left(\sum_{i=1}^{m}\Delta_i\right)^2=E\left(\sum_{i=1}^{m}\Delta_i^2+2\sum_{i=1}^{m-1}\Delta_i\Delta_{i+1}+2\sum_{i=1}^{m-2}\Delta_i\Delta_{i+2}+\cdots+2\sum_{i=1}^{m-l}\Delta_i\Delta_{i+l}+\cdots\right)\\&=mD+2(m-1)R(\Delta x)+2(m-2)R(2\Delta x)+\cdots+2(m-l)R(l\Delta x)+\cdots\\&=mD+2D\sum_{l=1}^{m-1}(m-l)\frac{R(l\Delta x)}{R(0)}\\&=mD\left[1+\frac{2}{m}\sum_{l=1}^{m-1}(m-l)\frac{R(l\Delta x)}{R(0)}\right]\end{aligned} \tag{4-3-26}$$

令：

$$\beta = \frac{2}{m}\sum_{l=1}^{m-1}(m-l)\frac{R(l\Delta x)}{R(0)} \tag{4-3-27}$$

式(4-3-26)可写成：

$$D_{\Sigma} = mD(1+\beta) \tag{4-3-28}$$

均方差 σ_{Σ} 为：

$$\sigma_{\Sigma} = \sqrt{D_{\Sigma}} = \sqrt{mD(1+\beta)} \tag{4-3-29}$$

于是，组合后的信噪比 b_{Σ} 为：

$$b_{\Sigma} = \frac{S_{\Sigma}}{\sigma_{\Sigma}} = \frac{\sum_{i=1}^{m} S_i}{\sqrt{D_{\Sigma}}} = \frac{mA_s}{\sqrt{mD(1+\beta)}} = \frac{A_s\sqrt{m}}{\sqrt{D}\sqrt{1+\beta}} = \frac{b\sqrt{m}}{\sqrt{1+\beta}} \tag{4-3-30}$$

式中，如果有效波到达组内各检波器的时差 $\Delta t = 0$，则：

$$S_{\Sigma} = \sum_{i=1}^{m} S_i = mA_s \tag{4-3-31}$$

组合的统计效应 G 定义为组合前后信噪比的比值：

$$G = \frac{b_{\Sigma}}{b} = \frac{\sqrt{m}}{\sqrt{1+\beta}} \tag{4-3-32}$$

由式(4-3-32)可知，组合的统计效应与组合统计效应系数 β 有关，而从式(4-3-27)可看到，β 与随机干扰的波剖面的相关函数有关。如果组内各检波器间距大于随机干扰的相关半径，则组内各检波器接收到的随机干扰是互不相关的，式(4-3-32)中的 $\beta = 0$，此时组合的统计效应 G 为：

$$G = \sqrt{m} \tag{4-3-33}$$

式(4-3-33)表明，在组内距 $\Delta x \geqslant \rho$（ρ 为随机干扰的相关半径）的前提下，组合的统计效应 G 与组内检波器个数 m 的平方根成正比。

四、组合的其他效应

1. 组合的频率效应

如前所述，对于平面简谐波而言，组合后的信号频率与组合前单个检波器的信号频率是一样的，因此没有频率畸变；组合后信号的相位相当于组内中心位置检波器接收到的信号的相位。实际的地震波不是简谐波，而是包含许多频率成分的脉冲波。在这种情况下，如果有效波到达相邻检波器的时差为0，即视速度 $v_a = \infty$，那么很容易理解组合后的脉冲波波形不会畸变，只是波形同相叠加后增强了 n 倍。其实对于有效波而言，到达相邻检波器的时差虽然很小，但不一定等于0，此时，组合后的波形将会发生畸变。

分析这种畸变的基本思路是：把组合视为一种频率滤波装置，从频谱分析的观点把脉冲波看成由许多不同频率的简谐波组成，每种频率的简谐波在组合后的变化可以利用组合的方向－频率特性公式来计算，最后再把组合后的各种简谐波成分叠加起来，就可以得到脉冲波组合的输出。

对不同 $\Delta x/\lambda_a$ 脉冲波组合后的波形畸变程度进行分析。组合的方向－频率特性公式可以按式(4－3－34)来讨论。固定式中的 Δt，取 f 为变量，便得到归一化的组合频率特性公式：

$$\Phi(f)=\frac{\sin n\pi f\Delta t}{n\sin\pi f\Delta t} \tag{4-3-34}$$

固定组合数目 n，以 Δt 为参量，以 f 为横坐标变量，可以绘制组合频率特性曲线(图4－3－6)。图中曲线为 $n=7$，Δt 分别取 0s、0.002s、0.005s、0.01s 时计算出的 $\Phi(f)-f$ 曲线。从组合频率特性曲线可见，当 $\Delta t=0$ 时，即波的视速度趋于无穷时，组合后对所有频率成分都没有频率滤波作用。当 $\Delta t\neq 0$ 时，组合是有滤波作用的，且都具有低通特性。

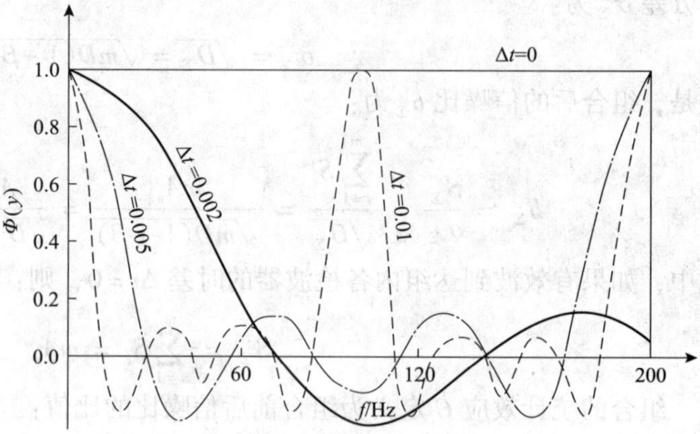

图4－3－6　组合频率特性曲线($n=7$)

随着 Δt 的增大，频率特性曲线通放带与压制带愈发明显，并且通放带变窄，表明组合具有频率滤波作用，尤其是对高频成分有明显的压制作用，组合后波形会产生畸变。

由上述分析可知，组合相当于一个低通滤波器，因此，组合后的信号频谱与组合前单个检波器的信号频谱有差异，即组合前后的波形发生了畸变。在此需要说明的是，进行组合是为了利用地震波在传播方向上的差异来压制干扰波，突出有效波，但组合本身也具有一定的频率选择作用。这种频率选择作用无法进行频率滤波。因为原来设计组合方案时，只考虑到有效波与干扰波在传播方向上的差异，而未考虑到它们在频谱上的差别，所以组合的这种低通频率特性只能起到使有效波波形畸变的不良作用，因此，应尽量避免这种低通滤波特性。为此，对于有效反射波，应尽可能通过野外工作方法增大视速度，即减小 Δt，以获得最佳的组合效果。

2. 组合的平均效应

组合的平均效应包括两个方面：一是对地面的平均效应；二是对地下界面的平均效应。对于地下界面的平均效应，因为组内各检波器接收的反射波不是来自同一个反射点，而是来自反射面上的许多点，如果各点位于同一个平面上，则组合后的反射点可以被认为处于这些点的中心；如果各反射点不在同一个平面上，而是高低不平的(如在断层两侧)，则组合后所得的波是起伏不平的反射面或断层两侧反射波平均的结果。这不利于细致研究断块特点。高分辨率或高精度地震勘探之所以要求小组合基距，就是为了避免组合对地下界面的平均效应。对于地面的平均效应，如果组内检波器存在安置条件差异或地表地质条件高程差，则通过组合后可以削弱这些差异，便于有效波的识别和追踪。由此可见，组合对地表的平均效应是有利的。

五、组合参数的确定

生产实际中所要确定的组合参数包括组内检波器个数 m、组内距 Δx、组合基距 δ_x（组内检波器分布长度）及组合方式等。本小节着重分析确定这些组合参数的方法步骤和基本原则。

1. *方法步骤*

确定组合参数的方法步骤包括如下几项内容：

1）干扰波调查

要用组合来压制干扰波，必须先了解干扰波的特点，为此，应进行干扰波调查。通过野外试验工作要获得下列资料：干扰波的视速度、主周期、随机干扰的相关半径，工区内有几组规则干扰波以及它们相应的特点、出现的地段、强度的变化与激发条件的关系，等等。这些资料是设计组合参数时进行理论分析和相应计算，最终确定合理有效的组合参数的依据。

2）理论分析与计算

根据有效波与规则干扰波的视速度、主周期等数据，假设一些组合参数，分别计算组合的方向特性曲线，由此选取能使有效波落在通放带、规则干扰波陷入压制带的最佳组合方案。有时，还可以根据得到的干扰波波形资料，按初步确定的组合参数，根据组合的检波器个数、相邻检波器之间的旅行时差、组合方式等进行手工或计算机编程来了解各种组合方案的方向效应和统计效应。

设计组合方案时，要同时兼顾压制干扰波和突出有效波两个方面。由组合的方向特性曲线可知，组合数较多时，通放带窄，压制带宽，此时应注意不要使有效波落入压制带内；组合数较少时，通放带变宽，压制带相对变窄，此时应注意不要使规则干扰波落入通放带内。如果地下地层倾斜且倾角较大，则规则干扰波与倾斜层反射波的视速度可能相近，此时，应注意不要使干扰波落入通放带内。

组合的方向效应和统计效应公式是理论分析的依据，大量生产实践证明，这些理论是符合实际的。但是，这些理论公式都有相应的假设条件，例如假设地震波是平面波、简谐波等，而实际条件千差万别，错综复杂，远不是理论假设那么简单。因此，设计组合方案时应该遵循理论与实际相结合的原则。

生产实践告诉我们，当干扰波视速度变化范围较大时，组合不宜过少；当干扰波视速度变化范围较小时，可适当减少组合。组合多时，压制带极值小，压制干扰波的效果好，但此时组合对界面的平均效应大，不利于研究断层等复杂地质现象；组合过少时，又会增大压制带极值，导致压制规则干扰波的效果不好。因此，在野外采集时，要取得最佳信噪比和组合效应，应该综合考虑上述因素。

3）组合效果检验

通过理论分析和计算而初步确定的组合方案，其组合效果必须要经过野外试验加以检验，根据试验结果再合理调整组合参数。在决定最终组合方案时，必须同时考虑组合的效果和生产效率，在作业效果相近时，应采用能提高生产效率的组合方案。

在地震勘探工作已经开展得较多的探区，前期工作已积累了许多经验，因此，在探区内新区块开始工作时常常不需要重复上述工作，一般只针对新区块的实际情况做少量的干扰波调查，再参考相邻区块的资料和组合方案，进行适当的修改，通过野外试验来确定最佳的组合方案，而不必进行大量的计算工作。

图4-3-7所示为组合前后规则干扰波(多组面波)的压制效果比较。显然，组合后，面波强度明显消弱，有效波显现，改善了原始资料的信噪比。

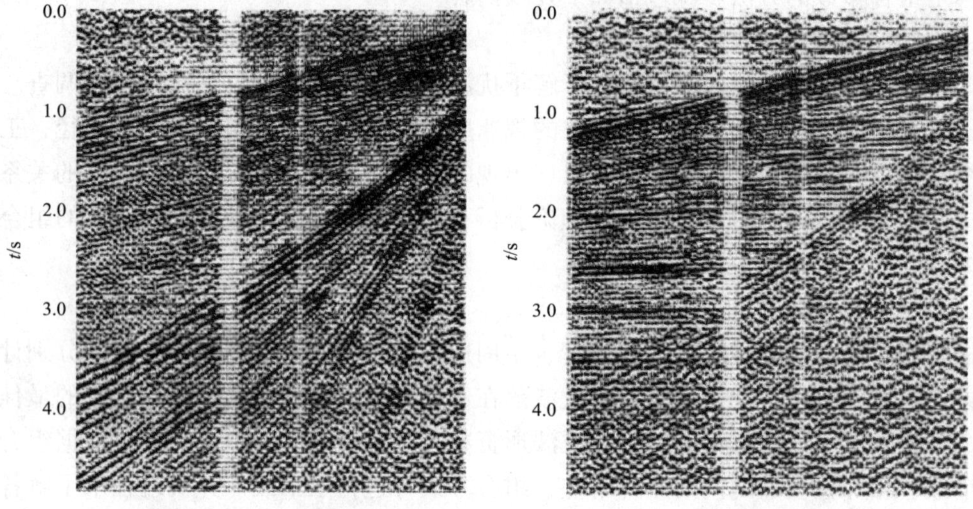

(a) 组合前的地震记录　　(b) 组合后的地震记录

图4-3-7　组合前后效果对比

2. 确定参数的基本原则

通过上述分析可知，组合效果的好坏与组合参数有关。为此，在确定组合参数时应遵循如下基本原则：

(1)尽可能使有效波落入通放带，使干扰波落入压制带，要求组内距 Δx 为：

$$\Delta x \geqslant \frac{1}{m}\lambda_{\text{amax}}(\text{干扰波}) \tag{4-3-35}$$

$$\Delta x \leqslant \frac{1}{2m}\lambda_{\text{amin}}(\text{有效波}) \tag{4-3-36}$$

式中，λ_{amin} 为最小视波长；λ_{amax} 为最大视波长。

(2)适当增加检波器的组合数目，但不宜过多。

(3)既要考虑方向特性，又要兼顾统计效应，组内距 Δx 应大于随机干扰波的相关半径。

(4)从压制干扰波的角度出发，组合基距 δ_x 应为：

$$\delta_x = \lambda_{\text{amax}} = \frac{v_{\text{amax}}}{f_{\min}} \tag{4-3-37}$$

式中，v_{amax} 为最大视速度；$f_{\min}$ 为频谱中的最低频率。

(5)理论计算结果应与实际生产条件相结合。

六、其他组合方式

除上述简单线性组合外，实际生产中的组合形式是多样的，如加权组合(不等灵敏度组合)、反向组合、面积组合等，无论哪种组合形式都可用分解法转化为简单线性组合的叠加。

1. 不等灵敏度组合

等灵敏度组合认为，组合内各检波器的灵敏度一样，接收到的信号幅度一样，只存在到达时差。不等灵敏度组合就是采用某些办法使同一组内各检波器接收到的信号幅度不一样。实现这种要求的最简单的做法是在同一点放两个或更多个检波器。例如，5 点的简单线性组合是每点放 1 个检波器，它的方向特性如图 4－3－8(a)所示。如果在中心点放 4 个检波器，第 3 和第 5 点各放 3 个，第 2 和第 4 点各放 2 个，两端各放 1 个，就构成一种灵敏度呈等腰三角形分布的不等灵敏度组合，如图 4－3－8(b)所示。它的方向特性为：

$$\Phi(n,\ \Delta\varphi)=\frac{1}{n^2}\left[\frac{\sin(n\Delta\varphi/2)}{\sin(\Delta\varphi/2)}\right]^2 \qquad (4-3-38)$$

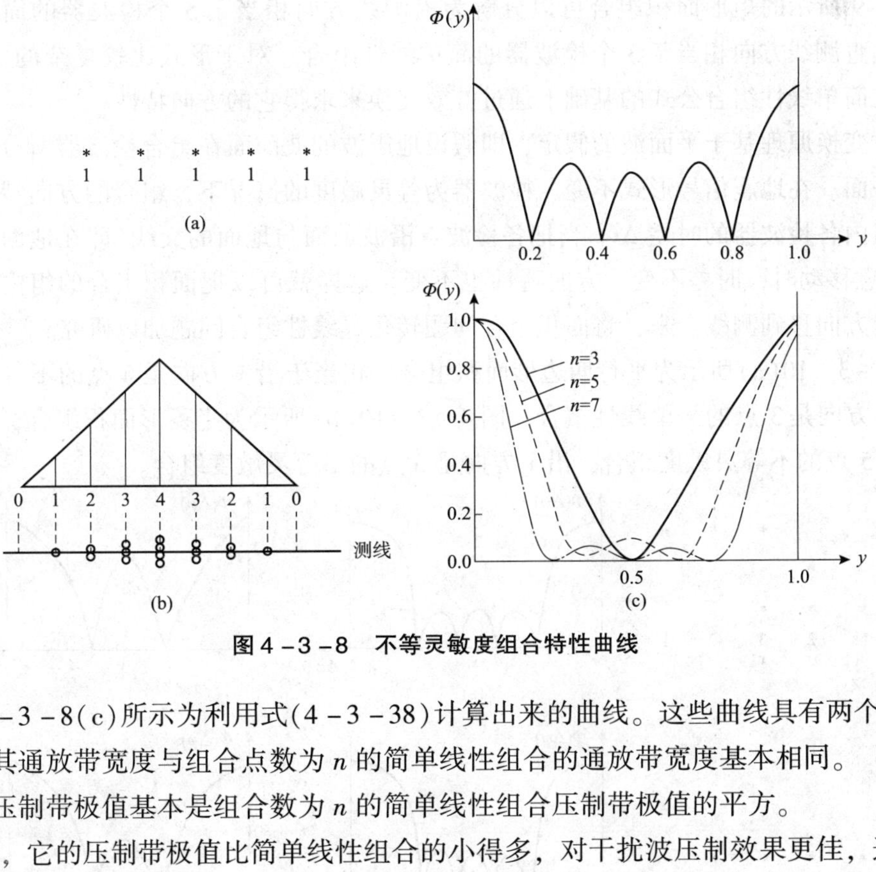

图 4－3－8　不等灵敏度组合特性曲线

图 4－3－8(c)所示为利用式(4－3－38)计算出来的曲线。这些曲线具有两个特点：

(1)其通放带宽度与组合点数为 n 的简单线性组合的通放带宽度基本相同。

(2)压制带极值基本是组合数为 n 的简单线性组合压制带极值的平方。

因此，它的压制带极值比简单线性组合的小得多，对干扰波压制效果更佳，这是等腰三角形分布组合的显著优点。

2. 面积组合

在实际的地震勘探野外工作中经常采用面积组合，即组合时检波器不是布置在一条线上，而是布置在一定面积范围内。这是因为简单线性组合只能压制沿测线方向传播的规则干扰波，而不能压制垂直或斜交于测线方向到达的规则干扰波。因此，当工区内存在来自不同方向的规则干扰波时，采用面积组合较为合适。例如，当规则干扰波主要沿测线方向传播但别的方向也有时，一般采用矩形面积组合，沿测线方向的检波器多一些，垂直测线方向的少一些。图 4-3-9 所示就是采用一种每道用 15 个(5 个 ×3)检波器的矩形面积组合时检波器的布置方式。考虑到生产中施工比较方便且切实可行，因此大都采用矩形面积组合。其他的还有放射状、圆形等面积组合方式。

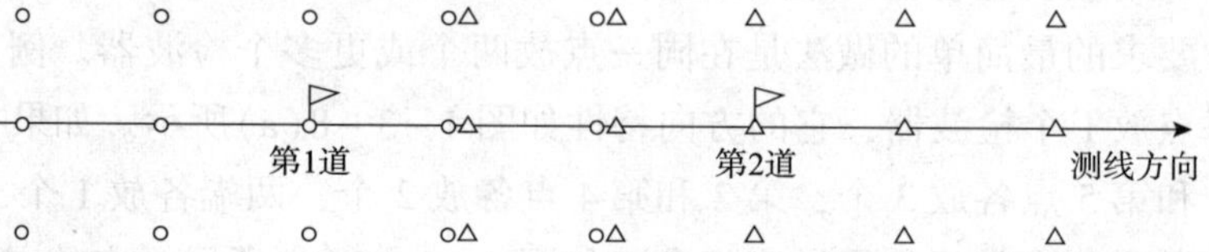

图 4-3-9　矩形面积组合示意图

分析矩形面积组合的方向特性时，可以把它分解为两个方向的简单线性组合。例如，图 4-3-9 所示的矩形面积组合可以分解为沿测线方向相当于 5 个检波器的简单线性组合，沿垂直测线方向相当于 3 个检波器的简单线性组合。对于形式比较复杂的面积组合，也可以在简单线性组合公式的基础上通过等效变换来求得它的方向特性。

等效变换原理基于平面波的假定，即假设地震波的波前面在组合检波器所分布的面积内近于平面。在地震信号形式不变、检波器为等灵敏度的情况下，组合的方向特性取决于波到达组内各检波器的时差 Δt。当把各检波点沿波前面与地面的交线(即在地面的等时线方向)任意移动时，时差不变，方向特性也不变。这样就可以把面积组合的组内各检波点沿等时线方向移到测线上来，将面积组合问题转化成线性组合问题加以研究。

图 4-3-10(a)所示为平行四边形面积组合，相当于沿 x 方向是 5 点的不等灵敏度组合，沿 y 方向是 3 点的简单线性组合。图 4-3-10(b)所示为半菱形面积组合，相当于沿 x 方向是 5 点的不等灵敏度组合，沿 y 方向是 3 点的不等灵敏度组合。

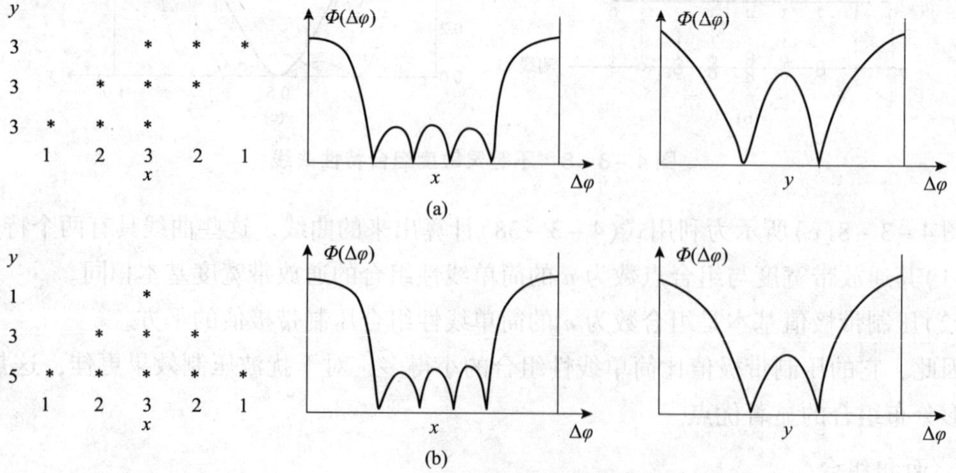

图 4-3-10　面积组合和等效变换原理示意图

3. 震源组合

为了突出有效波(增强有效波的能量)、压制干扰波，除了采用检波器组合外，在野外工作中还可以采用震源组合，如组合爆炸或用几台可控震源同时工作。

生产实践证明，组合检波的效果是比较显著的，它已成为野外地震勘探工作的基本技术之一。由于成本高、费时多，组合爆炸在一般情况下不常采用。随着可控震源的采用，震源的组合应用更为广泛。把震源组合、检波器组合和多次覆盖结合起来提高总叠加次数，可以取得较好的资料采集效果。例如，在我国西部地区，因地表地质条件十分复杂(如沙漠、戈壁、山前带)，采用单井炸药震源激发获得的资料通常信噪比很差，而采用可控震源可以得到良好的资料。以新疆塔中大沙漠三维地震勘探为例，施工中在每个激发点上震4次，每次8台震源组合，每道30个检波器组合，采用6×12次覆盖，则总叠加次数高达$4\times8\times30\times6\times12=69120$(次)。由于总叠加次数高，所以取得了良好的地质效果(图4-3-11)。

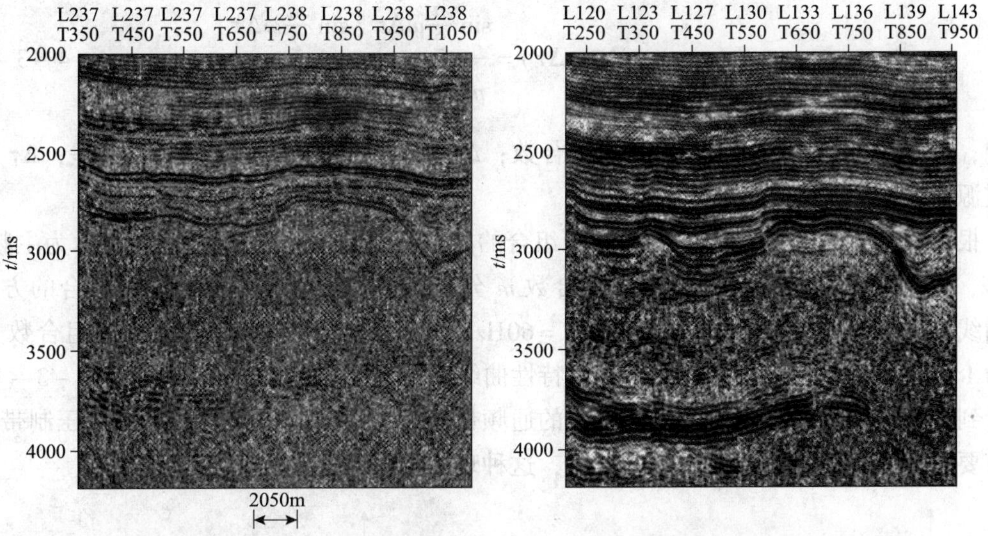

(a) 1999年浅井组合激发的三维剖面　　(b) 2004年可控震源组合的三维剖面

图4-3-11　塔中地区新老三维资料效果对比

震源组合特性分析与检波器组合特性分析基本相同。震源组合也具有方向效应、统计效应和平均效应。但应当指出，组合检波和组合爆炸的互换性并不一定完全符合。如果进一步考虑爆炸点间的相互影响，则组合爆炸的理论会十分复杂。本小节暂且不考虑这一理论问题，以生产实践中进行震源组合的实例为基础进行阐述。图4-3-12所示为辽河油田进行炸药震源组合的野外试验实例。由图4-3-12可以看出，当井深相同时，随着药量的增加，振幅谱$A(f)$的极值幅度和高频端的能量都在增加，但这种变化没有组合井激发时的变化大。组合井激发的振幅谱能量和频带宽度都有明显更大。

目前，国内地震资料野外采集时通常使用一定方式的检波器组合。如果再使用震源组合，则应该考虑检波器与震源的联合组合问题。与简单线性组合的分析思路相似，用震检联合组合后总振动的振幅与组合前炮检距最小的单个震源、单个检波器接收到的振动振幅

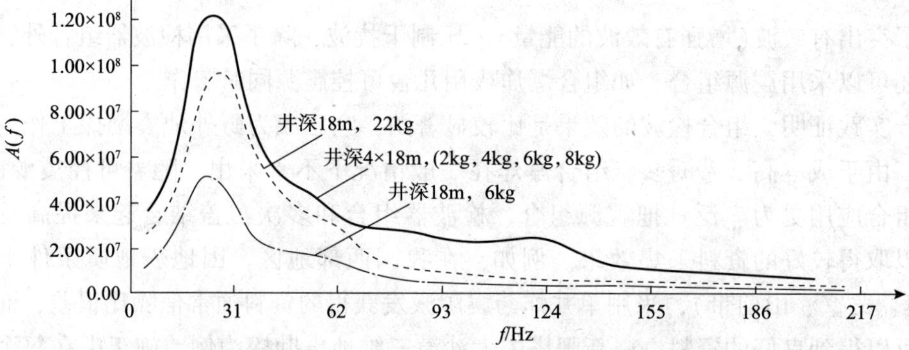

图4-3-12　辽河油田某地区相同井深、不同药量和组合井激发的振幅谱比较

的倍数的比值来表示组合的方向特性 $\Phi(n, m, \Delta t, \Delta\tau)$。经数学推演后得到震检联合组合的方向特性为：

$$\Phi(n, m, \Delta t, \Delta\tau)=\frac{\sin\frac{n}{2}\omega\Delta t}{n\sin\frac{\omega\Delta t}{2}}\cdot\frac{\sin\frac{m}{2}\omega\Delta\tau}{m\sin\frac{\omega\Delta\tau}{2}} \tag{4-3-39}$$

式中，n 为检波器组合数；m 为震源组合数；Δt 为组内相邻检波器的旅行时差；$\Delta\tau$ 为相邻震源点的时间延迟。

根据式(4-3-39)可绘制震检联合组合的方向特性曲线。图4-3-13所示为主频 $f=60\text{Hz}$，检波器组合个数 $n=5$，震源组合数 m 分别为1、2、4时，震检联合组合的方向特性曲线对比。图4-3-14所示为主频 $f=60\text{Hz}$，检波器组合个数 $n=5$，震源组合数 m 分别为1、5、9时，震检联合组合的方向特性曲线对比。比较图4-3-13与图4-3-14可以看到，震检联合组合的方向特性曲线的通频带比仅用检波器组合时更窄，且压制带的平均值要小得多。随着震源组合数的增大，这种现象更为明显。

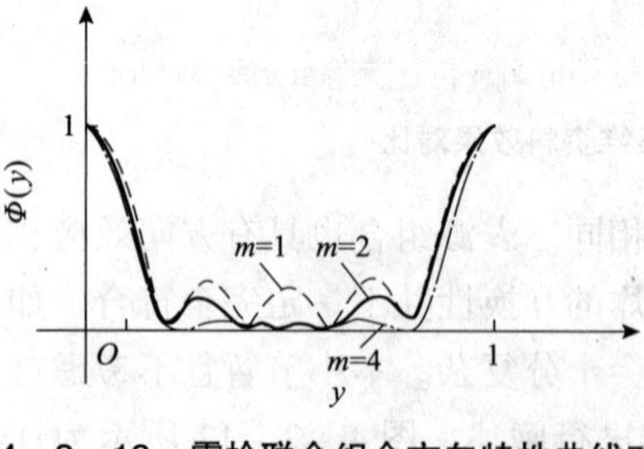

图4-3-13　震检联合组合方向特性曲线对比
(f=60Hz，n=5，m=1、2、4)

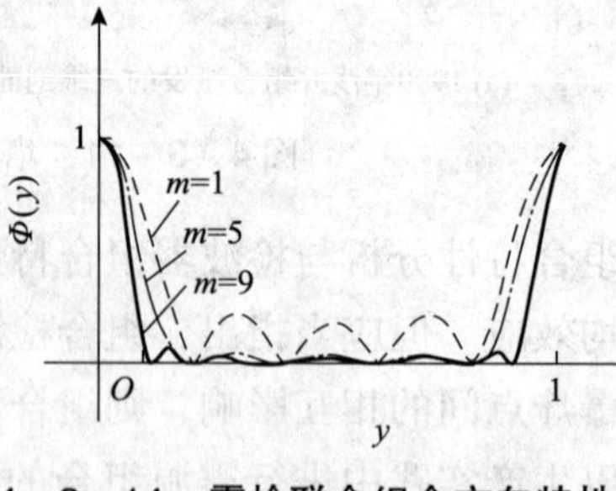

图4-3-14　震检联合组合方向特性曲线对比
(f=60Hz，n=5，m=1、5、9)

组合的实现途径有：野外检波器组合、野外震源组合、检波器震源联合组合、室内数字组合(digital group forming，DGF)。DGF是把野外单个检波器接收的信号在室内的资料处理阶段进行一定方式(简单求和、加权叠加等)的组合叠加，形成新的地震道。

图4-3-15所示为单点单道与常规地震采集(检波器组合)数据的成像剖面比较。其

中，图 4－3－15(a)所示为野外采用单个检波器单道接收，室内进行数字组合的成像剖面；图 4－3－15(b)所示为野外采用检波器组合接收，室内进行成像处理的剖面。比较两个成像剖面可以看出，剖面所反映的地质形态完全一样，但在反映局部的薄层信息方面，图 4－3－15(a)明显好于图 4－3－15(b)，主要体现在分辨率和保真度方面。这正是高密度采集技术的优势之一。

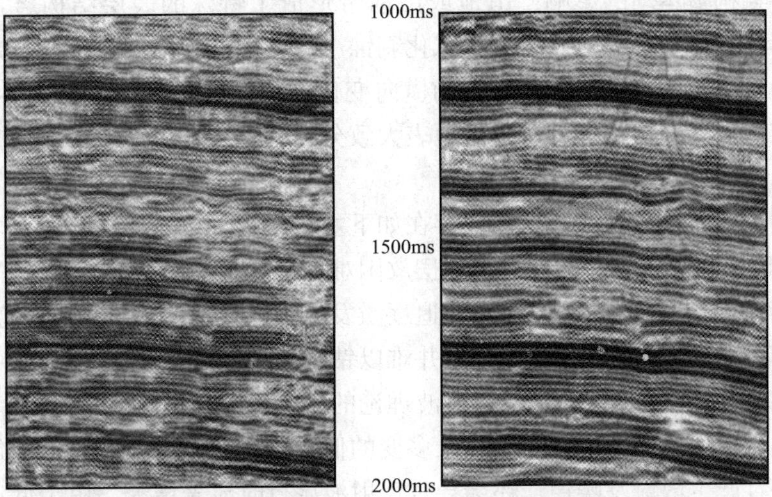

(a) 单点单道+DGF成像剖面　　(b) 常规检波器组合数据成像剖面

图 4－3－15　单点单道与常规检波器组合数据的成像剖面比较

第四节　地震波的激发与接收

一、低(降)速带的测定

低(降)速带测定在野外地震勘探工作中又称为表层调查、低速带调查。在地表附近一定深度范围内，地震波的传播速度往往比其下面地层的波速低得多。该深度范围的地层称为低速带。在某些地区，在低速带与相对高速地层之间还有一层速度偏低的过渡区，称为降速带。本节主要阐述低速带的测定方法。

1. 低速带的存在及其影响

在分析反射波时距曲线时，首先进行了一系列假设。例如，覆盖介质是均匀的，界面是一个平面，激发点和接收点都在同一水平面上，等等，这些假设在实际生产中通常并不能被满足。通过地震勘探的生产实践可知，无论是地表相对平坦的我国东部地区，还是地表条件十分复杂(沙漠、戈壁、黄土塬、山前地带等)的西部地区，低速带测定都是野外工作的重要内容之一。准确测定低速带参数(低速带层数、厚度、速度等)有助于地震资料的静校正处理，而静校正处理的目的之一就是使校正后的资料尽量满足地震勘探原理的基本假设条件。

在不同探区，低(降)速带具有不同的特征。例如，在陕甘地区，低(降)速带划分为：第1层，厚度10～30m，波速400～900m/s，是干黄土和潮湿黄土，即低速带；第2层厚度100～150m，波速1700～2100m/s，是含水黄土，即降速带；再往下是波速为3000m/s的老地层。在华北地区，低速带厚度通常约3m，波速约300m/s；降速带厚度约8m，波速约1100m/s；岩层波速为1700m/s以上。

由于受多期构造运动的影响，山地或山前带形成了特殊的表层结构。它具有以下特点：山地地形起伏剧烈，相对高差大，风化剥蚀严重，常见为第四系覆盖，部分地区老地层出露，山地表层结构复杂，速度纵向和横向变化剧烈，变化范围为1800～4000m/s。根据复杂山前带的表层结构特点，可以把地表大致分为三类：平坦戈壁砾石区、山前巨厚砾石区、岩石出露区。

由于表层结构的复杂性，表层调查存在如下主要问题：

(1)山地地形起伏较大，小折射排列摆放困难，密度难以保证。

(2)山前洪积扇表层砾石较厚，连续追逐激发困难，很难追踪出相对稳定的高速层。

(3)表层砾石堆积巨厚，大部分微测井难以钻到高速层。

(4)工区内表层结构复杂，基于折射波理论的小折射解释精度有所下降。

综上所述，在地面地震勘探中，复杂多变的低(降)速带的存在对地震波能量有强烈的吸收作用，并且产生散射及噪声，还会导致反射波旅行时显著增大。由于低速带的厚度和波速都会沿测线方向变化，因而会造成反射波时距曲线形状的畸变，即出现非标准双曲线。为了校正低速带的存在对地震波传播时间和其他特点的畸变影响，就要对低速带的厚度、波速进行测定，为进行必要的校正提供参考参数。

2. 低速带测定的基本方法

表层调查方法一般分为地震勘探方法和非地震勘探方法。地震勘探方法常见的有浅层折射法、微地震测井法，近几年又发展了小反射法、面波法、大折射法、深井微地震测井法、基于初至的回折波法和层析反演法等。常见的非地震勘探方法有地面地质调查法、地质雷达法、大地电磁测深法等。本小节主要介绍生产实践中常用的浅层折射法和微地震测井法。

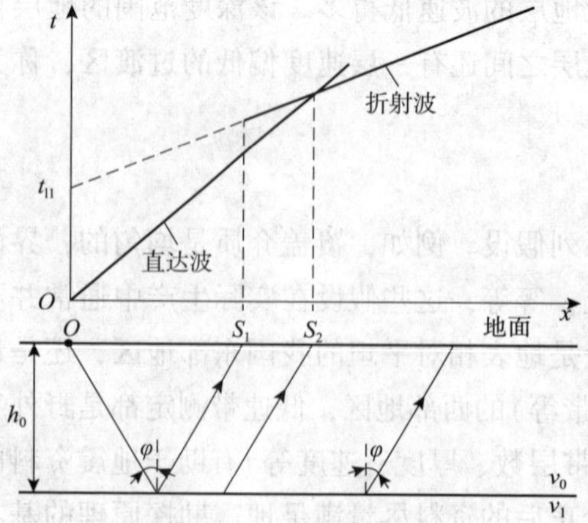

图4-4-1　表层结构模型

1)浅层折射法(时距曲线法)

低速带底界是一个良好的折射界面，使得用折射法勘查低速带成为可能。

在两层介质(即只有低速带)的情况下(图4-4-1)，通过用折射法观测，可以得到一条直达波时距曲线和一条折射波时距曲线。以它们作为基础资料，可按下列步骤求得低速带参数。

(1)从直达波时距曲线可求出第1层(低速带)的速度v_0：

$$v_0=\left(\frac{\Delta x}{\Delta t}\right)_{直达波} \tag{4-4-1}$$

(2)从折射波时距曲线可求得低速带下的高速层速度 v_1：

$$v_1=\left(\frac{\Delta x}{\Delta t}\right)_{折射波} \tag{4-4-2}$$

(3)把折射波的时距曲线延长与 t 轴相交，得交叉时的 t_{i1}，因为 $t_{i1}=2h_0\cos\varphi/v_0$，又有 $\sin\varphi=v_0/v_1$，所以：

$$h_0=\frac{v_0t_{i1}}{2\cos\varphi}=\frac{v_0t_{i1}}{2\sqrt{1-\left(\frac{v_0}{v_1}\right)^2}} \tag{4-4-3}$$

在求出 v_0、v_1、t_{i1}后，利用式(4-4-3)就可计算出 h_0。

对于三层介质，即同时存在低速带、降速带的情况，可按下列步骤求得低速带和降速带的参数：

(1)用直达波时距曲线计算低速带波速 v_0。

(2)用折射波Ⅰ的时距曲线计算降速带波速 v_1。

(3)用折射波Ⅱ的时距曲线计算岩层波速 v_2。

(4)用折射波Ⅰ的交叉时 t_{i1}求得低速带厚度 h_0。

(5)延长折射波Ⅱ的时距曲线，得交叉时的 t_{i2}，见式(4-4-4)。

(6)求降速带厚度 h_1，见式(4-4-5)。

交叉时 t_{i2}为：

$$t_{i2}=\frac{2h_0}{v_0}\sqrt{1-\left(\frac{v_0}{v_1}\right)^2}+\frac{2h_1}{v_1}\sqrt{1-\left(\frac{v_1}{v_2}\right)^2} \tag{4-4-4}$$

整理后得：

$$h_1=\frac{v_1t_{i2}}{2\sqrt{1-\left(\frac{v_1}{v_2}\right)^2}}-\frac{v_1h_0\sqrt{1-\left(\frac{v_0}{v_1}\right)^2}}{v_0\sqrt{1-\left(\frac{v_1}{v_2}\right)^2}} \tag{4-4-5}$$

根据已求出的参数，利用式(4-4-5)就可求出 h_1。

浅层折射实际上是折射波法在测定低速带中的应用。由于低速带厚度一般不大，所以低速带底界的高速层折射波盲区较小，因而低速带总的接收长度较短。也就是说，野外施工时排列可以较短，所以有“小排列”或“小折射”之称。

浅层折射的野外施工要求较严格，主要要求排列要直，检波器埋置条件要尽量一致，应准确测量激发点(包括折射波法及反射波法所使用的激发点)高程、检波点距。若排列必须转折时，应测量出转折的桩号和角度。

根据试验所获得的低速层厚度和速度的变化，浅层折射的排列形式一般有两种：

(1)排列中的道距“两头小中间大”。这是因为在激发点附近直达波时距曲线的视速度很低，用较小的接收道距才能清楚地反映直达波时距曲线的形状，便于波的对比识别。低速带底界高速层的折射波视速度较大，要用较大的接收道距才能满足精度要求[图4-4-2(a)]。这种方法的优点是可以两边激发，获得互换的折射波时距曲线；缺点是远离激发点处的道距太密，排列长度受到限制。

(2)排列中的道距采用“一头小一头大”的方式，即近激发点处接收道距较小，远离激发点的接收道距增大[图4-4-2(b)]。这种方法的优点是可以增大排列长度，有利于记录直达波和追踪高速层，充分利用每个接收道；缺点是效率很低且单边激发精度不高。当需要两边激发时，还需改变排列，即把大小道距重新安排。

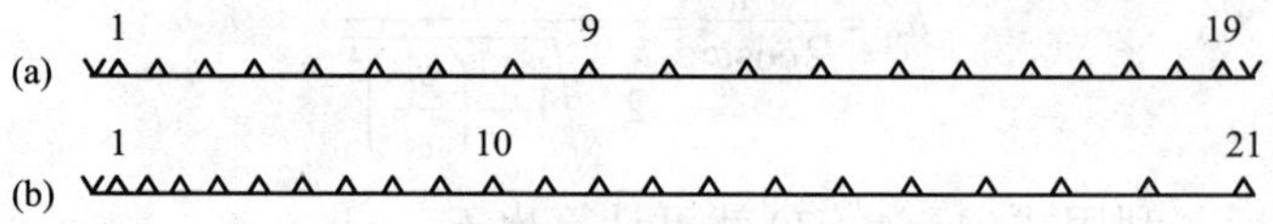

图4-4-2　浅层折射的排列形式

排列长度一般考虑高速层的埋藏深度，并根据高速层折射波的时距曲线是否有足够的长度而定，通常把排列长度定为低速层总厚度的8~10倍。对于厚度为十几米的低速带来说，排列长度取100~200m即可。

总之，排列长度和道间距的选择以必须保证低速带的直达波及高速层折射波都能被记录到为前提。

此外，由于测定低速带的目的是对反射波法的观测结果进行校正，因此，小折射的排列最好在反射波法的原排列位置进行铺设。在低速带分布均匀的地区，每隔一段距离放一个排列即可；在低速带变化较大的地区，则应多布置一些排列，以确保取全低速带资料。生产中往往先取低速带资料，然后再进行反射波法观测；有时，也会在反射波法勘探时先在排列上进行小折射，然后实施大排列的反射波法进行勘探。

浅层折射一般采用浅坑爆炸。药量在保证初至波清晰的基础上尽量减少，不同地区的激发条件不同，一般在0.2kg至数千克范围内，坑深为20~50cm。应尽量缩小激发点至首道的距离，避免低速带的直达波在记录中被遗漏。由于各地区表层条件差异很大，因此，进行小折射时的激发条件及接收条件都需要经过试验来选择。接收时必须注意使各道都能够清晰地辨认直达波或折射波的初至，避免地震道间的波形相互干涉。

浅层折射资料整理的目的是得出低速带的厚度、速度，其关键是通过时距曲线求取各层速度和折射波交叉时。求取交叉时及界面速度的方法很多，包括延长时距曲线求交叉时、相遇法求交叉时、追逐法求交叉时、复合时距曲线法求交叉时、差异时距曲线法求界面速度等。因低速带一般较薄，往往呈水平状态，所以生产中使用延长时距曲线求交叉时这一简单方法的情况较多。在用延长时距曲线求 t_i 之前，首先应根据野外所得到的地震记录进行波的对比，按一定的比例尺绘出时距曲线，再将时距曲线延长至时间轴，并与时间轴相交于 t_i。这时的 t_i 就是所要求的交叉时。

2)微地震测井法

通过钻井，实现井中接收、地面激发或井中激发、地面接收，利用记录到的透射波初至来求取表层厚度模型。介质模型与透射波旅行时的对应关系如图4-4-3所示。每个速

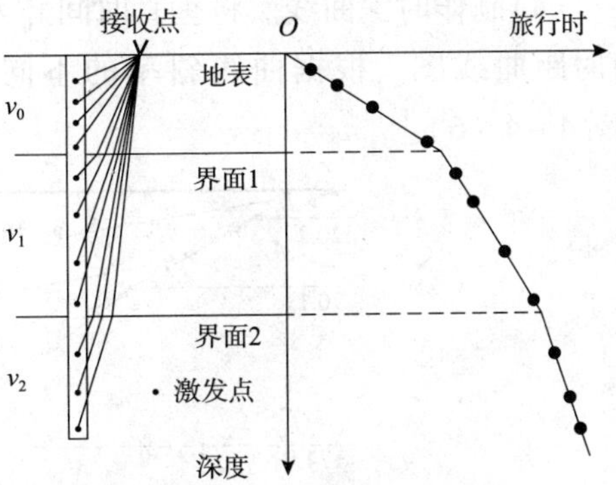

图 4－4－3　介质模型与透射波旅行时的对应关系

度层对应一个线段，该线段斜率的倒数为这个层的层速度。不同速度层对应的斜率不同，两线段的交点对应介质的分界面。

深井微地震测井的井深一般为 60～200m，激发接收方式通常采用井中激发、地面接收的方式，震源为雷管、炸药。激发点距为：0～30m 井深的点距为 2m；30～60m 井深的点距为 3m；60～100m 井深的点距为 4m；100～200m 井深的点距为 5m；200～300m 井深的点距为 6m。接收点按"十"字排开，偏移距为 0～55m，点距为 5m，每点数据都为实测所得。

深井微地震测井资料的解释工作包括：

(1)原始资料初至拾取。原始数据采集完成后，拾取所有记录的初至，对拾取的初至进行分析研究，选取质量较好的初至(图 4－4－4)。

(2)资料解释。依据实测的测量成果进行高程和垂直校正，作出垂直时距曲线。根据曲线斜率的不同，划分出不同的速度层，完成微地震测井资料的解释。

(3)垂直校正。通常情况下，读取的初至时间是激发点 O 到接收点 A 的时间 t_a，由于接收点与深井之间有一定水平距离 d，从激发点到接收点的射线路径并不是铅垂的，如果地下为均匀介质，则 t_a 是波沿 OA 方向传播的时间，需要换算为沿 OB 方向传播的垂直时间 t_b(图 4－4－5)。

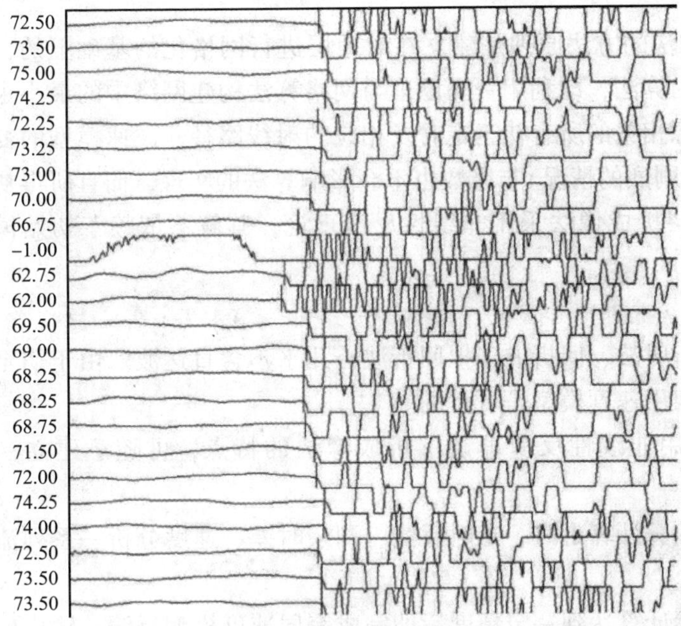

图 4－4－4　深井微地震测井资料的初至拾取

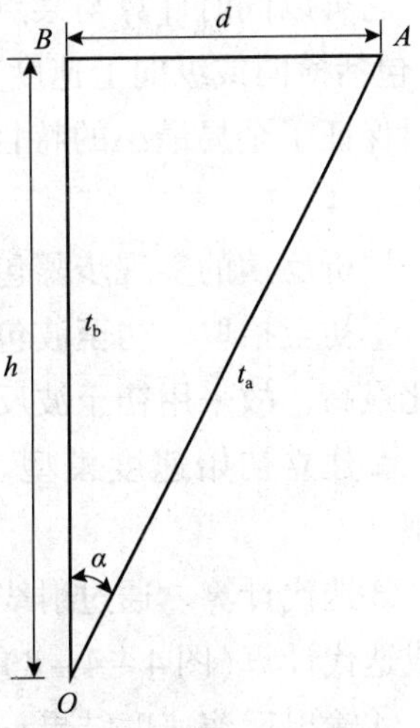

图 4－4－5　时间校正示意图

(4)制作时深曲线。将垂直时间 t_b 和对应的深度 h 绘在 $t-h$ 坐标图上，得到透射波垂直时距曲线图。根据曲线斜率的不同可划分出不同的速度层，完成微地震测井解释(图4-4-6)。

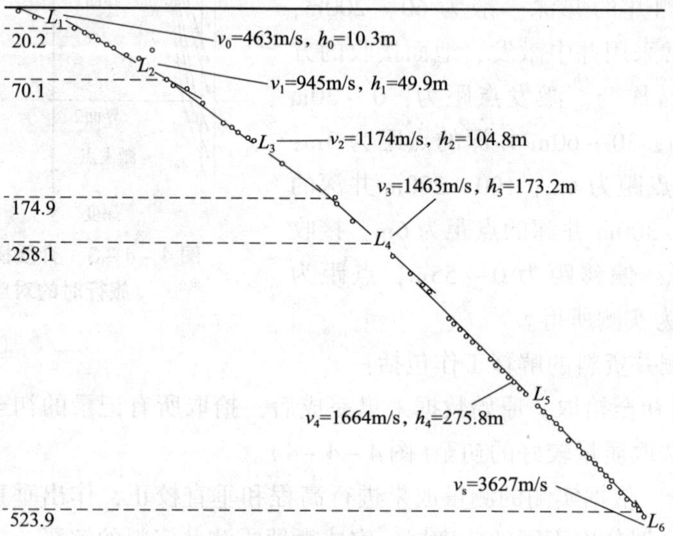

图4-4-6 复杂山前带表层结构的垂直时距图

深井微地震测井方法适用于巨厚的山前戈壁砾石区，而常规微地震测井在这些地区则不能得到有效的低(降)速带资料。深井微地震测井通常会钻到高速层，可以得到高速层的信息，因此，深井微地震测井方法得到了广泛应用。

3)其他方法

(1)层析成像法。层析成像法的方法原理是建立在对地层进行网格化的基础上的，且为利用最小走时射线路径的全局算法，即利用费马原理与网格算法构建网络中的最小走时树。它可以同时计算与某点震源相关的所有初至走时及相应的射线路径。波速模型的复杂性(包括横向或纵向上速度变化剧烈的情况)与维数也不会影响算法的实现，而且所得初至走时保证了全局最小的特性。层析成像法采用非线性反演理论，其解不依赖于初始模型(图4-4-7)。

层析反演的实现步骤包括：

①初至拾取。初至波包含折射波、回折波、拟回折波，几乎不含直达波。由于初至信噪比最高，故采用初至波反演表层速度模型是可行的。

②建立初始速度模型。利用非线性反演理论层析成像法的特点，可随意建立初始模型。

③迭代计算。通过射线追踪、计算走时、走时反演、剩余时差、速度分析一系列流程完成迭代计算(图4-4-8)。

④输出反演速度结果。迭代计算达到一定精度后即完成表层速度模型反演，输出反演结果，即可得到速度随深度的变化关系。

该方法适用于各种复杂地区(如表层巨厚区)，以及表层速度大多连续变化或分层连续变化，成层性不好，其他表层调查方法难以有效控制的地区。该方法是解决复杂地区长波长静校正问题最有效的方法之一。但是，该方法成本较高。小道距施工，要求使用多道仪器；大道距施工，其数值太大，也会影响反演精度。该方法的反演精度依赖于初至，即初至拾取的正确与否将直接影响反演精度。

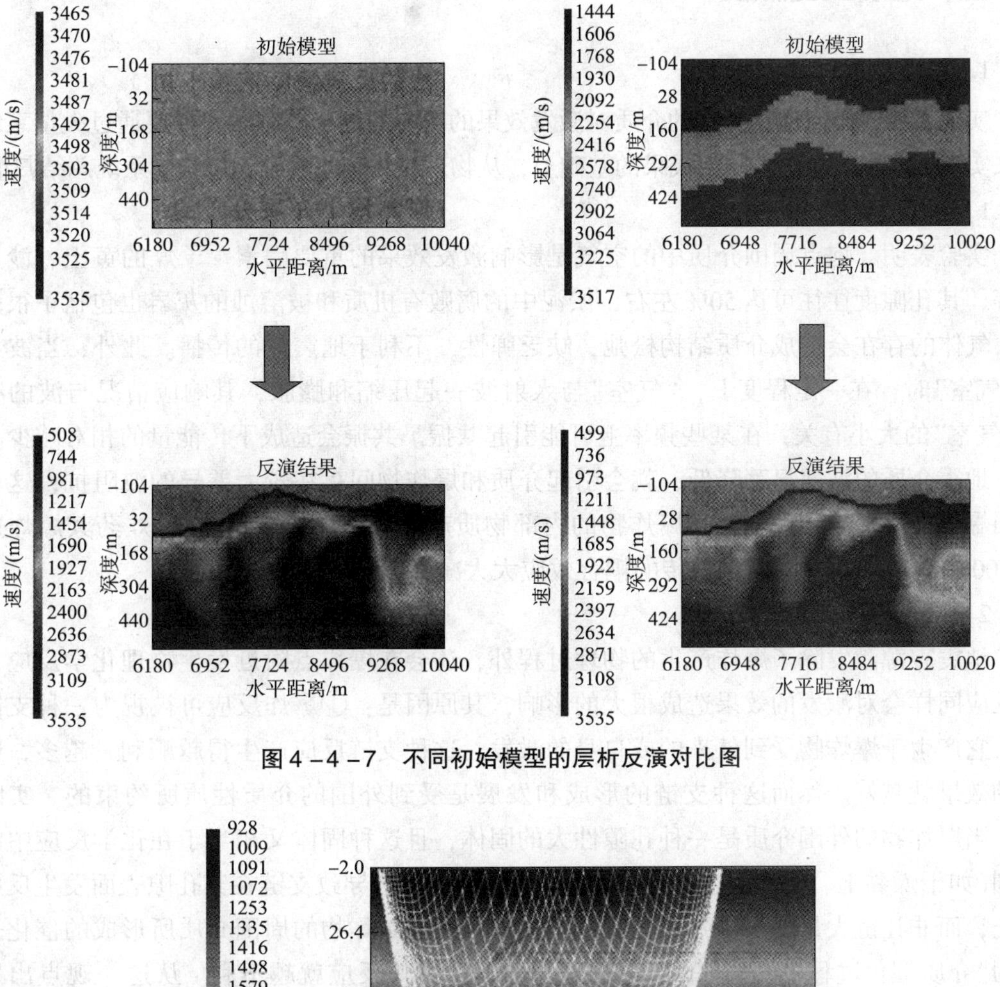

图4-4-7　不同初始模型的层析反演对比图

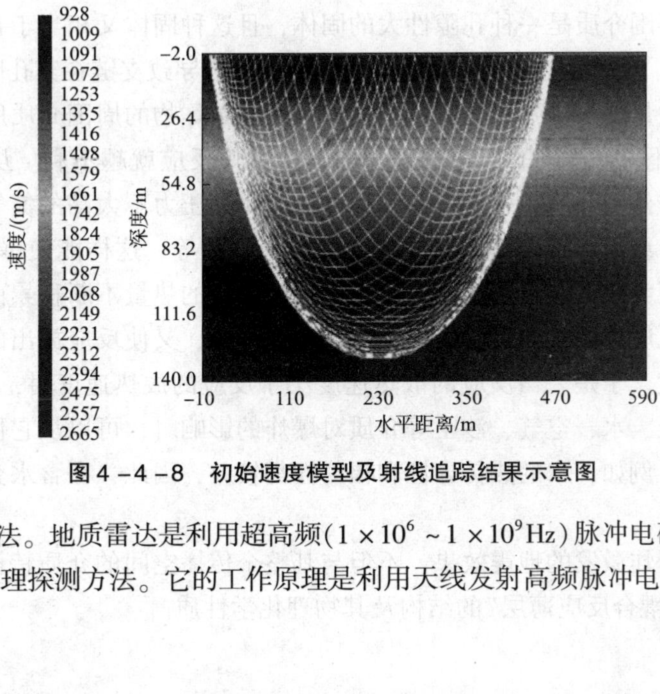

图4-4-8　初始速度模型及射线追踪结果示意图

(2)地质雷达法。地质雷达是利用超高频($1\times10^{6}\sim1\times10^{9}$Hz)脉冲电磁波探测地下介质分布的一种地球物理探测方法。它的工作原理是利用天线发射高频脉冲电磁波，而用另一天线接收反射回来的电磁波，根据反射电磁波的波形及波的强弱确定地下介质的分布情况。

地质雷达在工程勘探中得到了较为广泛的应用，但是由于电性界面和波阻抗界面存在差异，使得该方法在地震勘探静校正领域的应用还处于试验阶段，有待于进一步研究和开发。

二、地震波的激发

1. 激发爆炸机理初探

实践表明，研究炮点周围的介质对激发效果的影响问题比较困难，需要通过大量系统试验来实现。本小节在前人研究成果的基础上，从物理和物理化学过程进行了系统总结归纳。

1)物理过程

实验表明，炮点周围介质中的空气是影响激发效果的重要因素。干燥的黄土、沙、砾石等，其孔隙度往往可达50%左右，淤泥中的腐败有机质和被溶蚀的灰岩也包括了很多气体。气体的存在会造成介质结构松弛，缺乏弹性，不利于地震波的传播。此外，当波入射到“气室”时，在一定程度上，“气室”与入射波一起压缩和膨胀，其响应情况与波的频率和“气室”的大小有关，在某些频率上可能引起共振。共振会造成下传能量的相对减少。

地震介质的波速显著降低，就会引起介质和爆炸物间存在较大差异的波阻抗，这就导致当爆炸在爆炸物中发生时，爆炸物的内部物质产生高速压力波(如1W炸药其爆炸速度为5000~10000m/s)的能量外传的耦合效应大大减弱。

2)物理化学过程

地震震源激发除了爆炸产生的物理过程外，还会在爆炸点附近发生物理化学反应，这种反应同样会对激发的效果造成很大的影响，其原因是：①爆炸反应可被视为一种支链反应，它产生于爆炸物受到外来的或自身的激发。这种支链反应产生得越顺利、越多，则爆炸的效果就越好。然而这种支链的形成和发展是受到外围的介质性质所约束的。实践证明，当爆炸物的外围介质是一种孔隙性大的固体，且这种固体又相当于在化学反应中的催化剂(如干燥黏土、干沙土、硅铝、高岭土等)时，就会导致支链在其孔隙表面发生反应而终止，而非让链大量增长导致完全有效爆炸。这种在爆炸物的周围介质所形成的催化过程称为“介质催化过程”。介质的催化过程越明显，爆炸反应就越不利。从这一观点出发可知，若在爆炸物与外围介质中引入一些惰性介质，例如压力不太高的氮气，或用水湿润黄土并把空气排出，或用水把爆炸物与外围介质隔离，等等，这样能使爆炸性能大大提高。②爆炸反应也可视为一种热爆炸类型，由于其反应放出的热量不断积累而使系统的温度上升，从而增加了反应速度；同时，由于反应速度的加快，又使反应放出的热量增加，从而又加快了反应速度。于是，当反应的散热速度小于反应的放热速度时，就会发生热爆炸。因此，在探讨黄土、水、空气、沙土等介质对爆炸的影响时，可以从它们之间的散热性差异角度进行分析。例如，水的热传导性和辐射性都较差，因此，在含水介质中激发能产生很好的爆炸效应。

综上所述，爆炸激发的地震效果，不但与其整个传播空间的介质特性有关，还取决于在爆炸物周围的“耦合反应薄层”的结构及其物理化学性质。

2. 炸药震源爆炸机制及激发条件对下传能量的影响

1)激发子波的振幅、频率与炸药量的关系

位移与药量大小的定量关系，可以从爆炸原理中得出，爆破理论认为，球形集中式药包的药量与爆破的岩石体积成正比，即：

$$Q = qV \tag{4-4-6}$$

式中，Q 为炸药量；q 为单位体积岩石的炸药消耗量；V 为爆破岩石的体积，即爆炸后所形成的漏斗的体积(图 4-4-9)。

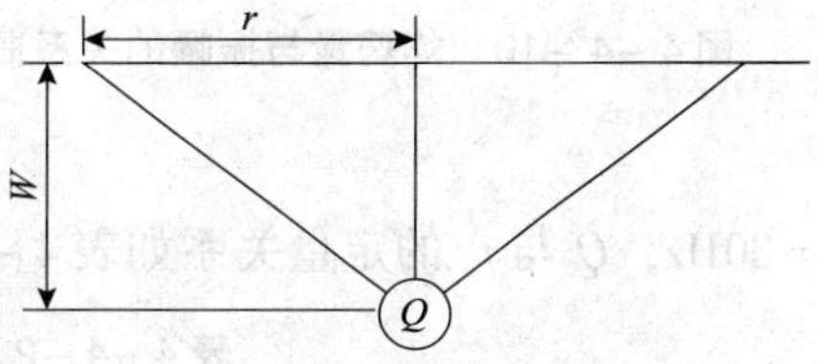

图 4-4-9　爆炸漏斗示意图

图中，r、W 分别为药包 Q 爆炸漏斗的底圆半径及最小抵抗线，对标准的抛掷爆炸来说，$r = W$，其漏斗体积为：

$$V = \frac{\pi r^2 W}{3} \approx r^3 \tag{4-4-7}$$

故可得：

$$Q = qr^3 \tag{4-4-8}$$

假设 $r = a$，可得球腔半径与炸药量的立方根成正比，或者说激发子波的强度与炸药量的立方根成正比。在地震勘探中常用振幅谱来分析不同频率成分振幅的强度，对位移公式进行变换，可导出振幅谱公式：

$$|S(\omega)| = \frac{\omega}{k\sqrt{\left(\frac{3k^2}{2} - \omega^2\right)^2 + 2k^2\omega^2}} \tag{4-4-9}$$

由式(4-4-9)求取振幅谱中幅度极大点的频率 ω_M(也可写为峰值频率 f_p)，可见，当分母取最小值时，$|S(\omega)|$才有极大值，利用关系式 $k = 2\sqrt{2}v_p/3a$ 整理得到：

$$\omega_M = \frac{2V}{\sqrt{3}a} \tag{4-4-10}$$

从上式可知，ω_M 与 a 成反比。

当 $\omega = \omega_M$ 时，将式(4-4-10)代入式(4-4-9)，则得到 f_p 处的幅值为：

$$|S(\omega_M)| = \frac{9a^2}{8\sqrt{2}V^2} \tag{4-4-11}$$

式中，$|S(\omega_M)|$也常用 A_p 表示，则 A_p 与 a^2 成正比。

从上述讨论中可得出以下结论：

(1)激发子波的强度或振幅与炸药量的立方根成正比，可写为 $A = CQ^{1/3}$(C 为比例系数)。为使讨论问题简便，令 $C = 1$，且 $Q = 1\text{kg}$ 时，振幅 A 为一个单位。随着 Q 与 A 的定量关系如表 4-4-1 所示。由数据表可作出 Q 与 A 的关系曲线，如图 4-4-10 所示。

表 4-4-1　炸药量与振幅关系

Q/kg	1	4	6	8	10	12	16	20
A	1.0	1.59	1.82	2.0	2.15	2.29	2.52	2.71

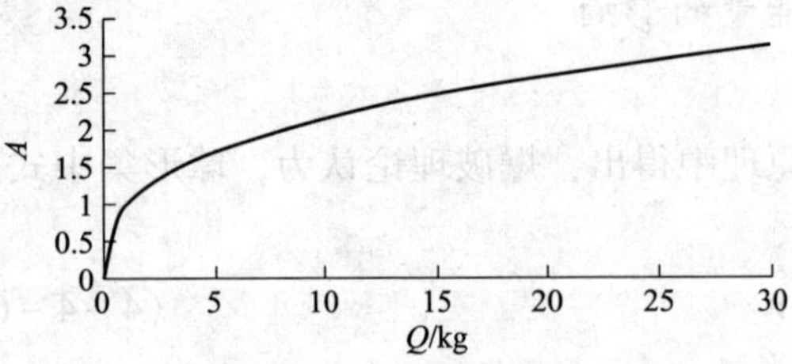

图 4-4-10　炸药量与振幅的关系曲线

从表 4-4-1 和图 4-4-10 上可看出，A 随 Q 的增大而增强，但不是线性关系。随着 Q 的不断增大，曲线越来越平缓；当 Q 大于某个值后，Q 再增大，A 的增量很小，即 A 的增量有极限值。

(2)激发子波的频率 f 和峰值频率 f_p 与炸药量的立方根成反比，可写为 $f=CQ^{-1/3}$ 或 $f_p=CQ^{-1/3}$，令 $C=80$，并设当 $Q=1$kg 时，$f_p=80$Hz，Q 与 f_p 的定量关系如表 4-4-2 所示。

表 4-4-2　Q 与峰值频率 f_p 的定量关系

Q/kg	1	4	6	8	10	12	16	20
f_p/Hz	80	50.4	44	40	37	35	32	29.5

据表 4-4-2 数据可作出 Q 与 f_p 的关系曲线(图 4-4-11)。这是一条反相关关系曲线。当 Q 较小时，f_p 较大；随着 Q 增大，f_p 很快减小，但在 Q 大于某个值后，Q 再增大，f_p 变化很小。

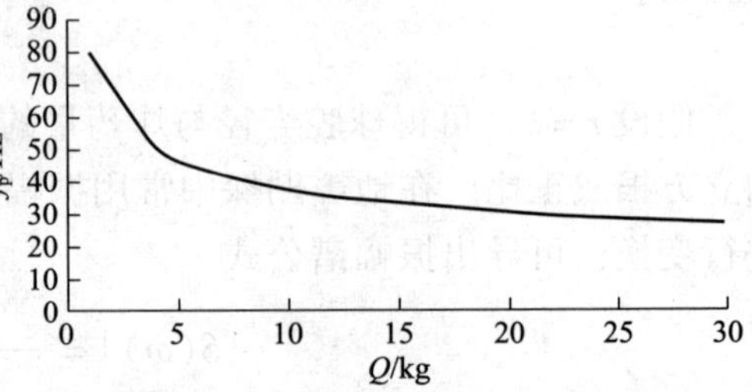

图 4-4-11　炸药量与峰值频率的关系曲线

(3)激发子波的周期 T 与炸药量 Q 的立方根成正比，可写为 $T=CQ^{1/3}$。

(4)激发子波振幅谱中的极大振幅 A_p 与炸药量 Q 的 2/3 次方成正比，即 $A_p=CQ^{2/3}$。还可以用正演模拟的方法来进一步研究药量与激发子波能量、频率的关系，从而确定如何选取炸药量。假设激发的为雷克子波，当 $Q=1$kg 时，取 $f_p=80$Hz，A_p 为一个单位(即 $A_p=1$)，据雷克子波的数学表达式式(4-4-12)、式(4-4-13)和上述结论，就可以作出不同炸药量时的雷克子波波形及相应的振幅谱(图 4-4-12、图 4-4-13)。

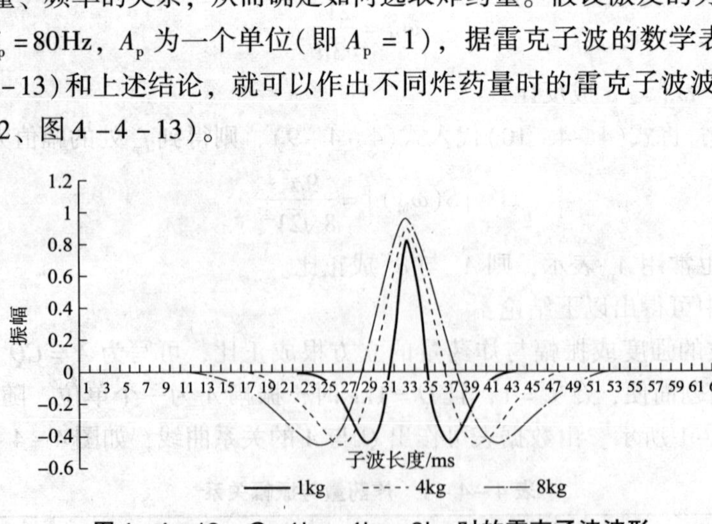

图 4-4-12　$Q=1$kg、4kg、8kg 时的雷克子波波形

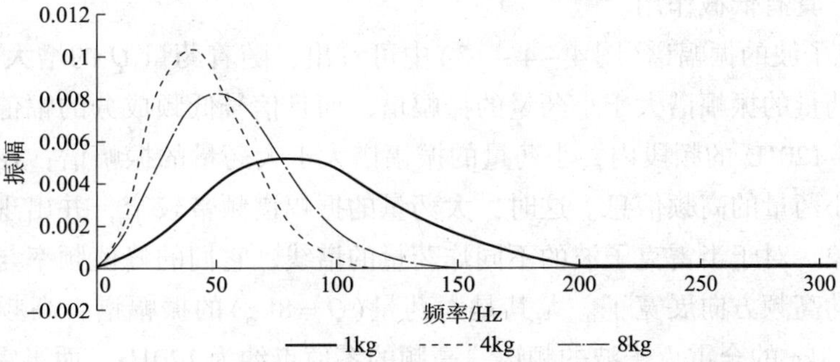

图 4－4－13　Q＝1kg、4kg、8kg 时雷克子波的振幅谱

雷克子波的时间域表达式为：

$$R_{\omega}(t)=[1-2(\pi f_{p}t)^{2}]e^{-(\pi f_{p}t)^{2}} \tag{4-4-12}$$

雷克子波的频率域表达式为：

$$R_{\omega}(f)=\frac{2f^{2}}{\sqrt{\pi f_{p}^{3}}}e^{-(f/f_{p})^{2}} \tag{4-4-13}$$

假设激发子波延续时间较短，波形更窄，为半个雷克子波，即取上述雷克子波波形的一半，其波形及相应的振幅谱如图 4－4－14、图 4－4－15 所示。

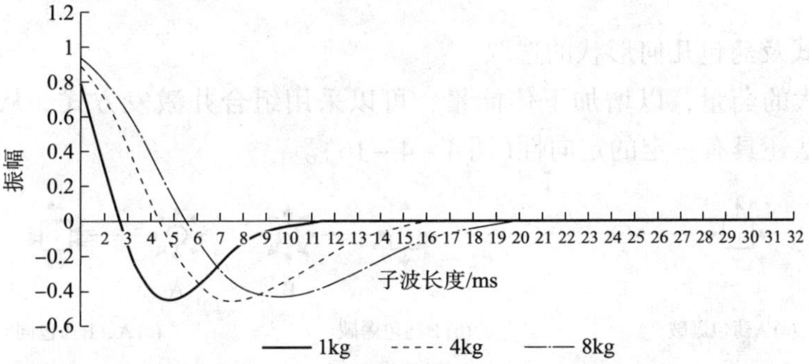

图 4－4－14　Q＝1kg、4kg、8kg 时的半雷克子波波形

为了进一步说明炸药量与振幅、频率和周期的关系，从图 4－4－12～图 4－4－15 上还可以直观地看出：

(1)激发子波延续时间或周期随 Q 的增大而增加，使频带变窄。$Q=8$kg 时子波的延续时间或周期大约是 $Q=1$kg 时的两倍。

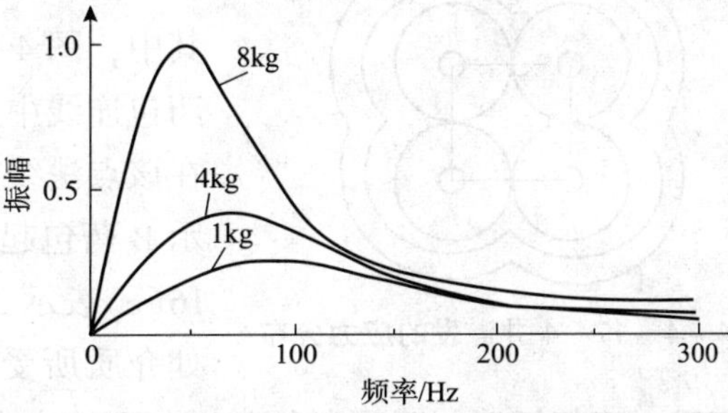

图 4－4－15　Q＝1kg、4kg、8kg 时雷克子波的振幅谱

(2)激发子波的频率或峰值频率随 Q 增大向低频方向移动，当 $Q=1$kg 时，$f_p=80$Hz；而当 $Q=8$kg 时，$f_p=40$Hz。随着 Q 的增大，有可能使振幅谱中高频成分减弱而产生高截作用，Q 越大，这种现象越明显；随着 Q 的减小，激发子波的低频成分的

幅值相对减小，具有低截作用。

(3)从雷克子波的振幅谱(图4-4-13)中可看出，随着药量Q的增大，在小于80Hz的频段内，大药量的振幅谱大于小药量的振幅谱，而且信号低频成分的幅值又比高频成分增大得快；80~120Hz的频段内，小药量的振幅谱大于大药量的振幅谱；在大于120Hz的频段内，只有小药量的高频信息。这时，大药量的振幅谱频带较窄，并出现不同药量振幅谱线交错的现象。对于半雷克子波的不同炸药量的谱线，它们的峰值频率与全雷克子波相同，但频带都向高频方向展宽了。尤其是大药量($Q=8\text{kg}$)的振幅谱，高频成分的振幅谱值增大了，$Q=8\text{kg}$的全雷克子波的频谱，高频的零值点约为120Hz，而半雷克子波的高频成分可大于300Hz。因此，可以说在假设激发子波为较理想的半雷克子波的情况下，随着Q增大，在信号全通的频率范围内，幅值都有所增大，只是低频成分的幅值比高频成分增大得快。例如，当$f_p=40\text{Hz}$时，$Q=8\text{kg}$时的幅值要比$Q=1\text{kg}$时大5倍；$f_p=80\text{Hz}$时，$Q=8\text{kg}$时的幅值比$Q=1\text{kg}$时大2倍；$f_p=150\text{Hz}$时，$Q=8\text{kg}$时的幅值比$Q=1\text{kg}$时大1.2倍。子波延续时间越短，子波越窄，则频带越宽，高频成分越丰富，这对于提高分辨率是有利的。由此可以得出这样一个结论：对于深层勘探，为了保证目的层信号有足够的振幅能量和分辨率，应该设法使激发子波的延续时间缩短；此外，可以考虑使用比常规地震更大的药量，使用较大药量，可以发挥使高频成分减弱的高截作用，Q越大，这种作用也越明显。

2)激发方式及药包几何形状的选取

要使用较大的药量，以增加下传能量，可以采用组合井激发方式，从爆破原理来分析，组合爆炸法还具有一定的定向性(图4-4-16)。

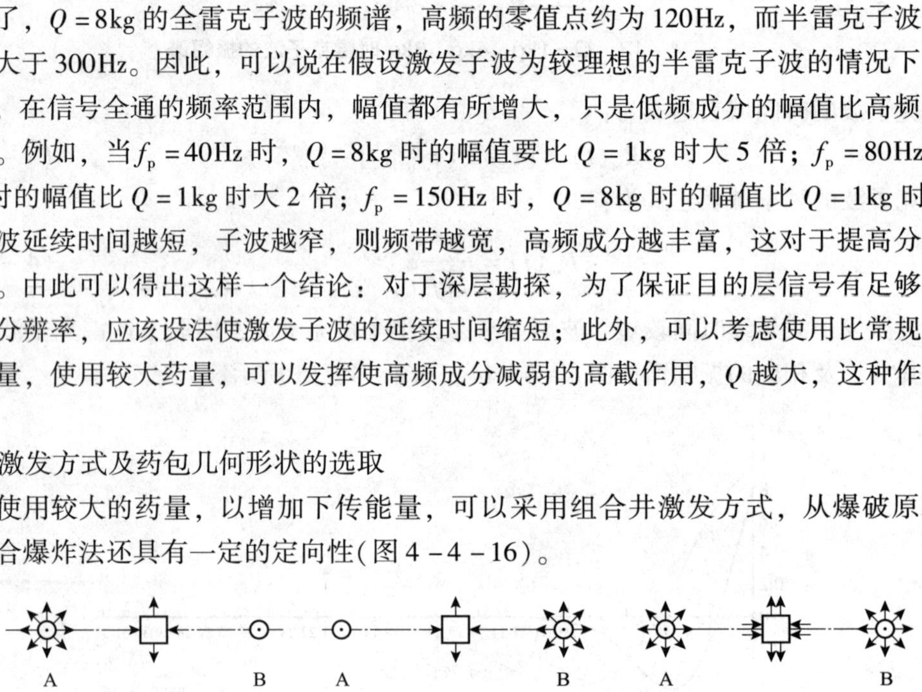

图4-4-16　双井组合激发应力的分布

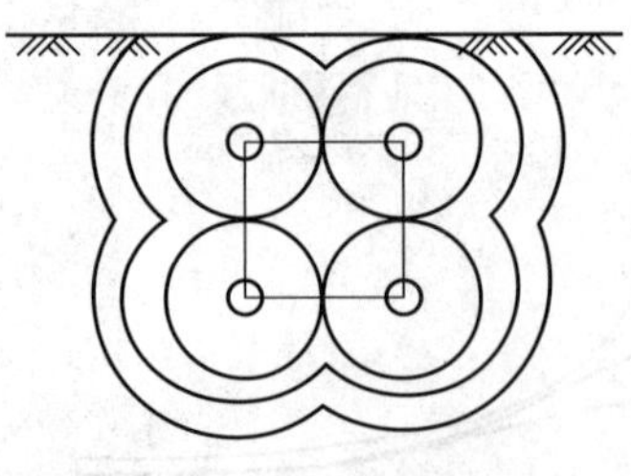

图4-4-17　4井激发的应力分布

图4-4-16表示双井组合爆炸的应力分布情况，其中，图4-4-16(a)表示A药包爆破，处于A、B药包连线中点的介质受到炮眼径向方向的压缩应力，在该点法线方向上出现拉伸应力；图4-4-16(b)表示B药包起爆，它也产生同样的应力状态；图4-4-16(c)表示A、B两个药包同时起爆，在炮点连线中点处介质所受的应力状况，这时，径向应力大小相等、方向相反、互相抵消，而垂直向上与向下的应力相互叠加，出现高应力区。只要闷好井，就会在垂直向下的方向上出现明显的定向效应，有利于纵波的激发和增大地震波的下传能量。图4-4-17表示4井方形组合爆炸的应力分布情况，在4个波前的相互切点上为高应力区。

3）炸药与岩石的耦合及炸药爆速的选取

（1）炸药与岩石的耦合。

炸药和周围介质（或岩石）之间有两种耦合关系，即几何耦合和阻抗耦合。

几何耦合是指药包与周围介质的接触程度：药包与井壁完全接触称为耦合，药包与井壁不完全接触称为不耦合。不耦合或耦合不好将会使炸药在井孔中爆炸时冲击波能量受到很大损失，在岩体中由它激发的爆炸应力波的强度也会降低。在实际地震勘探工作中，药包与井壁之间多少会有一点空隙，应在井中注水或灌满泥浆，以改善它们的耦合关系。

实际工作中的堵塞或闷井就是为了在爆轰气体充分作用于岩体之前，阻止高压爆轰气体过早地泄漏到大气中，延长高压爆轰气体对岩石的加压作用；它还可以改善炸药与周围介质的几何耦合关系，提高爆炸能量的利用率和做功能力，增大波垂直向下的穿透能力。

阻抗耦合是指炸药波阻抗和介质波阻抗值之比，即：

$$R = \frac{\rho_1 v_1}{\rho_2 v_2} \tag{4-4-14}$$

式中，ρ_1 为介质的密度；ρ_2 为炸药的密度；v_1 为介质的速度；v_2 为炸药的速度。

R 值越接近于1，所激发的地震波能量越强。

（2）炸药爆速的选取。

据李庆忠院士的观点，当药包爆炸速度等于炮井中炸药柱附近的地层速度时，药包的长度愈长愈好；当药包爆炸速度不等于炮井中炸药柱附近的地层速度时，长药包就相当于一个垂向的组合爆炸，它具有低通、高截作用。组合爆炸的高截作用取决于起爆时间差。爆炸时间差计算公式为：

$$\Delta t = L\left(\frac{1}{v_m} - \frac{1}{v_b}\right) \tag{4-4-15}$$

式中，Δt 为药包爆炸总时差；L 为药柱长度；v_m 为地层速度；v_b 为爆炸速度。

经理论计算可知，当总时差 $\Delta t = 10$ms 时，高频将全部被牺牲掉；$\Delta t = 6$ms 时，高频大致可保留到 100Hz（-6dB）；$\Delta t = 3$ms 时，200Hz 的高频可以被保留到 -6dB；$\Delta t = 1.5$ms 时，高频可以被保留到 400Hz。

我国东部第四系潜水面下爆炸的地层速度为 1800m/s 时，若低爆速炸药的爆速为 2800m/s，爆炸总时差与药柱长度的关系如表 4－4－3 所示。

表 4－4－3　潜水面下的爆炸总时差与药柱长度的关系

药柱长度 L/m	1	5	10	15	20
爆炸总时差 Δt/ms	0.198	0.99	1.98	2.97	3.96

由表 4－4－3 可知，若在第四系潜水面下爆炸，只要爆速接近 2800m/s，则细长药包的长度大致可加大到 15m；Δt 不超过 3ms 时，不至于影响 200Hz 高频的激发能量。如能使用 2300m/s 爆速的炸药，则效果会更好。

4）药包起爆点选择

如果震源用 2kg 的药包，把雷管放在两个 1kg 药包的中间，这样起爆后相当于 1kg 炸药激发的能量向上，另 1kg 的炸药激发的能量向下。暂不考虑向左向右传播的能量，向上的能量，可引起地表较大的震动而形成较强的面波及地表环境噪声。如果将雷管放在药包顶端，可以起到一定的定向作用，减弱向上的爆炸能量，从而减少地表干扰并相对增强下传能量，有利于深层有效反射波的接收。

3. 不同激发方式实际资料分析

以 DY 地区的两份野外实际试验资料为例进行分析。两份资料中，其中一个是正常炸药量(称为 1 区)；另一个为小药量对比(称为 2 区)。

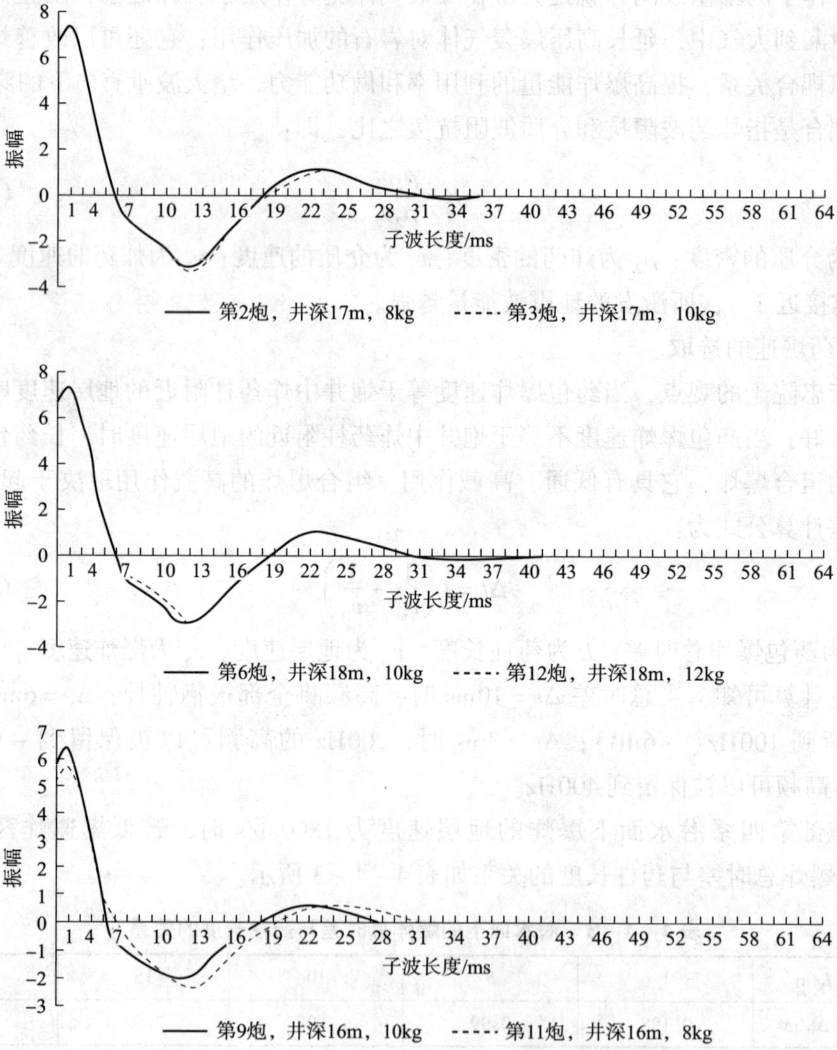

图 4－4－18　1 区不同炸药量的激发子波比较

1) 药量与激发能量的关系

图 4－4－18 所示为 1 区不同炸药量的激发子波比较，图 4－4－19 所示为 1 区不同炸药量激发子波的振幅谱比较，图 4－4－20 所示为 1 区子波能量与炸药量的关系。

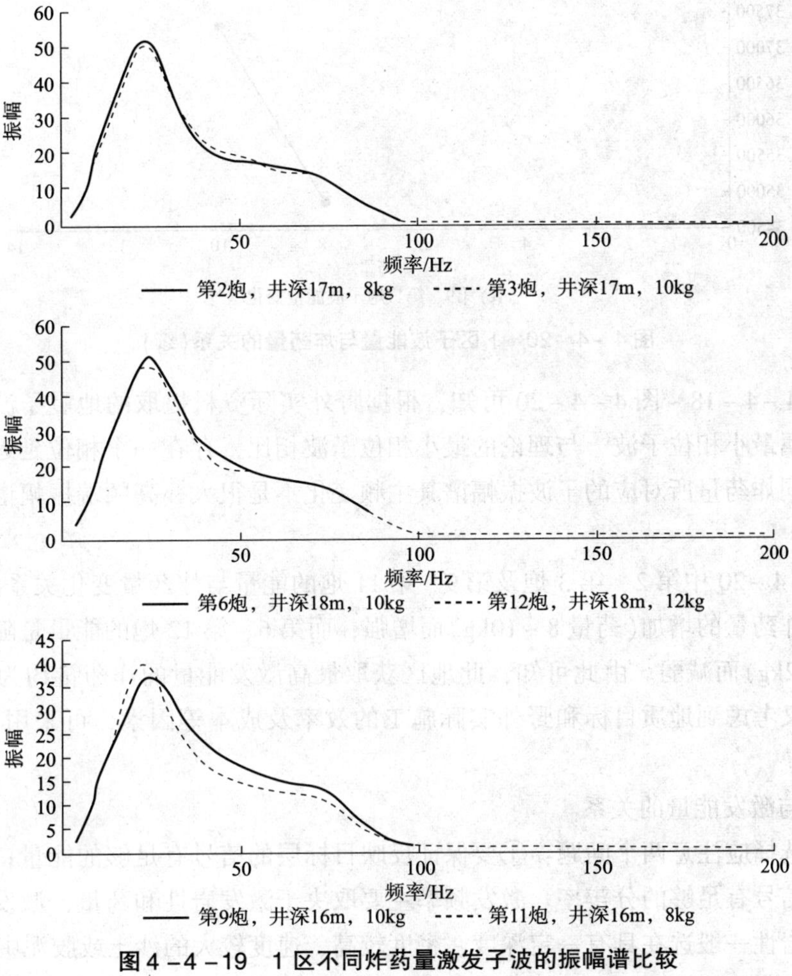

图4－4－19　1区不同炸药量激发子波的振幅谱比较

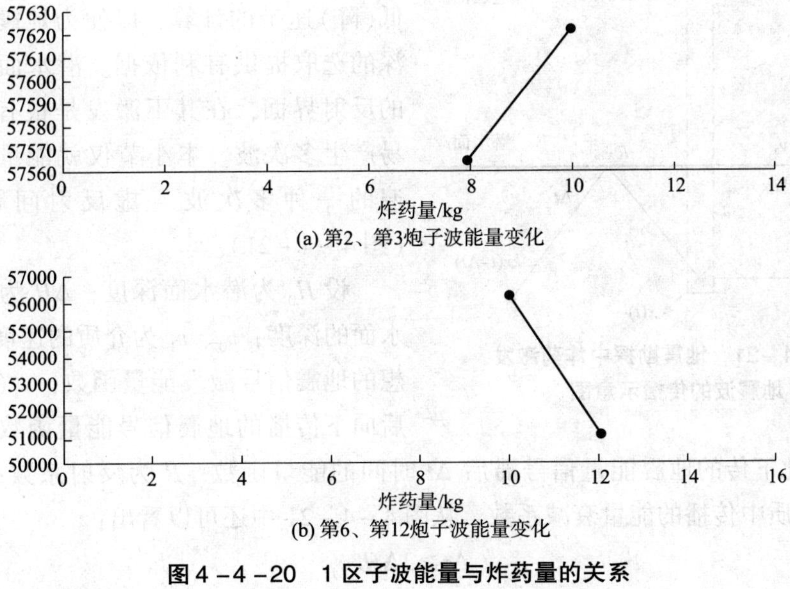

图4－4－20　1区子波能量与炸药量的关系

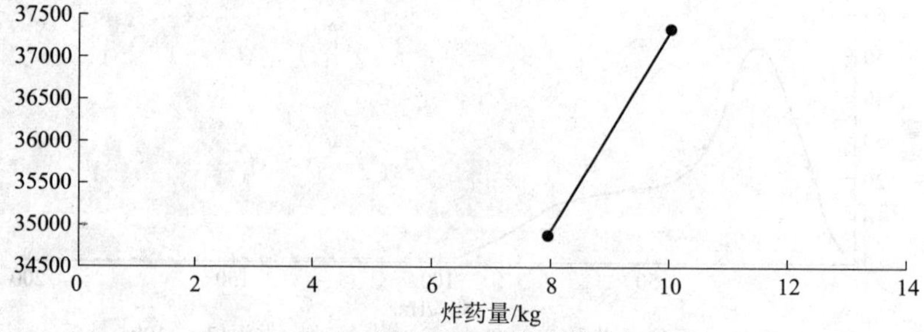

(c) 第9、第11炮子波能量变化

图4－4－20　1区子波能量与炸药量的关系(续)

比较图4－4－18～图4－4－20可知，根据野外实际资料提取的地震子波，其形态基本相似，都属最小相位子波，与理论的最小相位子波相比，存在一个相位延迟或超前；相同井深、不同炸药量所对应的子波振幅谱其主频变化不是很大，高频端振幅谱的形态稍有不同。

从图4－4－20中第2、第3炮及第9、第11炮的能量与炸药量变化关系图可以看出，激发能量随炸药量的增加(药量8～10kg)而增强；而第6、第12炮的能量是随炸药量增加(药量10～12kg)而减弱。由此可知，此地区获取最高激发能量的炸药量约为10kg。综合以上资料，又考虑到地质目标和野外实际施工的效率及成本等因素，可采用10kg左右的炸药量。

2)井深与激发能量的关系

井深的选择应注意两个问题：①要保证反映目标层的信号有足够的能量；②要保证反映目标层的信号有足够的分辨率。激发频率主要取决于激发岩性和药量，激发岩性取决于井深。激发岩性一般选在具有一定深度、密度较高、速度较大的沙土或胶泥中。

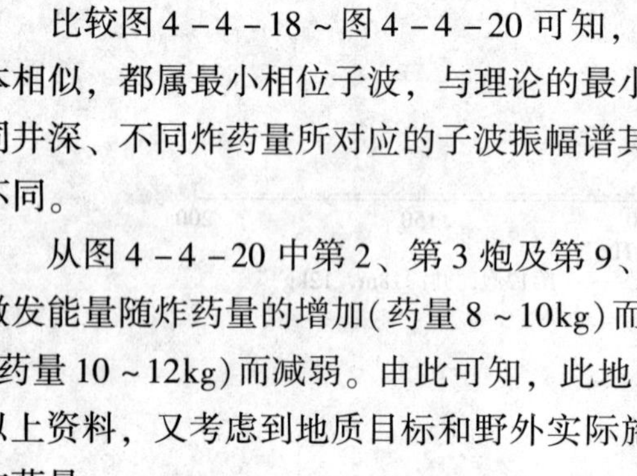

图4－4－21　地震勘探中炸药激发地震波的传播示意图

在试验之前，通常要进行潜水面调查和低(降)速带的计算，以便为地震勘探最佳井深的选取提供有利依据。潜水面是一个良好的反射界面，在其下激发是很有效的，但极易产生多次波。本小节仅就能量最强和最普遍的一种多次波－虚反射问题进行分析(图4－4－21)。

设H_0为潜水面深度；ΔH为炸药包距潜水面的深度；v_0、v_1为介质的速度；$x(t)$为理想的地震信号激发能量函数；$x_1(t)$为在引爆后向下传播的地震信号能量函数；$x(t-\Delta t)$为虚反射，比下传的地震能量信号滞后Δt时间的能量函数；R为反射系数；k为信号$x(t-\Delta t)$在介质中传播的能量衰减系数。从图4－4－21中还可以看出：

$$\Delta t \geqslant 2\Delta H/v_1 \qquad (4-4-16)$$

从能量的角度考虑，有：

$$x_1(t)=x(t)-kx(t-\Delta t) \tag{4-4-17}$$

经傅里叶变换，得：

$$X_1(f)=X(f)-KX(f)\mathrm{e}^{-i2\pi f\Delta t}=X(f)(1-K\mathrm{e}^{-i2\pi f\Delta t}) \tag{4-4-18}$$

令：

$$Z(f)=1-K\mathrm{e}^{-i2\pi f\Delta t} \tag{4-4-19}$$

由式(4-4-18)可知，式(4-4-19)中的$Z(f)$为虚反射滤波函数，其振幅为：

$$|Z(f)|=(1-2K\cos 2\pi f\Delta t+K^2)^{1/2} \tag{4-4-20}$$

$|Z(f)|$的频谱图是以Δt(或ΔH)为参变量的一簇周期曲线，本小节仅分析第一周期的情况。从式(4-4-20)可知，当$\cos 2\pi f\Delta t=-1$时，$Z(f)$和$X_1(f)$的幅度最大，经整理，将上式可改写为：

$$\Delta t=1/2f \tag{4-4-21}$$

将式(4-4-21)代入式(4-4-16)中可得：

$$\Delta H\leqslant v_1/4f \tag{4-4-22}$$

式中，f为信号的主频(或中心频率)。若以高分辨率为目标，则信号最大频率f_1满足：

$$f_1\geqslant 1.7f \tag{4-4-23}$$

所以式(4-4-22)可修正为：

$$\Delta H\leqslant v_1/(6.8f) \tag{4-4-24}$$

从上式可以看出，ΔH与f成反比。ΔH越小，$Z(f)$的频带越宽。可根据地质任务对频率的要求选取适当的ΔH，则井深H可表示为：

$$H=H_0+\Delta H \tag{4-4-25}$$

取介质速度为1600m/s，可得ΔH与f的关系(表4-4-4和图4-4-22)。

表4-4-4　信号频率与炸药包距潜水面的距离关系

f/Hz	10	20	30	40	50	60	70	80	90	100	110	120
ΔH/m	40	20	13.3	10	8	6.7	5.7	5	4.4	4	3.6	3.3
f_1/Hz	17	34	51	68	85	102	119	136	153	170	187	204

从表4-4-4可知，要保护50Hz的信号不受压制，其最大视频率应大于85Hz，ΔH不应大于4.7m，要保护80Hz的信号不受压制，其最大视频率不应小于136Hz，ΔH不应大于2.9m。

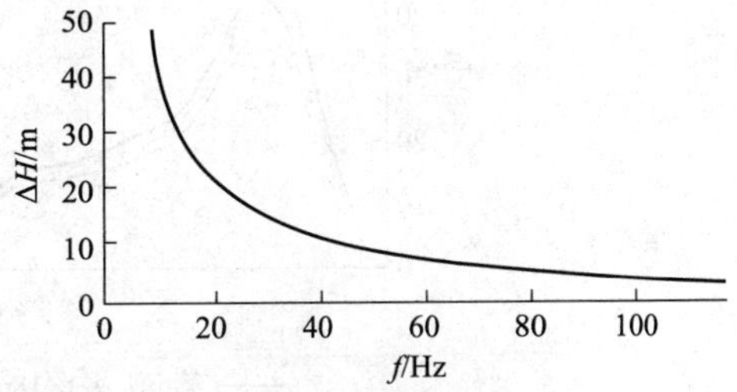

图4-4-22　频率f与潜水面以下深度ΔH的关系曲线

可以看出，在保证能量的前提下，ΔH应尽量小，以减少因虚反射等现象而使激发频谱高频成分缺失的问题。在试验时根据式(4-4-23)有针对性地进行试验，然后再根据试验的结果确定生产中的激发井深。

确定井深实际上就是确定最佳激发岩性，一般而言，在药量相同的前提下，激发能量与井深近似呈线性关系(图4-4-23)。图4-4-24、图4-4-25及图4-4-26、图4-4-27所示分别为1区、2区不同激发井深(药量相同)的地震子波及其振幅谱比较。图中激发子波能量随井深的增加而增大。图4-4-28所示为1区从实际地震道中直接计算的振幅谱，与提取的子波振幅谱相比，频谱曲线不光滑，且有效带宽相对较窄。

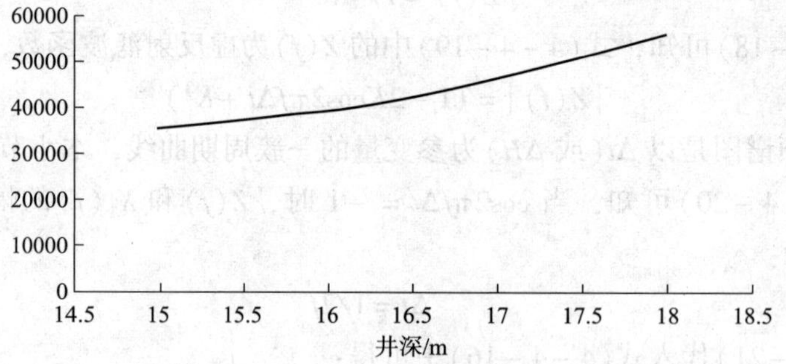

图4-4-23　1区激发能量与井深的关系

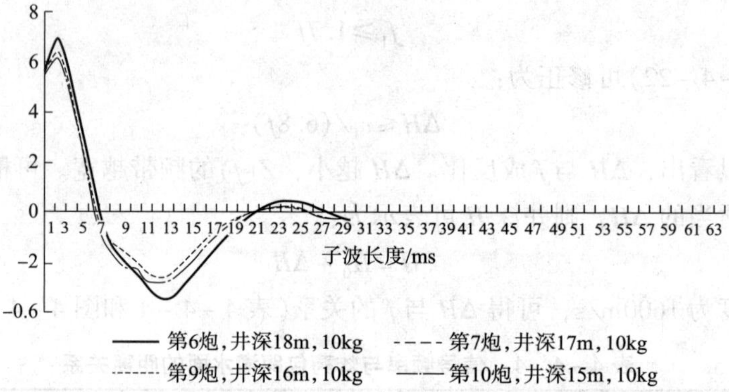

图4-4-24　1区不同激发井深的地震子波比较

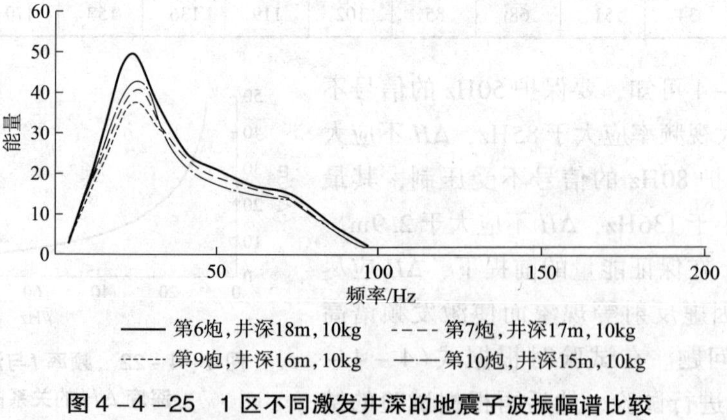

图4-4-25　1区不同激发井深的地震子波振幅谱比较

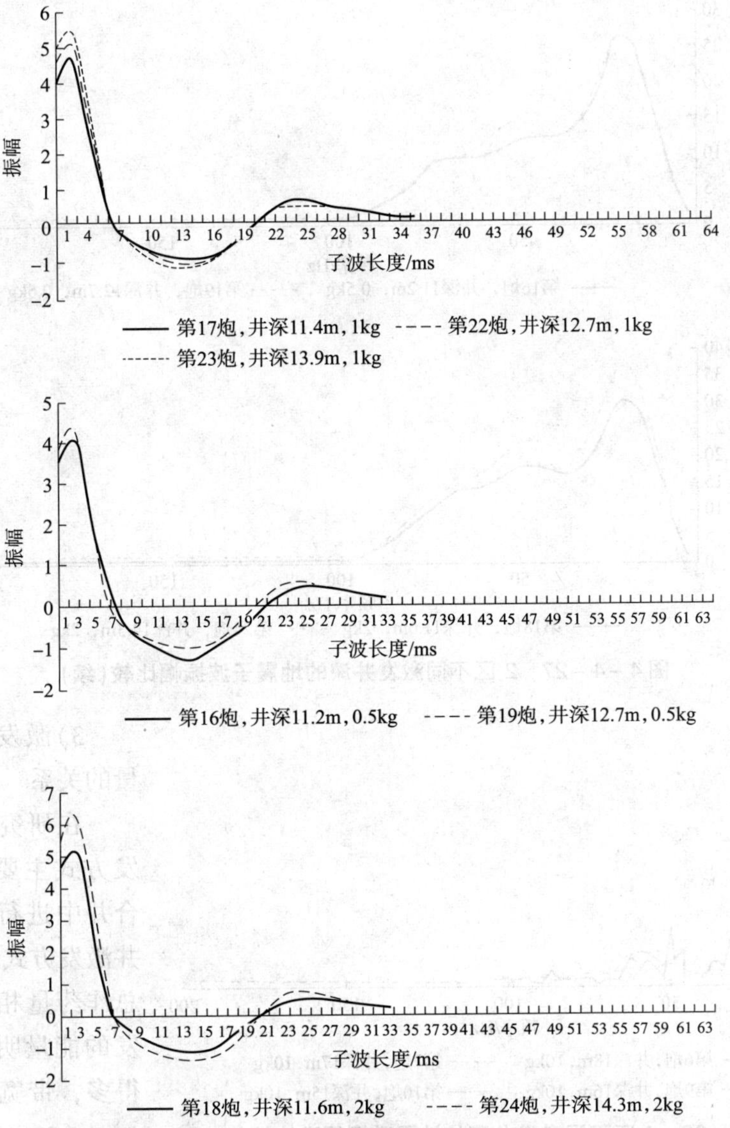

图 4-4-26 2 区不同激发井深的地震子波比较

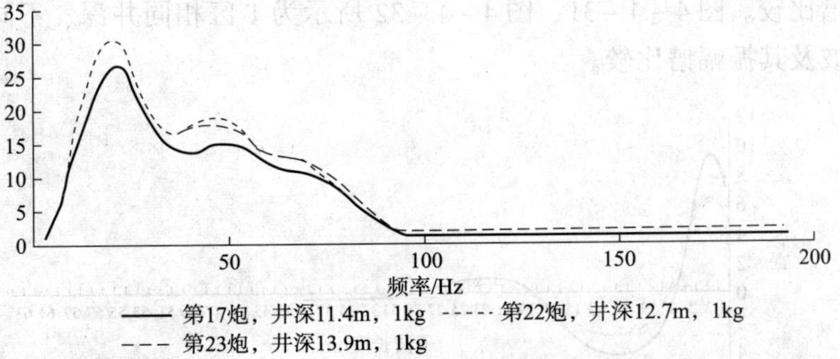

图 4-4-27 2 区不同激发井深的地震子波振幅比较

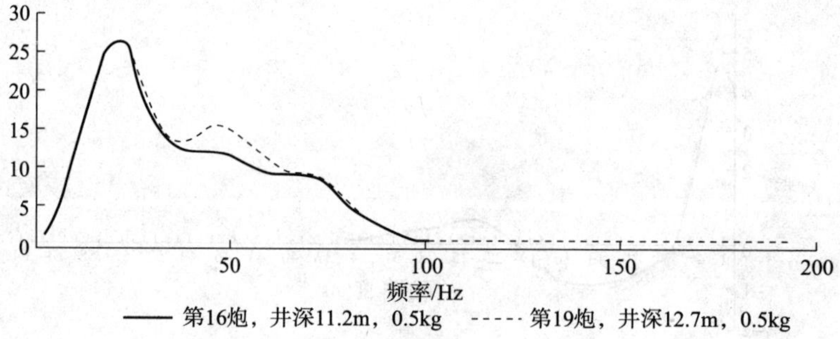

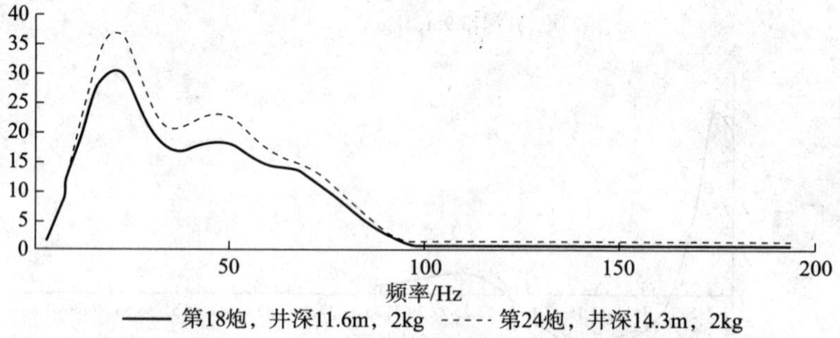

图 4-4-27　2 区不同激发井深的地震子波振幅比较(续)

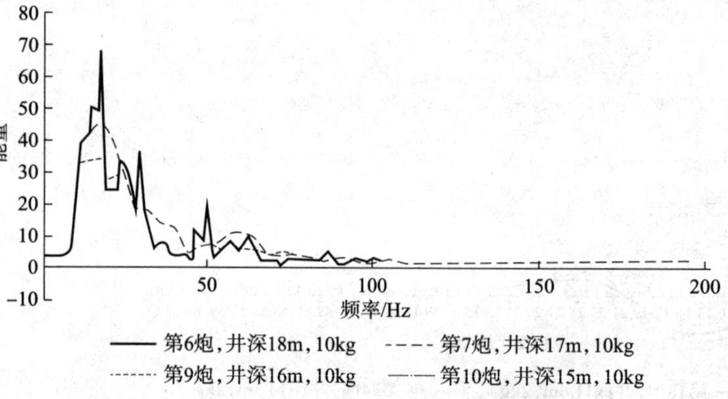

图 4-4-28　1 区不同激发井深的地震道振幅谱比较

3)激发方式与激发能量的关系

在研究中，采用的激发方式主要是在单井和组合井中进行试验，从组合井激发方式试验结果来看，总炸药量相同，组合井激发的能量明显比单井的强得多，带宽也宽得多。图 4-4-29、图 4-4-30 所示为 1 区组合井爆炸的子波及其振幅谱比较。图 4-4-31、图 4-4-32 所示为 1 区相同井深、不同炸药量和组合井的激发子波及其振幅谱比较。

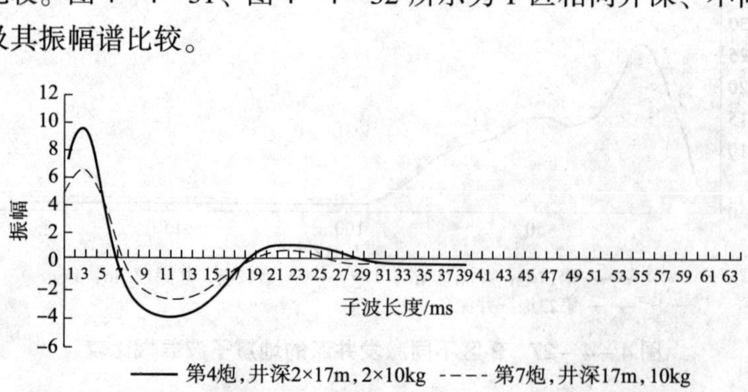

图 4-4-29　1 区相同井深、相同药量、不同组合井的激发子波比较

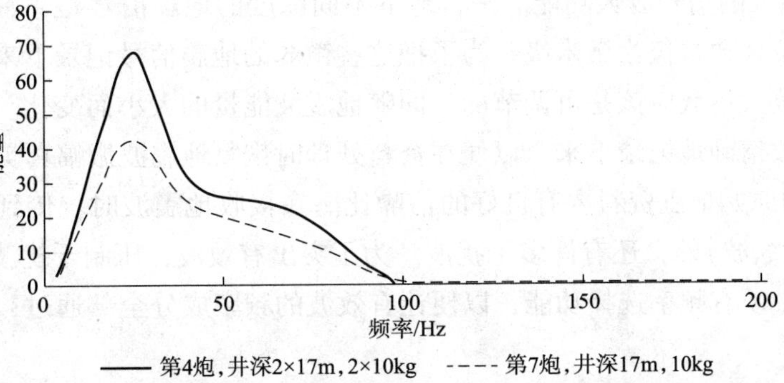

图4-4-30　1区相同井深、相同药量、不同组合井的激发子波振幅谱比较

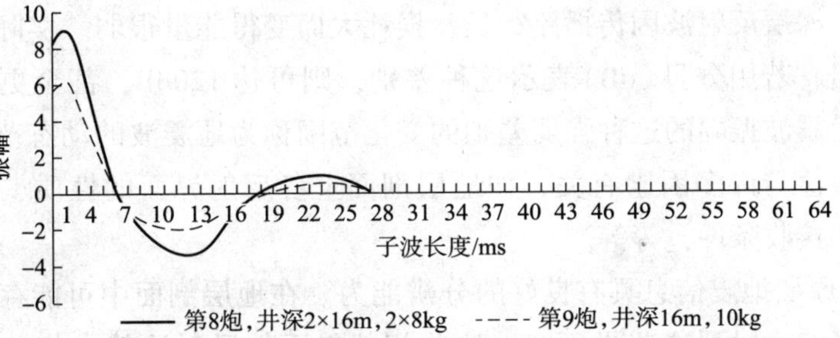

图4-4-31　1区相同井深，不同药量和组合井的激发子波比较

从图4-4-32中可看到，井深相同时，炸药量不同的单井和组合井中，组合井激发的振幅谱能量和频带宽度都明显更大。

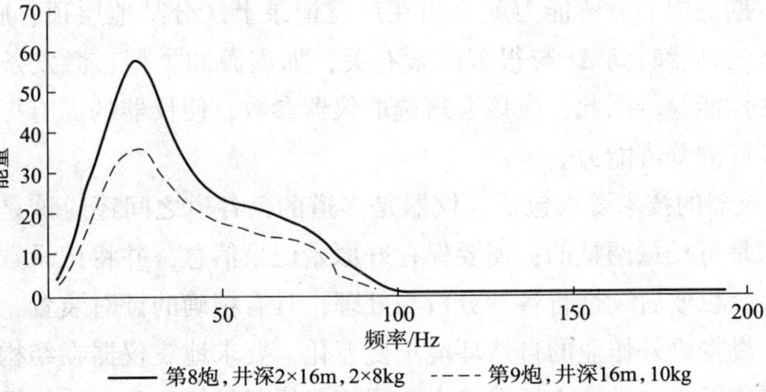

图4-4-32　1区相同井深，不同药量和组合井的激发子波振幅谱比较

三、地震波的接收

接收地震波需要使用专门的仪器设备和适合的工作方法，常用设备包括地震检波器、采集站、记录仪器等。

1. *地震波接收基本要求*

通过生产实践可知，在野外接收地震波应该满足以下几个基本要求：

(1)具备强大的信号放大功能。来自地下不同深度的地震信号是非常微弱的，地震波动引起的地面位移通常仅为微米级。为了把这些微弱的地震信号记录下来，必须对它们进行放大，而且放大倍数应该是可调节的，即随地震波能量的大小而变化。同时，还要求把仪器的放大倍数精确地记录下来，以便在资料处理时恢复地震波振幅真实数值。

(2)记录的原始地震资料要有良好的信噪比。在接收地震波时，传到记录点的除了有效波(一次反射纵波)外，还有许多干扰波。为了突出有效波，压制干扰波，提高记录的质量，地震仪器必须有频率选择功能，以便让有效波的频率成分全部通过，干扰波的频率成分被滤掉。

(3)具备足够大的动态范围。地震波在地层内传播的过程中，由于波前的扩散、界面的透过损失、介质的吸收等原因，它的能量会受到损耗。这就导致浅层反射波因传播路径短而能量很强，深层反射波因传播路径长、损耗大而变得能量很弱。实际资料表明，这种差别可达百万倍，若用分贝(dB)表示这种差别，则可达120dB，甚至更大。在地震勘探中，习惯上把地震波振幅的这种强弱差别的变化范围称为地震波的动态范围。显然，地震波动态范围的数值与许多因素有关，如地层剖面上各反射界面的性质、目标层的埋藏深度，以及激发和接收条件，等等。

(4)记录的原始地震信息具有良好的分辨能力。在地层剖面中可能存在许多相邻的反射界面。当地震波入射到这些界面时，这些相邻界面的反射波就会相继到达地面的观测点。我们知道，每个界面的反射波都有一定的延续时间，用 Δt 表示。如果相邻界面的反射波旅行时差为 $\Delta\tau$，当 $\Delta t < \Delta\tau$ 时，这两个相邻界面的反射波在地震记录上是可以分开的；反之，当 $\Delta t > \Delta\tau$ 时，两个相邻界面的反射波叠加在一起，在地震记录上是分不开的。由此可见，地震勘探中的分辨能力就是指在地震记录上区分某地层顶、底反射波的能力。当然，地震子波的延续时间 Δt 与很多因素有关，如震源的类型、激发条件、岩石介质特性及记录仪器的性能等。因此，应该合理选取仪器参数，使仪器的固有振动延续时间不要太长，以具有较好的分辨能力。

(5)对记录仪器的技术要求包括：仪器是多道的，各道之间还应该是高度一致的；原始记录长度应该是可任意调整的；需要保存好原始记录信息，并将记录数据准确地传输到计算机处理中心，以便后续进行各种分析与处理；具有精确的计时装置，便于地震资料的地质解释；地震勘探野外作业的自然环境千变万化，要求地震仪器在结构上具备轻便、稳定、耗电少、操作简单、维修方便等特点，还应经得起颠簸和恶劣的气候变化，等等。

2. 动圈式地震检波器

检波器是安置在地面、水中或井下以拾取大地振动信息的地震探测器或接收器。它实质上是将机械振动转换为电信号的一种传感器。现代地震检波器几乎完全是动圈式(用于陆地)和压电式(用于海洋和沼泽)的。根据其结构可以分为两大类：引线簧结构式(不旋转)和簧片接触式结构式(可旋转)。引线簧结构检波器结构简单、零件少、稳定可靠；簧片接触式检波器零件多，接触导电的环节多，工艺复杂，因而稳定性差、成本高，适合用作高频检波器。

1) 动圈式电磁地震检波器

这类检波器结构如图 4－4－33 所示，其机电转换通过线圈相对磁铁往复运动而实现。

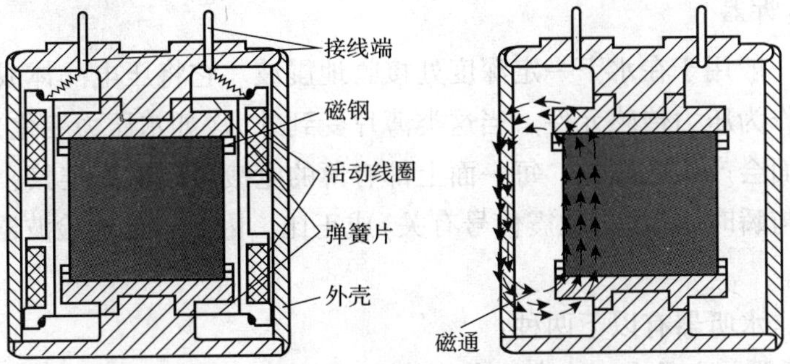

图 4－4－33　动圈式电磁地震检波器示意图

线圈及线枢由一个弹簧系统支撑在永久磁铁的磁极间隙内，组成一个振动系统。当线圈在磁极间隙中运动时切割磁力线，同时在线圈两端产生感应电动势。感应电动势的大小与线圈切割磁通量的速度成正比。因此，动圈式电磁检波器也称为速度检波器。大地作垂向运动时，磁铁随之运动，但线圈由于其惯性而趋于保持固定，使线圈和磁场之间有相对运动。对于水平运动，线圈相对于磁铁是不动的，其输出为 0。

2) 涡流地震检波器

这是美国 OYO 公司于 1984 年研制的一种检波器，其结构如图 4－4－34 所示。它的基本原理为：惯性部件和固定在机壳中的永久磁场作相对运动产生涡流，涡流又使固定在机壳中的线圈感应出电流。一个固定的圆柱形磁铁沿中央轴安装在机壳内，线圈固定地绕在永久磁铁的外面，非磁性可运动的铜制套筒由弹簧悬挂在磁铁和线圈之间构成惯性部件。

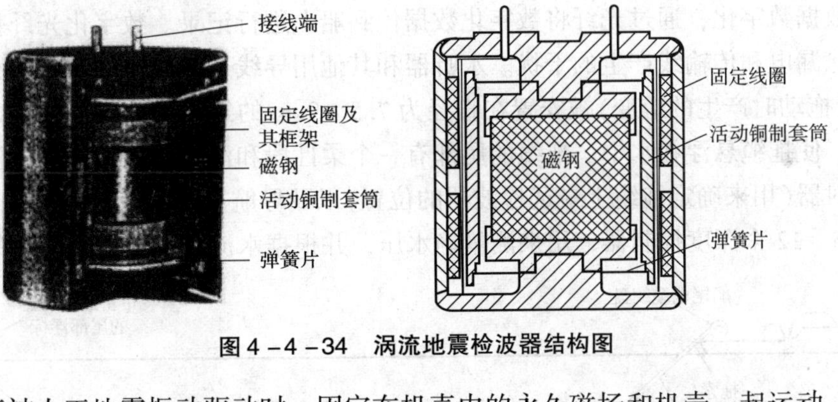

图 4－4－34　涡流地震检波器结构图

当机壳被人工地震振动驱动时，固定在机壳内的永久磁场和机壳一起运动，但由弹簧悬挂着的铜制套筒因其惯性而滞后运动，于是，永久磁场和铜制套筒间的相对运动在套筒中形成涡流。涡流的变化率引起变化的次生磁场，变化的磁场在固定的线圈中产生电动势而输出电压。

涡流检波器的自然频率为 17Hz。在 20Hz 以上，频率响应随频率的增大而增高，因此，可用于高分辨率地震勘探。实践证明，这种检波器对低频干扰和面波等有较强的压制能力，对层间的弱反射分辨能力较好，但总的灵敏度低于常用的动圈式检波器，对深层反射不利。

3. 压电式水听器

这种检波器一般用于在水下一定深度处接收地震波。它将压电晶体或类似的陶瓷活化元件制成的薄片作为压力传感元件。当这类薄片受到外力(如水压力变化)的作用发生弯曲时，在薄片的两面会产生电压差。每一面上都有薄的电镀层同电路连接，用来测量这一电压差。该电压差与瞬时水压(与地震信号有关)成正比。因此，这种检波器也称为压力检波器或水下检波器。

从结构上讲，水听器有以下两种：

(1)盘式水听器。它是在一个空心黄铜柱两端各装一个压电陶瓷圆片，将电路连通后，如果两边都向里弯曲，则随着外界作用的增加，感应电压增大。但是，如果圆片向同方向弯曲，就会产生加速度，而感应电压却不变，这一现象称为消加速度。

(2)圆柱状水听器。它的基本元件是薄的空心压电陶瓷圆柱，两端用黄铜帽盖住。如果圆柱所受的外界压力发生变化，则在陶瓷上会感应出一定的应力，圆柱内外就会产生电压差。

每个检波单元的灵敏度都比较小，约为 75 ~ 250MV/Pa。为了扩大灵敏度，可将 3 ~ 100 个检波单元串联在一起，组成水听器组，长度可达 3 ~ 100m。水听器的自然频率为 104Hz，大大超过地震频带范围。它的阻抗也很高，因此，在每个检波器上都配备阻抗匹配换能器。

在海洋地震勘探中，水听器通常被安置在一条或多条拖缆内。拖缆拖在地震船尾，距水面的深度为 10 ~ 20m(图 4 - 4 - 35)。拖缆中每段的长度为 12. 5 ~ 100m，而检波器组的长度为 6. 5 ~ 50m，可包含 20 ~ 100 个同样的水听器。每隔 12 道有一个数字化转换器，将接收到的数据数字化，通过光纤将数字化数据传到船上进行记录。数字化光纤传输的好处是可以消除漏电和传输线产生的干扰。水听器和其他用导线连接起来的传感器，以及应力单元(承受拖动时产生的应变)被安置在直径为 7. 5 ~ 9cm 的氯丁橡胶管内。管内注满油或轻质液体，使拖缆悬浮在水中。拖缆的尾部有一个柔性段和浮在水面的浮标。浮标上有一个雷达反射器(用来确定拖缆上最远检波器的位置)以及导航系统中使用的设备。整条拖缆上固定有 5 ~ 12 个深度控制器，用来测量静水压，并根据水流情况调整拖缆的深度。

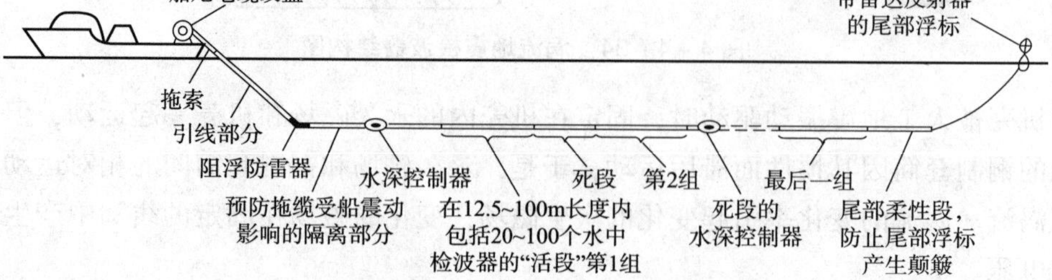

图 4 - 4 - 35 海洋拖缆示意图

由于水听器记录的是压力变化，而陆地检波器记录的是质点的速度，故两种记录不匹配。这在过渡带施工时是不可避免的。两种记录不匹配最常见的特征就是存在90°的视相位差。

4. 数字检波器

最先开发出的数字检波器产品有美国I/O公司的VectorSeis数字检波器、法国Sercel公司的ViborSeis数字检波器等。这种检波器利用硅片受到振动时会发生相对形变，从而改变控制电路电压的原理，将这一变化的电压放大并进行数字化和24位模数转换。它彻底改变了地震勘探中使用了几十年的以机电转换为主的传感器。由于加速度型的数字检波器采用微电子技术(即微电子机械系统)，硅片的质量小，失真小，动态范围大，加之微电子线路的整形，因而对振动非常敏感。它的另一个优势是利用电子线路来识别检波器的方位，用软件区分不同方向的波，克服了过去三分量检波器用水泡来定位的麻烦，提高了矢量保真度(矢量保真度是指每个分量互相耦合的信号量度)。

数字检波器的所有线路均利用光刻工艺制造，线路稳定性能好。使用这种检波器还将大大简化野外采集站的功能，减小体积，提高野外施工效率，为多波多分量勘探提供工具。它与常规10Hz三分量速度检波器的性能对比见表4-4-5。

表4-4-5　数字检波器与常规10Hz三分量速度检波器的性能对比

VectorSeis数字检波器	常规10Hz三分量速度检波器
线性频率及相位响应可达500Hz	线性频率为200Hz，低噪声
大动态范围，通常大于105dB	动态范围约为60dB
极高的向量保真度	目测水泡调平
直接输出数字信号	输出模拟信号
无倾斜角度限制	倾斜角度一般小于20°

图4-4-36所示为常规检波器与数字检波器的记录对比。由图可知，利用6只常规检波器组合所得的记录与单只VectorSeis数字检波器所得记录完全一样。

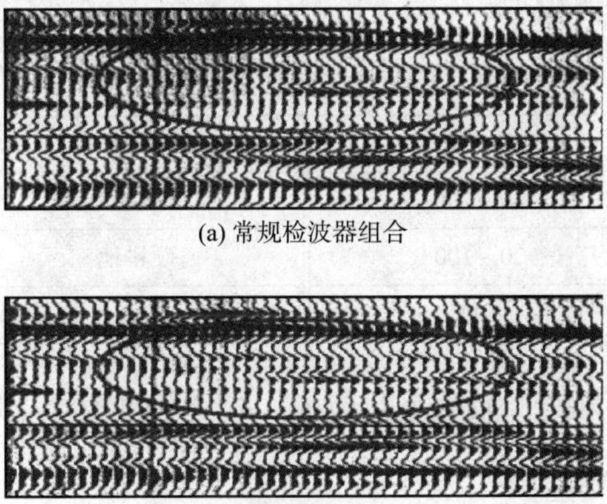

(a) 常规检波器组合

(b) 数字检波器

图4-4-36　常规检波器组合与单个数字检波器的试验资料对比

下列图件是我国某物探公司所使用数字检波器的情况：图 4 －4 －37 所示为三分量数字检波器的外形，其内部结构如图 4 －4 －38 所示；三分量数字检波器的正确定位如图 4 －4 －39 所示，使用的定位器如图 4 －4 －40 所示。

图 4 －4 －37　三分量数字检波器的外形

图 4 －4 －38　三分量数字检波器的内部结构

图 4 －4 －39　三分量数字检波器的正确定位

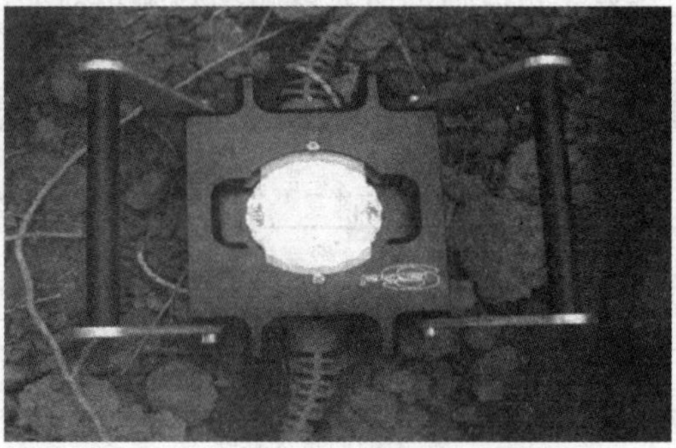

图 4 －4 －40　安置三分量数字检波器的定位器

关于检波器的安置条件，可用谐振频率 f_0 和阻尼系数来度量。大量的试验和生产实践表明：与检波器接触的岩石越致密、坚硬，谐振频率越高，可达数百赫兹；当接触于疏松地面时，谐振频率只有数十赫兹，且干扰特别强，频率向低处移动。不同表层的谐振频率见表 4 －4 －6。

表 4 －4 －6　不同表层的谐振频率

表层	f_0/Hz	表层	f_0/Hz
沙	30 ~ 200	黏土	200 ~ 400
表土或干土	20 ~ 100	硬耕地	约 300
耕地	100		

检波器与地面耦合良好时，阻尼系数较大。挖坑并去掉浮土埋置检波器可提高 f_0 和阻尼系数。

5. 采集站

采集站是遥测仪器特有的装置。随着地震记录道数的增加，集中式的仪器（早期的数字地震仪）暴露出外界感应大、信噪比低等缺点，这主要是模拟记录的小信号传输路径长而导致的。采用遥测仪器后，模拟记录的小信号在排列上的采集站里数字化，成为数字信号，而数字信号的传递不会增加信号噪声。近年来，集中式的仪器已逐渐被遥测仪器所取代。

采集站目前有两个发展趋势：一是简单、稳定，实现免维护的趋势；二是增强信息处理、存储、自动调整、大线管理的能力，逐渐趋于复杂化。

功能简单型采集站以 SN338 型仪器的采集站为代表，它具备信号放大、模数转换、数据传输或存储等三大功能。这种类型的采集站体积小，结构简单，基本能实现免维护，且成本低、价格便宜。但它的主机的工作量比较大，功能相对较多，如滤波、陷波、相关或叠加、频谱整形等都在主机内进行。

功能复杂型采集站除完成三大基本功能外，还具有模拟滤波、陷波、频谱整形、高频提升、自动调节等功能。还有一种仪器的采集站的功能更为复杂，采集站内部有一中央控制器和存储器，可在采集站内进行相关或叠加处理。交叉站中有数据排列、分选的功能，也就是把大线管理部件的功能分解到交叉站中。这样，主机就非常简单，只是一个单纯的计算机，用于完成转录、质量控制、现场处理等。

6. 数字地震记录仪

地震勘探中接收和记录地震波是一个复杂的过程。地震勘探仪器就是为了接收和记录地震波而专门设计的一种集精密传感器技术、近代电子技术和计算机技术为一体的组合装置。随着电子技术、计算机技术、通信技术和地震勘探技术的快速发展，石油地震勘探仪器也在不断完善。

1）地震记录仪的发展概况

从石油地震勘探仪器的记录内容和方式来看，大致分为以下 4 代：

第 1 代：模拟光点记录地震仪。

国外从 20 世纪 30 年代初到 50 年代末，主要使用模拟光点记录地震仪。我国则从 20 世纪 50 年代初到 60 年代末应用模拟光点记录地震仪，该地震仪简称 51 型地震仪。

模拟光点记录地震仪的主要缺点是：地震记录为模拟波形光点感光照相记录，即采用照相纸来记录，激发后的地震信息经过显影、定影、清洗晒干后显示在照相纸上。这种记录不能进行回放处理，不适用于多次覆盖技术；记录仪器的动态范围小，一般只有 20dB 左右；地震记录的频带窄，分辨率低；采用电子管电路，故体积大、质量大、耗电多；仪器自动化程度低，操作复杂，记录道数少，地震资料的处理只能人工进行，工作效率低，质量也难以保证。

第 2 代：模拟磁带记录地震仪。

国外是从 20 世纪 50 年代初到 60 年代末，主要使用模拟磁带记录地震仪。模拟磁带地震仪起初是直接记录式的，即由磁记录器直接记录模拟地震信号，但由于其记录动态范围小，后被改进为经调制后记录，如脉冲调宽式、调频式。

模拟磁带记录地震仪的主要特点与缺点是：所得原始地震资料为模拟磁带记录和热敏

纸模拟波形地震监视记录。模拟磁带记录可以回放处理，因此可用于多次覆盖，但覆盖次数有限；地震资料处理可以用半自动的基地回放仪进行，得到模拟波形记录和时间剖面，比光点地震仪前进了一大步，但资料处理的速度很低，质量不高，处理方法也比较少。磁带记录的动态范围通常为40～50dB，比较小；记录精度较低，只能进行定性估计，不能进行定量计算；采用晶体管电路，操作为半自动化；记录道数比较少。

第3代：数字磁带记录地震仪。

20世纪70年代初，数字磁带记录地震仪采用了瞬时浮点增益控制放大技术、模数转换技术、数字磁记录技术及现代通信技术，如美国得克萨斯公司1970年研制的DFS－V型数字地震仪，法国Sercel公司研制的SN338B型数字地震仪。第3代数字磁带记录地震仪记录地震信息的过程如图4－4－41所示。

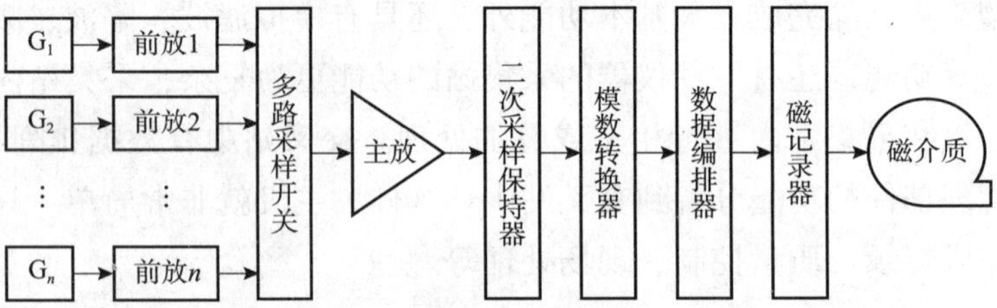

图4－4－41　数字地震仪记录地震信息示意图

数字地震仪的主要特点是：所得地震勘探原始资料为数字磁带记录和模拟波形地震监视记录，可以进行多次覆盖，覆盖次数基本不受限制；数字记录的动态范围大，一般可达168dB以上，可以实现不失真记录；地震记录的频带宽，通频带一般为3～250Hz，有的可达3～400Hz，记录的宽频带有利于接收深层反射波和浅层或薄层反射波，提高了地震勘探的分辨率；数字记录的精度很高，有利于进行定量计算；资料处理直接使用计算机，提高了资料处理的速度和精度，处理方法多，地质效果好；采用集成电路，仪器体积小、质量小、耗电省、性能稳定；地震仪的道数多，提高了野外工作效率；数字地震仪操作的自动化程度高，使用简便，维修容易，能够确保仪器正常、高效生产。

第4代：遥测地震仪。

为了适应三维、高分辨率、多波多分量地震勘探和超多道、超高次叠加等新方法、新技术的需要，随着数字通信技术、遥控遥测技术、计算机控制处理技术、磁记录技术等的发展，新一代遥测多道数控地震仪应运而生并得到快速发展。

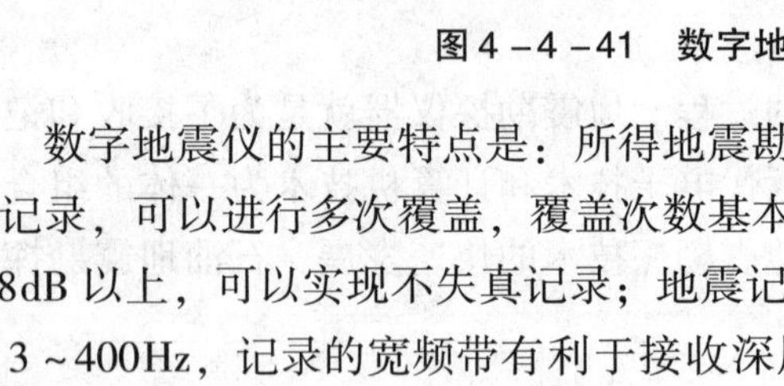

图4－4－42　无线电遥测示意图

所谓遥测，就是利用电缆、光缆、无线电或其他传输技术对远距离的物理点进行测量。遥测地震数据采集记录系统通常由许多分离的野外地震数据采集站和中央控制记录系统组成。采集站布置在接收地震信息的物理点附近，并以数传方式将信息传输到中央控制记录系统(图4－4－42)。

目前，在石油工业中使用的数字地震仪的型号主要有美国 A. A. Inc 公司生产的 Opseis－5500 型无线遥测地震仪、美国 Fairfied 公司生产的 Telseis-RtDt 型地震仪、美国 Opseis 公司生产的 Opseis-Eagle 型地震仪、美国 I/O 公司生产的 SYSTEM-H 24 位模数转换器的遥测地震仪、法国 Sercel 公司生产的 SN388 地震仪等。

遥测地震仪的主要特点如下：

(1)遥测地震仪使用采集站将检波器输出的模拟信号转换为数字信号后传送到中央控制记录系统，数据传输的抗干扰能力强。

(2)记录道数只受数据传输速率的限制，道数最多可达万道以上，适于三维地震勘探，施工效率高。

(3)遥测地震仪的记录格式大多采用 SEG-D 格式或 SEG-Y 格式，更具通用性和普遍性。

(4)遥测地震仪采用可编程计算机控制，大大扩展了系统功能。

(5)遥测地震仪通常都配备现场处理机，可以对记录数据进行现场分析和处理，能及时选定最佳的野外工作方法和最佳的仪器参数及采集参数，以获取高质量的原始地震记录。

(6)由于遥测地震仪配备了成套的诊断和测试软件，因而便于维护检修，自动化程度高，操作方便。

(7)遥测地震仪的采样率 Δt 为 2ms、1ms、0.5ms 等，通过提高去假频滤波器的陡度来扩展频带。对于 1ms 采样，频带范围为 3～400Hz，高截频为 $0.8f_N$［f_N 为 Nyquist 频率，可根据采样定理确定，即 $f_N=1/(2\Delta t)$］。

(8)采集站中使用了 24 位模数转换器，随着传输技术、计算机技术、电子技术的发展，遥测地震仪普遍采用人机交互的多窗口界面，软件的图形功能更强，实时现场处理能力也越来越强。

遥测数字地震仪记录地震信息的过程如图 4－4－43 所示。

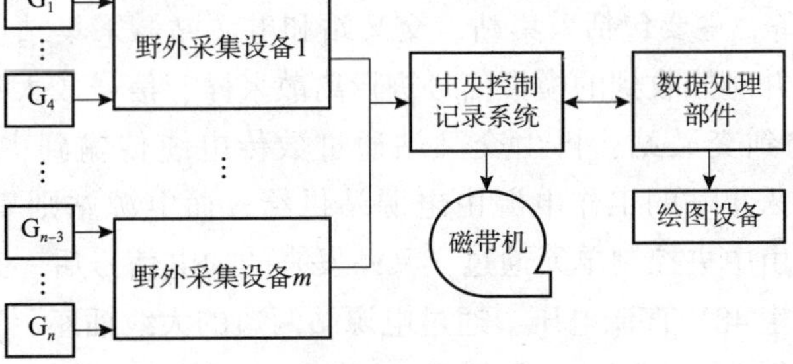

图 4－4－43 遥测数字地震仪记录地震信息示意图

2)数字地震仪记录过程

图 4－4－41 和图 4－4－43 所示为第 3 代和第 4 代数字地震仪记录地震信息的过程。

数字地震仪各主要部件的功能说明如下：

(1)前置放大器。每个中心道对应一个，它的主要作用是在信号离散化之前提高信噪比。除了放大弱信号外，有时放大器还要适当对信号进行限幅。由于初至波对地表校正有重要用途，所以应该清楚地观测到初至波，为此，前置放大器要有可选的固有增益，增益值为 2^5 或 2^7。

(2)多路采样开关。它的主要功能是按选定的采样间隔将多道连续信号离散为一个时间序列，即按规定的时间间隔依次接通不同的地震道，并将其送到唯一的一个输出道。

(3)瞬时浮点增益放大器(简称主放)。它的作用是不畸变地放大 120dB 以上的高动态范围的信号。它具有增益能自动变化，以及高速、高精度的特点。瞬时浮点增益控制以二进制增益控制方式为基础，从一个增益变化瞬间到下一个变化瞬间，放大器增益保持不变。当放大器输出高于或低于某个规定的水平(记录器的满程电压)时，放大器增益突然变为原值的一半。瞬时浮点增益控制是在二进制增益的基础上发展起来的。它对每个输入信号的样点可以很快地控制增益的变化，以调节放大器对样点本身达到合适的增益。增益调节的速度可达微秒级，因此，可以认为是瞬时实现的。增益调节也不限于 6dB，最大可达 10μs 内变化 90dB。增益的变化按 2 的整数次幂跳变，其增益码与数字技术中的浮点表示法的阶码对应，故称瞬时浮点增益控制。

(4)模数转换(A/D)装置。它是把从放大系统接收到的模拟信号转换为数字形式。每个数字站(或采集站)通常装备一个模数转换装置，用于所有地震道和辅助道的模数转换。

(5)二次采样保持器。它是依次连接 A/D 装置与工作道的电子开关。对每一道的连接持续一个短暂的时间间隔，但这段时间足以使 A/D 装置读取信号振幅并把它转换为二进制。

(6)数据编排器。它是把每个二进制数的各位分配在磁带的若干个规定的信息轨上。地震数字记录中普遍采用的记录格式是 SEG-B 格式、SEG-D 格式、SEG-Y 格式等。

(7)磁记录器。它按照格式编排装置控制的、预先确定的位 - 轨关系把每个二进制数记录在磁带或其他磁介质上。

本小节以法国 Sercel 公司生产的 SN388 遥测地震仪为例，说明新一代遥测地震仪的两个主要部件的功能。

(1)野外采集设备。主要包括采集站、交叉站和电源站。采集站通过采集大线接收各检波器的地震信号，并对接收到的模拟信号进行离散采样、信号放大和模数转换后，通过一对数传双组线传输到交叉站，再由交叉站通过数传电缆传输到中央控制单元(central control unit，CCU)。采集站的工作电源由电源站供给，而电源站则靠一个 12V 的电瓶供电。电源站在接收到由中央控制单元通过交叉站发来的加电信号后，其内部左右两边的升压电路开始工作，产生 48V 直流电压，通过电源站两边的大线插座，并借助采集大线内的一对电源线对采集站供电。电源站一般情况下可为 8 个采集站供电。交叉站除了具有转发和传送数据的功能外，其本身还兼有电源站的功能，也可为其两侧各 4 个采集站供电。

(2)中央控制记录系统。中央控制单元由人机交互界面(human computer interface，HCI)和采集处理部件(acquisition processing module，APM)组成。HCI 以 SUN 工作站为控制主机，附加高清晰度大屏幕彩色显示器、键盘、鼠标和打印机等设备。操作员通过 HCI 对系统进行全面的操作和控制，利用多窗口系统可以在显示屏幕上非常便捷地实现参数输入和系统监视，或直接监视野外排列上的采集站、交叉站、电源站及各道检波器的工作状态。APM 是 Sercel 公司开发研制的进行地震数据采集和处理的专用部件，包括 3 个组成部分，即数据接收部分、数据处理部分、数据记录与显示部分。数据接收部分既向野外工作单元(交叉站、采集站、电源站)发出采集和测试的各种命令，又从各野外工作单元接收各种数据和信息。数据处理部分的主要功能是实现常规地震道和辅助道信息(如爆炸信号、井口 τ 值时间等)的格式编排、记录和显示。对可控震源数据进行噪声编辑、相关、叠加处理后，数据记录与显示部分以一定的记录格式形成数据文件，利用磁带机和绘图仪等外部设备进行记录和显示。HCI 与 APM 之间通过同轴电缆构成的以太网络实现数据传输和连接。

7. 野外采集参数的确定

虽然野外地震资料采集所用的设备(如仪器型号、道数、检波器数、检波器与电缆的连接方式等)会对决策产生很大的影响，但在设计野外采集参数时，都应该遵循合乎逻辑的基本依据。确定野外采集参数的基本规则如下：

(1)最大偏移距 x_{max} 采集基本规则。最大偏移距是激发点与排列中最远一道间的距离，它应该大致等于最深目的层的埋深。满足这个条件可以使正常时差足够大，便于区分一次反射波、多次波及其他相干噪声。但是，如果偏移距太大，反射系数会发生明显变化，转换横波会变得很严重，不满足 CMP 叠加的基本假设。如果最深目的层的数据质量足够好，最大偏移距就应该等于基底的深度。

(2)最小偏移距 x_{min} 采集基本规则。最小偏移距是激发点与排列中最近一道间的距离，它应该不小于最浅目的层的埋深。最小偏移距大一些可以有效消除震源产生的噪声，但这样有可能损失有用的浅层信号。

(3)道间距 Δx 采集基本规则。道间距是相邻两个中心道之间的距离，通常不应该超过设计的水平分辨率的两倍。这样的目的是使地下空间采样间隔满足设计要求，即满足空间采样定理：$\Delta x \leqslant \lambda/2$。

(4)最小炸药量或最小震源强度采集基本规则。最小炸药量或最小震源强度应根据记录上的环境噪声强度来确定，保证在最深目的层以上，随机噪声不应该影响地震剖面的可重复性。如果不满足这种情况，就应该适当增加炸药量或加大可控震源的强度。

第五章　地震资料数字处理

地震资料处理的发展过程与石油、天然气地震勘探的发展历程紧密相关，自20世纪20年代初期出现反射波法地震勘探以来，地震资料数字处理技术在多次覆盖技术、信号数字处理技术、波动理论和数字计算机技术等的基础上，逐渐发展成熟为一门综合应用技术，其主要目的是利用数字计算机对野外采集的地震资料进行一系列的加工处理，提高地震数据的信噪比、分辨率，最终利用来自地下反射界面的一次反射波信号对地下岩层界面进行成像，获得通过地震图像形式反映地下岩层构造形态的地震偏移剖面，进而分析地下岩层的各类构造现象和地层沉积现象，为发现油气圈闭、确定钻探目标和部署钻探井位提供依据。

第一节　地震资料数字处理概述

一、地震资料数字处理的目的

在实际野外勘探中，无论采用怎样的观测方式，地震野外测量数据都是在观测面上记录到的炮点震源激发后所产生的地震波场，因此，在地震资料处理前，地震资料是以炮集形式记录的一个个单炮记录(图5－1－1)。在单炮记录上，除了有效的一次反射波外，还同时记录下了面波、折射波、多次反射波、转换波等各类规则干扰波及高频噪声、鸣振、风吹草动等不规则干扰，这些干扰波的强弱同地表结构、施工方式等多种因素有关。而实际的反射波法地震勘探中，一次反射波信号是用于了解和认识地下地质规律的主要信息，除此之外的其他各类波都被认为是干扰波。在单炮记录上，来自地下地层分界面的反射能量一般沿着近似的双曲线轨迹分布，而且一个炮记录只是对地下一个很小范围内地层段的一次观测，现在野外施工过程中普遍采用多次覆盖观测方式，因此，所能观测到的地下地层段随炮点沿着测线的方向向前移动，而且两个连续炮记录之间的地下重复观测段有一部分是重叠的。

可见，野外采集的地震数据除了有效波外，还存在多种干扰能量，需要通过地震资料处理手段将干扰波能量予以消除。另外，由于单炮记录的观测范围有限且很不直观，无法建立单炮地震记录与地下地质构造形态间的对应关系。通过解释叠前单炮记录，很难直接了解地下岩层的构造形态，认识其他的地质规律难度更大。因此，需要对原始的单炮地震记录进行一系列的数字处理，最终形成的地震剖面(图5－1－2)在很大程度上已经接近于地下几千米范围的地质剖面，其反射同相轴的起伏大致反映出地下地质构造形态变化。

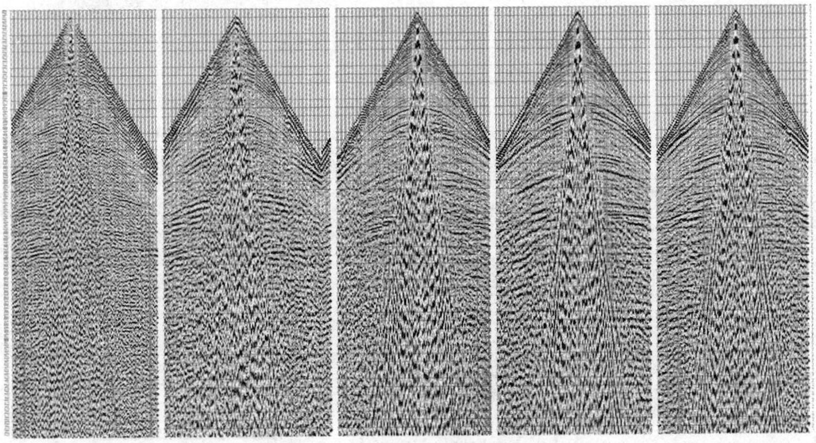

图5－1－1　共炮点地震记录

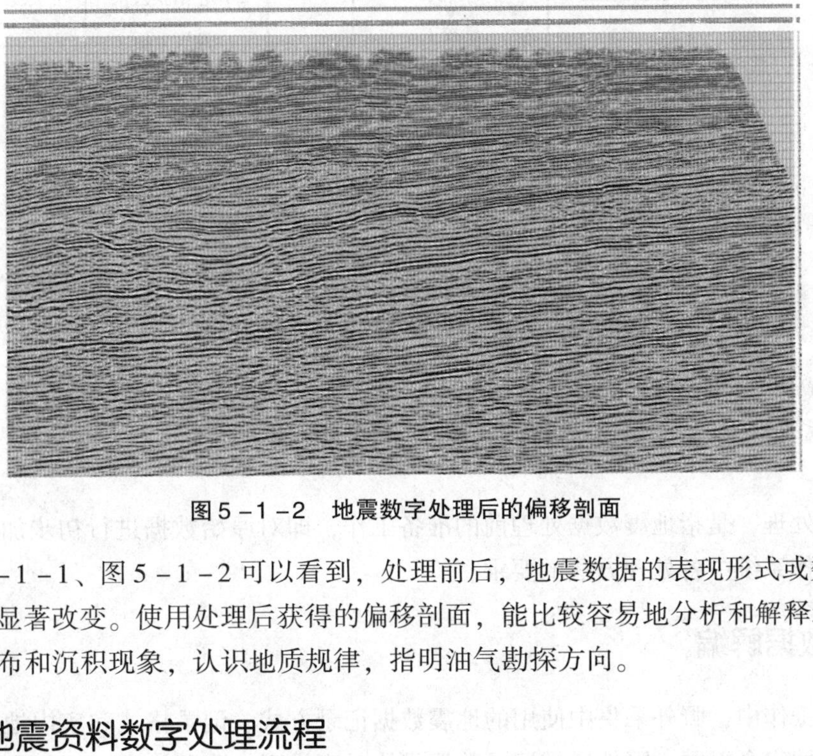

图5－1－2　地震数字处理后的偏移剖面

从图5－1－1、图5－1－2可以看到，处理前后，地震数据的表现形式或数据的表达方式发生了显著改变。使用处理后获得的偏移剖面，能比较容易地分析和解释地下地质构造、地层分布和沉积现象，认识地质规律，指明油气勘探方向。

二、地震资料数字处理流程

野外地震数据处理过程一般分为3个阶段：预处理，处理参数提取和分析，地震资料批量处理。处理的最终结果是提供地质解释所需的水平叠加时间剖面、偏移时间或深度剖面。

地震资料数据处理从野外数据磁带的输入，到最终提供给解释人员的处理成果，是通过一系列处理步骤完成的。不同地区、不同类型的资料，处理流程有所差异，即使流程相同，有些处理参数也是不同的，因此，如何有针对性地确定处理流程和选择处理参数，是地震资料处理中的主要任务。常规地震资料数字处理流程图如图5－1－3所示。

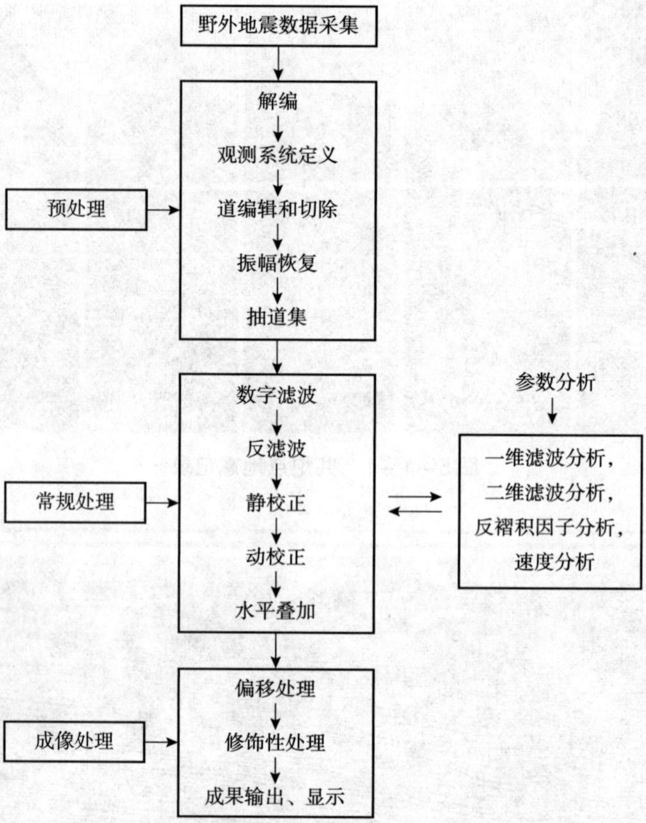

图 5－1－3　地震资料数字处理基本流程

第二节　预处理

所谓预处理，是指地震数据处理前的准备工作，即对原始数据进行初步加工，以满足计算机及操作系统中各处理方法的要求。

一、数据解编

在实际工作中，野外采集中使用的地震数据记录方式、记录格式和室内地震资料处理系统所使用的完全不同。野外磁带记录数据是按时序排列的，即依次记下每道的第一个采样值，各道记完后，再依次记下各道的第二个采样值，依此类推。在数据处理过程中，时序排列的形式很不方便，必须转换为道序排列，即第一道的所有数据都排在第二道之前，使同一道数据都排放在一起，这种预处理称为数据解编或数据重排。野外数据的记录格式和地震处理系统中使用的记录格式也有较大的差异，野外记录一般使用 SEG-A 格式、SEG-B 格式、SEG-D 格式等，地震数据处理中大多数软件在初次输入数据时，基本用 SEG-Y 格式数据，这些数据格式都是美国勘探地球物理家协会(SEG)推荐的，目前被地球物理行业作为数据交换和存储的标准格式。

野外地震数据按采样时间排序，记录如图 5－2－1 所示。解编以后的地震数据按道排序，其记录如图 5－2－2 所示。

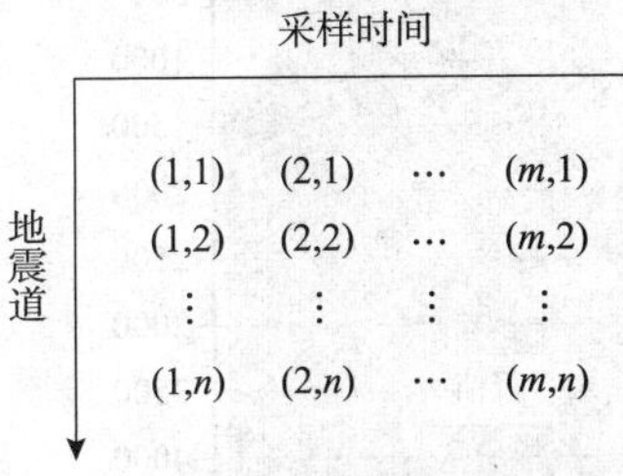

图 5－2－1　以时间顺序方式记录的地震道
（m 为道号，n 为采样点数）

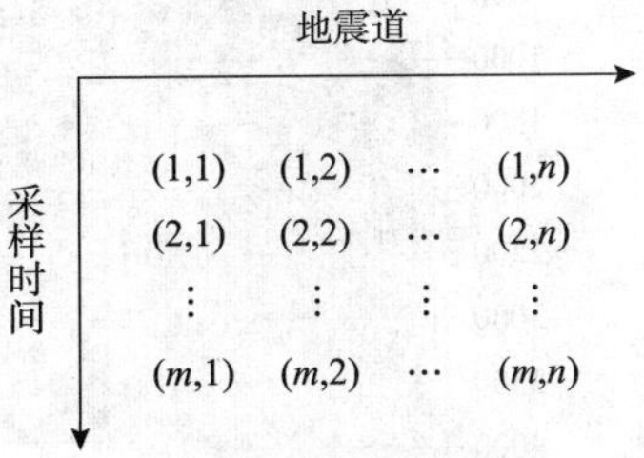

图 5－2－2　以道顺序方式记录的地震道
（m 为道号，n 为采样点数）

二、道编辑和道切除

1. 道编辑

道编辑即挑选信噪比低的不正常记录道或炮，将其充零。在地震数据采集中，由于施工现场复杂，外界干扰大，难免出现一些不正常道的共炮点记录（图 5－2－3），这些记录信噪比低，如果参与叠加处理会严重影响处理效果。不正常道通常指工作不正常道、死道、极性反转道。不正常记录通常指外界干扰背景严重而引起的噪声记录。在正式处理之前，需要对这些不正常的记录进行编辑处理，例如对信噪比很低的不正常道进行充零处理，发现极性反转的工作道并对它们进行改正等。在道编辑中，还有一种称为尖脉冲的干扰（俗称野值），一般都是能量很强、视频率较高的偶发性噪声。这种野值如果不及早剔除，在后续的偏移处理过程中就会造成严重的大面积“画弧”现象，导致偏移噪声。这种情况在叠前偏移处理中更为严重。目前，剔除工作一般在交互处理系统中进行。通过灵活多样的实时屏幕显示方式，很容易肉眼识别废炮、废道和野值干扰。废炮、废道剔除的方法包括将相应的地震炮、道数据充零值和舍弃整个地震炮、道记录两种方式。

2. 道切除

道切除的目的是消除包括噪声记录开始部分所存在的高振幅，从而有效避免后续处理时出现的叠加噪声。切除的方法就是将需要切除的记录段充零值。通常需要切除的地震波场包括：

(1) 强振幅的初至波（图 5－2－3），这些初至波一般是直达波、浅层折射波等干扰波。

(2) 发生相位畸变的浅层宽角反射波。

(3) 震源干扰波、相干干扰波。

三、真振幅恢复

地表地震记录的振幅不仅反映了地层界面的反射系数，而且还与地震波的激发、传播和接收等因素有关，这些因素主要包括地震波的激发条件、接收条件、仪器因素、波前扩

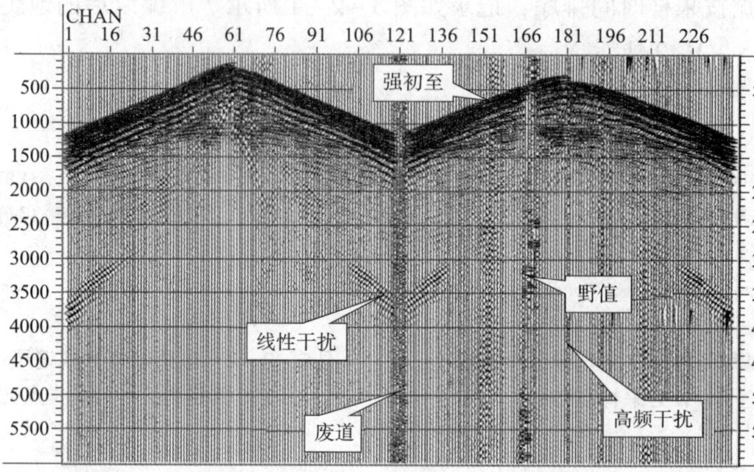

图5-2-3　具有典型干扰波的单炮记录

散、吸收衰减、散射透射损失等。使得浅层反射波能量较强，深层反射波能量较弱。真振幅恢复的目的是尽量对地震波能量的衰减和畸变进行有效补偿和校正。图5-2-4所示为典型的未进行振幅补偿处理的单炮记录，其能量特点是浅层能量强，深层能量弱，面波能量很强。

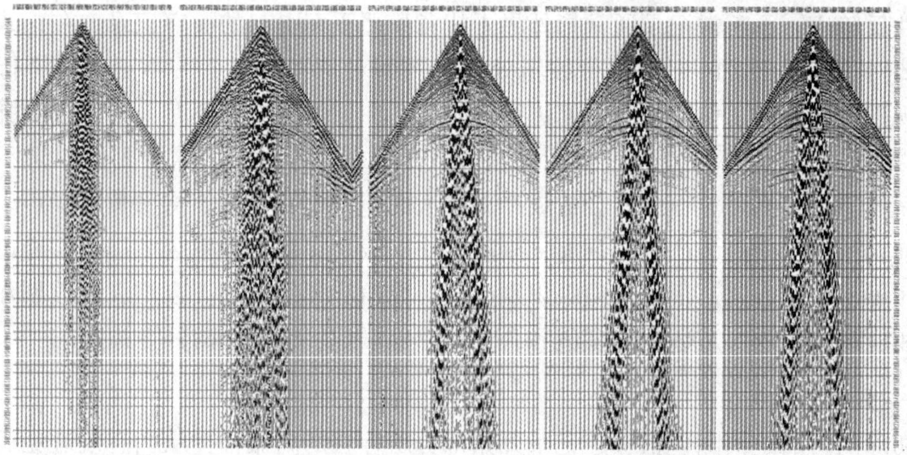

图5-2-4　典型的单炮记录(浅层能量强，深层能量弱)

1. 增益恢复

在野外数据采集过程中，为了使来自不同深度信号的能量能够以一定的水平记录在磁带上，数字地震仪采用了增益控制的方式，该方式对浅层信号放大倍数低，对深层信号放大倍数高。对经过增益控制的地震记录恢复到地面检波器接收到的振幅值的处理称为增益恢复。数字仪对信号进行增益控制时的增益指数已记录在记录格式的阶码上，因此增益恢复的公式为：

$$A=\frac{A_0}{2^n} \tag{5-2-1}$$

式中，A_0 为记录到的采样值；A 为地面检波器接收到的增益控制前的振幅值；n 为阶码（即增益指数）。

2. 球面扩散补偿

球面扩散是当波离开震源时由于波前扩散造成的振幅衰减，这时波的能量发生扩散，波的强度减小，而波场的总能量不变。如果介质是各向同性的，则能量衰减与传播距离的平方成反比。通常速度都是随深度的增大而增大，射线路径是弯曲的，能量扩散加快，使振幅衰减变大。因此，通常认为球面扩散损失是速度和时间的函数，球面扩散对地震振幅的衰减作用可以用一个权函数对波的初始振幅的乘积来描述，这个权函数是时间、速度的函数，对于实际地层介质和非零偏移距的记录，还是出射角或偏移距的函数。这个权函数就是球面扩散因子。球面扩散因子的倒数称为球面扩散补偿因子。用球面扩散补偿因子对地震道加权（即作乘积运算）就补偿了球面扩散作用对地震振幅的衰减损失。如图 5－2－5 所示，从震源出发的地震波任意时刻的波前面上的能量密度为：

$$e=\frac{E}{4\pi r^2}=\frac{E}{4\pi v^2 r^2} \qquad (5-2-2)$$

式中，E 为总能量；r 为波的传播距离；v 为波的传播速度；t 为波的传播时间。

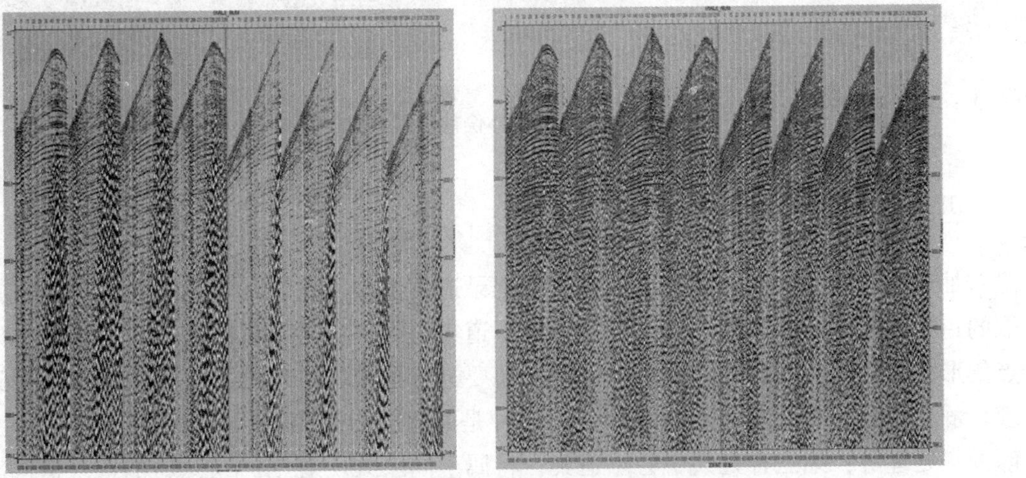

图 5－2－5　振幅补偿前后的单炮记录

3. 吸收衰减补偿

非弹性衰减是弹性能量由于摩擦而耗散为热能被地层吸收的结果。通常情况下，地震波振幅随时间的延长呈指数衰减。高频衰减比低频快。地层对地震波振幅的吸收衰减作用一般遵循以下规律：

$$G(f,\ t)=\mathrm{e}^{-\pi f t/Q} \qquad (5-2-3)$$

式中，f 为地震波的频率；Q 为岩石的品质因子，它反映岩石对弹性波的吸收特性，是储能量与耗散能量的比值。愈致密的岩石其 Q 值愈大。

式(5-2-3)表明，由于地层的吸收衰减作用，使得地震波振幅随着时间和频率的增加呈指数衰减，因此，地层的吸收衰减作用对高频成分作用更强，这就是地震记录中高频能量较弱的原因。吸收衰减补偿就是通过一定的处理手段进行振幅补偿处理。

除以上3种影响振幅的因素外，还有许多影响振幅的其他因素，例如与震源强度和震源耦合有关的影响，检波器灵敏度和检波器耦合及偏移距的影响，地表起伏及低降速带变化的影响，等等，通常对这类影响的处理主要通过地表一致性振幅校正程序来完成。图5-2-5所示是振幅补偿前后单炮记录的对比，图5-2-6是振幅补偿前后叠加剖面的对比，可见振幅补偿可很好地改善中深层反射波的能量。

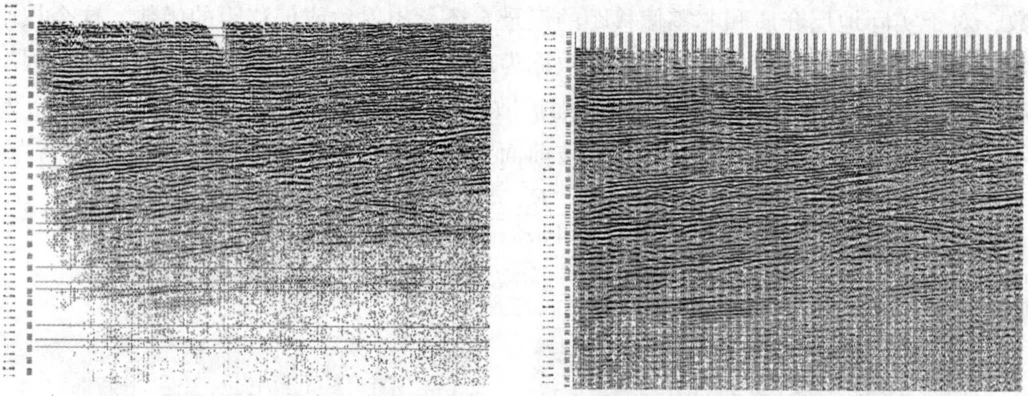

(a) 振幅补偿前　　(b) 振幅补偿后

图5-2-6　振幅补偿前后的叠加剖面对比

四、抽道集

抽道集是指按一定规律选取某些特定记录道的过程，这实际上是一种数据的重排，抽取的道集通常有4种类型：第一种是共炮点道集，野外实际采集的地震数据通常是以共炮点集形式存放的，因此，共炮点道集是不需要进行抽道集处理的，主要用于地表一致性处理、静校正处理、叠前偏移输入等；第二种是共接收点道集，主要用于地表一致性处理、静校正处理等；第三种是共中心点道集，将属于同一共反射点(中心点)的记录道选出，按共反射点号次序排在一起，其目的是用于水平叠加和速度谱计算；第四种是共偏移距道集，主要用于记录质量检查、进行垂直叠加、叠前数据偏移等。

第三节　去噪

地震记录上的噪声很多，有风吹草动、车马人行、工业电流等随机干扰，也有多次波、面波、浅层折射波等规则干扰。不同的干扰的频带、视波长，或视速度都有可能不同(图5-3-1)。可以利用它们的这些特点，采用不同的方法消除，从而在地震记录上去除干扰波，突出有效反射波。

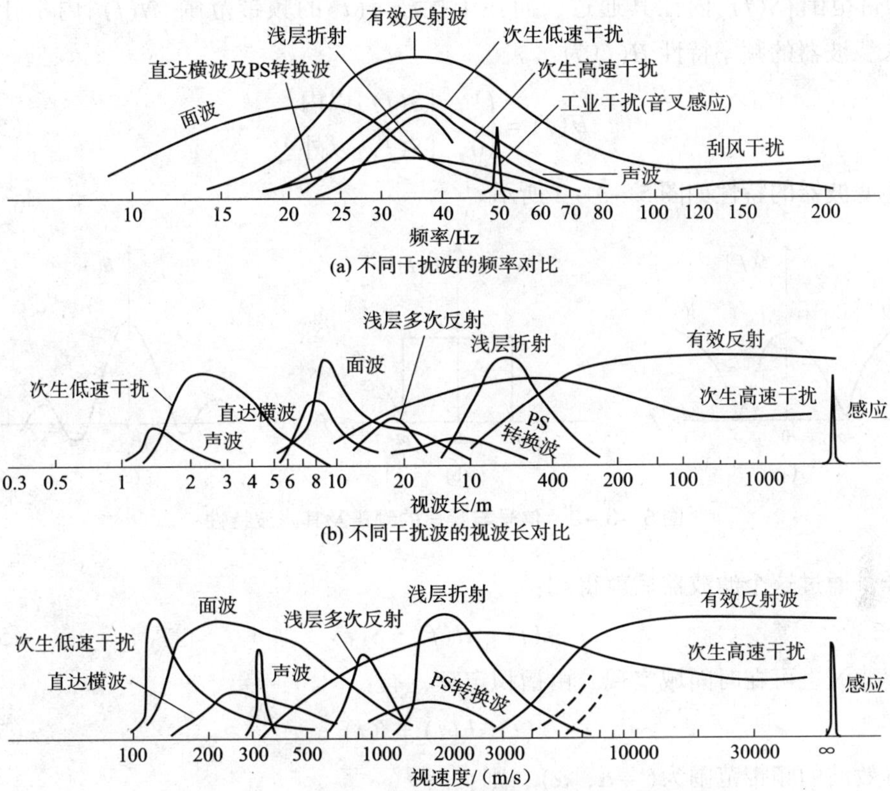

(a) 不同干扰波的频率对比

(b) 不同干扰波的视波长对比

(c) 不同干扰波的视速度对比

图5－3－1　不同干扰波的特点

一、频率滤波

1. 频率滤波的概念

频率滤波根据有效波和干扰波在频带上的差异来压制干扰波、突出有效波。设地震记录 $x(t)$ 中，既记录了有效的反射波 $s(t)$，又记录了干扰波 $n(t)$，则地震记录可记为：

$$x(t)=s(t)+n(t) \tag{5-3-1}$$

任何复杂的波 $x(t)$ 都可以看成是由无限个不同频率 f 以不同振幅 $|x(f)|$ 和不同初相 $\phi(f)$ 的简谐波合成的。记为：

$$x(t)=\int X(f)\mathrm{e}^{2\pi ift}\mathrm{d}f \tag{5-3-2}$$

式中，$X(f)$ 称为 $x(t)$ 的频谱，它是一个复数：

$$X(f)=|X(f)|\mathrm{e}^{i\phi(f)} \tag{5-3-3}$$

而 $|X(f)|$ 称为 $x(t)$ 的振幅谱，$\phi(f)$ 称为 $x(t)$ 的相位谱。

如果干扰波和有效波的频谱［主要是振幅谱 $|N(f)|$ 和 $|S(f)|$］是分离的，就可以利用一个“滤波器”，把干扰波去除，从而保留有效波。这个滤波器的频率特性是：在有效波

$s(t)$的频带范围$|S(f)|$内让其通过，而在干扰波$n(t)$的频带范围$|N(f)|$内不让其通过。这就要求滤波器的频率特性$H(f)$为：

$$H(f)=\begin{cases}1, & |S(f)|\text{以内}\\ 0, & |S(f)|\text{以外}\end{cases} \tag{5-3-4}$$

上述滤波器的特性如图5-3-2所示。

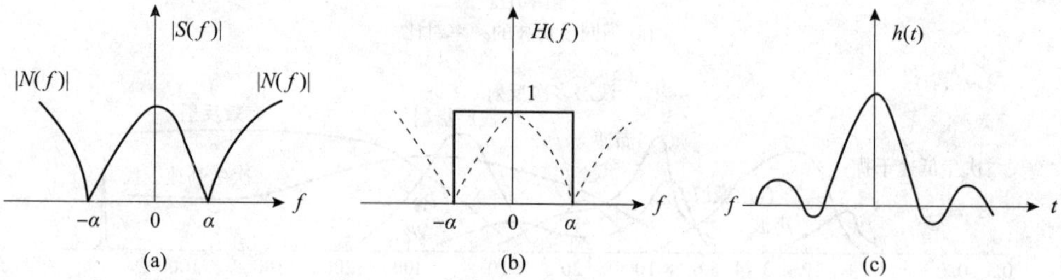

图5-3-2　信号与噪声的频谱及其滤波特性

这样，通过这个滤波器后就得到：

$$X(f)\cdot H(f)=S(f) \tag{5-3-5}$$

频率滤波也可在时间域实现。由褶积定理，有：

$$x(t)^{*}h(t)=s(t) \tag{5-3-6}$$

设有效波的频带范围为$(-\alpha,\ \alpha)$，则：

$$h(t)=\int_{-\alpha}^{\alpha}H(f)\mathrm{e}^{2\pi ift}\mathrm{d}f=\int_{-\alpha}^{\alpha}1\cdot \mathrm{e}^{2\pi ift}\mathrm{d}f=\frac{\sin 2\pi\alpha t}{\pi t} \tag{5-3-7}$$

于是有：

$$\int_{-\infty}^{\infty}x(t-\tau)\frac{\sin 2\pi\alpha\tau}{\pi\tau}\mathrm{d}\tau=s(t) \tag{5-3-8}$$

2. 频率滤波在计算机上的实现

褶积公式为：

$$\int_{-\infty}^{\infty}x(\tau)h(t-\tau)\mathrm{d}\tau=s(t) \tag{5-3-9}$$

在用计算机计算时要对上式离散化，即对$x(\tau)$、$h(\tau)$进行采样，使$\tau=0,1,2,\cdots$由于滤波器是物理可实现的，所以$h(\tau)=0$，$\tau<0$，即在滤波器没有输入前不应当有输出。因此，式(5-3-9)离散化后可写为：

$$\sum_{\tau=0}^{\infty}x(\tau)h(t-\tau)=s(t) \tag{5-3-10}$$

其输出$s(t)$也是一系列离散值，即$t=0,1,2,\cdots$

由此可见，令输入信号的每一个采样值分别乘以反向脉冲响应的离散值，所得结果相加，就得到了相应位置的瞬时输出。连续进行移位、相乘并相加，就可以得到离散的输出信号。

应当注意的是：如果 $x(\tau)$、$h(\tau)$ 都有 N 个样点，即 $\tau=0, 1, 2, \cdots, N-1$；则 $x(\tau)$ 和 $h(\tau)$ 褶积后得到的 $s(t)$ 就有 $2N-1$ 个样点，即 $t=0, 1, 2, \cdots, 2N-1$。

频率滤波在频率域实现时，对频率也要离散化，即：

$$X(f) \cdot H(f) = S(f), \ f=0, 1, 2, \cdots \tag{5-3-11}$$

如果 $X(f)$ 和 $H(f)$ 都有 N 个样点，那么它们对应相乘后得到的 $S(f)$ 也是 N 个样点，这样作傅里叶反变换回 $s(t)$ 时，$s(t)$ 也只有 N 个样点，这与上面所述的褶积结果不符。要使结果相符，在频率域滤波时，必须将 $X(f)$ 和 $H(f)$ 都补 0，同时补到 $2N-1$ 个样点，这样 $X(f)$ 和 $H(f)$ 对应相乘后得到的 $S(f)$ 也是 $2N-1$ 个样点，它反变换后的 $s(t)$ 也有 $2N-1$ 个样点。通常情况下，会把 $X(f)$、$H(f)$ 同时补 0～$2N$ 个样点。

二、相关滤波

相关分析是地震资料数字处理中的一种基本的分析、运算方法，它可以考察两个波形是否相似或其相似的程度，相关滤波可以视作一种线性滤波。

1. 自相关

自相关函数定义为：

$$\phi_{xx}(\tau) = \sum_{t=-\infty}^{\infty} x(t)x(t+\tau) \tag{5-3-12}$$

它表示波形 $x(t)$ 本身在不同相对时移值 τ 时的相关程度。自相关函数有以下特点：

(1) 因为波形 $x(t)$ 本身在相对时移值 $\tau=0$ 时最相似，所以 $\phi_x(0)$ 有正的最大值（图 5-3-3）。

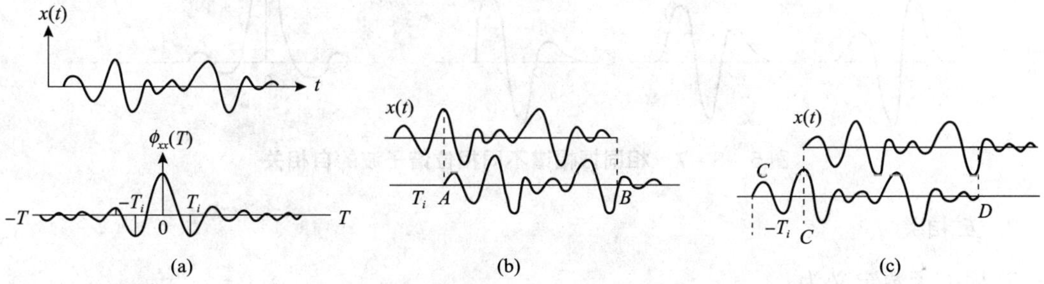

图 5-3-3　波形和它的自相关函数曲线

(2) 由于波形 $x(t)$ 本身在相对时移值 τ 和 $-\tau$ 时是相同的，所以有 $\phi_{xx}(\tau)=\phi_{xx}(-\tau)$，即自相关函数是对称的，它是 τ 的偶函数（图 5-3-3）。

(3) 对于周期函数，因为它是周期性的，并且时间 t 为从 $-\infty$ 到 $+\infty$，所以它的自相关函数也是周期性的，并与周期函数具有相同的周期，其时间 τ 也是从 $-\infty$ 到 $+\infty$ 的（图 5-3-4）。

(4) 对于有限长度的波形，其自相关函数有：当 $\tau\to\infty$ 时，$\phi_{xx}\to 0$（图 5-3-5）。

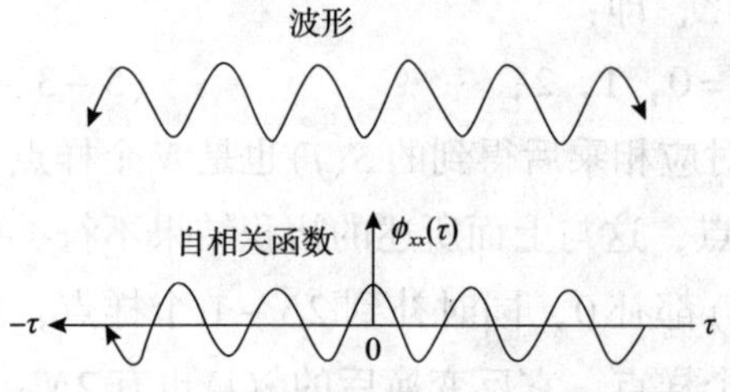

图 5-3-4　周期函数的自相关

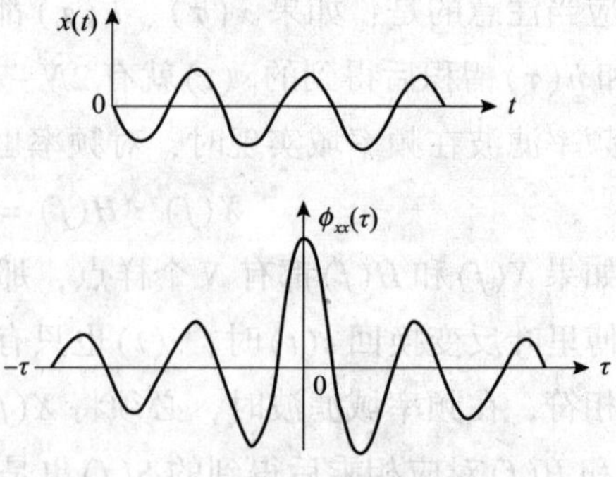

图 5-3-5　正弦段的自相关函数

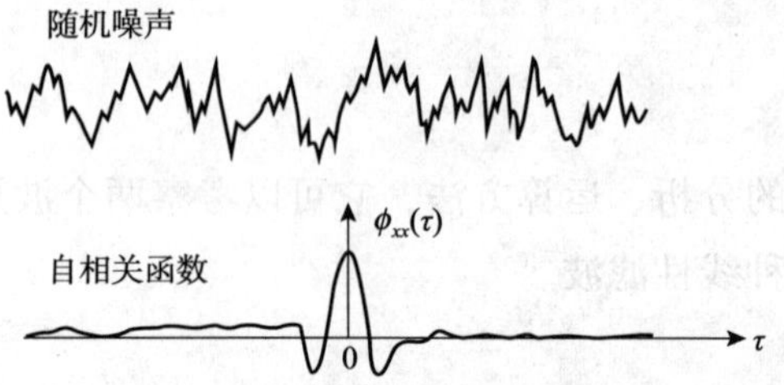

图 5-3-6　随机噪声的自相关函数

(5)随机噪声的自相关函数，由于它的随机性，在相对时移值 τ 后就很不相似了，因此，$\phi_{xx}(\tau)$具有尖锐图形(图 5-3-6)。当尖锐图形呈 $\delta(\tau)$ 函数时，则称为白噪声，或简称白噪。

(6)自相关函数 $\phi_{xx}(\tau)$ 的图形，只与信号所包含的频率成分有关，而与信号本身的波形无关。对于具有相同振幅谱、不同相位谱的波形，例如最小相位子波、最大相位子波和混合相位子波，它们具有相同的自相关函数(图 5-3-7)。

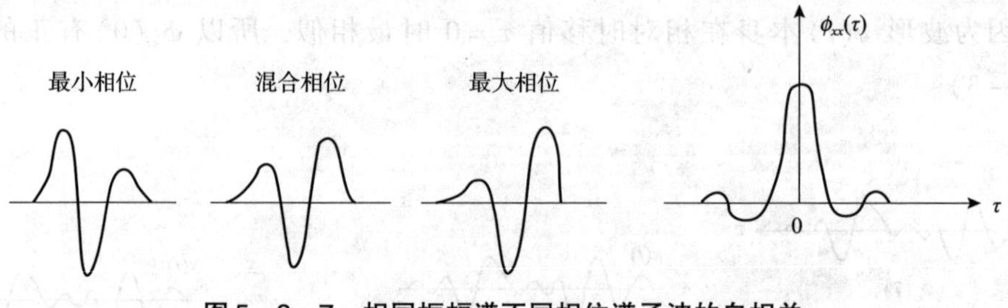

图 5-3-7　相同振幅谱不同相位谱子波的自相关

2. *互相关*

互相关函数定义为：

$$\phi_{xx}(\tau) = \sum_{t=-\infty}^{\infty} x(t)y(t+\tau) \tag{5-3-13}$$

上式表示波形 $x(t)$ 和 $y(t)$ 在不同相对时移值 τ 时的相关程度。互相关函数有以下特点：

(1)两个波形不一定在无相对移动时相似程度最高，所以当 $\tau=0$ 时，$\phi_{xy}(\tau)$ 不一定具有正的最大值(图 5-3-8)。

(2)互相关函数的图形，在 $\tau=0$ 时，通常是不对称的。

(3)互相关函数只包含两个波形 $x(t)$ 和 $y(t)$ 所共有的频率成分。完全无关的随机噪声的互相关函数，其值为零(图 5-3-9)。

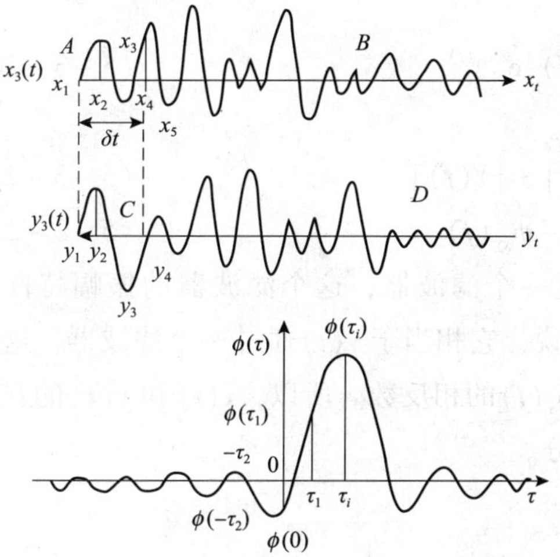

图5－3－8　两个相似波形的互相关

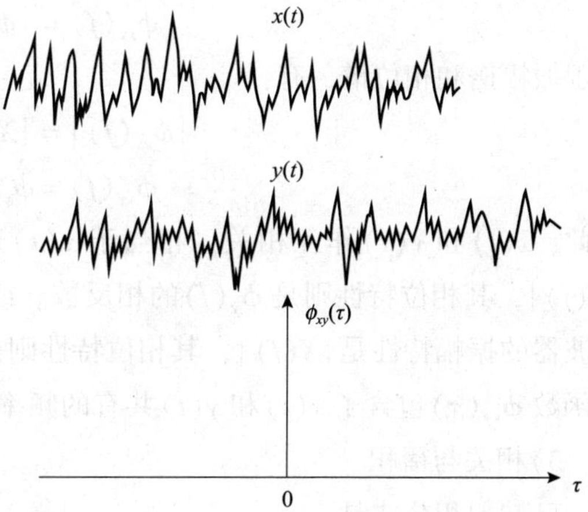

图5－3－9　完全无关的随机噪声的互相关

3. 相关滤波

1) 自相关滤波

设波形 $x(t)$ 的振幅谱是 $|X(f)|$，相位谱是 $\phi_x(f)$，复变谱为：

$$X(f) = |X(f)| e^{i\phi_x(f)} \tag{5-3-14}$$

它的自相关函数 $\phi_{xx}(\tau)$ 的复变谱为：

$$\phi_{xx}(f) = |\phi_{xx}(f)| e^{i\phi_{xx}(f)} \tag{5-3-15}$$

根据傅里叶变换，可以证明：

$$\phi_{xx}(f) = X(f) \cdot X(-f) \tag{5-3-16}$$

这时，显然有：

$$\begin{cases} |\phi_{xx}(f)| = |X(f)|^2 \\ \phi_{xx}(f) = \phi_x(f) - \phi_x(f) = 0 \end{cases} \tag{5-3-17}$$

即波形 $x(t)$ 的自相关函数 $\psi_{xx}(\tau)$ 的振幅谱是 $x(t)$ 的振幅谱 $|X(f)|$ 的平方，称为功率谱。其相位谱是零。

因此，$x(t)$ 的自相关相当于 $x(t)$ 通过一个滤波器，这个滤波器的振幅特性是 $|X(f)|$，其相位特性则是 $\phi_x(f)$ 的相反数。其输出 $\phi_{xx}(\tau)$ 的谱 $\phi(f)$ 是 $x(t)$ 的功率谱。这种滤波器，又称为匹配滤波器。

2) 互相关滤波

设有两个波形 $x(t)$ 和 $y(t)$ 作互相关，互相关函数是 $\phi_{xy}(\tau)$。设波形 $x(t)$ 的频谱是：

$$X(f) = |X(f)| e^{i\phi_x(f)} \tag{5-3-18}$$

$y(t)$ 的频谱是：

$$Y(f) = |Y(f)| e^{i\phi_y(f)} \tag{5-3-19}$$

互相关函数的频谱 $\phi_{xy}(f)$ 为：

$$\phi_{xy}(f) = |\phi_{xy}(f)| \mathrm{e}^{i\phi_{xy}(f)} \tag{5-3-20}$$

对于振幅谱和相位谱，有：

$$|\phi_{xx}(f)| = |X(f)| \cdot |Y(f)| \tag{5-3-21}$$

$$\phi_{xy}(f) = \phi_x(f) - \phi_{xy}(f) \tag{5-3-22}$$

因此，$x(t)$ 和 $y(t)$ 作互相关，相当于 $x(t)$ 通过一个滤波器，这个滤波器的振幅特性是 $|Y(f)|$，其相位特性则是 $\phi_y(f)$ 的相反数。或者说，它相当于 $y(t)$ 通过一个滤波器，这个滤波器的振幅特性是 $|X(f)|$，其相位特性则是 $\phi_x(f)$ 的相反数。所以，$x(t)$ 和 $y(t)$ 的互相关函数 $\phi_{xy}(\tau)$ 包含了 $x(t)$ 和 $y(t)$ 共有的频率成分。

3）相关与褶积

已知褶积公式是：

$$s(t) = \sum_{\tau=0}^{\infty} x(\tau)h(t-\tau) \tag{5-3-23}$$

它是对 τ 求和，输出是 t 的函数，而相关函数是：

$$\phi_{xh}(\tau) = \sum_{t=0}^{\infty} x(t)h(t+\tau) \tag{5-3-24}$$

式（5－3－24）是对 t 求和，输出是 τ 的函数。它们的运算都是相乘、相加，但褶积是交叉相乘、相加，而相关是对应相乘、相加（图 5－3－10）。

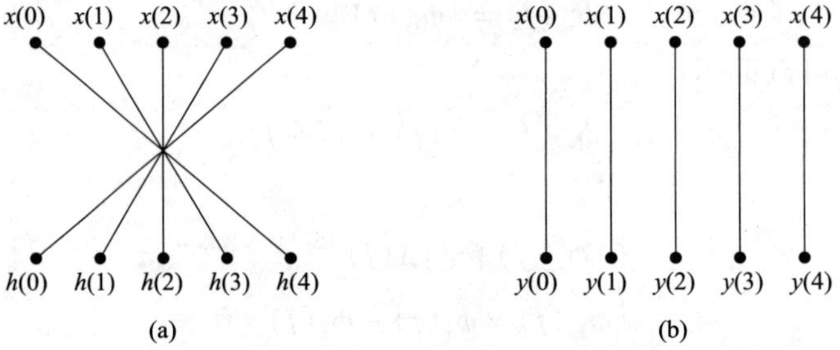

图 5－3－10　褶积运算和相关运算

另外，褶积的频谱是：

$$S(f) = X(f) \cdot H(f) \tag{5-3-25}$$

它是 $x(t)$ 和 $h(t)$ 的振幅谱 $|X(f)|$、$|H(f)|$ 相乘，相位谱 $\phi_x(f)$、$\phi_h(f)$ 相加。

而相关的频谱是：

$$\phi_{xh}(f) = X(f) \cdot H(-f) \tag{5-3-26}$$

它是 $x(t)$ 和 $h(t)$ 的振幅谱 $|X(f)|$、$|H(f)|$ 相乘，相位谱 $\phi_x(f)$、$\phi_h(f)$ 相减。

三、二维滤波

二维滤波又称为视速度滤波。它是根据反射波和干扰波（例如浅层折射波、面波）传播的视速度不同，来去除干扰波突出有效波的(图5-3-11)。由于视速度与频率和波数有关[式(5-3-27)]，所以它又称为$(f,\ k^*)$域滤波，简称$(f,\ k)$滤波(图5-3-12)。

$$v^* = \frac{f}{k^*} \tag{5-3-27}$$

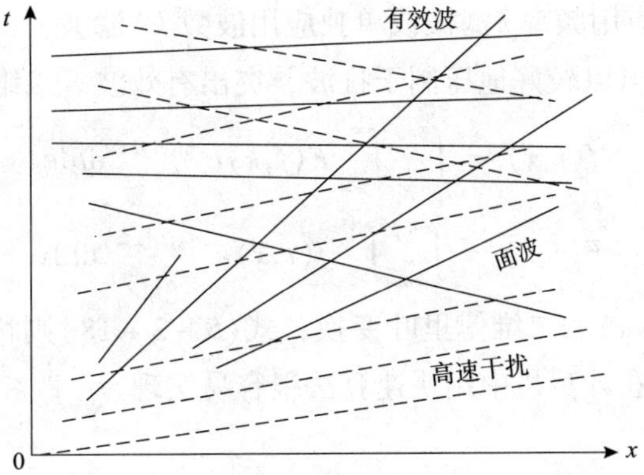

图5-3-11　在$t-x$坐标中，干扰波和有效波的关系

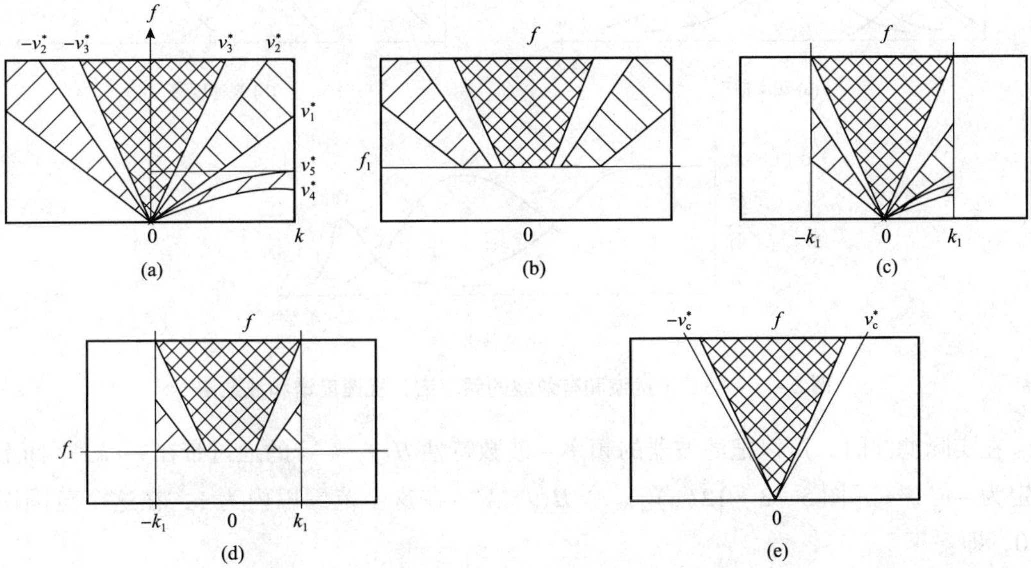

图5-3-12　在$f-k^*$坐标中，干扰波和有效波的关系

已知地震剖面$X(t,\ x)$，既是时间坐标的函数，也是位置坐标的函数。对于$X(t,\ x)$，可以对它进行二维傅里叶变换，得：

$$X(f,k) = \int_{-\infty}^{\infty}\int_{-\infty}^{\infty} X(t,x)\,\mathrm{e}^{-i2\pi(ft+kx)}\,\mathrm{d}t\mathrm{d}x \tag{5-3-28}$$

$X(f,\ k)$称为波动函数$X(t,\ x)$的频波谱，$|X(f,\ k)|$为$X(t,\ x)$的振幅谱。

将$t-x$坐标通过二维傅里叶变换转换成$f-k^*$坐标，就可以得到图5-3-12。在$f-k^*$平面上，通过原点的直线的斜率表示一个波的视速度。位于f轴上的波的视速度为无穷大。

由图 5-3-13(a)可以看出，面波位于小于f_1的频率范围内，而有效波和干扰波都占有很宽的频带范围。三组波的波数也都在一个相当宽的范围内重叠[图 5-3-13(c)]。但它们的视速度是分离的，面波为$v_4^* \sim v_5^*$，高速干扰波为$v_1^* \sim v_2^*$，有效波大于$|v_3^*|$[图 5-3-13(b)]。如果单独应用频率f滤波或单独应用波数k^*滤波，都不可能将其消除，但应用$f-k^*$即v^*滤波，就可以较好地压制干扰波，突出有效波。二维傅里叶变换公式如下：

$$f(t,x) = \int_{-\infty}^{\infty}\int_{-\infty}^{\infty} F(f,k)\,\mathrm{e}^{2\pi i(ft+kx)}\,\mathrm{d}f\mathrm{d}k \tag{5-3-29}$$

$$F(f,k) = \int_{-\infty}^{\infty}\int_{-\infty}^{\infty} f(t,x)\,\mathrm{e}^{-2\pi i(ft+kx)}\,\mathrm{d}t\mathrm{d}x \tag{5-3-30}$$

式(5-3-19)称为$f(t, x)$的二维傅里叶变换，式(5-3-18)则称为$F(f, k)$的二维傅里叶反变换。这两种变换在计算机中用快速算法很容易实现。

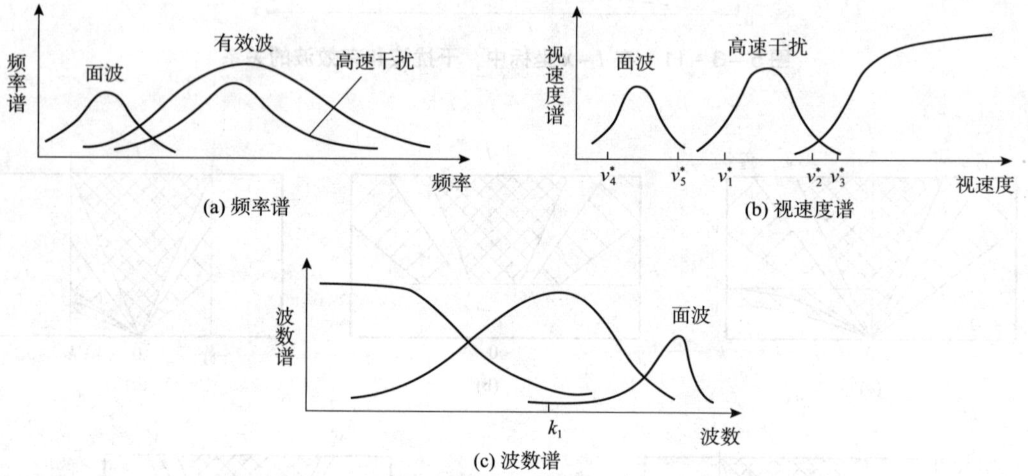

图 5-3-13　干扰波和有效波的频率谱、视速度谱和波数谱

在实际滤波时，可以把滤波器的频率-波数特性$H(f, k^*)$的通过带在$f-k^*$平面上的域定为$-v_3^* \sim v_3^*$[图 5-3-12(a)]。令$H(f, k^*)$在这个范围以内为 1，在这个范围以外为 0，即：

$$H(f, k^*) = \begin{cases} 1, & -\dfrac{f}{v_3^*} < k^* < \dfrac{f}{v_3^*},\ |f| \leqslant f_N \\ 0, & |k^*| > \dfrac{f}{v_3^*} \end{cases} \tag{5-3-31}$$

图 5-3-12(b)~(d)表示单独应用f滤波或单独应用k^*滤波，甚至简单应用f滤波加k^*滤波都不能很好地消除干扰波、保留有效波。只有应用$f-k^*$二维滤波，即视速度滤波才能得到较好的效果[图 5-3-12(e)]。

在计算机中实现二维滤波，只要根据地震记录上干扰波和有效波的视速度设计二维滤波器$H(f, k^*)$，再将地震记录$f(t, x)$根据式(5-3-30)作二维傅里叶变换后的

$F(f,\ k^*)$相乘，即可得到滤波后的有效波记录$S(f,\ k^*)$：

$$S(f,\ k^*)=F(f,\ k^*)H(f,\ k^*) \tag{5-3-32}$$

将$S(f,\ k^*)$再根据式(5－3－29)作二维傅里叶反变换，就得到了消除干扰波后的地震有效波记录$s(t,\ x)$。

第四节　反滤波

反滤波也叫反褶积，是滤波的一种逆过程。反褶积是地震数据处理中的一个关键环节，反滤波的最终目的是抵消大地滤波作用，使地震子波压缩为震源脉冲的形状，形成理想的地震记录，因此，反滤波处理可以明显提高地震资料的垂向分辨率。同时，反滤波还可以压制短周期鸣震和层间多次波。

一、褶积模型

在褶积模型中，把地震反射信号$X(t)$看作地震子波$w(t)$与地下反射系数$R(t)$的褶积，即：

$$X(t)=w(t)*R(t) \tag{5-4-1}$$

式中，$X(t)$为地震记录；$w(t)$为地震子波；$R(t)$为反射系数序列。

这个滤波过程的输入为地震子波$w(t)$，滤波器的滤波因子为地层的反射系数序列，输出为地震记录道$X(t)$。可见，地震记录与反射系数及地震子波相关。

1. 地震子波

如图5－4－1所示，大地对震源脉冲有吸收作用，相当于一个低通滤波器，使尖脉冲变成了具有一定延续时间的波形，称此为地震子波$w(t)$。它可以视作地层吸收滤波器的脉冲响应。地震子波一般为1～2个周期，延续时间为20～40ms。

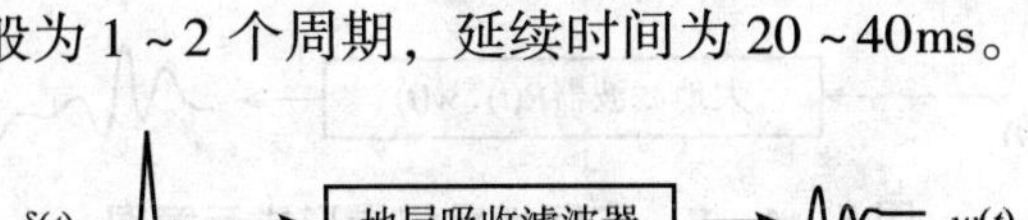

图5－4－1　大地对震源脉冲有吸收作用示意图

2. 理想的地震记录

设震源为$\delta(t)$脉冲，它在地层中传播只受反射界面的影响，不考虑地层的吸收，这实际上也是一种滤波过程，可表示为：

$$\delta(t)\rightarrow R(t)\rightarrow \hat{R}(t) \tag{5-4-2}$$

滤波器的滤波因子为$R(t)$，输出仍为尖脉冲。如图5－4－2所示，假设地下有N个反射界面，反射系数依次为R_1，R_2，…，R_N，这时在地面某点接收的地震记录为：

$$\hat{R}(t)=R_1\delta_{t-1}+R_2\delta_{t-2}+\cdots+R_N\delta_{t-N}=\sum_{\tau=1}^{N}R_\tau\delta_{t-\tau} \tag{5-4-3}$$

从上式可见，理想地震记录，每一项都为一个单位脉冲；脉冲大小反映界面反射系数的大小；脉冲极性反映界面反射系数的极性；脉冲个数反映反射界面的个数；脉冲之间的时差反映地层的厚度。

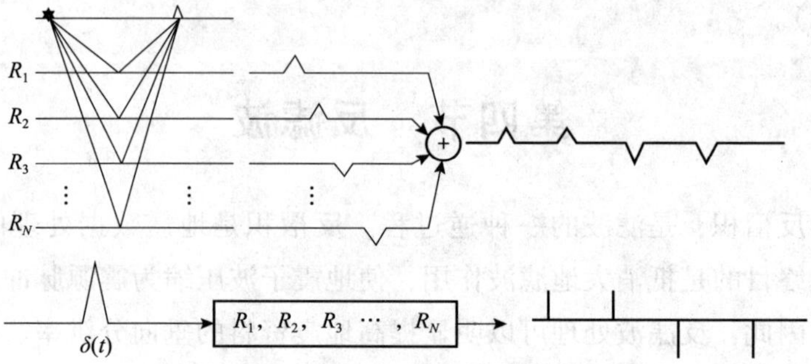

图 5-4-2　理想地震记录形成示意图

3. 实际的地震记录

实际上，由于吸收作用，尖脉冲会变成一定延续时间的地震子波。地震子波到达地面同一接收点时将不能分开，相互叠加，形成复波(图 5-4-3)。由图知，地面某点接收的地震记录称为实际反射地震记录。

$$\hat{x}(t) = R_1 w_{t-1} + R_2 w_{t-2} + \cdots + R_N w_{t-N} = \sum_{\tau=1}^{N} R_\tau w_{t-\tau} \tag{5-4-4}$$

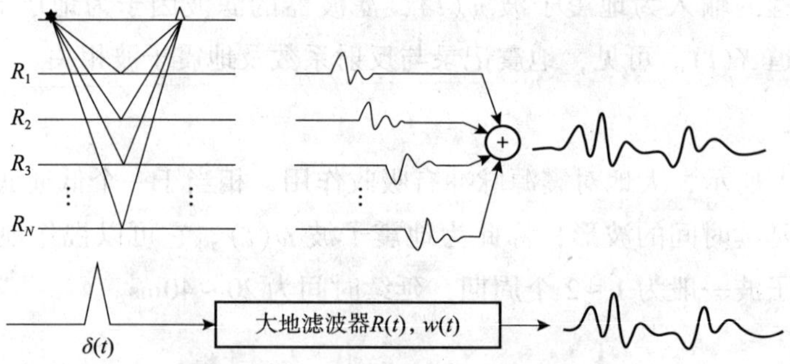

图 5-4-3　实际地震记录形成示意图

写成褶积形式为：

$$X(t) = \delta(t) * [R(t) * w(t)] = R(t) * w(t) \tag{5-4-5}$$

上式表明，实际地震记录是反射系数与地震子波的褶积。

二、反滤波的实现

反滤波是指从实际反射记录中去掉大地滤波器的作用，使之变为理想的地震记录。如果设计一个滤波器，滤波因子 $w'(t)$ 与子波 $w(t)$ 具有相反的性质，即当输入为地震记录道 $X(t)$ 时，其输出为地层的反射系数序列，我们称这个过程为反褶积。反褶积是相对于褶积而言的，二者都是数学上的一种运算关系。褶积运算是滤波处理的基础，时间域滤波实际上就是褶积运算。在数学上，反褶积是褶积的逆运算，但反褶积运算一般都可以通过褶积的方式来实现，因此，从数值运算角度分析，二者并无差别。

反滤波的目的是压缩地震波时间，提高其分辨率。其关键是设计反滤波因子 $a(t)$，确定地震子波 $w(t)$。反滤波过程可用图 5-4-4 来表示。反滤波数学表达式为：

$$X(t) * a(t) = R(t) * w(t) * a(t) = R(t) \tag{5-4-6}$$

式中，$w(t) * a(t) = \delta(t)X(t)$，是实际的地震反射记录。

图 5-4-4　反滤波过程示意图

三、反褶积的应用

在地震数据处理中，反褶积通常有两重含义。一般来说，反褶积是指试图消除实际地震子波效应的子波压缩性反褶积处理，其物理基础是著名的褶积模型，在算法实现上，这类反褶积处理有数十种方法，其中，比较典型的算法是脉冲反褶积法和预测反褶积法。脉冲反褶积法的期望输出 $\delta(t)$ 是一个尖脉冲，所以其处理结果的分辨率较高。预测反褶积法是为了消除短周期的多次波及混响对一次波的影响，所以对消除海上鸣震效果和层间多次波效果较好。

一般来说，反褶积在提高垂直分辨率的同时会降低信噪比。脉冲褶积不能区分信号和噪声，只能考虑总的振幅谱。理想反褶积的输出是白噪反射系数序列，从频率角度分析，就是将地震记录的谱变为幅值近似相等的白噪声谱。这样，如果记录的干扰没有消除干净，则残留的干扰会同时得到放大。即经反褶积后噪声的高、低频成分表现出较大的振幅，脉冲反褶积的输出常常出现噪声或尖峰，于是降低了信噪比。因此，在进行反褶积之前，应当最大限度地压制干扰，在反滤波之后还需进行宽带滤波，以提高信噪比。图 5-4-5 所示为反褶积前后叠加剖面效果对比图。从图中可以看出，反褶积前后纵向分辨率有了显著改善。

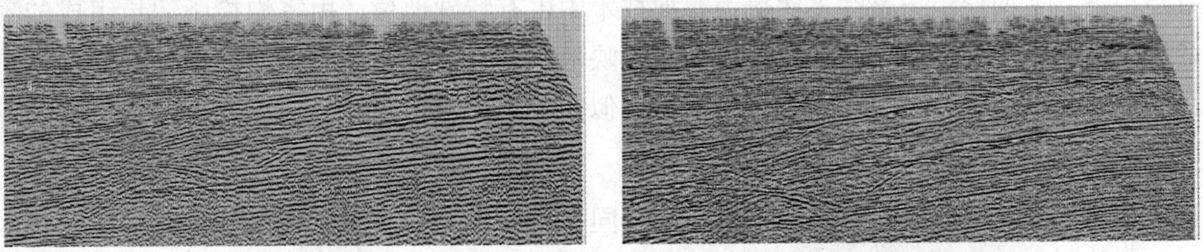

(a) 反褶积前　　(b) 反褶积后

图 5-4-5　反褶积前后叠加剖面效果对比图

实际处理中，所用的处理模块可以从不同的角度来实现反褶积的基本任务。学者们从不同的角度对这些方法进行了不同的分类，例如根据子波的获取途径可以将它们分为确定性反褶积和统计反褶积，根据相关函数的计算方式可以将它们分为多道反褶积和单道反褶积，等等。目前还没有统一的反褶积分类方法。

第五节　动校正与静校正

一、动校正

在地面水平，反射界面为平面，界面内介质均匀的情况下，反射波时距曲线为一条双曲线[图5-5-1(a)]。它不能直接反映地下界面的起伏情况，只有在激发点处接收的 t_0 时，才能直观地反映界面的真深度。其他各点接收到的反射波旅行时间，除了与界面真深度有关外，还包括由炮检距不同引起的正常时差。如能除掉正常时差，则每个接收点就近乎成为自激自收点了。时距曲线可变成处处都是 t_0 的直线，即与界面产状完全一致[图5-5-1(b)]。

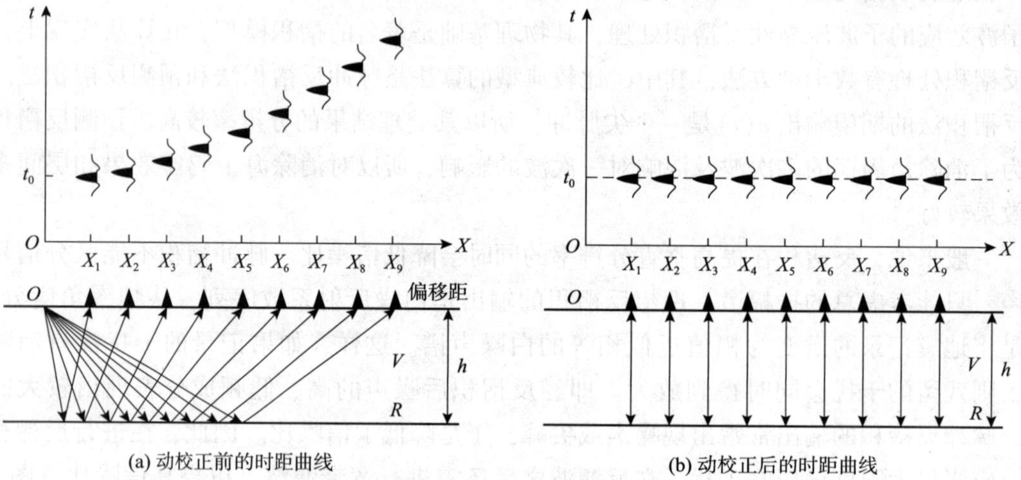

图5-5-1　动校正前后时距曲线的变化

零炮检距记录是一种理论上的记录方式，在多次覆盖地震勘探中一般采集的是非零炮检距记录。零炮检距记录在多次覆盖叠加技术中占有特殊地位。由零炮检距记录组成的零炮检距剖面经过叠后偏移处理就成为客观反映地下构造形态的叠偏剖面。动校正处理就是在一定的条件下将非零炮检距记录校正为近似的零炮检距记录。

1. 动校正的定义

动校正就是把炮检距不同的各道上来自同一界面、同一点的反射波到达时间，校正为共中心点处的回声时间；动校正就是正常时差校正，在共炮点道集和共深度点道集中均可进行。

2. 动校正的目的

动校正的目的是实现同相位叠加。

3. 记录道的动校正量计算

记录道的动校正量的计算公式如下：

$$\Delta t_{ij} = t_{ij} - t_{0i} = \sqrt{t_{0i}^2 + \frac{x_j^2}{v^2(t_{0i})}} - t_{0i} \tag{5-5-1}$$

动校正量的近似值：

$$\Delta t = \frac{x^2}{2t_0 v^2} \tag{5-5-2}$$

式中，Δt_{ij}为第 i 个界面第 j 道的动校正量，$j=1$，2，…，N，N 为共反射点道集的总道数；t_{0i}为共中心点处第 i 个界面一次波的自激自收时间；t_{ij}为偏移距为 x_j 的第 j 道上第 i 个界面的一次反射波到达时间，$j=1$，2，…，N，N 是共反射点道集的总道数；$v(t_{0i})$为 t_{0i}时刻的波速。

对于任一道记录来说，深浅层反射波的动校正量不同，浅层波组的动校正量大于深层波组的动校正量。这就是动校正中“动”的含义。

适合的动校正量取决于动校正速度函数，当动校正量适合时，能够把共反射点道集内反射波旅行时间校正为双程垂直旅行时间，实现同相位叠加。

动校正引起波形拉伸，浅层波组拉伸现象比较严重。在资料处理时，水平叠加之前需要切除各种干扰波，例如切除强振幅的初至波，这些初至波一般是浅层折射波和直达波等的干扰。应切除因动校正引起的拉伸畸变部分，这部分通常在动校正程序内切除；另外，还应切除浅层宽角反射波，因为浅层宽角反射通常发生相位畸变。有时对未滤净的震源干扰波也采用内切除的方法，以防止强振幅的相干干扰波参与水平叠加处理，影响叠加剖面质量。

需要指出的是，由于双曲线时距方程是对实际复杂的时距方程的二阶近似，当炮检距达到一定程度时，动校正量明显偏大，因此，不能将反射同相轴校平，解决的方法有3种：①通过分炮检距分别进行速度分析和动校正，将由时距方程近似引起的误差放到叠加速度中近似消化(大炮检距道的叠加速度偏大，因而算出的动校正量较小)；②采用大炮检距速度分析、动校正方法，它通过在时距方程中引入更高阶项来减小上述误差，得到了更好的大炮检距动校正叠加效果；③采用叠前时间偏移处理。

二、静校正

在观测面是一个平面，激发点和接收点在一条直线上，而且地下介质均匀的假设下，才可把反射波时距曲线视为一条光滑的双曲线。但是，在野外实际观测时，观测面往往是起伏不平的，这在山区、沙漠、丘陵、黄土高原等地区尤为突出。此外，地下介质也是不均匀的。这时观测到的时距曲线不是一条双曲线，而是一条畸变了的曲线，这就不能准确地反映地下的构造形态。

静校正是研究地形、地表结构对地震波传播时间的影响，把由于激发和接收时地表条件变化所引起的时差求取出来，再对其进行校正，使畸变了的时距曲线恢复成双曲线，以便对地下构造作出准确解释的过程。静校正一般分为基准面静校正和折射波静校正。

1. 基准面静校正

基准面静校正也称为野外静校正。校正过程中，首先，人为选定一个静校正基准面，一般在地表与低速带底界面的中部，将所有炮点和检波点都校正到该基准面上，用低速带层以下的速度代替低速带的速度，其目的是消除由于地形、低速带和爆炸深度等因素对地震波传播时间的影响，校正到一个统一的基准面上，从而去掉表层因素的影响，以满足地表水平、表层介质均匀的假设条件。常用方法通常包括井深校正、地形校正、低速带校正。基准面静校正不随时间而变化，只与炮点和检波点的位置有关，因此也称为静校正。

1)井深校正

井深校正去掉炮井深度的影响，将激发源 O^* 的位置由井底校正到地面 O_i 处(图 5－5－2)，井深校正总是使反射时间增加。设时间增加为负、缩短为正，则井深校正量计算公式为：

$$\Delta\tau_{i1} = -\left[\frac{1}{v_0}(h_{i1}+h_{i2})+\frac{1}{v_1}h_{\mathrm{k}}\right] \tag{5-5-3}$$

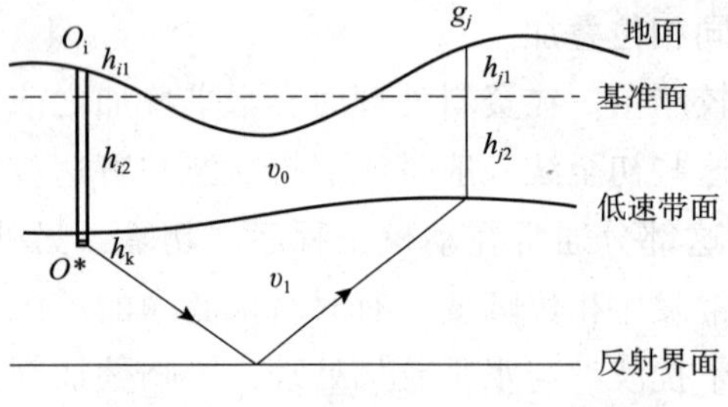

图 5－5－2　野外(一次)静校正量计算示意图

2)地形校正

地形校正将测线上位于不同地形处的炮点和检波点校正到基准面上。如图 5－5－2 所示，炮点地形校正量为：

$$\Delta\tau_{i2} = \frac{1}{v_0}h_{i1} \tag{5-5-4}$$

而检波点地形校正量是：

$$\Delta\tau_{j2} = \frac{1}{v_0}h_{j1} \tag{5-5-5}$$

地形校正量有正有负，通过 h_{i1}、h_{j1} 的正负体现出来。通常规定当测点高于基准面时为正，低于基准面时为负。

3)低速带校正

经过上述二次校正后，炮点和检波点已经均位于基准面上。此时，基准面下仍有不规则的低速带分布，需对它们进行校正，将基准面下的低速层速度用基岩速度代替，消除由于低速带的存在使地震波传播时间延迟的影响。

炮点、检波点低速带校正量公式为：

$$\Delta\tau_{i3} = h_{i2}\left(\frac{1}{v_0}-\frac{1}{v_1}\right) \tag{5-5-6}$$

$$\Delta\tau_{j3} = h_{j2}\left(\frac{1}{v_0}-\frac{1}{v_1}\right) \tag{5-5-7}$$

因低速带校正总是使反射时间变短，所以必然为正。

炮点处的总校正量为：

$$\Delta\tau_i = \Delta\tau_{i1}+\Delta\tau_{i2}+\Delta\tau_{i3} \tag{5-5-8}$$

检波点处的总校正量为：

$$\Delta\tau_j = \Delta\tau_{j2} + \Delta\tau_{j3} \tag{5-5-9}$$

因此，第 i 炮第 j 道的总静校正量为：

$$\Delta\tau_{ij} = \Delta\tau_i + \Delta\tau_j \tag{5-5-10}$$

若 $\Delta\tau_{ij} > 0$，说明静校正使反射时间缩短，则在实现静校正时使整道向前“搬家”；反之，则向后“搬家”。

2. 折射波静校正

基准面静校正需要风化层速度和厚度的信息，但是，野外测量工作有时不能准确地提供这些信息，由于风化层的速度低于下伏地层的速度，因此，地震记录上能够记录到来自风化层底界的折射波，一般情况下，折射波先于地下反射波到达地表，能够比较容易地从地震记录中识别折射波，进而拾取折射波的初至时间。而折射波初至时间中包含风化层厚度和速度的信息，利用这些信息进行静校正，称为折射波静校正。

3. 静校正的实现

由于静校正值有正有负，校正时可能使记录道样值在计算机内存中向前(向小时间方向)或向后(向大时间方向)“搬家”。如果记录校正值为 4 个采样间隔，则该道记录全部样值要向前“搬动”4 个单元，“搬动”时要从小时间的样值开始依次进行，记录道最前面的 4 个样值校正后被冲掉，结果第一个样值就是原记录道上的第五个样值，然后把尾部的 4 个单元冲零。当静校正值是 -4 个采样间隔时，则该记录道的全部样值要依次向后“搬动”4 个单元，开始“搬动”时将倒数第五个样值搬到最后，并倒序依次向后“搬动”，结果原记录上的最后 4 个样值冲掉，把最前面的 4 个单元冲零。对于不满一个采样间隔的校正量，则由插值滤波实现校正。对于同一道地震记录，静校正值相同，这便是静校正中“静”的含义。由于各表层参数不可能求得绝对准确，经过上述静校正处理后的各记录道上还残存有一定的相对时差。若不对这些进行静校正会影响叠加效果，因而还需进一步做静校正处理，此时，可采用剩余静校正方法(图 5-5-3)进行。

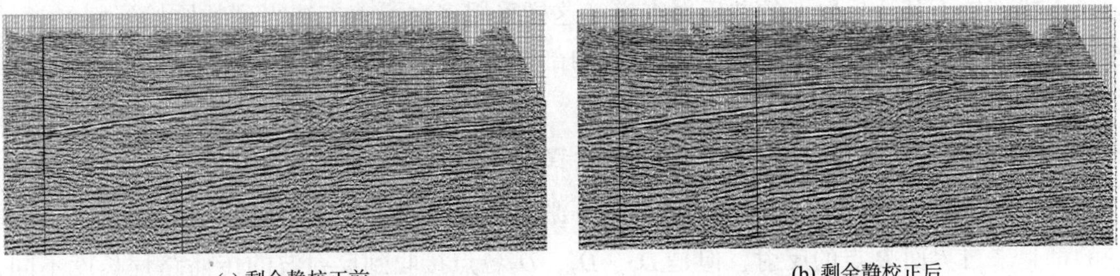

(a) 剩余静校正前　　(b) 剩余静校正后

图 5-5-3　剩余静校正前后叠加剖面效果对比图

第六节　共中心点叠加

在野外采用多次覆盖的观测方法，在室内将野外观测的多次覆盖原始记录经过抽取共中心点(CMP)、共深度点(CDP)或共反射点(CRP)道集记录，以及速度分析、动静校正、水平叠加等一系列处理，最终得到能基本反映地下地质形态的水平叠加剖面或相应的数据体，这一整套工作称为共反射点叠加法，或简称水平叠加技术。

多次覆盖是当今地震勘探野外作业中最基本的工作方法。多次覆盖资料既是野外工作的最终成果之一，也是室内资料处理和各种反演工作最基础、最原始的资料。多次覆盖技术最早是由梅恩(Mayne)提出的。它的基本思想是按照一定的观测系统对地下某点的地质信息进行多次观测，这样可以保证即使有个别观测点受到干扰，仍然能得到地下每一点的有效信息，从而使原始记录有了质量保障。

与水平叠加技术相比，多次覆盖技术有其不同之处。多次覆盖技术是侧重于野外资料采集的观测方法，得到的是后续资料处理和反演的基础资料，即按一定观测系统激发并接收记录下来的原始共激发点(CSP)记录；水平叠加技术则涉及室内资料处理的一系列工作过程。本节主要阐述野外多次覆盖和室内多次叠加的方法原理，对多次叠加特性曲线进行相应的理论分析。

一、共中心点反射波时距曲线方程

1. *多次覆盖*

目前地震勘探的野外工作采用的是多次覆盖方法，它是建立在假设界面水平的基础之上的。具体做法是：为了了解界面上 R 点的情况，不只在 O_1 点激发、D_1 点接收(图 5-6-1)，还分别在 O_2 点激发、D_2 点接收，O_3 点激发、D_3 点接收，等等(并满足 $\overline{O_1M}=\overline{MD_1}$，$\overline{O_2M}=\overline{MD_2}$，$\overline{O_3M}=\overline{MD_3}$，…，$\overline{O_2O_1}=\overline{D_2D_1}$，$\overline{O_3O_2}=\overline{D_3D_2}$，…)。如果界面水平，则 R 点在地面的投影 M 点(称为共中心点)正好是 $\overline{O_1D_1}$、$\overline{O_2D_2}$、$\overline{O_3D_3}$ 的中点。这样就保证了每次观测到的反射波都是来自 R 点的反射。R 点就称为 D_1、D_2、D_3 等道的共反射点，而 D_1、D_2、D_3 等道就称为来自 R 点的共反射点道。它们组成了一个共反射点道集。当然，野外实际生产工作并不是一次激发只用一道接收，而是用多道接收。但是可以在一系列共激发点记录上找到地下某个反射点的共反射点道。这样采用多次覆盖方法得到的原始资料经过动校正、水平叠加等处理，可以得到水平叠加剖面。这是一种很有效的提高地震资料质量(信噪比)并已被广泛采用的地震勘探技术。

2. *水平界面的 CRP 反射波时距曲线方程*

采用多次覆盖方法时，在 O_1、O_2、O_3 等激发，在 D_1、D_2、D_3 等接收，虽然它们接收到的都是来自界面 R 点的反射，但是 D_1、D_2、D_3 各点接收到反射波的传播路程长度不同，因此，传播时间 t_1、t_2、t_3 是不一样的。如果以各个接收点与对应的激发点的距离(称为炮检距)x 为横坐标，以波到达各共反射点(CRP)道的传播时间 t 为纵坐标(图 5-6-1)，就可以利用 x_1、x_2、x_3 和 t_1、t_2、t_3 作出来自反射点 R 的时距曲线的半支；将激发点和接收点互换后，又可以得到时距曲线的另外半支。这种时距曲线称为共反射点时距曲线。可以看出，水平界面的共反射点时距曲线方程是：

$$t=\frac{1}{v}\sqrt{x^2+4h_0^2} \tag{5-6-1}$$

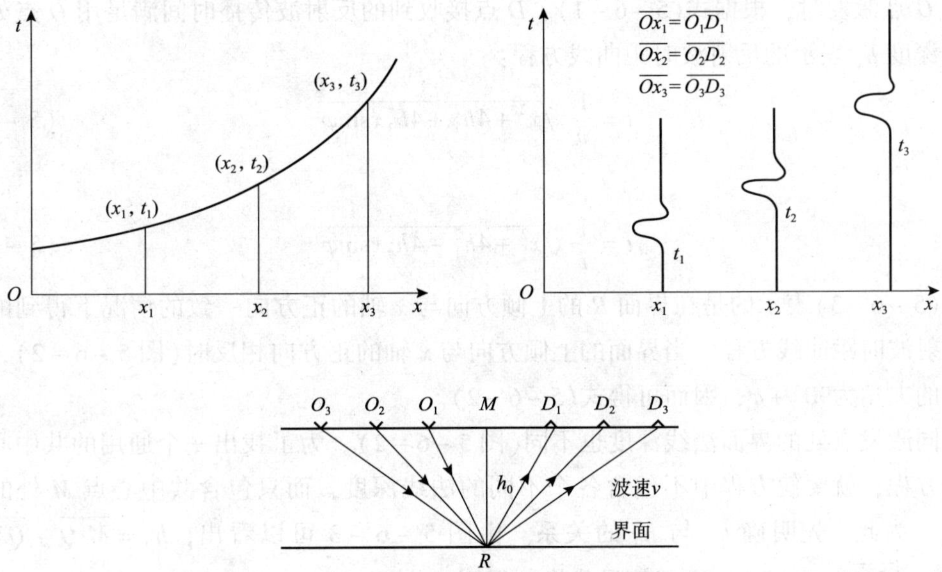

图 5－6－1　水平界面的共反射点道集和时距曲线

式(5－6－1)在形式上与共激发点反射波时距曲线方程完全一样，只是式(5－6－1)中的 x 为各道的炮检距，h_0 为共中心点 M 处界面的法线深度，v 为界面上部均匀介质的波速。

3. 倾斜界面的 CMP 反射波时距曲线方程

当界面倾斜时，对称于 M 点激发和接收所对应的反射点不再是同一个点(图 5－6－2)，因而实际上这些道也不再是共反射点道。但是，野外工作和室内处理都仍按水平界面的情况进行。这实际上并不是真正的共反射点叠加，而是共中心点(CMP)叠加(指的是 $\overline{O_1D_1}$、$\overline{O_2D_2}$、$\overline{O_3D_3}$ 等的中心点 M)，也可以称为共反射段叠加(指 $\overline{R_1R_2R_3}$ 等段)。引入共中心点的概念可以同时适用于水平界面和倾斜界面的情况。

由图 5－6－3 可知，$O'D'$ 是倾斜界面，界面倾角是 φ，O^*D^* 是 OD 相对于 $O'D'$ 的镜像，h_1、h_0、h_2 分别是 O、M、D 点处的界面法线深度。

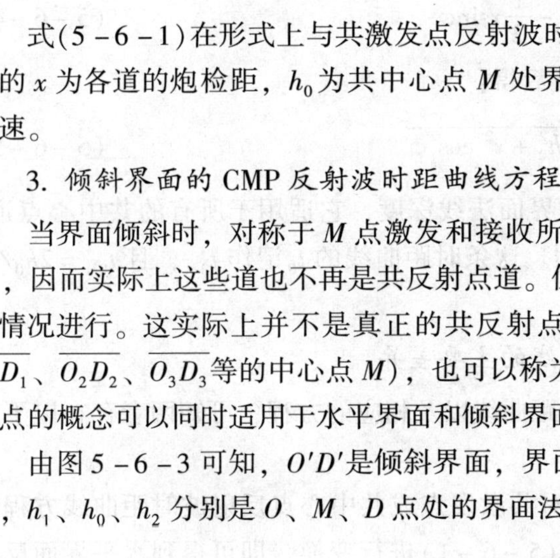

图 5－6－2　倾斜界面的共中心点道集示意图

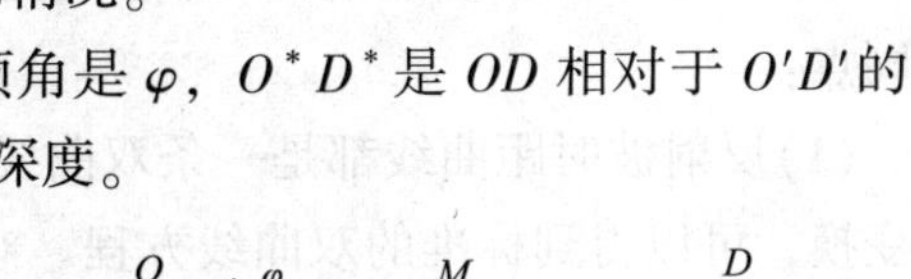

图 5－6－3　推导倾斜界面共中心点时距曲线方程示意图

在 O 点激发时，根据式(5－6－1)，D 点接收到的反射波传播时间满足用 O 点处的界面法线深度 h_1 表示的反射波时距曲线方程：

$$t=\frac{1}{v}\sqrt{x^2+4h_1^2+4h_1x\sin\varphi} \tag{5－6－2}$$

或为：

$$t=\frac{1}{v}\sqrt{x^2+4h_1^2-4h_1x\sin\varphi} \tag{5－6－3}$$

式(5－6－3)表示的是在界面 R 的上倾方向与 x 轴的正方向一致的情况下得到的共激发点反射波时距曲线方程。当界面的上倾方向与 x 轴的正方向相反时(图 5－6－2)，余弦定理中的夹角为$90^\circ+\varphi$，因而可得式(5－6－2)。

不同激发点处的界面法线深度也不同(图 5－6－2)。为了找出一个通用的共中心点时距曲线方程，就要使方程中不包含各个不同的法线深度，而只包含共中心点 M 处的法线深度 h_0。为此，先明确 h_1 与 h_0 的关系。由图 5－6－3 可以看出，$h_0=\overline{M'Q}+\overline{QM}$，而 $\overline{M'Q}=h_1$，$\overline{QM}=x\sin\varphi/2$。进行等量代换，得到：

$$h_1=h_0-\frac{1}{2}x\sin\varphi \tag{5－6－4}$$

将式(5－6－4)代入式(5－6－2)，整理后得：

$$t=\frac{1}{v}\sqrt{4h_0^2+x^2\cos^2\varphi} \tag{5－6－5}$$

式(5－6－5)中已不包含各个激发点的界面法线深度，它适用于所有的共中心点道，此即倾斜界面共中心点反射波时距曲线方程。这条时距曲线的 t_0 记作 t_{0M}，且 $t_{0M}=2h_0/v$，表示共中心点 M 处的自激自收时间。

4. *共激发点与共中心点反射波时距曲线的主要差异*

分析比较共激发点与共中心点反射波时距曲线以及相应的方程，可知两者存在以下的异同点：

(1)反射波时距曲线都是一条双曲线。对共激发点或共中心点反射波时距曲线方程进行变换，可以得到标准的双曲线方程。对式(5－6－1)进行变换，即可得到水平界面反射波时距曲线的双曲线方程：

$$\frac{t^2}{a^2}-\frac{x^2}{b^2}=1 \tag{5－6－6}$$

式中，$a=2h_0/v$；$b=2h_0$。

对式(5－6－2)或式(5－6－3)进行变换，可得：

$$\frac{t^2}{a^2}-\frac{(x\pm 2h_0\sin\varphi)^2}{b^2}=1 \tag{5－6－7}$$

式中，$a=2h_0\cos\varphi/v$；$b=2h_0\cos\varphi$。

式(5－6－7)为界面倾斜时共激发点反射波时距曲线的标准双曲线方程。

对式(5－6－5)进行变换可得：

$$\frac{t^2}{a^2}-\frac{x^2}{b^2}=1 \tag{5-6-8}$$

式中，$a=2h_0/v$；$b=2h_0/\cos\varphi$。

式(5-6-8)为共中心点反射波时距曲线的标准双曲线方程。

上述3个标准的双曲线方程是有条件的，即地表为平面，地下分界面为光滑的界面(水平或倾斜)，覆盖介质为均匀介质。

(2)极小点位置各具特点。以式(5-6-7)和式(5-6-8)为例，根据双曲线的特点可知，相应方程的极小点坐标($x_{\min}$，$t_{\min}$)分别为：

$$\begin{cases}x_{\min}=\pm 2h_0\sin\varphi\\ t_{\min}=\dfrac{2h_0\cos\varphi}{v}\end{cases} \tag{5-6-9}$$

$$\begin{cases}x_{\min}=0\\ t_{\min}=\dfrac{2h_0}{v}\end{cases} \tag{5-6-10}$$

对于倾斜界面的共激发点反射波时距曲线可知，其极小点总是在相对激发点偏向界面的上倾方向一侧。由图5-6-2可以看到，$x_{\min}$点实际上就是虚震源在测线上的投影，由震源点O到$x_{\min}$的反射波射线是所有射线中最短的一条，并且反射波时距曲线对称于过$x_{\min}$点的t轴。对于共中心点反射波时距曲线，不管界面是否倾斜，其极小点总是位于共中心点处。

(3)物理意义存在差别。共反射点(共中心点)反射波时距曲线方程式(5-6-1)与水平界面的共激发点反射波时距曲线方程在形式上是一样的，但是应当注意它们在物理意义上的差别。共中心点反射波时距曲线只反映了界面上一个点R(界面水平时)或R点附近的一个小区间(界面倾斜时)的情况，而共激发点反射波时距曲线反映的则是一段反射界面的情况。此外，地震勘探中习惯上把$x=0$时的反射波传播时间叫作t_0，即$t_0=2h_0/v$。在共激发点反射波时距曲线上，t_0反映激发点处反射波的垂直反射时间(也称为回声时间、双程旅行时间或自激自收时间)；在共中心点时距曲线上，t_0代表共中心点M处的垂直反射时间。当$x\neq0$时，习惯上把共中心点或共激发点道集内离激发点最近道(炮检距最小者)的炮检距称为偏移距。

二、剩余时差

水平叠加方法主要利用有效波与规则干扰波(多次波)之间的剩余时差的差异来压制规则干扰波。对于共中心点反射波时距曲线，应使用正常时差公式进行动校正。对于一次反射波来说，不同炮检距各叠加道的时间均被校正到共中心点的垂直反射时间t_{0m}，即时距曲线被拉平，叠加后反射波得到加强。对于其他形式的波(如多次波)的时距曲线，仍按同样的动校正量进行校正，即不管什么波都当作水平界面均匀介质的一次反射波进行校正，则道集内各道的波的旅行时不一定都能校正为共中心点的垂直反射时t_{0m}，而是可能还存在一个时差。把某个波按水平界面一次反射波进行动校正后的反射时间与共中心点处的

t_{0m}之差称为剩余时差，记为δt_d。

如图5－6－4所示，在到达D点的波中，有较深的界面P上R点的一次反射波，有较浅的界面d上来的多次波。界面d的多次波路程相当于由等效界面d'上的反射点R_d来的一次反射波。假设这两个波具有相同的t_0，这样一次波对应的界面一定会深一些，多次波对应的界面会浅一些，因为波速随深度的增加其变化的总趋势是增大的。

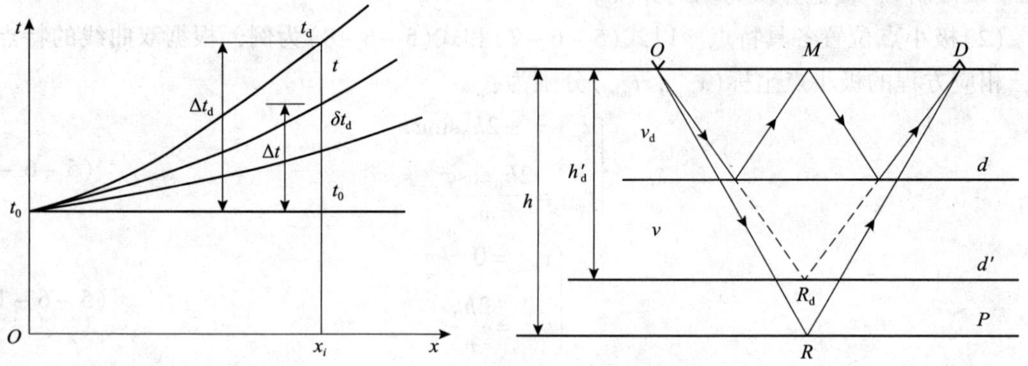

图5－6－4　多次波及其剩余时差示意图

水平界面一次波的旅行时t为：

$$t=\frac{1}{v}\sqrt{x^2+4h^2}=t_0\sqrt{1+\frac{x^2}{v^2t_0^2}} \qquad (5-6-11)$$

为了使多次波剩余时差公式简明扼要，对上式进行泰勒级数展开并略去高次项，得：

$$t\approx t_0\left(1+\frac{x^2}{2v^2t_0^2}\right) \qquad (5-6-12)$$

同理，可得多次波旅行时t_d为：

$$t_d=\frac{1}{v_d}\sqrt{x^2+4h_d^2}=t_{0d}\sqrt{1+\frac{x^2}{v_d^2t_{0d}^2}}\approx t_{0d}\left(1+\frac{x^2}{2v_d^2t_{0d}^2}\right) \qquad (5-6-13)$$

如果$t_{0d}=t_0$，则由$\delta t_d=\Delta t_d-\Delta t=(t_d-t_0)-(t-t_0)=t_d-t$可得：

$$\delta t_d=t_d-t=t_0\left(1+\frac{x^2}{2v_d^2t_0^2}\right)-t_0\left(1+\frac{x^2}{2v^2t_0^2}\right)=\frac{x^2}{2t_0}\left(\frac{1}{v_d^2}-\frac{1}{v^2}\right) \qquad (5-6-14)$$

式中，Δt_d为多次波的正常时差；Δt为一次波的正常时差；v_d为多次波的速度；v为一次波的速度。

在速度随深度增加的情况下，$v_d<v$、$t_d>t$，所以δt_d大多为正，动校正后表现为校正不足，影响了叠加效果。通常一次剖面上剩余时差随x的增大而增大（图5－6－4）。

将式(5－6－14)中与炮检距x无关的项用q(q为多次波剩余时差系数)代替，即令：

$$q=\frac{1}{2t_0}\left(\frac{1}{v_d^2}-\frac{1}{v^2}\right)$$

于是式(5－6－14)可写为：

$$\delta t_d=qx^2 \qquad (5-6-15)$$

由式(5－6－15)可知，多次波的剩余时差是按抛物线规律变化的，并与下列两个参数有关：

(1)与炮检距 x 的平方成正比。

(2)与界面的埋藏深度或 t_0 时间有关。因为 q 随 t_0 而变，而 v、v_d 在一定的地区也随 t_0 而变，故 q 总得来说是 t_0 的函数。

可见，各种波的剩余时差曲线都各具特点和规律，研究各种波的剩余时差曲线的特点既有利于了解突出一次反射波、压制多次干扰波的基本原理，也有助于鉴别波的类型。

三、共中心点叠加特性

在分析共反射点多次叠加特性时，把多次叠加视为一个线性时不变系统，从分析信号在叠加前后频谱的变化入手，导出有关的公式。

1. 基本公式

设一个共中心点道集共 n 道，各道的炮检距分别为 x_1，x_2，…，x_n，并设在各道接收到的一次反射波和多次波只是存在到达时间的差异，经动校正后的波形和能量都相同。如果地下某一共反射点到达地面共中心点 M 处的正常一次反射波为 $f(t_0)$，其频谱为 $F(j\omega)$，该共中心点道集内各道反射波为 $f(t_k)$，$t_k=t_0+\Delta t_k$，Δt_k 为偏移距(激发点到各道的水平距离)为 x_k道的正常时差(动校正量)，按照 Δt_k 的规律对道集内各道的反射波进行动校正并叠加。对于正常的一次反射波来说，经过动校正后，Δt_k 刚好被消除，叠加后输出结果 $g(t_0)$为：

$$g(t_0) = \sum_{k=1}^{n} f(t_k - \Delta t_k) = \sum_{k=1}^{n} f(t_0) = nf(t_0) \qquad (5-6-16)$$

其频谱 $G(j\omega)$为：

$$G(j\omega) = \sum_{k=1}^{n} F(j\omega) = nF(j\omega) \qquad (5-6-17)$$

然而，对于多次波等干扰波按 Δt_k 规律进行动校正后仍有剩余时差 δt_k，由于多次波速度低于相同 t_0时刻的一次反射波的速度，所以 δt_k 一般为正值，叠加后输出结果 $g_d(t)$为：

$$g_d(t) = \sum_{k=1}^{n} f(t_0 + \delta t_k) \qquad (5-6-18)$$

其频谱 $G_d(j\omega)$为：

$$G_d(j\omega) = F(j\omega) \sum_{k=1}^{n} e^{-j\omega\delta t_k} \qquad (5-6-19)$$

由式(5-6-19)可知，$\sum_{k=1}^{n} e^{-j\omega\delta t_k}$ 表征了多次叠加特性，因此，定义它为多次叠加特性函数 $K(j\omega)$，即：

$$K(j\omega) = \sum_{k=1}^{n} e^{-j\omega\delta t_k} \qquad (5-6-20)$$

叠加后的输出信号可以表示为：

$$G(j\omega) = F(j\omega) \cdot K(j\omega) \qquad (5-6-21)$$

式(5-6-21)是标准的频率域线性时不变滤波方程。由此可以认为多次叠加是线性滤波系统，它具有振幅特性和相位特性。$K(j\omega)$的模就是多次叠加的振幅特性，即：

$$|K(j\omega)| = K(\omega) = \left[\left(\sum_{k=1}^{n}\cos\omega\delta t_k\right)^2 + \left(\sum_{k=1}^{n}\sin\omega\delta t_k\right)^2\right]^{\frac{1}{2}} \qquad (5-6-22)$$

由式(5-6-22)明显可见，对于一次反射波来说，$\delta t_k=0$，$|K(j\omega)|=n$，叠加后输出信号振幅增强了 n 倍；对于多次波等干扰波，$\delta t_k\neq 0$，$|K(j\omega)|<n$，叠加后相对削弱。

为了表示多次叠加后多次波相对于正常一次反射波的压制程度，用叠加后多次波的振幅与叠加后一次波的振幅之比来表征叠加效果，记为 $P(\omega)$，则有：

$$P(\omega) = \frac{K(\omega)}{n} = \frac{1}{n}\left[\left(\sum_{k=1}^{n}\cos\omega\delta t_k\right)^2 + \left(\sum_{k=1}^{n}\sin\omega\delta t_k\right)^2\right]^{\frac{1}{2}} \qquad (5-6-23)$$

在此需要明确以下两点：

(1)上述叠加特性公式虽然从脉冲波 $f(t)$ 出发，但经过傅里叶变换后，其结论只适用于不同频率的简谐波，因为只有固定某一频率，才能得出叠加特性 $P(\omega)$ 与观测系统、波的剩余时差之间的明确关系。

(2)为了既考虑到简谐波的频率特性，又把叠加特性公式进行适当简化，以便于叠加特性的讨论和分析，通常把 $P(\omega)$ 视为参数 n 和变量 $\omega\delta t_k$ 的函数。为此，需对式(5-6-23)进行简化和变换。

$$\omega\delta t_k = 2\pi f\delta t_k = 2\pi\frac{\delta t_k}{T} = 2\pi\alpha_k \qquad (5-6-24)$$

式中，α_k 为叠加参量，$\alpha_k=\delta t_k/T$；k 为道集内各叠加道的顺序；α_k 为各叠加道剩余时差所占简谐波周期的比数。于是，叠加振幅特性公式(5-6-23)可转化为：

$$P(\alpha_k) = \frac{1}{n}\left[\left(\sum_{k=1}^{n}\cos 2\pi\alpha_k\right)^2 + \left(\sum_{k=1}^{n}\sin 2\pi\alpha_k\right)^2\right]^{\frac{1}{2}} \qquad (5-6-25)$$

式(5-6-25)适用于各种波，但由于各种波的剩余时差 δt_k 的变化规律不同，因而叠加参量 α_k 的变化规律也不同。为了使多次叠加的振幅特性与观测系统的有关参数相联系，根据式(5-6-24)和式(5-6-25)，可将 α_k 表示为：

$$\begin{cases}\alpha_k = \dfrac{\delta t_k}{T} = \dfrac{qx_k^2}{T} = fqx_k^2 = \dfrac{x_k^2}{\Delta x^2}\cdot\Delta x^2 fq = Lx_k\alpha \\ \alpha = \Delta x^2 fq \\ Lx_k = \dfrac{x_k^2}{\Delta x^2}\end{cases} \qquad (5-6-26)$$

式中，x_k 为各叠加道的炮检距；Δx 为排列中的道间距；α 为单位叠加参量，也就是炮检距为 1 个道间距时的叠加参量。

于是，式(5-6-25)可写为：

$$P(\alpha) = \frac{1}{n}\left[\left(\sum_{k=1}^{n}\cos 2\pi Lx_k\alpha\right)^2 + \left(\sum_{k=1}^{n}\sin 2\pi Lx_k\alpha\right)^2\right]^{\frac{1}{2}} \qquad (5-6-27)$$

利用式(5-6-27)可以计算多次叠加振幅特性曲线，并进行理论分析。

2. 多次波的叠加特性

通常情况下，叠加特性曲线的计算步骤如下：

(1)确定叠加参量与观测系统中具体参数的关系。在野外实行多次覆盖观测时，具体的多次覆盖参数有偏移距 x_1、覆盖次数 n、道间距 Δx、激发点移动距离 d 等。某个 CMP 道集内任一道 k(k 为道集中按炮检距由小到大排列后的道顺序号)的炮检距 x_k 可表示为：

$$\begin{cases} x_k = x_1 + (k-1)2d \\ Lx_k = (x_k/\Delta x)^2 = [x_1/\Delta x + (k-1)2d/\Delta x]^2 = [\mu + (k-1)2v]^2 \end{cases} \tag{5-6-28}$$

式中，μ 为偏移距 x_1 所相当的道间距数目，简称偏移距道数，$\mu = x_1/\Delta x$；v 为激发点或激发点线移动距离 d 所对应的道间距数目，简称激发点距道数，$v = d/\Delta x$。

v 与叠加道数 n 及仪器记录道数 N 有关，所以需确定的参数为叠加次数 n、偏移距道数 μ、激发点距道数 v。

(2)确定横坐标 α(单位叠加参量)值。α 值可根据波的主频范围、道间距的最大可能范围以及剩余时差系数 q 等的具体情况来给定。

(3)以 n、μ、v 为参数，α 为变量，绘制多次叠加振幅特性曲线。图 5-6-5 所示为 $n=4$，$\mu=12$，$v=3$ 的叠加振幅特性曲线。

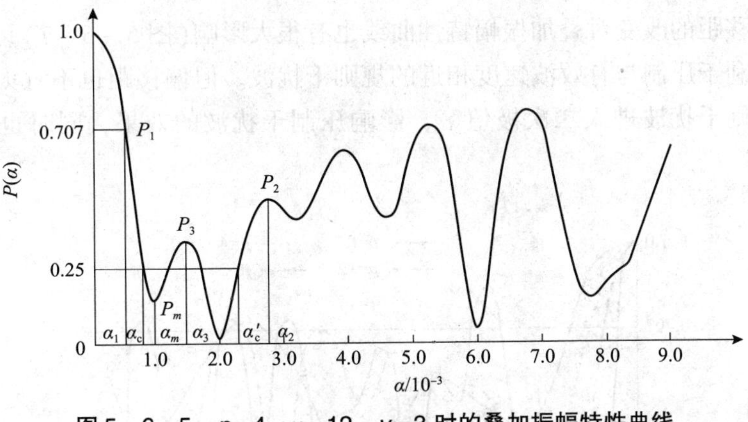

图 5-6-5　$n=4$、$\mu=12$、$v=3$ 时的叠加振幅特性曲线

从图 5-6-5 中可见，当 $\alpha=0$ 时，$P(\alpha)=1$，即剩余时差为 0 的一次反射波有最大的叠加幅值。当 α 逐渐增大时，$P(\alpha)$ 值很快减小，当 $\alpha=\alpha_1$ 时，$P(\alpha)=0.707$，通常认为 $P(\alpha)\geqslant 0.707$ 表明叠加后波的振幅得到加强。把 $0\leqslant\alpha\leqslant\alpha_1$ 这一范围称为通放带，α_1 称为通放带边界。随着 α 的进一步增大，特性曲线上 $P(\alpha)$ 为低值区，在 $\alpha_c\leqslant\alpha\leqslant\alpha'_c$ 范围内，$P(\alpha)$ 的平均值 $\overline{P(\alpha)}=1/n$。落在此范围内的多次波受到最大的压制，即叠加后被削弱，称此低值区为压制带，α_c 和 α'_c 称为压制带边界。应该尽量设法使多次波落入此范围内。但在压制带内也有一个极值点 $P(\alpha_3)$，这个值会影响压制效果。该值越大，压制效果越差。靠近 α_c 附近有压制带内的第一个极小值点 α_m，通常 $\alpha_c\leqslant\alpha_m$，则压制带相对加宽，而通放带变窄。通放带较窄时，为防止有效波落入压制带，需适当减小排列长度。

当 α 增大到 α_2 时，特性曲线上出现二次极大值 $P(\alpha_2)$。实际上，$\alpha>\alpha'_c$，曲线上 P

(α)开始迅速增大。为了防止多次波进入此范围，不宜采用过大的道间距。

通过叠加振幅特性曲线分析可见，叠加参数不同，特性曲线会有所变化。如果以道间距为参量制作不同道间距的叠加振幅特性曲线(图5-6-6)，则可以看到，随着道间距的增大，通放带变窄，这样有利于压制与一次反射波速度相近的多次波等干扰波。但道间距也不宜过大，如果Δx过大，则不仅影响波的同相轴对比，而且也会使一次波产生剩余时差而受到压制。同时，道间距也不能太小，太小的道间距不能压制多次波。

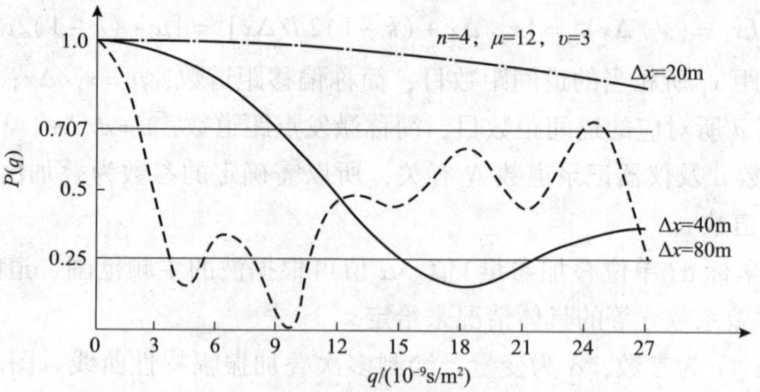

图5-6-6　不同道间距的叠加振幅特性曲线

此外，偏移距的改变对叠加振幅特性曲线也有很大影响(图5-6-7)。偏移距大，通放带变窄，有利于压制与有效波速度相近的规则干扰波。但偏移距也不宜太大，如果太大则会使某些规则干扰波进入二次极值区，影响压制干扰波的效果，同时也会损失浅层有效波。

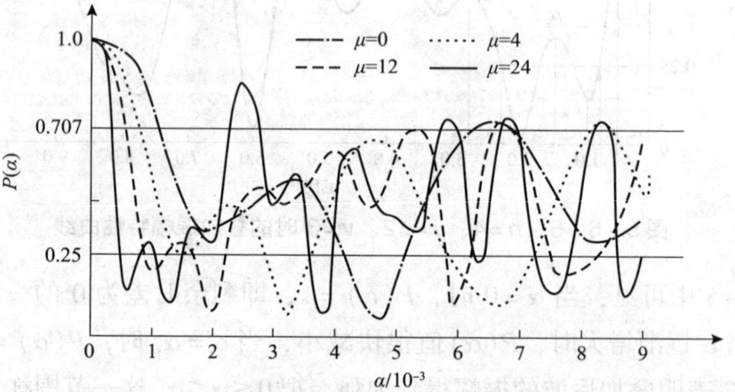

图5-6-7　偏移距改变时的叠加振幅特性曲线

叠加振幅特性曲线中压制带平均值的大小与叠加次数有关。叠加次数越多，压制带平均值越小，压制效果越好，所以增大叠加次数n对于提高信噪比是有利的。但n也不能过大，因为叠加次数越高，生产效率越低，耗资越大。

综上所述，多次叠加振幅特性曲线上共有6个值得注意的特征点，即通放带边界α_1，压制带边界α_c和α'_c，压制带内的极值点α_3，压制带内的第一个极小值点α_m，特性曲线上的二次极大值点α_2。其中，α_1、α_c、α_m最为重要。对每一条叠加振幅特性曲线，掌握这6个点，即可基本掌握了此曲线所代表的观测系统的叠加特性。

另外，叠加振幅特性曲线通常都以单位叠加参量α作为变量，这主要是为了便于分析和对比不同观测系统的叠加振幅特性曲线。实际应用中，可以根据需要使用其他参量或具体参数值，利用参量间的转换关系对横坐标进行变换。

3. 脉冲波的多次叠加特性

分析脉冲波多次叠加特性的基本思路是利用波的合成与分解原理，把组成脉冲波的若干个简谐分量的叠加特性曲线再进行叠加，即可得到脉冲波的多次叠加特性曲线。

理论分析和实际试算结果表明，脉冲波的多次叠加特性曲线不存在二次通放带，在过渡带之后就是压制带，而且压制带与过渡带的叠加特性幅值小于简谐波。

图5－6－8所示为$n=3$、$\mu=12$、$v=4$时的简谐波与脉冲波的叠加特性曲线比较。图中曲线①是周期$T=30\text{ms}$的简谐波的叠加特性曲线，曲线②是主周期$T=30\text{ms}$的雷克子波(脉冲波)的叠加特性曲线。

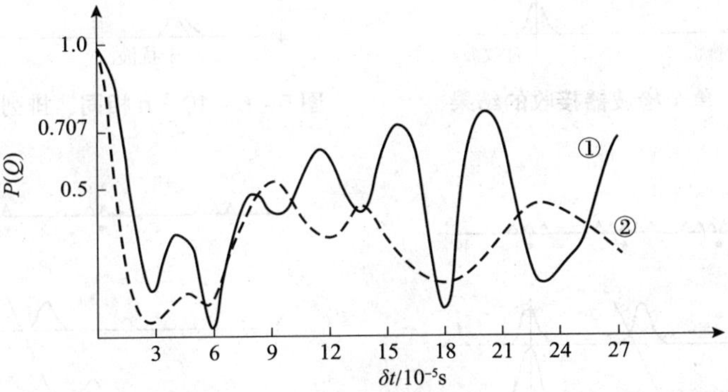

图5－6－8　$n=3$、$\mu=12$、$v=4$时简谐波与脉冲波的叠加特性曲线比较

4. 多次叠加的相位特性

地震勘探中讨论各种系统特性时，通常讨论系统的振幅特性，因为它关系到对有效波加强和对干扰波压制的程度。相位特性的重要性相对较小，通常不予考虑。

一个系统的相位特性是指某一频率为ω_0、相位为φ_0的简谐信号通过系统后，其相位所发生的变化。地震勘探中所涉及的各种系统通常有以下要求：对有效波而言，要求振幅特性的数值尽量大，相位特性最好为0或某个确定值，因为从资料解释的角度来说，已知有效波的相位变化后，就可以进行适当的相位校正；对干扰波而言，要求振幅特性的数值尽量小，最好等于0，而对相位特性一般无特殊要求，但最好是无规律的，使干扰波不以同相轴形式出现。

设有效波的视速度$v_a=\infty$，$\Delta t=0$，干扰波的视速度$v_{a干}<v_a$。没有组合时，有效波和干扰波的记录面貌如图5－6－9所示。如果使用3个检波器进行线性组合，每组内的检波器以每道的位置为中心对称排列，此时有效波的振幅增大3倍，干扰波振幅相对减小，但同相轴斜率不变，因为组合后的相位相当于组内中心点的相位(图5－6－10)。如果组内距相同，每组仍以记录道的位置为中心对称排列，但各组检波器组合个数n不同，此时，

各道记录到的有效波和干扰波的振幅不同，但相位特性与图 5－6－10 所示的一致(图 5－6－11)。如果各道的检波器组合个数相同($n=3$)，但各组的中心点与道的位置不一致，此时对有效波来说，$v_a=\infty$，$\Delta t=0$，没有影响，同相轴仍为对齐的直线；而对干扰波来说，各道波形与组合前的倾斜直线相比较，同相轴发生了扭曲，第 1 道超前，第 2 道不变，第 3 和第 4 道落后(图 5－6－12)。

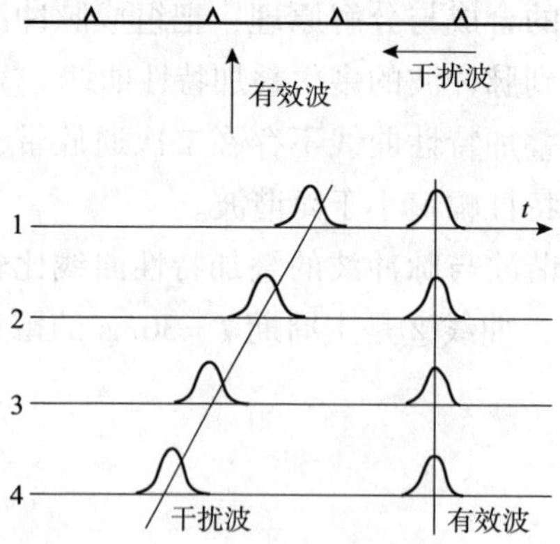

图 5－6－9 单个检波器接收的结果

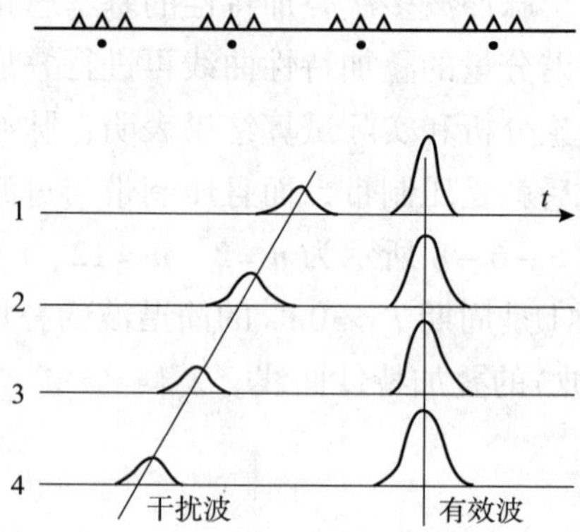

图 5－6－10 n 相同、排列位置对称的结果

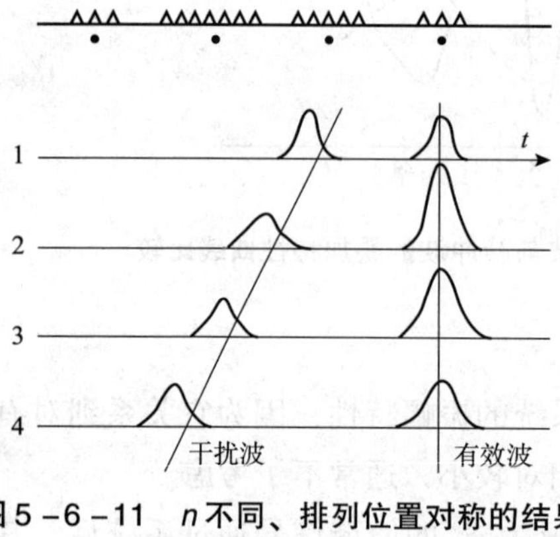

图 5－6－11 n 不同、排列位置对称的结果

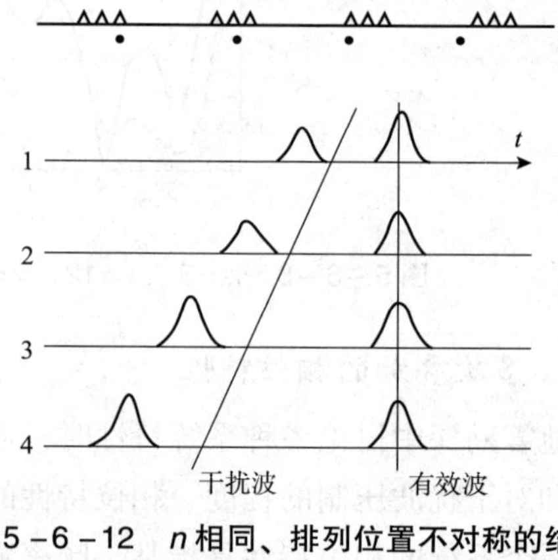

图 5－6－12 n 相同、排列位置不对称的结果

根据相位谱的定义，由式(5－6－20)可以得到多次叠加的相位特性公式为：

$$\varphi(\omega)=\arctan\left(-\sum_{k=1}^{n}\sin\omega\delta t_k\Big/\sum_{k=1}^{n}\cos\omega\delta t_k\right)\tag{5-6-29}$$

由式(5－6－26)和式(5－6－28)得：

$$\varphi(\omega)=\arctan\left(-\sum_{k=1}^{n}\sin 2\pi Lx_k\alpha\Big/\sum_{k=1}^{n}\cos 2\pi Lx_k\alpha\right)\tag{5-6-30}$$

由式(5－6－30)可见，对于一次反射波，叠加后的信号相位移为 0，也就是叠加后信号的相位与共中心点 M 处信号的相位一致，即时间与 t_0 一致，而与观测系统无关。因此，对于水平层而言，在叠加剖面上同一 t_0 的一次反射波在各个叠加点上的相位都是相同的，同相叠加使一次反射波得到加强。

对于多次波来说，情况比较复杂。为了详细分析相位特性$\varphi(\omega)$与n、μ、v、α的关系，可以选用不同的参数，利用式(5－6－30)计算叠加的相位特性曲线。

从定性角度分析，多次波经过叠加后能量会被削弱，但或多或少地存在残余能量。残余能量的同相轴根据叠加相位特性呈现特殊规律，即相位随偏移距分段变化而同相轴分段错开，各段之间错开的相位差随叠加次数的增加而减小。叠加次数越高，就越会增强多次波同相轴的连续性。因此，高叠加次数时，应注意多次波剩余能量同相轴的副作用。

下面以6次覆盖、24道接收为例加以讨论(图4－2－3)。采用这种观测系统时，根据共中心点叠加道的选道规律，按照道集内各道的道号，可以把道集分为4种类型，即：

(1)1，5，9，13，17，21道。

(2)2，6，10，14，18，22道。

(3)3，7，11，15，19，23道。

(4)4，8，12，16，20，24道。

每个叠加点(一个CMP道集)内有6个叠加道，即6次覆盖。值得注意的是，每个叠加点的偏移距x_1(道集内最小炮检距)是随叠加点的位置而变的。此观测系统的偏移距x_1分别为l、$l+\Delta x$、$l+2\Delta x$、$l+3\Delta x$，其中，Δx为道间距。

对于同一观测系统，v、Δx、l是一定的，同一个波的f和q也是一定的，因此，单位叠加参量$\alpha=\Delta x^2 fq$也是一定的。由式(5－6－30)可知，$\varphi(\omega)$与n、μ、v、α有关。在上述情况下，$\varphi(\omega)$只与偏移距x_1有关，即只与μ有关。所以偏移距变化，叠加后的相位也发生变化。具体来讲，在每一小段内，偏移距是不断变化的，则各叠加点的相位也相应发生变化；同时，在每一小段间，变化规律是相同的，即下一小段相位变化的规律是上一小段的重复。这样，6次叠加剖面上多次波的剩余能量的同相轴就被截成6段，成阶梯状分布(图5－6－13)。由此推知，对于二维观测系统的N道接收，n次叠加则分成n小段，每小段有N/n道。

(a) n=6时，分为6段，每段4道

(b) n=3时，分为3段，每段8道

图5－6－13　24道接收时多次叠加的相位特性示意图

一般来说，各小段之间的相位差也随观测系统及波的特点而变化。叠加次数越少，相位差越大；叠加次数越多，相位差越小。因此，当覆盖次数增多时，多次波振幅虽然显著减小了，但同相性也增强了。

由于各共反射点的叠加道之间偏移距不同，因此，各叠加道的炮检距变化规律也不同，对每一共反射点，各道的剩余时差变化规律也不同。所以，对于每一共反射点对应一个叠加特性曲线，即24道接收，4次覆盖有6种叠加特性曲线，6次覆盖有4种叠加特性曲线。由于排列的第1道所对应的一组叠加道中偏移距最小，因此，其叠加效果是最差的。在分析某一观测系统的叠加特性时，只分析这种最差的叠加效果。如果在最差叠加特性曲线上某种需要得到满足，则在其他几种叠加特性曲线上也能得到满足。

如果采用的观测系统的覆盖次数$n=6$，仪器记录道数$N=24$，道间距$\Delta x=50$m，接收间隔(最小偏移距)$l=400$m，激发点移动距离$d=100$m，相应的观测系统如图5－6－14所示。图中 L 为接收段，x_{11} 为第 1 种叠加点的偏移距，x 为排列长度，x_i 为第 i 道的炮检距。此时 4 种叠加点对应的 6 个共反射点道的炮检距变化情况如下(按炮检距由小到大顺序，单位为 m)：

(1) 第 1 种：x_1 = 400m，x_5 = 600m，x_9 = 800m，x_{13} = 1000m，x_{17} = 1200m，x_{21} = 1400m。

(2) 第 2 种：x_2 = 450m，x_6 = 650m，x_{10} = 850m，x_{14} = 1050m，x_{18} = 1250m，x_{22} = 1450m。

(3) 第 3 种：x_3 = 500m，x_7 = 700m，x_{11} = 900m，x_{15} = 1100m，x_{19} = 1300m，x_{23} = 1500m。

(4) 第 4 种：x_4 = 550m，x_8 = 750m，x_{12} = 950m，x_{16} = 1150m，x_{20} = 1350m，x_{24} = 1550m。

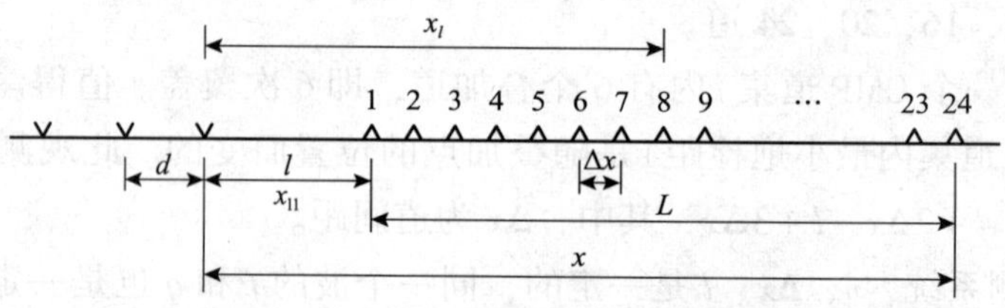

图 5-6-14　24 道接收的观测系统示意图

由上述内容可知，4 种叠加点中各道的炮检距变化规律是不同的，只有第 1 个叠加点的偏移距才等于接收间隔。第 1 种与第 4 种的叠加特性曲线如图 5-6-15 所示。

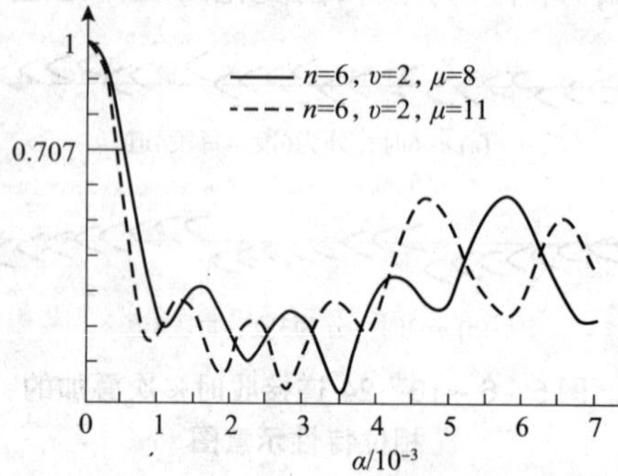

图 5-6-15　第 1 种与第 4 种的叠加特性曲线比较

5. 多次叠加的频率特性

进行多次叠加的目的并非进行频率选择，但它确实具有频率滤波作用。分析多次叠加的频率特性的目的是了解其规律，以免这种副作用造成不良后果。

由式(5-6-23)可知，当一次反射波动校正正确时，剩余时差 $\delta t_k=0$。多次叠加对一次波是没有频率滤波作用的，此时，$P(\omega)=1$ 是一个与频率无关的常数。

式(5-6-25)也可以用于说明多次叠加的频率特性，因为当波的剩余时差 $\delta t_k\neq 0$ 时，对脉冲波而言，它可以分解为无数个简谐波，每个简谐波具有不同的周期 T。由式(5-6-25)中的 $\alpha_k=\delta t_k/T$ 可知，不同谐波有不同的叠加效果，相当于多次叠加发挥了频率滤波作用。可以把一个主周期是 T_0 的脉冲波近似看成是一个周期为 T 的简谐波。

结合式(5-6-27)和图 5-6-5，并将图 5-6-5 的横坐标变换为频率参量，假定一些参数的具体数值，对多次叠加对某个波的频率滤波作用进行进一步分析。

已知单位叠加参量 $\alpha=\Delta x^2 fq$，可以导出单位叠加参量与频率的换算关系为：

$$f=\frac{\alpha}{\Delta x^2 q}=\frac{\alpha}{\delta t_{\Delta x}} \qquad (5-6-31)$$

如果假定 $\Delta x=40\text{m}$，$q=15.6\times10^{-9}$，则有 $\delta t_{\Delta x}=25\times10^{-6}\text{s}$，代入式(5－6－31)得到频率的换算关系为：$f=40\times10^3\alpha$(单位为 Hz)。按这一关系就可以把图 5－6－5 的横坐标用频率表示(图 5－6－16)。图中各参数为 $n=4$，$v=3$，$\mu=12$，$q=15.6\times10^{-9}$，同时列出 $\Delta x=20\text{m}$、40m、80m 时的横坐标的频率值。

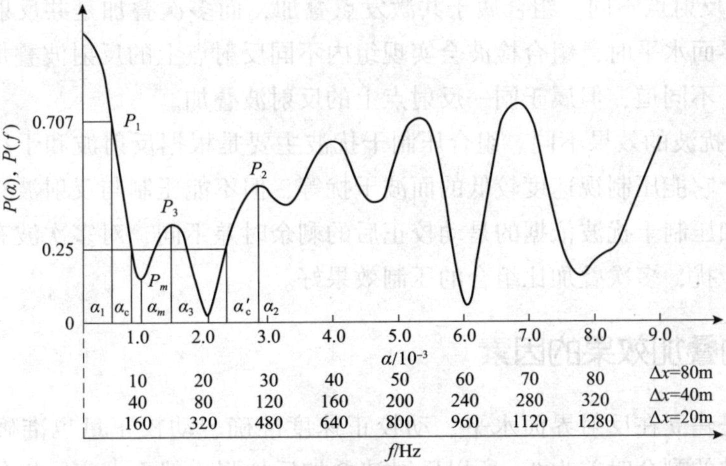

图 5－6－16　多次叠加的频率特性曲线

在上述给定的参数值之下，由图 5－6－16 可以归纳出以下两个特点：

(1) $\Delta x=40\text{m}$ 时，第一极小点 $f_m=38\text{Hz}$，压制带边界 $f_c=32\text{Hz}$，通放带边界 $f_1=18\text{Hz}$，表明对于剩余时差系数 $q=15.6\times10^{-9}$ 的多次波起到低通滤波作用。

(2) $\Delta x=20\text{m}$ 时，频率将增 3 倍；$\Delta x=80\text{m}$ 时，频率将缩小为 1/4，则 f_m、f_c、f_1 也要发生相应的变化。

需要指出的是，如果由于各种原因造成的一次反射波仍存在剩余时差，则多次叠加对一次反射波也有频率滤波作用。此时，可以根据一次反射波剩余时差 δt_k 的变化规律进行计算和分析。如果一次反射波的剩余时差也符合抛物线规律，则上述计算及分析方法同样适用于一次反射波。

6. 多次叠加的统计效应

多次叠加对随机干扰的压制作用原理为：如果道集内各道炮检距足够大，使各记录道的随机干扰互不相关，则经 n 次叠加后，随机干扰只增强 $\sqrt{n}$ 倍，而有效波增强了 n 倍，于是叠加后信噪比可增加 $\sqrt{n}$ 倍。组合和多次叠加的统计效应在数学分析角度遵循相同的公式。在实际效果方面，n 次叠加的统计效应好于 n 个检波器组合。原因在于组合是同一次激发中由 n 个检波器接收到的信号的叠加，检波器接收到的随机干扰是由同一震源在同一时间产生的；而多次叠加中一个共反射点道集的各道是在各次激发时分别接收到的，因而记录下的随机干扰是由震源在不同时间、不同地点激发，并在不同时间、不同地点接收的，CMP 道集中各道之间的距离也比组合的组内距大，故多次叠加中各道的随机干扰更符合“互不相关”的条件。

为了更好地理解组合与多次叠加的方法原理，总结了如下所述组合与多次叠加的主要差别：

(1)时差规律不同。组合把地震波视为按平面波传播的，组合的时差规律是线性关系；多次叠加则要求对CMP道集内的各道进行动校正，动校正后的时差规律一般不是线性的，如多次波的剩余时差为一抛物线 $\delta t_d = qx^2$，即剩余时差与炮检距的平方成正比。

(2)反映的反射点不同。组合属于共激发点叠加，而多次叠加是共反射点或共中心点叠加。当地下界面水平时，组合检波会实现组内不同反射点上的反射波叠加，而多次叠加会实现不同炮、不同道，但属于同一反射点上的反射波叠加。

(3)压制干扰波的效果不同。组合压制干扰波主要是根据反射波和干扰波的视速度不同而发挥作用，它能压制视速度较低的面波干扰等，但不能压制与反射波视速度相近的多次波；多次叠加压制干扰波依据的是动校正后的剩余时差不同，对多次波有很好的压制作用。对于随机干扰，多次叠加比组合的压制效果好。

四、影响叠加效果的因素

前述分析是建立在反射界面水平、动校正速度准确、动校正量也准确的假设条件下的，此时反射波的剩余时差为0，所以反射波叠加后加强。然而，实际操作中，这些条件一般不可能完全满足。如界面不水平、动校正速度不准确，这些都会影响叠加的效果。

影响多次叠加效果的因素除了是否合理选取多次覆盖参数(如道间距、偏移距和覆盖次数)外，还应着重考虑速度和地层倾斜。

1. 速度的影响因素

影响叠加效果的关键因素是动校正量是否准确。对于有效反射波，如果动校正量正确，那么动校正后叠加道集的各道信号校正为 t_0 的直线，实现同相叠加，叠加后有效波能量大大加强，叠加效果好，否则叠加效果差。动校正量正确与否取决于叠加速度。如果叠加速度大于有效反射波的真速度，那么动校正量就会较小，动校正后有效反射波的同相轴不能变为 t_0 的直线，仍是曲线状，在地震记录上，其同相轴方向与初至波同相轴方向一致。如果叠加速度小于有效反射波的真速度，则动校正量会过大，动校正出现校正过量现象，其同相轴方向与初至波的相反。这两种情况下有效反射波都不是同相叠加，叠加效果不好(图5-6-17)。倘若选择的叠加速度恰好等于多次波速度，那么叠加后非但没有压制多次波，反而使之增强，削弱了有效波。因此，叠加速度提取得是否合适直接关系到叠加剖面的质量。

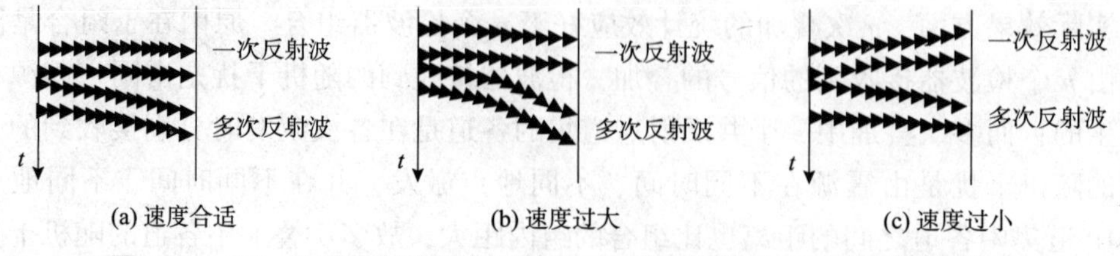

图5-6-17　用不同速度进行动校正对一次反射波和多次反射波的影响

2. 地层倾斜的影响因素

1）非共反射点叠加

当地下反射界面倾斜时，如果按水平界面情况下的多次覆盖观测系统进行观测，会出现非共反射点叠加问题（图 5－6－18）。在数据处理时，若仍按照共反射点道集的规律抽道，此时所抽的道集已不是共反射点道集了。因此，动校正后的叠加效果与组合的相似，这必然会影响叠加的实际效果。各反射点之间的分散距离 r 与界面倾角 φ 的大小有关。

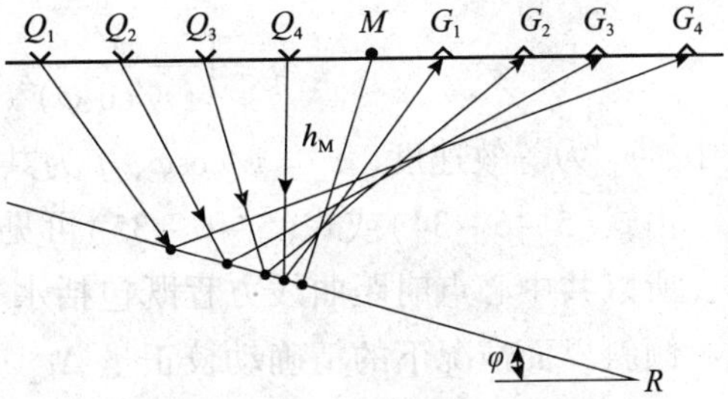

图 5－6－18　倾斜界面共反射点的分散

由图 5－6－19 可知，$OO^*//DD^*$，$\angle O'OR=\angle O'O^*R$，而 $\angle O'O^*R=\angle O^*DD''$，所以有 $\angle O'OR=\angle O^*DD''$。由此可得 $\Delta OO'R\sim\Delta DD''O^*$，于是有 $\overline{O'R}/\overline{OO'}=\overline{O^*D''}/\overline{DD''}$。已知 $\overline{OO'}=h_1$，$\overline{O^*D''}=x\cos\varphi$，$h_1=h_0-x\sin\varphi/2$，$h_2=h_0+x\sin\varphi/2$，$\overline{DD''}=2h_2-x\sin\varphi=2h_0$。采用等量代换方法，则有：

$$\begin{cases}\overline{O'R}=\overline{O^*D''}\cdot\overline{OO'}/\overline{DD''}=x\cos\varphi\cdot h_1/(2h_0)=x\cos\varphi\cdot\left(h_0-\dfrac{x}{2}\sin\varphi\right)/(2h_0)\\ \overline{O'M'}=\overline{OQ}=\dfrac{x}{2}\cos\varphi\\ r=\overline{RM'}=\overline{O'M'}-\overline{O'R}=\dfrac{x}{2}\cos\varphi-x\cos\varphi\cdot\left(h_0-\dfrac{x}{2}\sin\varphi\right)/(2h_0)\end{cases}\tag{5-6-32}$$

于是有：

$$r=\frac{x^2}{8h_0}\sin2\varphi\tag{5-6-33}$$

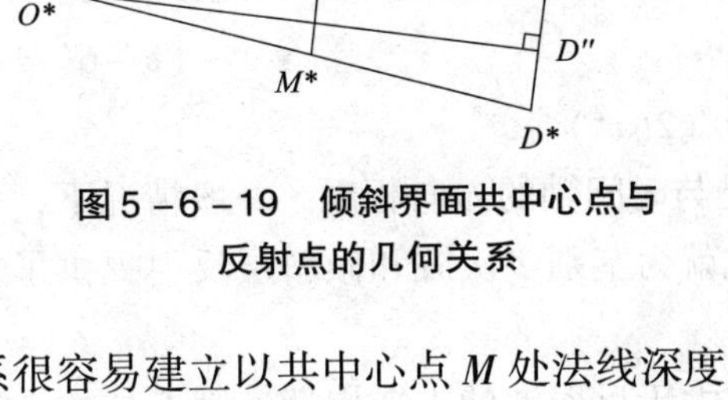

图 5－6－19　倾斜界面共中心点与反射点的几何关系

式（5－6－33）表明，反射点之间的分散距离 r 除了与炮检距、共中心点处界面的法线深度有关外，还与界面的倾角密切相关。倾角越大，共反射点的分散距离 r 越大，对共反射点叠加的影响也就越大。

2）剩余时差的存在影响叠加效果

在倾斜界面情况下，按水平界面情况抽取的共反射点道集虽然是非共反射点的，但却是共中心点道集。这种道集的反射波时距曲线称为共中心点时距曲线，其方程是共中心点时距曲线方程。利用图 5－6－19 所示的简单几何关系很容易建立以共中心点 M 处法线深度（记为 h_M）表示的共中心点反射波时距曲线方程式，即：

$$t=\frac{1}{v}\sqrt{x^2\cos^2\varphi+4h_{\mathrm{M}}^2} \tag{5-6-34}$$

式(5－6－33)还可写为：

$$t=\left[\frac{x^2}{(v/\cos\varphi)^2}+t_{0\mathrm{M}}^2\right]^{1/2}=\left(\frac{x^2}{v_\varphi^2}+t_{0\mathrm{M}}^2\right)^{1/2} \tag{5-6-35}$$

式中，v_φ 为等效速度，$v_\varphi=v/\cos\varphi$；t 为共中心点 M 处的自激自收时间，$t_{0\mathrm{M}}=2h_{\mathrm{M}}/v$。

由式(5－6－34)或式(5－6－35)可见，当 $\varphi=0$ 时，方程式恰为共反射点时距曲线方程，所以共中心点时距曲线方程既包括水平界面情况又包括倾斜界面情况。

倾斜界面情况下的精确动校正量 Δt_φ 应为：

$$\begin{aligned}\Delta t_\varphi&=t-t_{0\mathrm{M}}=\left[t_{0\mathrm{M}}^2+\left(\frac{x\cos\varphi}{v}\right)^2\right]^{1/2}-t_{0\mathrm{M}}\\&=t_{0\mathrm{M}}\left[1+\left(\frac{x\cos\varphi}{t_{0\mathrm{M}}v}\right)^2\right]^{1/2}-t_{0\mathrm{M}}\\&=t_{0\mathrm{M}}\left[1+\left(\frac{x\cos\varphi}{2h_{\mathrm{M}}}\right)^2\right]^{1/2}-t_{0\mathrm{M}}\end{aligned} \tag{5-6-36}$$

对式(5－6－36)右端的第1项用泰勒级数 $\sqrt{1+u}\approx1+u/2$ 展开，得近似关系为：

$$\Delta t_\varphi\approx t_{0\mathrm{M}}\left(1+\frac{1}{2}\frac{x^2\cos^2\varphi}{4h_{\mathrm{M}}^2}\right)-t_{0\mathrm{M}}=\frac{x^2\cos^2\varphi}{2t_{0\mathrm{M}}v^2} \tag{5-6-37}$$

水平界面情况下的动校正量 Δt 与倾斜界面时的动校正量 Δt_φ 之间存在差异，即：

$$\begin{aligned}\delta t_\varphi&=\Delta t_\varphi-\Delta t=\frac{x^2\cos^2\varphi}{2t_{0\mathrm{M}}v^2}-\frac{x^2}{2t_0v^2}=\frac{x^2\cos^2\varphi}{2t_0v^2\left(1+\dfrac{x\sin\varphi}{2h}\right)}-\frac{x^2}{2t_0v^2}\\&=\frac{x^2}{2t_0v^2}\left(\frac{\cos^2\varphi}{1+\dfrac{x\sin\varphi}{2h}}-1\right)\end{aligned} \tag{5-6-38}$$

当 $x/2h\ll1$ 时，$x\sin\varphi/2h\approx0$，则有：

$$\delta t_\varphi=\frac{x^2}{2t_0v^2}(\cos^2\varphi-1)=-\frac{x^2}{2t_0v^2}\sin^2\varphi\approx-\Delta t\sin^2\varphi \tag{5-6-39}$$

式中，$t_{0\mathrm{M}}=2h_{\mathrm{M}}/v=t_0[1+x\sin\varphi/(2h)]$；$t_0=2h/v$；$h$ 为激发点处界面的法线深度。

由式(5－6－36)可见，倾斜地层的剩余时差总是负的。也就是说，在同一个 t_0 时间，倾斜层的动校正量总是比水平层的小，对于倾斜层的一次反射波而言，总是校正过量。利用动校正量的近似计算公式，即 $\Delta t\approx x^2/2t_0v^2$，式(5－6－39)表示的剩余时差方程为：

$$\delta t_\varphi=q_\varphi x^2 \tag{5-6-40}$$

式中，q_φ 为 k，倾斜层剩余时差系数，$q_\varphi=-\sin^2\varphi/(2t_0v^2)$。

式(5－6－37)是一条抛物线，其弯曲方向总是与时间轴的方向相反。一般情况下，多次波总是校正不足，正好与倾斜层的反射相反。这就为鉴别多次波和倾斜层反射提供了重要标准。

对于倾斜层反射波的叠加效果，如果剩余时差大于反射波的1/2周期，则叠加效果通常较差。一般在倾角不大的情况下，δt_φ 很小，对叠加效果影响不大。

对于倾角较大的层状介质或复杂构造地层，真正实现共反射点叠加需采用偏移叠加方法。

第七节 偏移

一、水平叠加剖面存在的问题

水平叠加剖面是进行地质解释时最常使用的基础资料。一般来说，它可以大致反映地下构造形态。但是水平叠加剖面也存在许多不足，主要包括下述两个问题：

(1)在界面倾斜的情况下，按共中心点关系进行抽道集、动校正、水平叠加，实际上是共中心点叠加而不是真正的共反射点叠加，这会降低横向分辨能力。同时，水平叠加剖面上也存在绕射波没有收敛、干涉带没有分解、回转波没有归位等问题。

(2)叠加剖面总是把界面上反射点的位置显示在地面共中心点下方的铅垂线上。当地层水平时，这种显示方式是与实际情况符合的；但当地层倾斜时，反射点位置就偏离了共中心点下方的铅垂线(对单次覆盖剖面也存在这样的问题，即界面倾斜时，反射点并不位于炮检距中点的正下方)。

因此，在水平叠加时间剖面上显示出来的反射点位置是沿地层下倾方向偏离了反射点的真实位置的，这种现象称为偏移。地震剖面的偏移归位，就是把水平叠加剖面上偏移了的反射层，进行“反偏移”，使地层的真实位置形态得到恢复，有时常常把这一工作也称为“偏移”。应当注意，目前大量偏移方法是将已经得到的水平叠加剖面资料作为原始资料进行各种偏移处理。因为所用资料已进行了共中心点叠加，所以第一个问题已经存在，而且不能解决。这类办法统称为叠加偏移，或称先叠后偏、叠后偏移等。

另一类方法则是从最原始的野外资料开始。进行真正的偏移叠加，它有可能解决前述两种问题，这种方法称为偏移叠加，或称叠前偏移、先偏后叠等，但该方法工作量较大。

当只利用一条测线上得到的资料进行偏移时，称为二维偏移。这时，假设：①界面上覆介质是均匀的；②界面走向与测线方向垂直，即射线平面是既垂直地面又垂直界面的，则剖面内的全部信息都来自射线平面内。

二、偏移归位基本原理

自激自收得到的反射信息对应的反射点位置可能来自以 $vt/2$ 为半径，以自激自收点 O 为圆心的圆弧上的任一点(图 5－7－1)。所以，如果只有一道自激自收记录，而没有其他资料配合，是无法确定反射点在地下的准确位置的。

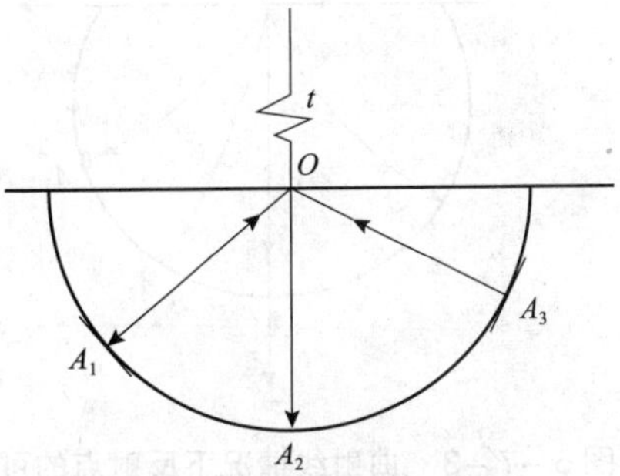

图 5－7－1 自激自收时反射点的可能位置

对反射界面段偏移大小进行估算(图 5－7－2)。设 OC 是反射界面(二维情况)，真倾角为 φ，当分别

在地面上 A、B 两点自激自收时，接收到的是分别来自界面上 A''、B''点的反射。但是实际上，把接收到的反射波显示在 A、B 点的正下方，如果用 t_{0A} 和 t_{0B} 以及速度 v 换算出反射点的深度 h_A 和 h_B，则它们在图 5－7－2 上相当于$\overline{AA'}$和$\overline{BB'}$；如果连接$\overline{A'B'}$，可得反射界面段，但这并不代表地下界面段的真正位置，界面的倾角(θ)也有误差，$\theta<\varphi$。

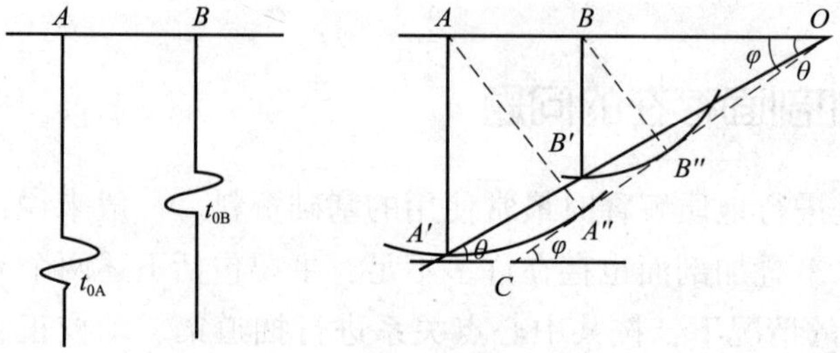

图 5－7－2　反射界面段偏移的大小

因为$\triangle OBB'$和$\triangle OBB''$都是直角三角形，在$\triangle OBB'$有 $\tan\varphi=BB'/OB$，且$\overline{BB'}=\overline{BB''}$，所以有：

$$\tan\theta=\sin\varphi \tag{5-7-1}$$

在$\triangle OAA'$与$\triangle OAA''$中，同样存在上述关系。这说明延长 $A'B'$将会与地面交于 O 点，延长 $A''B''$也与地面交于 O 点。由图 5－7－2 还可以看出，观测点与界面之间距离越大，则偏移越严重。

在确定来自界面上两点的反射旅行时 t_{0A}、t_{0B}，以及波速 v 后，可以以 A 为圆心，以 $r_A=t_{0A}v/2$ 为半径画一圆弧，以 B 为圆心，以 $r_B=t_{0B}v/2$ 为半径画一圆弧，作两个圆弧的公切线就可以得到真正的反射点位置和反射段的位置。

当反射界面以上的覆盖层中波速不是常数，而是速度随深度线性增大的连续介质时，也可通过人工绘图进行界面偏移，原理相同，但是，在这种情况下产生反射波的反射点的可能位置不是位于以 A 为圆心、以 r_A 为半径的圆弧上，而是位于圆心 $x_0=0$，$z_0=(Chv_0\beta t_{0A}/2-1)/\beta$，半径为 $R_0=Shv_0\beta t_{0A}$ 的圆弧上。

对 A、B……各点作一系列这样的圆弧，它们的公切线就是反射界面(图 5－7－3、图 5－7－4)。

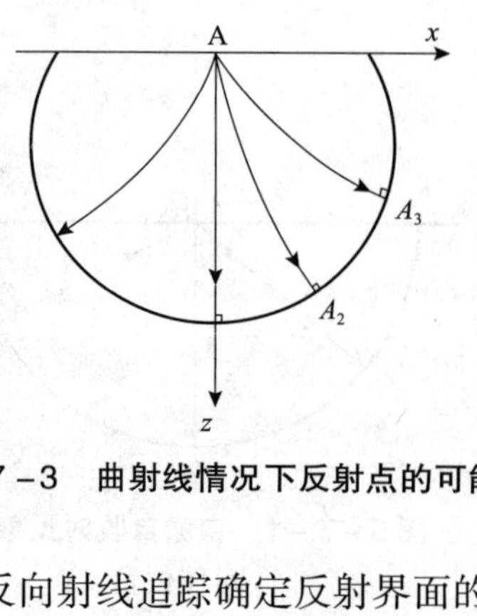

图 5－7－3　曲射线情况下反射点的可能位置

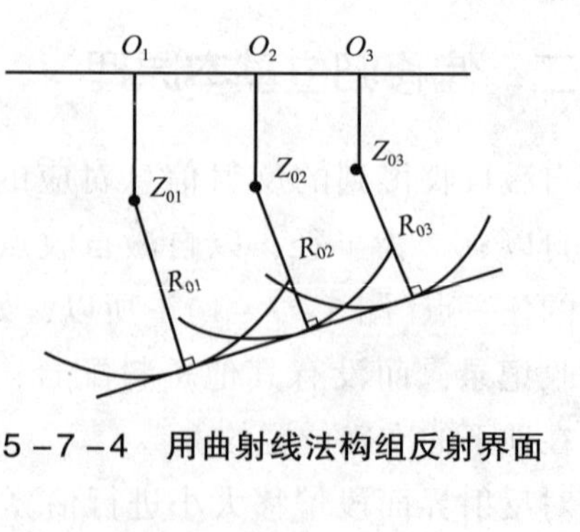

图 5－7－4　用曲射线法构组反射界面

用反向射线追踪确定反射界面的位置，设在 A、B 两点观测，得到自激自收时间 t_{0A} 和

t_{0B}，在反射界面为平面的情况下，由图5－7－5可以看出，反射波到达时差 $\Delta t = t_{0A} - t_{0B}$ 与界面倾角有关，如果把反射波看成在界面上 $A'B'$ 产生的向上传播的平面波，则 BC 可以看成 $t_{0B}/2$ 时刻的反射波等时线，它与 AB（地面）的夹角为 α，可用下式计算：

$$AC = \frac{1}{2}(t_{0A} - t_{0B}) \cdot v = \Delta t \cdot v \cdot \frac{1}{2} \tag{5-7-2}$$

所以有：

$$\sin\alpha = \frac{\frac{1}{2}\Delta t \cdot v}{\Delta X} = \frac{\Delta t \cdot v}{2\Delta X} \tag{5-7-3}$$

根据式(5－7－2)、式(5－7－3)，可以先由 Δt 和 v 求出与铅垂线夹角为 α 的 BB' 与 AA'，通过 $AA' = t_{0A}v/2$，$BB' = t_{0B}v/2$，可得 $A'B'$ 两点。

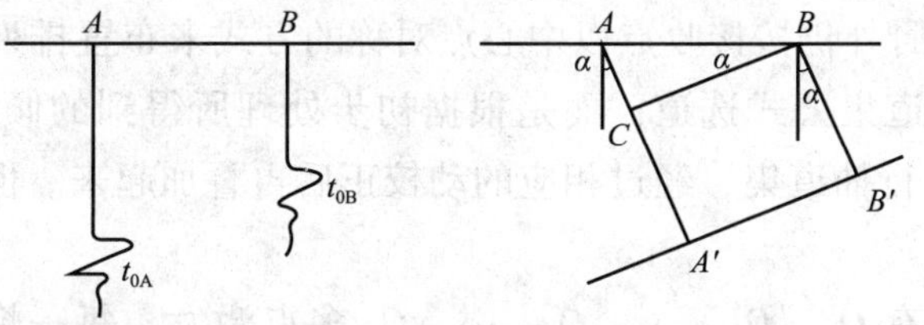

图5－7－5　反向射线追踪确定反射界面位置

上述几种方法都是从水平叠加剖面出发，得到反射界面的正确位置，也是过去用人工绘图实现倾斜同相轴归位的办法。虽然现在已不再用人工操作绘图实现偏移归位，但理解这些方法的原理仍是十分必要的，许多用计算机实现的自动偏移方法在原理上与它们有相同之处。

三、偏移叠加方法

本小节将分析怎样从原始的共炮点记录出发，即从未经过水平叠加的资料出发，实现真正的共反射点叠加和偏移，这种方法又称为偏移叠加。

1. 从几何地震学原理提出的偏移叠加方法

按照现在采用的多次覆盖野外工作方法，即各组激发点与接收点对称于它们的共中心点 M（图5－7－6），在倾斜界面情况下，得到的并不是一组真正的共反射点道集，它们对应的反射点 R，R_1，R_2…分布在一小段界面上。如果把这些道当作界面水平的情况进行动校正后作叠加，实际上并不是真正共反射点叠加，而是“共中心点（M 点）”叠加。因此，在界面倾斜的情况下，如果仍要保证实现真正的共反射点叠加，则激发点与接收点的布置就不应当以 M 点对称，而应当根据界面倾角、速度等参数设计一套相应的观测系统。为此可以估算在界面倾斜情况下（图5－7－6），当在 O_1 激发时，为了保证仍然得到来自 R 点的反射时，所应确定的观测点位置。经过推导可以得出，当激发点位于界面下倾方向时，有：

$$\overline{MS_i} = X - L = \frac{h}{2L\sin\varphi + h} \cdot L \tag{5-7-4}$$

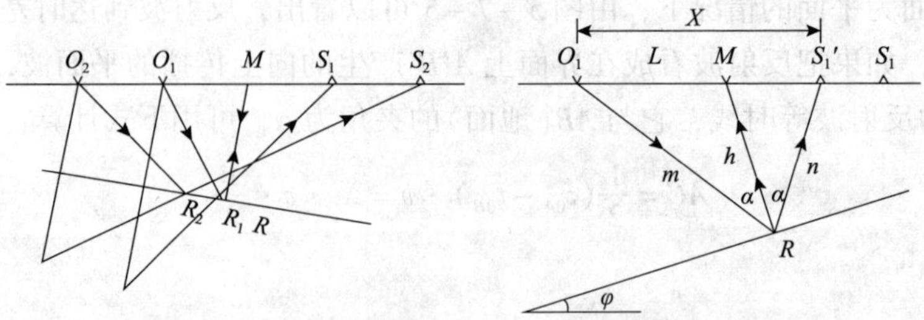

图5-7-6　界面倾斜时激发点、接收点与反射点的关系

利用式(5-7-3)，就可以解决倾斜界面情况下的共反射点偏移问题。例如根据 φ 和 h，用式(5-7-3)计算出每一炮的不对称的 MS_i 的值，按照这个距离来布置接收点。但是由于事先不知道 h 和 φ，这种做法在实际生产中是很难实现的。

另一种方法是在野外仍按接收点以中心点对称的方式来布置排列，但在叠加时，不是按照界面水平时的抽道集公式选道，而是根据初步处理所得到的倾角 φ 和界面法线深度 h，用式(5-7-3)进行抽道集，经过相应的动校正后再叠加起来。但是这种方法操作难度很大。

设在同一测线上有 O_1，O_2，…，O_i，…，O_p 多点激发，每一炮又在 S_{i1}，S_{i2}，…S_{ij}，…，S_{in}(下标中第一个字母表示炮号，第二个字母表示对某一炮而言的道号)多点接收。采用这样的多次覆盖野外工作方法将得到大量的原始地震信息。在界面段上任选一个反射点 M 进行分析(图5-7-7)。在排列足够长，接收点足够密的条件下，如果 M 是一个反射点，则在每一炮中总会有一道记录下来自 M 点的反射波信息。

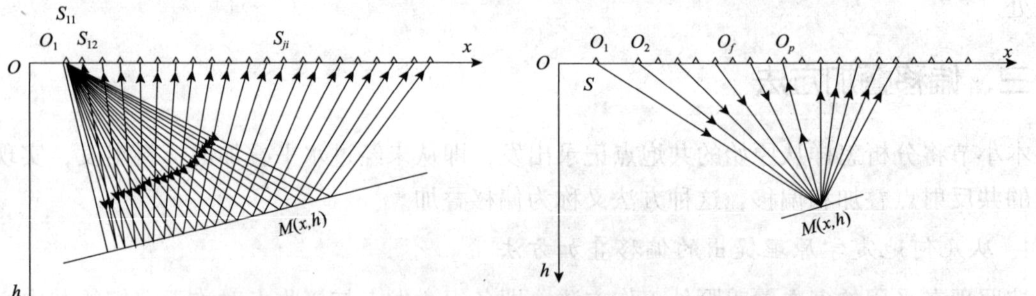

(a)对某一炮总有记录下来自M点的反射波　　(b)当覆盖次数为P时，总能找出P道满足以M点为共反射点的条件

图5-7-7　测线上的接收点和界面上的反射点之间的关系

在确定每一炮中以 M 点为反射点的地震信息来进行叠加时，不采用计算选道的方法，具体做法是：对某一炮 O_i，根据 M 点的 x、h 坐标及相应的速度值 $v(h)$，计算地震波从 O_i 经 M 点到 S_{i1}(这一炮的第一个接收点)的旅行时间 t_{i1}，按这个时间值在 S_{i1} 道上选取相应的瞬时振幅；再计算地震波从 O_i 经 M 点到 S_{i2} 的旅行时间，按照这个时间值在 S_{i2} 道上选取相应的瞬时振幅值……直到 S_{in}。对每一炮的每一道都这样做。设覆盖次数是 P，每炮有 N 道，则可选出 $P\times N$ 个振幅值，最后把它们加起来(求代数和)。采用了这种做法后，尽管提前无法确定界面段在 M 点处的倾角，但每一炮中满足以 M 点为共反射点条件的地震信息(共有 P 个，它们是同相的有效振幅值)，必然无遗漏地被选出来并叠加在一起，因而

叠加结果会出现一个绝对值较大的数值。如果 M 点不是一个反射点，则按上述方法从各炮的各道上选取到的几乎全是不同相的随机幅值，叠加结果不会出现较大的数值。这就是射线偏移法，又称扫描法。但是，这样叠加后得到的绝对值很大的点，其位置是否反映了反射点的真实位置呢？

如图5－7－8所示，在 O_j 激发，在 S_{ji} 接收到一个反射波。仅仅根据这一道上的到达时间 T，是无法确定这个反射波的反射点在地下的真实位置的。因为反射点的可能位置有很多，只要地震波从 O_j 到该点再返回 S_{ji} 的旅行时间为 T，则该点就可能是反射点，在均匀介质条件下，只要地震波 O_j 从到该点再返回 S_{ji} 的总路程为 $L(L=vT)$，则该点就可能是反射点。根据平面解析几何理论可知，如果平面内一个动点到两个定点的距离之和等于定长，那么这个动点的轨迹就是椭圆(这两个定点叫作椭圆的焦点，动点到两定点距离之和的一半称为椭圆的长半轴)。也就是说，与反射波 T 对应的反射点的可能位置，必然位于以 O_j 和 S_{ji} 为焦点，以 $L/2$ 为长半轴的椭圆上。

但是，在不进行偏移叠加、只作水平叠加时，则不管界面的倾角如何，经过动校正后，都一律把它画在 O_j 和 S_{ji} 之间中点的正下方，这在界面水平时是正确的，但当反射波是来自倾斜界面上的 M 点时，这种做法将会错误地把 M 点画到 M' 的位置(图5－7－8)。

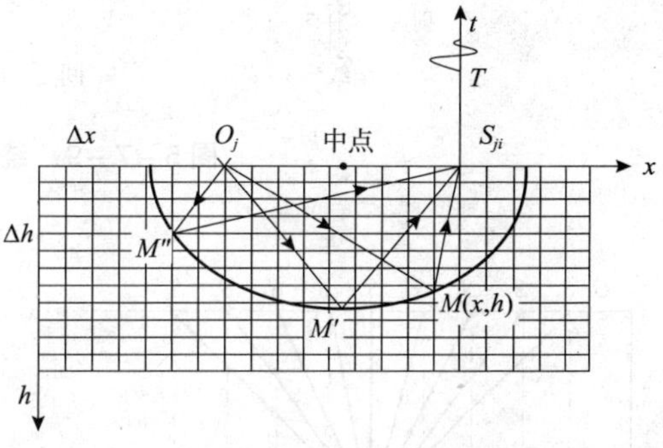

图5－7－8　均匀介质条件下反射点位置示意图

O_j—激发点；S_{ji}—接收点；T—旅行时间

偏移叠加不仅能实现真正共反射点叠加，同时也能正确地定出反射点的真实位置。因为用扫描法实现偏移叠加时，是对 $x-h$ 平面按划分的方格网上(图5－7－8)对每一点 $M(x,\ h)$ 都进行计算的，只要划分得足够细，便可以在所要求的精度上反映出反射点的全部可能位置。如果反射点的位置是在 M 点，只有当对 M 点进行计算时，才会在多次(P 次)覆盖的每一炮都能找到一个以 M 点为共反射点的道，总共有 P 个同相的有效幅值，叠加后将得到较大的数值。当对这个椭圆上的其他点(如 M'，M''，…)进行计算时，虽然也能对 O_j 这一炮在道上取到一个有效振幅值，但因为这些点不是真正的反射点，无法对各炮同时找到 P 个同相的有效振幅值，而只能找到许多不同相的随机振幅值，它们叠加的结果就不会出现绝对值较大的数值，即对椭圆上各点都用真正共反射点叠加办法计算后，只可能在反射点 $M(x,\ h)$ 上出现绝对值较大的数值。

这就是偏移叠加能同时实现真正的共反射点叠加以及确定反射点真实位置的简单原理。此外，偏移叠加也可能使绕射波收敛到真正的绕射点位置上：使回转波归位，恢复凹界面的真实形态；水平叠加时间剖面上一些倾斜同相轴的交叉、“打架”，也会因被分解而“各就各位”。

2. 绕射扫描叠加

物理地震学认为，反射波是绕射叠加的结果。因此，在解决反演问题时，如果能把来自地下一个个绕射点源的绕射波都收敛到绕射点位置上，也就实现了地下界面正确位置的成像(有时不用"偏移"一词，而把在一定地质结构上所得到的地震剖面称为这一地质构造的地震响应，以表示它们两者之间有联系而又不完全一样)。把偏移称为成像，其意义可用点绕射的成像过程(图 5－7－9)示意说明。点绕射源 D 在地面自激自收得出的绕射波到达时间是不相等的，因此按等时间叠加不能聚焦成像。但是经过一定处理，如动校正后，到达地面各点的振动时间相等、相位相同，叠加后就能聚焦成像，此时，动校正相当于一个凸透镜的作用。

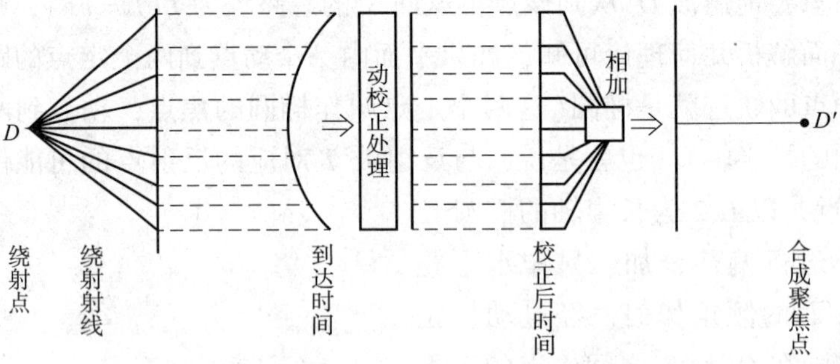

图 5－7－9　绕射波的合成聚焦过程

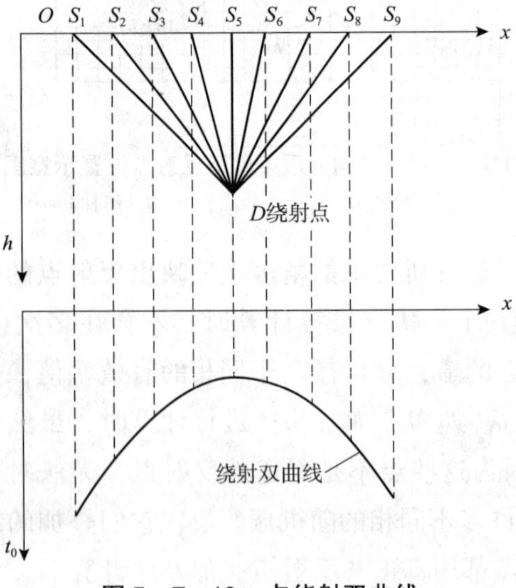

图 5－7－10　点绕射双曲线

当波速为常数时，在共炮点记录中，地面接收到的点绕射时距曲线是双曲线(图 5－7－10)。

利用绕射扫描叠加作偏移时，是把地下空间划分为网格点。把每个点看成绕射点，根据震源、接收点及绕射点的几何位置和波速，可以画出绕射双曲线，按照绕射双曲线的时距关系，从实际记录上读取对应道的振幅值，把它们相加放在绕射点上，就得到该点偏移后的输出道振幅。如果这个点是地下一个绕射点，则按绕射双曲线规律会从各道取到同相的绕射波振幅，叠加后有较大的振幅值。

这种方法同从反射观点出发的扫描法做法是相似的，只是对方法的原理解释角度不同而已。

3. 最大凸面法偏移

1954 年，哈格杜恩(Hagedoorn)提出了一种偏移法(称最大凸面法)，在地震偏移技术的发展过程中有重要意义，虽然这种方法当时是作为一种人工操作的偏移办法被提出的，但后来成为 20 世纪 70 年代初期发展起来的许多自动偏移方法的基础。

这一方法是利用自激自收情况下的绕射曲线图版和波前图版实现偏移的。如图 5－7－11 所示，设地下有一点 F，过该点有一段倾斜反射界面元 EG，在地面上的 A、B、C、D

等一系列点自激自收。设在 A 点自激自收正好接收到来自 F 点的绕射，也接收到来自界面段 EG 上 F 点的反射，但把它显示在 A 点正下方 F' 处。在地面各点自激自收的同时，也接收到 F 点的绕射波同相轴，它是顶点位于 F 的双曲线。并且绕射双曲线在 F' 点是与界面段 EFG 的反射波同相轴相切的。在除 A 点以外的其他位置(如 A_i 点)也可以接收到 F 点的绕射，但只能接收到 E 点的反射。且有 $A_iE < A_iF$，所以 $t_{A_i反} < t_{A_i绕}$，反射波同相轴位于绕射波同相轴之上(有一个公共的切点)。上述分析可以说明，在这种情况下，一条反射波同相轴内实际上包含了 3 个部分，即反射－绕射－反射。这也是未经偏移处理的时间剖面不能正确反映地下构造真实形态的原因之一。

根据上述关系，就可以推导出解反问题的方法——最大凸面法(图 5－7－12)。

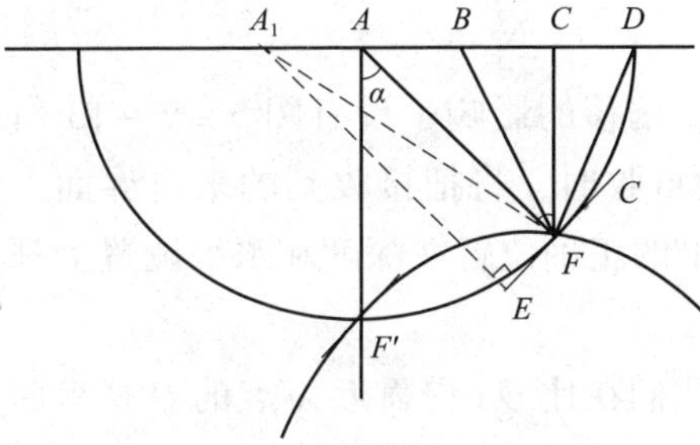

图 5－7－11　最大凸面法偏移原理图

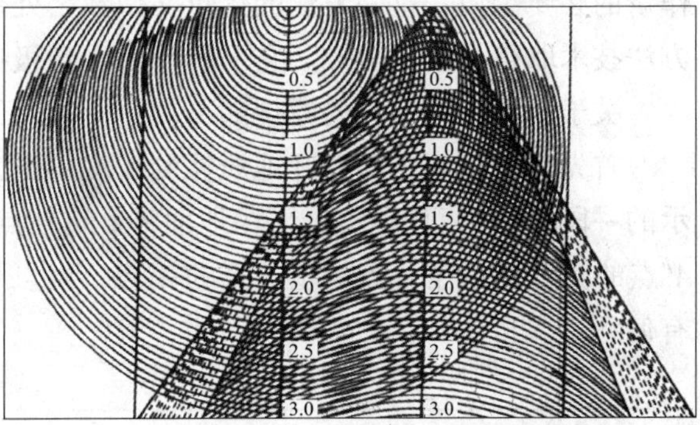

图 5－7－12　绕射偏移方法示意图

当已知剖面上有一倾斜同相轴 F'，时间为 t_{0A}，根据已知速度关系，做出一套波前量板和绕射曲线量板。令绕射曲线量板在剖面上左右移动，使某条绕射曲线在 $t_0 = t_{0A}$ 处与界面段相切，则这条绕射曲线的顶点就是界面段的正确位置。为了确定界面段的倾角，应先找出过此绕射曲线顶点的 $t_0 = t_{0A}$ 等时线，界面段应在此点与射线垂直，即在此点与波前相切。这是一种人工归位方法，是绕射偏移的基础。

这种方法因介质速度规律不同而有所差异。对于均匀介质，波前为圆心位于 O 点的同心圆；对于 $v(z) = v_0(1 + \beta z)$，则是一组圆心位于 z 轴上不同深度的圆弧。在两种情况下，绕射曲线量板形态也不相同。

4. 波动方程偏移原理简介

最早采用的人工画剖面使反射同相轴实现偏移的做法，首先要进行波的对比和识别，因为只能对已识别出的反射波同相轴绘制深度剖面，而不是利用记录下来的全部原始信息进行偏移，所以人工绘制深度剖面在波的对比过程中已含有较多的主观因素，且绘制出深度剖面后，反射波的动力学特征已完全不能反映出来。

偏移叠加方法虽然能把在地面上记录到的反射波或绕射波都归位到真正的反射界面或绕射点上，能较真实地反映地下构造形态，无需首先进行波的对比。但是这些方法的主要不足是它只简单地按地震波旅行时间把振幅放到地下，而没有考虑到波的动力学特点，特别是没有考虑能量的变化和其他波形特征的变化。因此，这种偏移方法得出的结果，只适用于构造形态的解释，而不适用于较精细的地层岩性解释，因而不能满足油气勘探对地震勘探提出的要进行地层岩性解释的要求。

造成这一情况的根本原因是地震波是一种波动，用几何地震学的射线理论来描述波的传播只是一种较粗略的近似。波动方程才是描述波动传播的全部特征(包括时间和能量)的精确的数学工具。因此，如能找到以波动方程为基础的解反问题的方法——偏移方法，就可以使偏移的结果不仅恢复地下界面的真实形态，还可以保留波动的动力学特征。

应当指出，20 世纪 70 年代初期由美国斯坦福大学克利尔波特(Clearbout)首先提出的这种真正可以直接用波动方程来解地震勘探反问题的方法，开始了把波动方程直接用于地震资料处理的新阶段。地震数字处理技术为波动方程偏移的产生提供了能完成巨大计算工作量的必要手段；这一方法的优点又使数字处理技术的潜力得以进一步发展，使地震勘探方法技术取得了重大突破。它一出现就受到极大的重视，并迅速发展，不断完善。

关于波动方程偏移的原理如下：

首先，分析观测面离开地质体的深度不同对反射点偏移的影响。设有图 5－7－13 所示的一段倾斜界面段 OC；当在地面 OA 的一点 A 自激自收时，将把接收到的来自界面上 A'' 点的反射显示在 A 点的正下方的 A' 点。A' 点相对于 A'' 的正确位置在深度和水平位置上都有偏移。

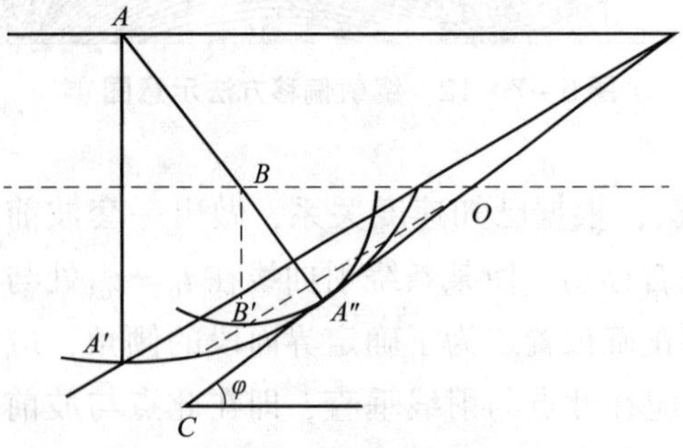

图 5－7－13　观测面与地质体的距离对反射点偏移的影响

如果我们在比 OA 更靠近 A'' 点的 $O'B$ 平面上的 B 点进行观测，这时将把来自 A'' 点的反射，显示在 B 点正下方的 B' 点。显然，B' 点相对于 A'' 点的偏移比 A' 点的小得多，在极限情况下，在 A'' 点进行观测，就不会产生偏移了。

再分析点绕射情况，图 5－7－14(a)所示是均匀介质中的 3 个绕射点，设它们深度为 z_1；$z_2=2z_1$，$z_3=3z_1$；图 5－7－14(b)所示是在地面上($z=0$)的观测到的地震剖面示意图。最浅的绕射点的地震响应是 3 条绕射双曲线中最窄的一条。如果把观测面降到 $Z=Z_1$，其结果见图 5－7－14(c)，因为此时观测面相当于绕射点 1 的深度，所以 $t=0$ 时的地震响应正好对应于绕射点 2 和 3，并且到达时间也减少了，在图中用时间坐标的移动来表示这一点。图 5－7－14(d)所示是在 $Z=Z_2$ 平面观测的结果，由于只记录上行波，在这种情况下，绕射点 1 的影响已不存在，同时绕射点 2 的地震响应在 $t=0$ 时已退化为一个点，而绕射点 3 的地震响应则变成同图 5－7－14(b)中的绕射点 1 的响应相同。图 5－7－14(e)所示是在 Z_3 平面观测的结果。图 5－7－14(f)表示在与 3 个绕射点的深度对应的观测平面上得到的 3 个绕射点的波场，并且 f 上的时间 t_1 相当于 Z_1 平面观测的 $t=0$；t_2、t_3 也有类似的关系。

上述两个例子表明，通过把观测面一次次向地下靠近地质体，可以得到不同深度上地质体的真实形态，这是实现偏移方法的基本原理。在实际工作中，波场的观测只能在地面进行，因此，上述原理在物理上是不可实现的。但是可以结合上述原理找到一套数学上的方法，把波场从一个高度换到另一个高度——波场延拓。为了实现偏移，可以对波场进行向下延拓，当把地面得到的资料向下延拓到不同的地下反射界面时，地震剖面就转换为对应的深度模型，反映出界面的真实形态。

波动方程偏移的具体实用方法通常有 3 种，即有限差分法(在时间－空间域处理)、$F-K$法(即在频率－波数域进行偏移)、积分法。

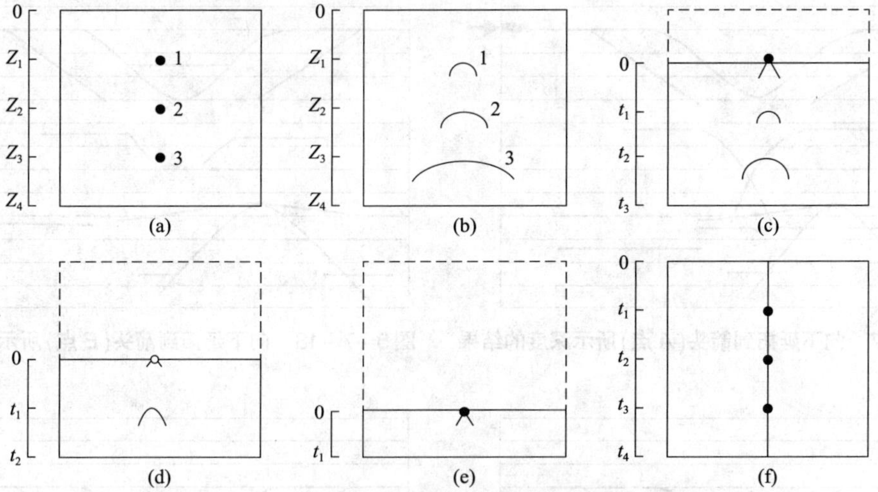

图 5－7－14　用向下延拓地震波场实现偏移的原理示意图

本小节用一个理论模型来说明向下延拓的原理和效果。图 5－7－15 所示的模型包括一个平缓向斜、一个陡向斜、一个平缓背斜、一个陡背斜、地层尖灭、充填盆地的地层、一些孤立的绕射点和一条断层等各种类型的地质特征。波速被认为是常数。

沿经过模型的自激自收地震剖面(地震模型的水平叠加剖面)如图 5－7－16 所示。地震剖面中有些同相轴与深度剖面中的界面形态及位置是对应相符的，但也存在回转波、绕射波及倾斜界面发生同相轴等问题。

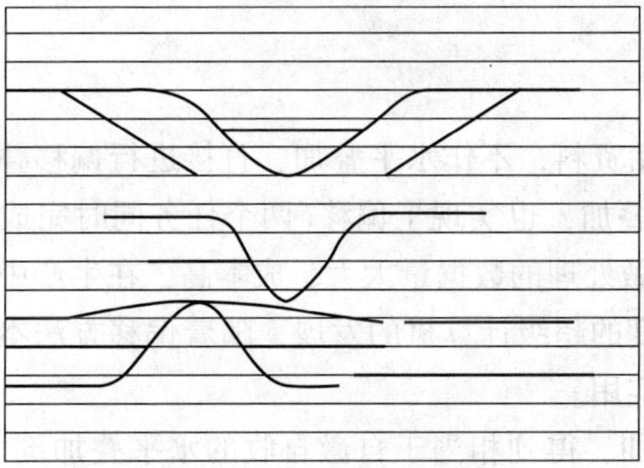

图 5－7－15　地质模型

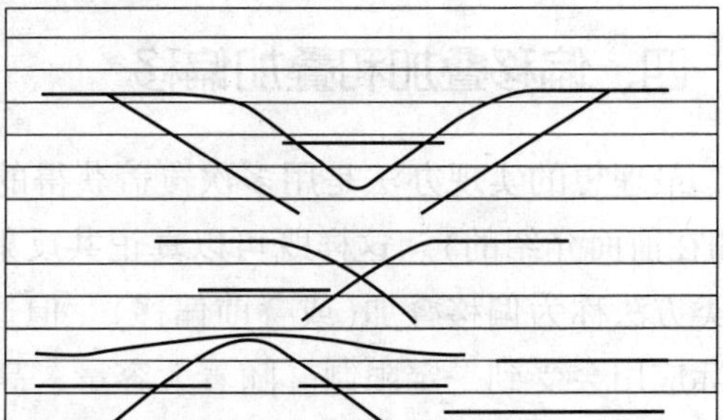

图 5－7－16　地震模型的水平叠加剖面

图 5－7－17 所示是一个向下延拓到上部反射层顶部的剖面(相当于在 A 点深度观测)。

这样一来，就突出了靠近观测平面处的同相轴，同时也改变了整个剖面。例如，可以看到平缓向斜的底部变圆了，来自陡向斜翼部的反射波交点向下移动了。然后把观测下移到 B 点，再下移到 C 点，可以得到图 5－7－18 和图 5－7－19。每向下延拓一段就会产生一条剖面。再利用这些没有重叠的剖面部分绘制一条新的剖面（图 5－7－20），它几乎与原来的深度剖面一样。

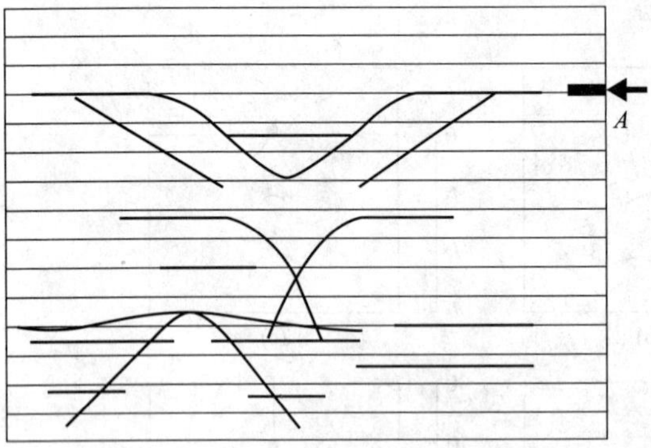

图 5－7－17　向下延拓到箭头（A 点）所示深度的结果

图 5－7－18　向下延拓到箭头（B 点）所示深度的结果

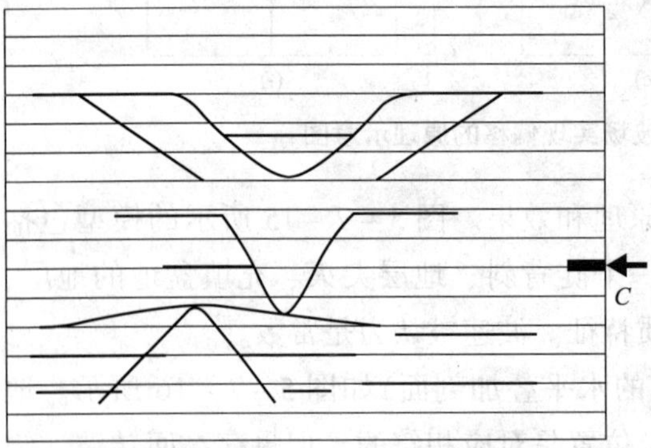

图 5－7－19　向下延拓到箭头（C 点）所示深度的结果

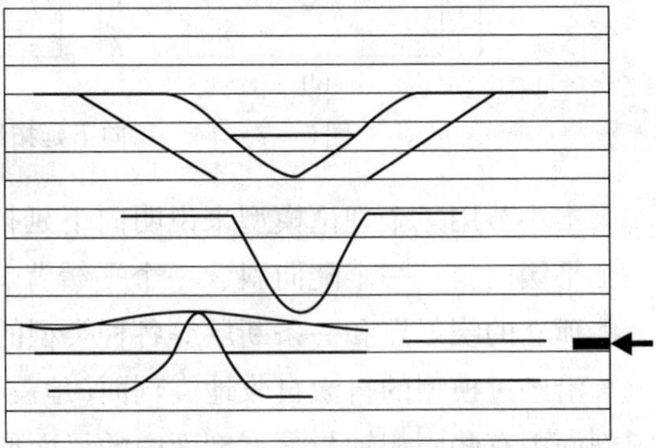

图 5－7－20　最终延拓到箭头所示深度的结果

四、偏移叠加和叠加偏移

最理想的实现办法是用多次覆盖获得的原始资料，不作水平叠加，直接进行偏移叠加（如在前面介绍的）。这样既可以真正共反射点叠加，也实现了偏移（两个任务同时完成）。这类方法称为偏移叠加（或叠前偏移）。但这样做处理的数据量太大、成本高，在生产中的实际应用会受到一定限制。随着大容量、高速度的超级计算机的发展，随着偏移方法本身的改进与完善，偏移叠加方法将来会变得更加实用。

目前，通常先对多次覆盖资料进行水平叠加，得到相当于自激自收的水平叠加剖面，然后用水平叠加剖面进一步作偏移，这种方法可以使工作量大大减少（例如对多次覆盖的情况，工作量大约减少到原来的 $1/n$）。但其缺点是在界面倾斜的情况下未能实现真正的共反射点叠加，在构造复杂地区会影响地震剖面的分辨能力。这类方法称为叠后偏移，又称先叠后偏或叠加偏移。

真正的偏移叠加工作量太大，并且不能提供共反射点道集等可用于提取各种有关反射波参数的中间结果，而叠加偏移又降低了精度。近年来，提出了叠前偏移方法，实质上这类方法是一种叠前部分偏移，而前述叠前偏移应称为叠前全偏移[图5－7－21(a)]。将采集到的原始信息 t_0 变换成为 $t_{BR}=2BR/v$，并显示在 B 点的正下方，就实现了全偏移；而在最终实现这一变换的过程中，各阶段的中间结果都可以视为实现了部分偏移，如图5－7－21(b)(c)中的 t_n、t_{0M} 等都可视为实现了部分偏移的结果。

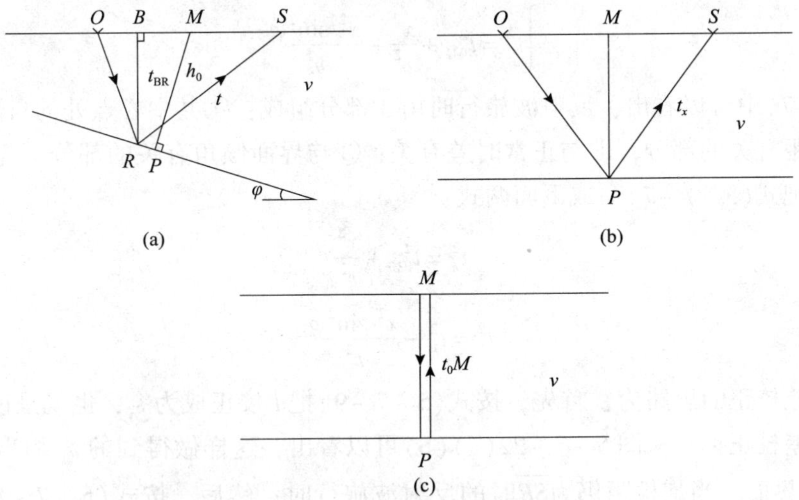

图5－7－21　倾角时差校正原理示意图

目前试验较多的叠前部分偏移方法是先进行倾角时差校正(DMO)，再作共中心点叠加，最后作叠后偏移。为了说明这种方法的思路和优势，首先，总结目前广泛使用的叠后偏移做法存在的问题，当界面倾斜时：①不是真正共反射点叠加，降低了分辨能力；②不能提供真正的共反射点道集作为原始资料，供研究振幅随炮检距变化等问题使用；③共中心点叠加有倾角滤波作用。虽然我们可以用叠加速度 $v_\alpha=v/\cos\alpha$ 代替速度 v，使其中心点道集的某个同相轴取得较好的叠加效果，但是当道集内存在两条倾角不同的同相轴，而它们的 t_0 又很接近时，则只能选取一个 $v_0(t_0)$ 进行动校正。这样只能突出一条同相轴，而必然压制了另一条同相轴，叠加后再偏移时，被压制的同相轴也无法恢复。在上述情况下，在速度谱上同一个 t_0 的两个能量团会连在一起不好解释，因而降低分辨能力。

为了解决叠后偏移存在的上述问题，特别是要能实现真正共反射点叠加和使叠加速度与界面倾角无关，提出了通过进行倾角时差校正来实现叠前部分偏移的办法。本小节阐述进行倾角时差校正的一种方法及其原理。

如前所述，倾斜界面共中心点反射波时距曲线方程为：

$$t=\frac{1}{v}\sqrt{4h_0^2+x^2\cos^2\varphi} \qquad (5-7-5)$$

式中，h_0 为共中心点 M 处界面的法线深度。

若用 $t_{0M}=2h_0/v$ 代表共中心点 M 处界面的 t_0 时间，则上式可写成：

$$t^2 = t_{0M}^2 + \frac{x^2}{\left(\frac{v}{\cos\varphi}\right)^2} \tag{5-7-6}$$

上式表明，用 $v_\varphi = v/\cos\varphi$ 对倾斜界面共中心点道集按水平界面公式作动校正，仍可以取得好的叠加效果，但是并没有实现真正共反射点叠加。

现把式(5－7－6)变换一下，把它写成3部分之和，即：

$$\begin{cases} t^2 = t_{0M}^2 + \dfrac{x^2(1-\sin^2\varphi)}{v^2} \\ t^2 = t_{0M}^2 + \dfrac{x^2}{v^2} - \dfrac{x^2\sin^2\varphi}{v^2} \end{cases} \tag{5-7-7}$$

从式(5－7－7)中可以看出，反射波旅行时由3部分组成：①共中心点处的自激自收时间；②只与炮检距有关的部分，即与正常时差有关；③与界面倾角有关的部分，与倾角时差有关。进一步把式(5－7－7)写成下面两式：

$$t_n^2 = t_{0M}^2 + \frac{x^2}{v^2} \tag{5-7-8}$$

$$t^2 = t_n^2 - \frac{x^2\sin^2\varphi}{v^2} \tag{5-7-9}$$

倾角时差校正的思路为：首先，按式(5－7－9)把 t 校正成为 t_n，也就是说把 t 中与倾角有关的时差校正掉，从图5－7－22(a)(b)可以看出，这样做得到的 t_n 相当于一个深度为 $\overline{MP}$ 的水平界面，当炮检距仍为 $\overline{SR}$ 时的反射波旅行时；然后，按式(5－7－8)对 t_0 进行正常时差校正，应当注意到，这时已相当于水平界面情况，动校正速度取 v，与倾角无关。校正后 t_n 就变为 t_{0M}。

每道都经过这样处理再进行叠加，比没有预先进行倾角时差校正叠加效果更好。不同倾角的同相轴都可以得到加强。如果使反射波信息在 $(x-t)$ 平面上作适当的变换，还可以得到真正的共反射点道集，实现真正的共反射点叠加。倾角时差校正的几何意义还可以用图5－7－22来说明。已知，在常速介质中点绕射的共炮点或共接收点反射波时距曲线是双曲线。对于等炮检距剖面来说，在大炮检距时双曲线被拉平(只有 $h=0$ 的一条仍为双曲线)，当绕射源偏离共中心点正下方一定距离时，共中心点道集中的绕射波同相轴也会被拉平。图5－7－22(b)所示为只经过正常时差校正后的锥面，由图5－7－22(b)可以看到，当共中心点位于绕射“尾部”的任何地方时，都不能得到很好的叠加。图5－7－22(c)所示为经过倾角时差校正及正常时差校正后所得到的锥面，这时绕射的各个部分都得到了正确的叠加，也就是说各个倾角值都同时得到正确的处理，最终能有效地将这个曲面上的所有能量收敛到曲面的顶点上。

进行叠前部分偏移所用资料大多是等炮检距道集，或共炮点道集与共接收点道集，而不用共中心点道集。

由于叠前全偏移要真正用于生产仍受到客观条件的限制，而叠后偏移又不能在构造复杂地区取得良好的地质效果。所以目前叠前部分偏移是介于上述两者之间一种较可取的方法，近几年已受到越来越广泛的重视。

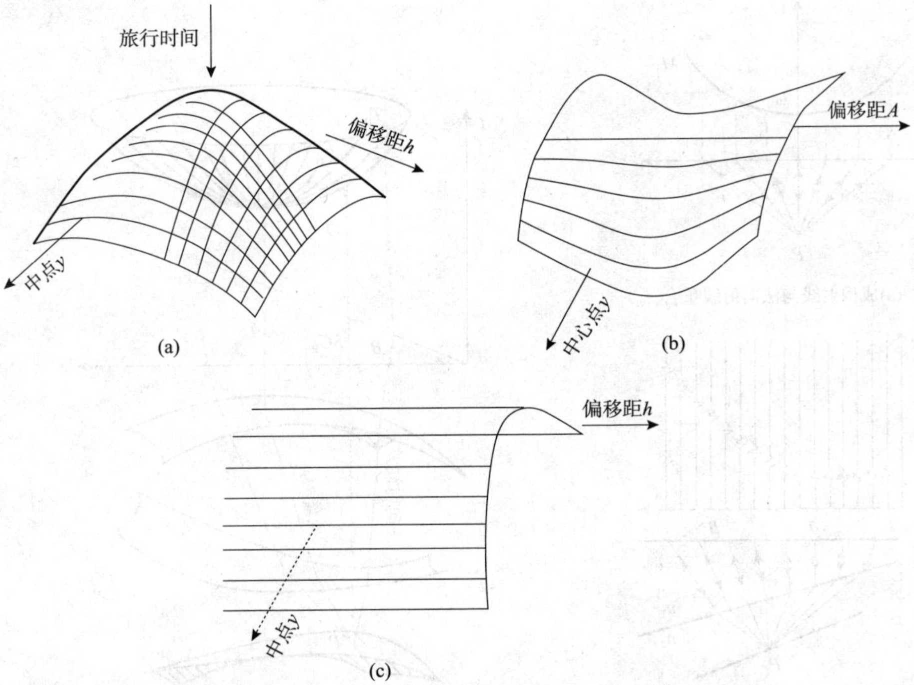

图 5-7-22 绕射锥面(a)及经正常时差校正(b)和倾角时差校正(c)后的变化示意图

五、时间偏移和深度偏移

所谓时间偏移和深度偏移并不是以偏移后得到的结果是时间剖面还是深度剖面来区分的。深度偏移是针对各种偏移方法(它们都属于常规时间偏移)的根本缺陷而提出来的，是一种新的关于偏移的方法，掌握深度偏移的概念对于正确、全面地了解地震偏移是很重要的。

1. 目前使用的时间偏移方法的基本假设及其与实际情况的矛盾

目前使用的偏移方法最重要的基本假设是介质均匀或呈水平层状。在进行偏移时，认为速度函数是已知的，速度结构可以简单地表示为旅行时的函数(沿横向不变)，进行偏移的一切信息都可以归结为旅行时的函数，偏移的结果也大多以旅行时为纵坐标。也正是由于这些特点，所以把这些偏移方法称为时间偏移。

基于这样的假设，可以得出下述特点：由地下一个绕射点产生的绕射时距曲线的极小点必然位于绕射点的正上方。因为由地下绕射点发出的绕射波射线中，有一条最短时间路径，它和地面是垂直的[图 5-7-23(a)]。目前使用的各种偏移方法，尽管具体公式不同、做法不同，但从本质上都可看作把位于这条绕射曲线上的能量全部加起来，并放到曲线的顶点上。这样也就实现了绕射点的正确成像。

如果绕射点的上覆地层中存在倾斜界面，也就是说速度沿横向有变化。这时，点绕射的时距曲线具有不同的特点[图 5-7-23(b)(c)]：

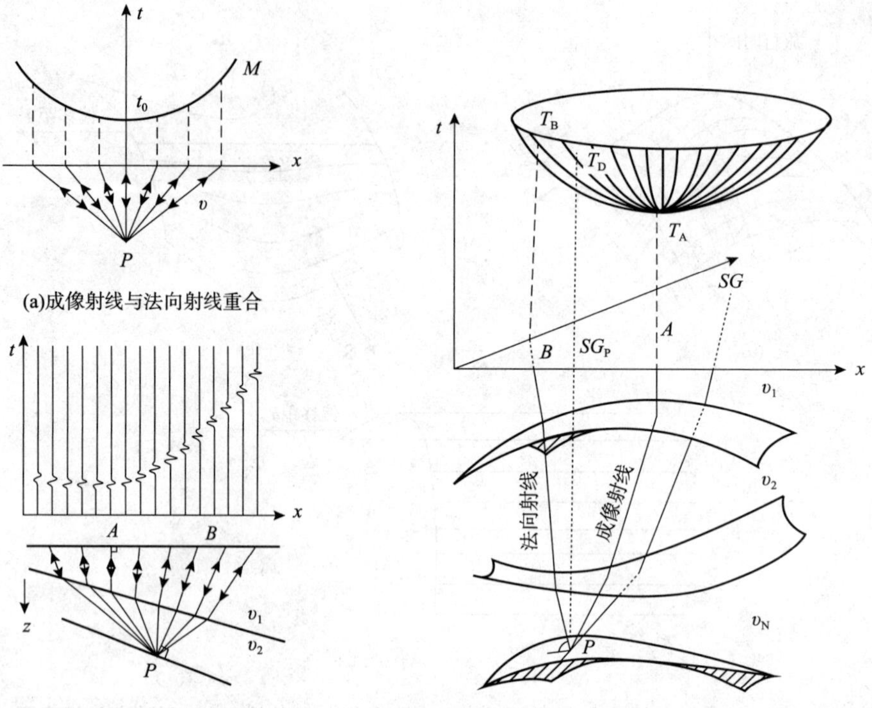

图5－7－23　不同介质情况绕射点时距曲线

(1)存在一条最小旅行时射线，它垂直到达地面，称为成像射线。时距曲线的极小点在成像射线出射点 A 的正上方。A 点偏向界面上倾一侧。

(2)另一条特殊的射线是过 P 点与 P 点所在的界面垂直的射线，在 B 点自激自收记录到的就是沿这条射线的反射，称为法向射线。P 点的绕射能量大部分是沿法向射线传播的。

(3)绕射时距曲线并不是以极小点对称的。在常规时间偏移中，把绕射波时距曲线上的能量汇集到它的极小点上。对水平层状介质，成像射线与法向射线是重合的，所以成像的位置是正确的。但在倾斜界面情况下，这两条射线不再重合，绕射曲线的极小点(以及成像射线的出射点)并不在绕射点的正上方，产生了偏移偏差。这种偏差在各种常规时间偏移中都是存在的。

波的射线在通过界面时发生的偏折，是由界面倾角和界面两边速度的差别两个因素共同决定的。各种时间偏移算法都假设界面是水平的，即使有些算法能考虑射线的偏折(如有限差分法)，但也只是考虑了速度差别引起的那部分偏折，而没有考虑界面倾斜引起的影响。

时间偏移结果与绕射点真正位置之间的这种误差，是所假设的模型(水平层状)与真实地层结构(界面倾斜)之间的本质差别造成的，称为“规格误差”。只要界面有倾角，它的结果就必然是错误的。那么，为什么用时间偏移通常也能得到较满意的结果呢？鲁宾逊提出了随机反射面倾角假说来解释这种情况。如图5－7－24所示，向右倾斜的界面把成像射线折向一方，向左倾斜的界面却把它折向另一方，最终彼此近乎抵消，因而成像射线在地面的出射位置，几乎就在绕射点的正上方。在倾角不大而又具有随机性时，会取得较好的结果。

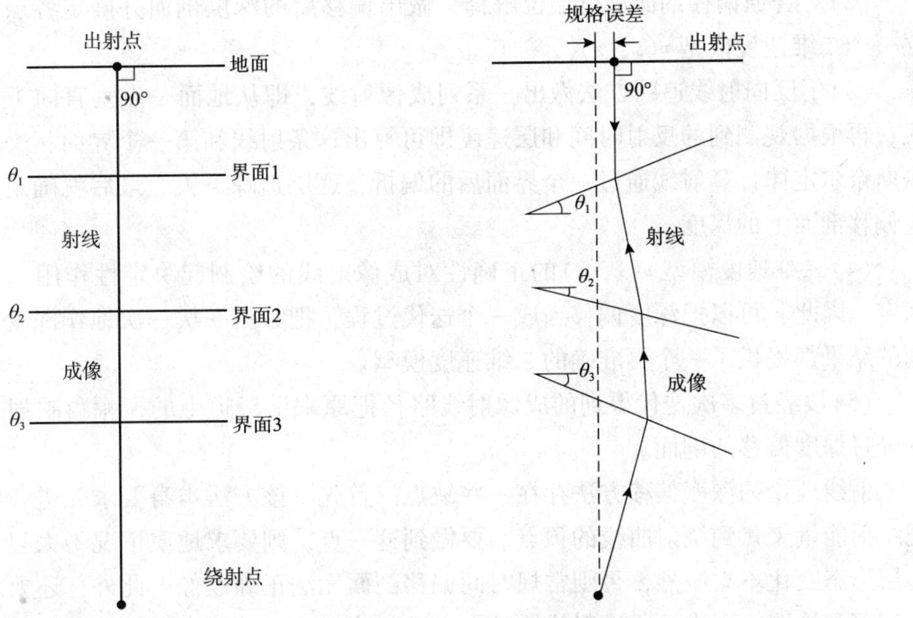

(a)普通偏移要求平界面模型(倾角$\theta_1=\theta_2=\theta_3=0$)，这时成像射线在绕射点正上方出射

(b)若倾角θ_1、θ_2、θ_3具有随机性，其平均倾角多接近于零，则成像射线几乎直接就在绕射点正上方出射，因此规格误差很小

图5－7－24　随机反射界面倾角假说示意图

时间偏移方法存在的这种矛盾，在解地球物理反问题中是有代表性的。偏移的目的是求得地下地层的真实结构和形态；但为了偏移，又必须事先给出一个速度模型，而如果知道了速度模型也就相当于知道了地下构造。因此，该问题难以解决，常规时间偏移只能利用近似解，求出“错误”的答案。

休布拉尔和拉纳首先指出了常规时间偏移方法存在的这种固有缺陷，并提出解决这个问题的新思路和新模型，即深度偏移。

2. 深度偏移的基本思想和主要步骤

拉纳提出的射线理论深度偏移物理概念比较容易理解，本小节以这一方法为例说明深度偏移的基本思想。这种方法由时间剖面先得到普通的偏移时间剖面，再对偏移后的剖面进行校正，最后得到真正的深度剖面。

这种方法的依据是：绕射时距曲线的顶点是成像射线在地面的出射点。所以在该点的射线方向是已知的，即垂直出射到地面。经常规时间偏移后，点绕射的能量已收敛并放在固定位置，如图5－7－23中的A点所示。如果绕射点P的上覆地层存在倾斜界面，则对点P的基坐标是有偏差的。如果知道了速度分布（即地层结构），知道了射线的方向，知道了该道的旅行时，就可以用反向追踪原理，顺着成像射线向地下逐层追踪，找到它的源－绕射点的位置。

具体步骤可归结为：

(1)用普通时间偏移使绕射曲线聚焦，这时只要使用从普通速度分析或测井资料得到的一维速度函数 $v(z)$ 即可。

(2)对普通偏移剖面进行层位解释，做出偏移后的深度剖面并确定各层的速度，即建立一个二维速度模型 $v(x, z)$。

(3)用反向射线追踪方法做出一系列成像射线，即从地面一点垂直向下做一条成像射线，再根据观测到的反射时间和层速度即可算出这条射线和第一个界面相交点的深度，又按斯奈尔定律计算射线通过一个界面后的偏折，逐层追踪下去。最后就确定了各界面在完全偏移剖面上的深度。

(4)二维速度模型 $v(x, z)$ 的正确性对成像射线的绘制起决定性作用，但又不易准确确定，因此，可以把深度偏移当成一个迭代过程，把数据一次一次地作深度偏移。每次得到的结果都提供了一个更准确的二维速度模型。

(5)按经过多次迭代得到的成像射线路径把原来记录道上的振幅再映射上去，即可得到经过深度偏移的剖面。

射线理论的深度偏移方法存在一些缺点。首先，该方法本身要求先进行常规偏移，即把绕射能量聚焦到绕射曲线的顶点。要做到这一点，则要求地质情况不太复杂，即速度和地层形态变化不太激烈，否则常规时间偏移剖面无法正确成像。此外，还要对层位进行人工解释和拾取，再进行成像射线追踪，在进行这一步时，速度模型和界面倾角的误差也必然存在并影响最终结果的精度。最重要的是，成像偏移应当在一次处理中完成，而这种方法人为地将其分解为两个独立步骤。为了克服这些缺陷，需要使用波动理论的深度偏移方法。

时间偏移和深度偏移的本质区别不是最终成果的输出形式，因为两者都可以输出垂直时间剖面或深度剖面。如果速度只是时间的函数(或深度的函数)，则为时间偏移；如果速度结构用一个复杂的深度剖面来表示[速度函数由 $v(x, z)$ 给出]，则为深度偏移。

第六章　地震资料解释基础

第一节　地震分辨率

高分辨率数据采集和处理能够满足油气勘探开发的需要，有助于更准确、精细地了解地层的结构、性质、流体等特性。该操作也是根据储层横向预测及储层描述的需要而提出的。

在地震资料的解释过程中，分辨率是很重要的概念。它是指通过地震方法区分两个以上岩性单元的能力。分辨率又可分为纵向分辨率和横向分辨率。

纵向分辨率也称垂向分辨率，是指通过地震资料沿垂直方向分辨最薄地层的能力。通常认为，纵向分辨率的极限为$(1/4)\lambda$，是用波长λ来衡量的，是由岩层顶、底界面反射波的时差所决定的。时差值称为“时间厚度”。在实际工作中，可将“时间厚度”换为“薄层厚度”。一般所说的分辨率是指纵向分辨率。目前，提高分辨率的处理方法主要是反褶积技术。虽然最理想的反褶积结果是一个脉冲串(脉冲序列)，但由于地震记录的频带宽度是有限制的，反褶积的结果也是在一定条件下获得的，因此，用现有的反褶积方法达不到这种理想的结果。

横向分辨率也称水平分辨率，是指所能分辨的最小反射界面的长度、断点和岩性变化点，小断块和砂岩体等的清晰度都受到横向分辨率的限制。提高横向分辨率的方法为偏移处理技术，它可使小反射界面的振幅带收敛范围缩小，使反射波归于正确位置，绕射波收敛到一点，从而提高了横向分辨率。横向分辨率是用菲涅耳(Fresnel)带来衡量的，第一菲涅耳带宽度越小，横向分辨率就越高。

一、纵向分辨率

当震源在地面A处产生一个尖脉冲$\delta(t)$时，如果这个尖脉冲经过地层传播后仍保持原样不变，则在检波器B上接收到由每个反射层反回来的是一串尖脉冲，称一道理想情况下的地震记录。其中，第1层反射回来的尖脉冲为$r_{t_1}\delta(t-t_1)$，说明了第1层反射系数的大小为r_{t_1}，出现的时间为t_1(或对应的地层深度)，正负号反映了极性；第2层反射回来的脉冲为$r_{t_2}\delta(t-t_2)$，依次类推。此时在地面B上接收到的地震记录为：

$$x(t)=r_{t_1}\delta(t-t_1)+r_{t_2}\delta(t-t_2)+\cdots+r_{t_n}\delta(t-t_n)+\cdots \quad (6-1-1)$$

通过上式可以求得反射系数组成的理想地震记录。

但实际情况并不像理想的那样简单，震源产生的尖脉冲通过结构复杂的大地地层(相当于大地滤波器)传播后，尖脉冲的高频成分被地层“吸收”，低频成分相对增强，频带变窄，这样尖脉冲变成拉长的波形，这种具有一定延续度的单个反射波称为地震子波，这样从每层反射回来的不是尖脉冲，而是拉长的地震子波 $b(t)$；第一层反射回来的不再是 $r_{t_1}\delta(t-t_1)$，而是 $r_{t_1}b(t-t_1)$，第二层为 $r_{t_2}b(t-t_2)$……。这时在地面上 B 处接收到的是先后各层反射回来的能量不同的波形叠加之和。即地震记录为：

$$x(t)=r_{t_1}b(t-t_1)+r_{t_2}b(t-t_2)+\cdots=\sum r_{t_i}b(t-t_i)=b(t)*r(t) \qquad (6-1-2)$$

上式就是熟知的褶积模型公式。

由于式(6-1-2)不像式(6-1-1)那样简单，它是把先后各层到达的拉长反射波 $r_{t_i}b(t-t_i)$叠加在一起，结果完全模糊了地下各层反射层出现的时间和反射系数的大小和极性等，所以就无法考虑分辨率。

原来的激发尖脉冲 $\delta(t)$ 经地下传播后变成了拉长的地震子波 $b(t)$。由于反射系数之间的时间间隔一般比地震子波的长度(延续度)短得多，特别是薄层，因此，对于将这些波形相加后的地震记录式(6-1-2)已无法分辨出地下各层的出现时间、反射系数的大小和正负号等。

目前解决该问题的常用方法为反褶积技术，反褶积的目的是将谱拓宽，就是想把地震子波 $b(t)$ 尽量压缩成脉冲波 $\delta(t)$ 或缩短地震子波的延续时间来提高对各层的分辨能力。但目前的反褶积技术还无法达到将地震子波压缩到脉冲波 $\delta(t)$ 的要求。这是因为子波和地震记录都是有限带宽的(一般在 10～60Hz)，褶积模型也是在一定条件下得到的近似公式，另外，子波也是变化的、无法确切求得，反射系数序列也不一定是白噪声，等等。所以，尽管目前反褶积方法很多，但效果并不理想。这也从反面说明了提高分辨率的难度。那么，是否一定要把地震子波压缩成尖脉冲，否则就无法讨论分辨率的问题呢？针对这一问题，国内外许多学者进行了一系列研究。

1. 零相位子波的分辨率最高

前人研究发现，在相同振幅谱的条件下，最小相位子波(信号)是长度最短的单边子波(信号)，而双边的零相位子波比最小相位子波更短。也就是在相同振幅谱的子波中，零相位子波能量最集中；零相位子波的旁瓣峰值与主瓣峰值(最大峰值)之比最小，其延续长度最短。因而它的分辨率最高。另外，零相位子波其最大峰值直接对准反射系数脉冲，因而可以较准确地确定反射界面的空间位置，便于解释和反演。因此，在地震数据处理中，一般都把最小相位子波(最小相位时的处理方法最简单，如脉冲反褶积、预测反褶积等)转变成零相位子波后再输出。由图 6-1-1 可知，在相同振幅谱的条件下，对比零相位子波与非零相位子波对不同厚度的薄层的合成记录，显然，零相位子波的分辨率较高。对于同样的零相位子波来说，分辨率的高低还要看子波的主瓣宽度，旁瓣与主瓣的比值，以及尾部振荡的振幅 3 个方面。主瓣宽度越窄，旁瓣与主瓣比值越小，尾部振幅衰减越快，分辨率就越高。显然，图 6-1-2(c)的右侧部分零相位子波分辨率最高。第 2 个零相位子波主瓣宽度虽比第 1 个窄，但由于旁瓣与主瓣比值较大、旁瓣增多等，所以分辨率并未提高。从图 6-1-2(a)(b)左侧部分可以看到它们对应的频率宽度是相同的，且较窄，而图 6-

1－2(c)的频率宽度已增加了1倍。

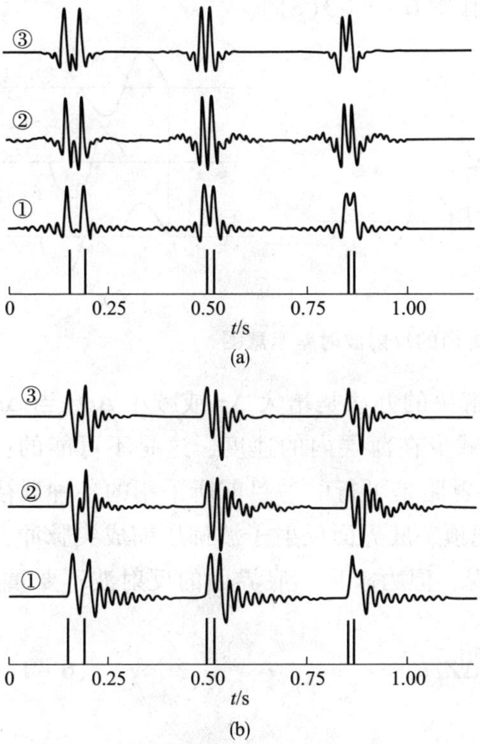

图6－1－1　零相位子波(a)和非零相位子波(b)分辨率的比较

图中①②③各代表一种频谱

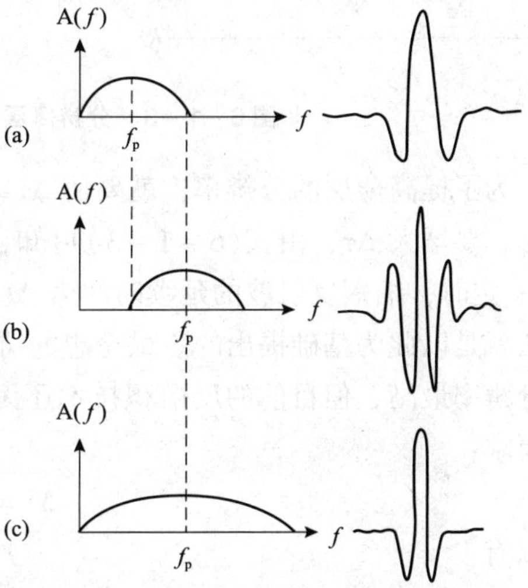

图6－1－2　不同频率响应和对应的脉冲响应

2. 有关垂向分辨率的讨论

目前分析垂向分辨率的方法较多，衡量标准也不同。但最直观、简单的方法是用一个薄层的顶、底界面的反射波时差来定义垂向分辨率；另一种方法是用零相位子波(瑞利波、雷克子波、威得斯子波等)来分析垂向分辨率，根据不同的衡量标准可以得到不同的分辨力极限，这里的分辨力是用时间间隔来衡量的，间隔越小，分辨力越强，分辨力的倒数为分辨率；此外，还可以用波形延续度来分析垂向分辨率，如克奈普等。

1)用薄层顶、底界面的反射波到达时差来定义垂向分辨率

设有一个水平薄层，其顶、底界面分别为 R_{n-1}、R_n，厚度为 ΔZ，层速度为 v_n，且来自两个反射层的自激自收的地震子波具有相同的形状(两个相位的波)，其延续时间都为 Δt，两个波到达时差为 $\Delta\tau$，即波在薄层内传播的往返时间为：

$$\Delta\tau = 2\Delta Z/v_n \tag{6-1-3}$$

当薄层厚度发生变化时，$\Delta\tau$ 和 Δt 之间的大小关系有两种可能：一种是当 ΔZ 较厚时，可使 $\Delta\tau \geqslant \Delta t$，这时，顶、底界面的两个反射波到达时间 t_{n-1}、t_n 可分离，叠加后两个波形出现时间 t_{n-1}、t_n，两个波形能量大小和形状都能明显地区分开[图6－1－3(b)]；另一种情况是当 ΔZ 较薄时，可使 $\Delta\tau < \Delta t$，这时，顶、底界面的两个反射波到达时间分离不开，叠

加后波形发生干涉，形成复波，模糊了出现时间和波形能量的大小和形状，就无法分辨两个波形的能量大小和形状，以及它们的出现时间[图6-1-3(c)]。

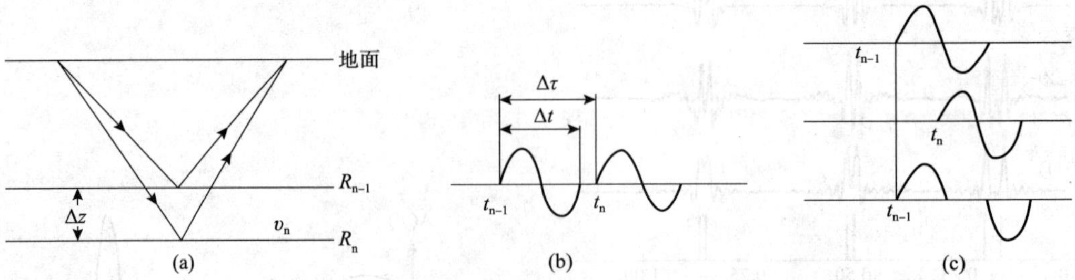

图6-1-3　分辨薄层顶、底界面的反射波时差示意图

为了提高薄层的分辨率，就要使 $\Delta\tau \geqslant \Delta t$，解决的办法是增大 $\Delta\tau$ 或减小 Δt。当 Δt 一定时，要增大 $\Delta\tau$，由式(6-1-3)可知，必须减少在薄层内的速度，这是不可能的；当 $\Delta\tau$ 一定时，缩短反射波的延续时间为 Δt，这一思路是可行的，目前所采用的各种反褶积方法就是以此为基础提出的。最理想的情况是把顶、底界面反射子波都压缩成尖脉冲，此时分辨率最高，但目前的反褶积技术还无法实现，但力求顶、底界面的反射波不要重叠，即要求：

$$\Delta\tau = \Delta t = 2\Delta Z/v_n \tag{6-1-4}$$

所以有：

$$\Delta Z = v_n \Delta t/2 \tag{6-1-5}$$

钱绍瑚认为，如果要求子波的延续时间缩短为半个视周期，即 $\Delta t = T/2$，则分辨薄层的厚度为(λ 为视波长)：

$$\Delta Z = \frac{v_n}{2} \cdot \frac{T}{2} = \frac{\lambda}{4} \tag{6-1-6}$$

这时，地震子波已较短，近似为脉冲，达到了对分辨薄层的要求。由上述分析可知，波形延续时间越短，ΔZ 越小，则垂向分辨率就越高。所以垂向分辨率主要取决于地震子波的延续时间。

零相位子波在地震信号中比其他形式的子波有更高的分辨率，所以不少学者用接近于脉冲的零相位子波来研究纵向分辨率。他们提出了不同的判别准则，得到了不同的分辨力极限。

目前使用较多的零相位子波有雷克子波、辛克子波，辛克子波的振幅谱为矩形的带通子波。它们的数学表达式分别为：

$$b_R(t) = [1-2(\pi f_p t)^2]\exp[-(\pi f_p t)^2] \tag{6-1-7}$$

式中，f_p 为峰值频率，即主频。

$$b_S(t) = \frac{1}{\pi t}(\sin 2\pi f_2 t - \sin 2\pi f_1 t) \tag{6-1-8}$$

式中，f_2 为上限(高端)频率；f_1 为下限(低端)频率。

2）瑞利准则

把零相位子波的中心极大值（波峰）到相邻极小值（波谷）的时间间隔（$b/2$），即半个视周期作为分辨力的极限，也就是说，当两个子波之间的时差不小于 $b/2$ 时，则可分辨出两个子波，否则就无法分辨它们（图 6－1－4）。

3）雷克准则

当两个子波的时差不小于零相位子波中心极大值两侧拐点之间的时间间隔 t_R 时，两个子波在时间上还可分辨，雷克准则把这个时间间隔 t_R 称为时间分辨力的极限。

下面用雷克子波作为零相位子波来分别分析其分辨力的极限 $b/2$ 和 t_R（图 6－1－4）。

显然，零相位子波是对称的，最简单的波形有一个极大值和两个对称的极小值（图 6－1－4）。由微积分知识可知，只要对式（6－1－6）求一次导数并令其为 0，即：

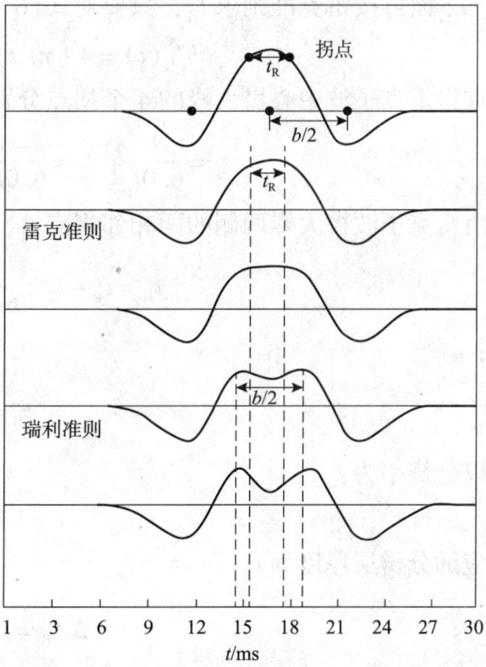

图 6－1－4　雷克准则与瑞利准则示意图

$$b'_R(t)=2\exp[-(\pi f_p t)^2](\pi f_p t)^2 t[2(\pi f_p t)^2-3]=0 \qquad (6-1-9)$$

则可求得子波 $b_R(t)$ 的 3 个极值点分别为：$t_1=0$，$t_2=1/2.6f_p$，$t_3=-1/2.6f_p$。再用二阶导数 $b''_R(t)$ 的正负号来判别 3 个极值点处的性质。

由于在 $t_1=0$ 处，因 $b''_R(t_1)<0$，所以在 t_1 处 $b_R(t)$ 为极大值；在 $t_2=1/2.6f_p$ 处，因 $b''_R(t_2)>0$，所以在 t_2 处 $b_R(t)$ 为极小值；在 $t_3=-1/2.6f_p$ 处，因 $b''_R(t_3)>0$，所以在 t_3 处 $b_R(t)$ 为极小值。

因此，由瑞雷准则可知，其分辨力的极限为：

$$\frac{b}{2}=t_2-t_1=\frac{1}{2.6f_p}-0=\frac{1}{2.6f_p} \qquad (6-1-10)$$

一般用主频来表示 $b/2$，按主频 f_p 与零相位子波主周期 b 关系可得：

$$f_b=\frac{1}{b}=1.3f_p，或 f_p=0.77f_b \qquad (6-1-11)$$

式（6－1－11）说明，f_b 总大于 f_p。

当两个波峰的时间间隔为 $b/2$，即波在薄层内传播的 2 倍旅行时，有如下关系式：

$$\frac{2\Delta Z_b}{v_n}=\frac{b}{2}=\frac{1}{2f_b} \qquad (6-1-12)$$

所以有：

$$\Delta Z_b=\frac{v_n}{4f_b}=\frac{\lambda}{4}（\lambda 为主波长） \qquad (6-1-13)$$

式中，λ 为主波长；ΔZ_b 为 $b/2$ 值所能分辨的薄层厚度，即瑞雷准则能分辨厚度为 $\lambda/4$ 的薄层。

下面再按雷克准则求 t_R，只要对式(6－1－7)求二阶导数并令其为零，即：

$$b''_R(t)=4(\pi f_p t)^4-12(\pi f_p t)^2+3=0 \tag{6-1-14}$$

可求得雷克子波中心极大峰的4个拐点分别为：

$$t_1=\frac{1}{6.0f_p},\ t_2=\frac{-1}{6.0f_p},\ t_3=\frac{1}{1.9f_p},\ t_4=\frac{-1}{1.9f_p} \tag{6-1-15}$$

再由雷克子波极大峰两侧的两相邻拐点 t_1、t_2 之差求得 t_R，即：

$$t_R=t_1-t_2=\frac{1}{6.0f_p}-\frac{-1}{6.0f_p}=\frac{1}{3.0f_p} \tag{6-1-16}$$

或：

$$t_R=\frac{1}{2.31f_b} \tag{6-1-17}$$

所以分辨率为：

$$r=1/t_R=2.31f_b \tag{6-1-18}$$

对应的分辨层厚度为：

$$\Delta Z_R=t_R\cdot\frac{v_n}{2}=\frac{\lambda}{4.62} \tag{6-1-19}$$

显然式(6－1－13)和式(6－1－19)并不相同，即它们分辨薄层的厚度并不一样，但两个值较接近。

Kallweit 和 Wood(1982)综合考虑了上述分辨率准则，认为瑞利准则分辨力极限对应于薄层谐振厚度 $b/2$，而雷克准则分辨力极限对应于时间分辨力 t_R。

现在用另一种带通零相位子波即辛克子波来求 $b/2$ 和 t_R，可用类似的方法对式(6－1－8)求一阶、二阶导数，并令其为零，即：

$$b'_s(t)=0,\ b''_s(t)=0 \tag{6-1-20}$$

就可求得公式：

$$\begin{cases} b/2=\dfrac{1}{c_1f_2} \\ t_R=\dfrac{1}{(c_2/2)f_2} \end{cases} \tag{6-1-21}$$

式中，c_1、c_2 分别为下限频率 f_1 和上限频率 f_2 的函数。它们与带比值 f_2/f_1 有关，当带比值增大时，c_1 和 $c_2/2$ 很快趋于 $c_1=1.398$ 和 $c_2/2=1.509$。因此，当带比值大于4或带宽大于两个倍频程时，有近似公式：

$$\begin{cases} b/2\approx\dfrac{1}{1.4f_2} \\ t_R\approx\dfrac{1}{1.5f_2} \end{cases} \tag{6-1-22}$$

为了与雷克子波做比较，统一用 f_b 表示辛克子波的 $b/2$ 和 t_R。由式(6－1－22)可得：

$$f_b=\frac{1}{b}=0.7f_2,\ 或 f_2=1.43f_b \tag{6-1-23}$$

对应于瑞利准则和雷克准则的薄层分辨力极限分别为：

$$\begin{cases}\Delta Z_{\mathrm{b}}=\dfrac{v_n}{4f_{\mathrm{b}}}=\dfrac{\lambda}{4}\\ \Delta Z_{\mathrm{R}}=\dfrac{v_n}{4.3f_{\mathrm{b}}}=\dfrac{\lambda}{4.3}\end{cases}\qquad(6-1-24)$$

由上述分析可知，当带比值较小(频带较窄)时，由式(6－1－21)可知，$b/2$、t_{R} 只与带比值 f_2/f_1 有关；当带比值大于4或大于两个倍频程时，由式(6－1－22)可知，$b/2$、t_{R} 只与上限频率 f_2 有关。由此可以把分辨率与频带宽度和上限频率联系起来。但许多学者认为，实际资料的分辨率不仅与这两个因素有关，还与中心波瓣(也称极大峰、主峰)的宽度、波峰与波谷的振幅比及旁瓣振荡的长度等因素有关。

如上所述倍频程是用以表示频带宽度的一种方法，它以上限频率 f_2 和下限频率 f_1 的比值 $f_2/f_1=2^K$ 表示，也称相对频宽，K 称为倍频数。如 $f_2=80\mathrm{Hz}$，$f_1=20\mathrm{Hz}$，则 $f_2/f_1=4=2^2$，即信号有两个倍频程；当 $f_2=40\mathrm{Hz}$，$f_1=10\mathrm{Hz}$ 时，$f_2/f_1=4=2^2$，也是两个倍频程。但它们的上、下限频率是不同的，当 $f_2=80\mathrm{Hz}$，$f_1=10\mathrm{Hz}$ 时，$f_2/f_1=8=2^3$，即3个倍频程，等等。在相同倍频程的频带宽度下(大于2个倍频程)，提高上限频率可提高分辨率，这是因为子波的频谱较宽时，由于此时子波的旁瓣已很微弱，不再成为影响分辨率提高的关键因素，主要靠进一步提高频谱上限频率 f_2 来缩短其子波主峰的宽度，才能进一步提高地震记录的分辨率。当子波的频带宽度较窄时，分辨率主要取决于频带宽度。如具有5～35Hz频带宽的子波与120～150Hz的子波，它们的绝对频宽 f_2-f_1 相同，都为30Hz，所以分辨率相同。因为子波的延续时间是带宽的函数。当中心频率(或主频) $f_{\mathrm{p}}=(f_1+f_2)/2$ 提高时，单个周期虽小，但延续时间却与低频相同，因此分辨率不能借此提高，高频成分可使主峰周期缩短，低频成分可以减小子波的旁瓣幅度。也可从频移的角度来看，由于绝对频宽 $f_2-f_1=30\mathrm{Hz}$ 相同，所以二者的包络一样，因此分辨率相同(图6－1－5)。由此可见，要提高地震记录的分辨率，必须在提高反射波主频的同时，加大频带宽度(图6－1－2)。

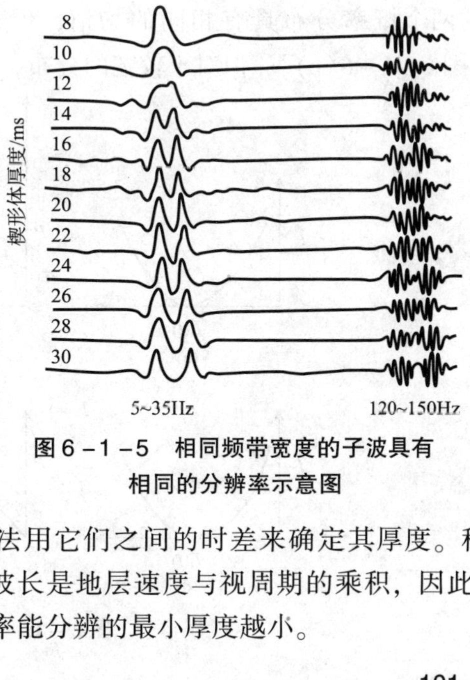

图6－1－5　相同频带宽度的子波具有相同的分辨率示意图

4)威得斯(Widess)准则

用零相位子波并以波长来表示地层(或储层)的厚度并开展模型试验，研究反射波形随地层厚度的变化情况。当地震波通过厚度不小于 $\lambda/4$(λ 为波长)时，可根据反射波形分辨地层的顶、底界面的存在，这样可按两反射波时差来计算地层的厚度。而当地层厚度小于 $\lambda/4$ 时，仅从地震反射波形很难识别地层的顶、底界面，因为两反射波已叠加在一起，成为复合波。已无法用它们之间的时差来确定其厚度。称 $\lambda/4$ 波长为时间分辨率的极限，也称调谐厚度。波长是地层速度与视周期的乘积，因此，速度越低、视周期越小(或频率越高)，时间分辨率能分辨的最小厚度越小。

虽然当储层厚度小于 $\lambda/4$ 以后，已无法通过时间(时差)分辨，无法计算储层的厚度。但威得斯发现复合波的振幅随着厚度的减薄而逐渐变弱，因而正好可以用振幅来测定薄层的厚度，称为振幅分辨率。当然该方法也有一定的限制：当振幅减弱到一定程度时，就会被淹没在噪声的背景中。

当储层厚度等于 $\lambda/8$ 时，还发现储层的反射波的特征正好与入射波的时间导数的特征相同，因此威得斯把储层厚度小于 $\lambda/8$ 的称为薄层。若已知入射波，通过求入射波的时间导数，用求得的入射波时间导数拟合地震记录，可分辨厚度为 $\lambda/8$ 的储层，层厚度小于 $\lambda/8$ 的薄层则不能分辨。威得斯从理论上把储层厚度为 $\lambda/8$ 定义为薄层的分辨率极限。

5)等可控震源研究结果

Kallweit 利用可控震源研究了薄层响应的频谱后，也得出约 $\lambda/4$ 为识别薄层极限的研究结论。

6)顾尔维奇的研究结果

Sengbush 也发现，当地层厚度为 $\lambda/4$ 时，反射波幅会出现异常，因此，将 $\lambda/4$ 称为地层的调谐厚度。

综上分析，可分辨的极限，取决于衡量的标准，最后结果不完全相同，但大部分结果都为 $\lambda/4$ 左右。在实际应用中，通常定义厚度低于入射子波调谐厚度 $\lambda/4$ 的地层为薄层。

7)严格垂向分辨率的定义(Knapp 提出)

该方法是用地震子波的时间延续度来定义垂(向)分辨率，用到了较多的数学知识，并由此推导出一系列结论。

首先，引入一种度量概率分布曲线(函数 P)宽度的方法，它是用某一函数 f 与分布函数 P 相乘，即 fP，称合成函数。函数 f 在分布中心(峰值)附近等于零，而在峰值两侧增大，$f=[t-E(t)]^2$ 为抛物线[图 6-1-6(a)(d)]，可用来度量两个概率分布 P 的宽度，这两个概率分布具有相同的均值，但是其宽度不同。对于窄的分布，fP 处处都很小[图 6-1-6(c)]；但对于较宽的分布，fP 具有两个大的峰[图 6-1-6(f)]。

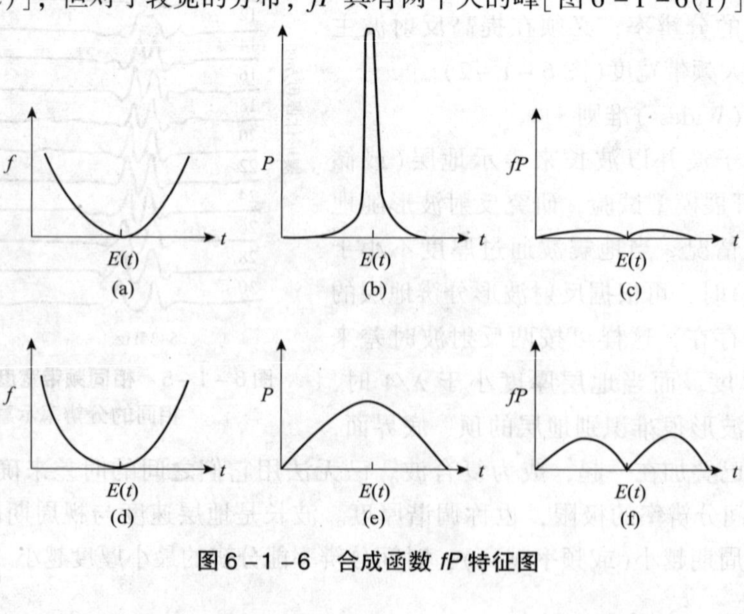

图 6-1-6　合成函数 fP 特征图

分布宽度的定量度量的是合成曲线 fP 包络的面积。选择某一函数为抛物线，即 $f=[t-E(t)]^2$，其中，$E(t)$是随机变量的数学期望，那么就称该度量为分布的方差 σ^2，即：

$$\sigma^2 = \int_{-\infty}^{\infty}[t-E(t)]^2 P(t)\,\mathrm{d}t \tag{6-1-25}$$

式中，σ 是分布宽度的一种度量。

将一个子波 $b(t)$看作在时间轴上的能量分布曲线，它的中心点在 t_0，能量在 t 轴上随机分布，则随机变量 t 的概率密度应为 $b^2(t)$，它的二阶矩(方差)为：

$$M_2 = \int (t-t_0)^2 b^2(t)\,\mathrm{d}t \tag{6-1-26}$$

它的总能量为：

$$E = \int b^2(t)\,\mathrm{d}t \tag{6-1-27}$$

这样归一化后的子波延续度 L_t 可表示为：

$$L_t^2 = \frac{M_2}{E} = \frac{\int (t-t_0)^2 b^2(t)\,\mathrm{d}t}{\int b^2(t)\,\mathrm{d}t} \tag{6-1-28}$$

显然，当子波为脉冲时，波形最集中，因为分子(方差)最小，而分母为 $\int b^2(t)\,\mathrm{d}t = \int |B(f)|^2\,\mathrm{d}f$，由于子波为脉冲时频带最宽，所以分母最大，此时，延续度 L_t 最小，分辨率最高。

已知 $b(t)$的傅里叶变换为 $B(f) = \int b(t)\mathrm{e}^{-i2\pi ft}\mathrm{d}t$，所以有 $\frac{\mathrm{d}B(f)}{\mathrm{d}f} = -i2\pi\int tb(t)\mathrm{e}^{-i2\pi ft}\mathrm{d}t$ 及 $\int b^2(t)\,\mathrm{d}t = \int |B(f)|^2\,\mathrm{d}f$，由此可将式(6－1－26)写成：

$$M_2 = \frac{1}{4\pi^2}\int \left|\frac{\mathrm{d}B(f)\mathrm{e}^{i2\pi ft_0}}{\mathrm{d}f}\right|^2 \mathrm{d}f \tag{6-1-29}$$

利用 $B(f) = |B(f)|\mathrm{e}^{i\varphi(f)}$，有：

$$\begin{aligned} M_2 &= \frac{1}{4\pi^2}\int\left\{\left[\frac{\mathrm{d}|B(f)|}{\mathrm{d}f}\right]^2 + |B(f)|^2\left\{\frac{\mathrm{d}[\varphi(f)+2\pi ft_0]}{\mathrm{d}f}\right\}^2\right\}\mathrm{d}f \\ &= \frac{1}{4\pi^2}\int |B(f)|^2\left\{\left[\frac{\mathrm{d}\ln|B(f)|}{\mathrm{d}f}\right]^2 + \left\{\frac{\mathrm{d}[\varphi(f)+2\pi ft_0]}{\mathrm{d}f}\right\}^2\right\}\mathrm{d}f \end{aligned} \tag{6-1-30}$$

代入式(6－1－28)，有：

$$L_t^2 = \frac{1}{4\pi^2}\frac{\int |B(f)|^2\left\{\left[\frac{\mathrm{d}\ln|B(f)|}{\mathrm{d}f}\right]^2 + \left\{\frac{\mathrm{d}[\varphi(f)+2\pi ft_0]}{\mathrm{d}f}\right\}^2\right\}\mathrm{d}f}{\int |B(f)|^2\mathrm{d}f} \tag{6-1-31}$$

定义垂向分辨率为：

$$r = \frac{1}{L_t} \tag{6-1-32}$$

于是，可得出下列6项结论：

(1)零相位子波分辨率最高，因为式(6-1-31)分子中第二项微分为零，振幅谱不变时，L_t 有最小值。

(2)子波谱越光滑，即谱梯度越小，分辨率越高，这时式(6-1-31)中分子第一项最小，相位谱不变时，L_t 有最小值。

(3)对于单向子波，$t_0=0$，$\varphi(f)$为最小相位时，L_t 最小，分辨率最大。

(4)零相位时，有：

$$L_t^2=\frac{1}{4\pi^2}\frac{\int\left[\frac{\mathrm{d}|B(f)|}{\mathrm{d}f}\right]^2\mathrm{d}f}{\int|B(f)|^2\mathrm{d}f} \tag{6-1-33}$$

谱光滑时，谱越宽并且谱的梯度积分越小(水平谱时为0，单频谱时为∞)，则 L_t 越小，分辨率越高；这时，式(6-1-33)的分子越小，分母越大。

(5)子波主振幅增强时，式(6-1-28)分子不变，分母加大，因而 L_t 缩小，分辨率提高。

(6)余弦谱时分辨率最高。可用拉格朗日法求 L_t^2 的极小值。

地震子波是个限带信号，假定在 f_1、f_2 之间，其外频率成分为零，其能量为：

$$E_1=\int_{f_1}^{f_2}|B(f)|^2\mathrm{d}f \tag{6-1-34}$$

以此作为约束，使式(6-1-33)中分子为最小，则有：

$$\frac{\partial}{\partial f}\int_{f_1}^{f}\left\{\left[\frac{\mathrm{d}|B(f)|}{\mathrm{d}f}\right]^2+\lambda\ |B(f)|^2\right\}\mathrm{d}f=0 \tag{6-1-35}$$

偏微分得：

$$\begin{cases}\int_{f_1}^{f_2}\left[2\frac{\mathrm{d}|B(f)|}{\mathrm{d}f}\frac{\mathrm{d}^2|B(f)|}{\mathrm{d}f^2}+2\lambda|B(f)|\frac{d|B(f)|}{\mathrm{d}f}\right]\mathrm{d}f=0\\ \int_{f_1}^{f_2}\left[\frac{\mathrm{d}^2|B(f)|}{\mathrm{d}f^2}+\lambda|B(f)|\right]\mathrm{d}f=0\end{cases} \tag{6-1-36}$$

积分号内为正，故：

$$\frac{\mathrm{d}^2|B(f)|}{\mathrm{d}f^2}+\lambda|B(f)|=0 \tag{6-1-37}$$

解此微分方程有：

$$|B(f)|=\begin{cases}\alpha\cos\pi\frac{f-f_p}{2\Delta F},\ f_1\leqslant f\leqslant f_2\\ 0,\ f<f_1 \text{ 或 } f>f_2\end{cases} \tag{6-1-38}$$

式中，f_p 为主频，$f_p=(f_1+f_2)/2$；ΔF 为半频域，$\Delta F=(f_2-f_1)/2$。

此时，拉格朗日数 $\lambda=4\pi^2\Delta F^2$。如以 f_p 为轴，即 f_p 不变，有 $\mathrm{d}f_p/\mathrm{d}f=0$，不失一般性，这时，$L_t$ 有极小值：

$$\min(L_t^2) = \frac{1}{4\pi^2}\frac{\int_{-\Delta F}^{\Delta F}\left(\frac{\mathrm{d}}{\mathrm{d}f}\cos\pi\frac{f-f_p}{2\Delta F}\right)^2\mathrm{d}f}{\int_{-\Delta F}^{\Delta F}\cos^2\pi\frac{f-f_p}{2\Delta F}\mathrm{d}f} = \frac{1}{4\pi^2}\left(\frac{\pi}{2\Delta F}\right)^2\frac{\int_{-\Delta F}^{\Delta F}\sin^2\pi\frac{f-f_p}{2\Delta F}\mathrm{d}f}{\int_{-\Delta F}^{\Delta F}\cos^2\pi\frac{f-f_p}{2\Delta F}\mathrm{d}f} = \left(\frac{1}{4\Delta F}\right)^2 \tag{6-1-39}$$

故 $\min(L_t)=1/4\Delta F$。这时分辨率为最大，是频域的两倍，即 $r_{\max}=4\Delta F$。余弦谱的频宽 ΔF($-3\mathrm{d}B$ 处)正好是 ΔF，即半频域，因 $\cos(\pi/4)=0.707$，$20\lg0.707=-3.01(\mathrm{d}B)$，故最大分辨率为4倍频宽。

$$r_{\max}=1/\min L_t\approx4\Delta F \tag{6-1-40}$$

由上述结论，可以得出提出提高垂向分辨率的一些措施：

(1)尽量缩短子波的延续度，延续越短，分辨率越高[见式(6－1－40)]，零相位子波延续度最短，所以分辨率最高；其次，为最小相位子波[见式(6－1－31)]，因此，处理时一定要做零相位整形滤波。

(2)频带宽度与子波的延续度成反比、与分辨率成正比[见式(6－1－40)]。但同样的频宽，频带位置不同，效果也不同。随着频段升高，旁瓣增多。因此，应用相对频宽来表示，即 $f_2/f_1=f_2/(f_2-\Delta f)$，如频宽 $\Delta f=f_2-f_1=50\mathrm{Hz}$，上限频率 $f_2=100\mathrm{Hz}$ 时，比值为2；而 $f_2=60\mathrm{Hz}$ 时，比值为6。因此，同样频宽时，频段越低，比值越大，旁瓣越小。所以不仅要拓宽高频段，还应保留低频段。认为高分辨勘探就是高频勘探，或主频越高越好的观点是不对的。

(3)频谱越光滑，分辨率越高，余弦谱分辨率最高。所以，可在处理过程中安排一个纯振幅滤波器使谱光滑并余弦化，但一定要保持零相位不变。

二、横向分辨率

横向分辨率也称水平分辨率或空间分辨率，是指地震剖面中在水平方向上能分辨的最小间距(宽度)。与纵向分辨率相比，有关横向分辨率的研究资料较少。对于未偏移的剖面，横向分辨率主要与反射波主频对应的第一菲涅耳带有关。对于偏移剖面来讲，理论上，它直接与垂直分辨率及偏移角度有关。

所谓第一菲涅耳带就是反射界面与球面波前相交点之间的部分 AA'，即在初至波波前后面 $\lambda/4$ 处的相应相位的波前恰与反射面相切，这时初至波波前与反射界面相交点之间的宽度 AA' 为第一菲涅耳带(图6－1－7)。

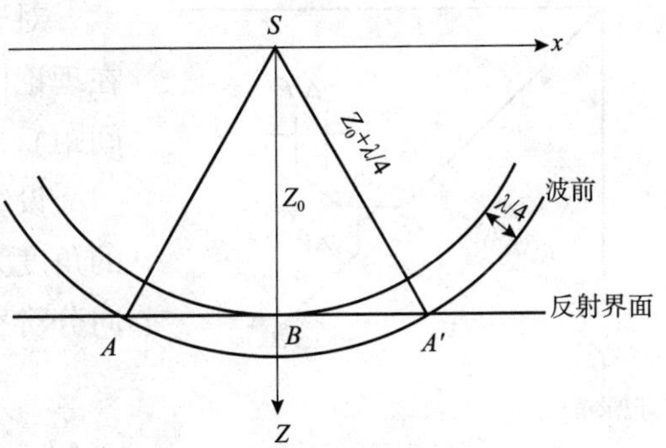

图6－1－7　菲涅耳带 AA'

如果在震源 S 处放一检波器，则由菲涅耳带两个边缘点 A、A' 处接收到的反射波比垂直入射到 B 点接收到的反射波晚到半个周期，因此，产生能量相消干涉；而菲涅耳带内所有反射波都在半个周期内全部到达，因此，产生能量相长干涉。所以，在检波器接收到的所有反射波都干涉在一起而无法分开。故落在带内的两个反射点在地表接收时是分不开的。因此，用第一菲涅耳带的宽度 AA' 来衡量地震横向分辨率。

第一菲涅耳带宽度可通过菲涅耳带半径 $r = BA'$ 来表示（$AA' = 2r$）。若反射界面以上的介质为均匀的，平均速度为 v，波的主频为 f，则由直角三角形的三边关系得：

$$r^2 = \overline{SA'}^2 - \overline{SB}^2 = \left(Z_0 + \frac{\lambda}{4}\right)^2 - Z_0^2 = Z_0\lambda/2 + \frac{\lambda^2}{16} \qquad (6-1-41)$$

因为一般有 $\lambda \ll Z_0$，$\lambda^2/16 \approx 0$，所以由式(6－1－41)得 r 的近似公式：

$$r \approx \sqrt{\lambda Z_0/2} \qquad (6-1-42)$$

由于 $\lambda = v/f$，$Z_0 = vt/2$，所以上式可写成：

$$r \approx \sqrt{\lambda Z_0/2} = \frac{v}{2}\sqrt{t/f} \qquad (6-1-43)$$

由式(6－1－43)可以看出，第一菲涅耳带半径 r（或直径 $AA' = 2r$）与频率、界面深度和速度有关。显然，r 随着频率 f 的增大而减小，随着地下深度的增大而增大，随着速度的增大而增大。因此，要提高地震记录的横向分辨率，主要在于提高反射波的频率。在地震记录信噪比较高的情况下，只有地下水平方向的地质目标的宽度不小于第一菲涅耳带时，才能在水平叠加时间剖面上分辨该地质目标是否存在。

在地震剖面上，横向分辨率控制着断点、岩性尖灭点、小断块和砂岩体的清晰度。如在一个断点附近，地震剖面上该点处的同相轴不会马上消失，而是形成一个振幅逐渐减小的长绕射尾巴，这种绕射现象给解释人员确定断点的位置带来了困难。因此，提高地震剖面的横向分辨率具有重要意义。具体方法是通过偏移技术，使绕射波收敛、干涉波分解、反射波归位，以此来提高横向分辨率。因此，有人称其为空间反褶积，其作用是合理地移动和压缩（相当于偏移算子的位置校正和振幅校正）地震剖面上的空间子波。它与提高纵向分辨率时采用时间反褶积技术压缩纵向子波一样。从另一个角度看，偏移是一种地震波场向下延拓的过程，偏移后的结果，将震源和接收点都已延拓到各反射界面上，因此，反射面的深度为零，此时菲涅耳带的宽度也为零，横向分辨率达到极大。所以偏移是提高横向分辨率的有效方法。

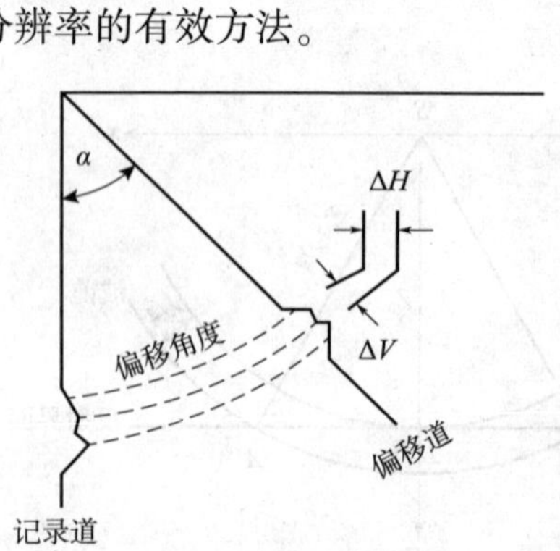

图 6－1－8　横向分辨率与纵向分辨率的关系

对于偏移剖面的横向分辨率问题，菲涅耳带至少在理论已收敛到一点，但实际上还与空间采样率（即道间距）、纵向分辨率及偏移角度有关。

设纵向分辨率为 ΔV，横向分辨率为 ΔH，偏移半径的角度为 α，从图 6－1－8 上可看出，横向分辨率是纵向分辨率的水平分量，即：

$$\Delta H = \frac{\Delta V}{\sin\alpha} \qquad (6-1-44)$$

所以偏移时间剖面的横向分辨率主要与纵向分辨率和偏移角度有关。

三、影响分辨率的主要因素

由上述分析可知，影响地震记录分辨率的主要因素有：地震子波的频率成分与频带宽度(或子波的延续度)，信噪比，时间－空间的采样率，子波的形状，子波的吸收－衰减作用，等等。

1. 地震子波的主频与频带宽度

由以上分析可知，不论是纵向分辨率还是横向分辨率，都与波长 λ 有关，因而也与主频有关。一般波长越短或主频越高，分辨率就越高。

用零相位带通辛克子波进行分析时，最后得到的结论是当子波的频带宽度较窄时，分辨率主要取决于 f_2/f_1，即相对频带宽度；当子波频带宽度较大时，分辨率主要与上限频率有关；频带越宽或子波的延续度越小，则分辨率越高。

如前文所述，由激发脉冲经过地下传播后受到地层吸收等，反射回地面接收到的不再是脉冲而是成为拉长的地震子波，这样从地下各地层先后反射回来的反射波叠加后就模糊了各层反射波的出现时间、能量和极性等重要的地质因素。地震子波拉得越长，则分辨率越低，因此，分辨率与子波的长短(延续度)有密切关系。但同样长度的子波由于能量分布的不同，也是千变万化的。如离散后的 $n+1$ 长度的子波 $b(n)=(b_0, b_1, \cdots, b_n)$，在相同振幅谱的情况下，就有 2^n 个具有该振幅谱而相位不同的子波。

威得斯利用子波能量集中程度，提出分辨能力公式：

$$p = \frac{b_M^2}{E} = \int_{-\infty}^{\infty} B(f)\cos\theta(f)\mathrm{d}f \tag{6-1-45}$$

式中，b_M 为子波的最大样点值；E 为子波的总能量，即子波 $b(n)$ 的所有采样值的能量之和与采样间隔 Δ 之积，即：

$$E = \Delta\sum_n b_n^2 \tag{6-1-46}$$

显然，$p=b_M^2/E\leqslant 1/\Delta$，只有当子波为脉冲时，分辨率最高，$p=1/\Delta$。

当子波为雷克子波时，将式(6－1－7)代入，有：

$$E = \int_{-\infty}^{\infty} b^2(t)\mathrm{d}t \tag{6-1-47}$$

得到：

$$E = 3/(4\sqrt{2\pi}f_p) \tag{6-1-48}$$

对于雷克子波，显然 $b_M=1$，将 E 和 b_M 代入式(6－1－45)得：

$$p = \frac{4\sqrt{2\pi}}{3}f_p \approx 3.34f_p \tag{6-1-49}$$

由式(6－1－49)可知，分辨率与主频 f_p 成正比。

由于在地震资料中地震子波是很难求取的，所以常在频域上进行研究，威得斯把地震记录的分辨率 p 定义为：

$$p = \frac{\left[\int_{-\infty}^{\infty} B(f)\cos\theta(f)\,\mathrm{d}f\right]^2}{\int_{-\infty}^{\infty} B^2(f)\,\mathrm{d}f} \tag{6-1-50}$$

式中，$B(f)$为子波的振幅谱；$\theta(f)$为子波的相位谱，以时域中子波的最大样点值为时间零点计算相位谱。

若还用$b_{\mathrm{M}} = \int_{-\infty}^{\infty} B(f)\cos\theta(f)\,\mathrm{d}f$为子波的最大样点值，$E = \int_{-\infty}^{\infty} B^2(f)\,\mathrm{d}f$为子波的总能量，则仍有：

$$p = \frac{b_{\mathrm{M}}^2}{E} \tag{6-1-51}$$

但子波的频谱仍难求得，所以假设反射系数序列为白色的，此时反射系数序列的谱为常数，这样可用记录的振幅谱代替子波的振幅谱。但无法求得相位，可设其为最小相位或零相位。

我们已经知道，在相同振幅谱的条件下，零相位子波具有最高的分辨率，即$\theta(f)=0$，式(6-1-50)变为：

$$p = \frac{\left[\int_{-\infty}^{\infty} B(f)\,\mathrm{d}f\right]^2}{\int_{-\infty}^{\infty} B^2(f)\,\mathrm{d}f} \tag{6-1-52}$$

当对辛克子波进行分析时，即有$\theta(f)=0$，$B(f)=B(-f)$，且在$[f_1, f_2]$上其振幅值为1，在$[f_1, f_2]$外，其振幅为零，这时式(6-1-50)变成：

$$p = \frac{\left(\int_{-f_2}^{-f_1}\mathrm{d}f + \int_{f_1}^{f_2}\mathrm{d}f\right)^2}{\int_{-f_2}^{-f_1}\mathrm{d}f + \int_{f_1}^{f_2}\mathrm{d}f} = 2(f_2 - f_1) \tag{6-1-53}$$

上式说明，分辨率p与频带宽度成正比。

显然，地震子波为单频调谐波，即$f_1 = f_2$时，有$f_2 - f_1 = 0$，此时，$p=0$，即分辨率为零，因而单频波的频率不起作用。当子波为脉冲时，即$f_2 - f_1 \to \infty$，此时分辨率趋于无限。

下面分析由 Lindseth 采用的不同频带宽度和频率成分的子波对分辨能力的影响(图6-1-9)。

从图6-1-9上看，显然子波的频带愈宽，相应的分辨率就愈高。在40～113Hz时，能分辨出总厚度为24ms的3个界面，但效果还不甚理想。刘雯林认为，由于单波旁瓣幅度较大，多出了两个向下的假反射界

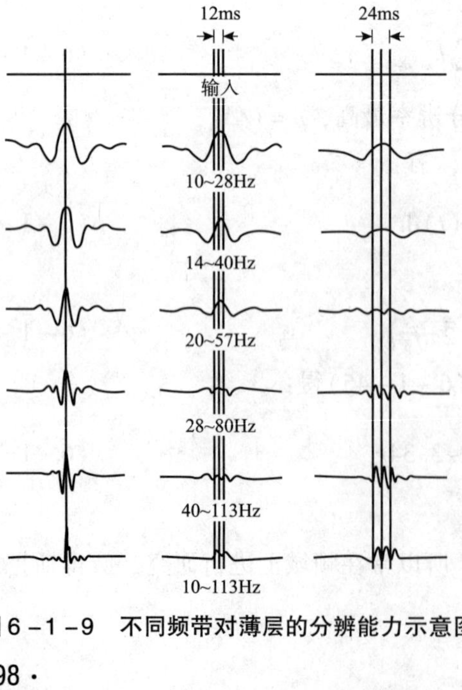

图6-1-9　不同频带对薄层的分辨能力示意图

面。他把频带加宽到10~113Hz时，由于使单波旁瓣压低，波形变得更为尖锐，才能正确反映反射界面的极性，不仅能分辨出3个界面，向下的两个假界面反射也消失了，说明低频也是必不可少的。

通过上述分析可知，分辨率与子波的频带宽度和频率成分有如下关系：

(1)当子波频带较窄时(图6-1-9)，相同频带宽度对应的子波分辨率基本相同。分辨率主要取决于频带宽度，频带越宽，对应的子波延续度越短，分辨率就越高。

(2)当子波频带较宽时，分辨率主要取决于上限频率f_2，但也要考虑到低频成分。

(3)子波的分辨率与其频带宽度成正比，与子波的长度(延续度)成反比。

(4)在相同振幅谱的条件下，零相位子波的分辨率最高，也说明与子波的相位有关。

2. 信噪比

设地震记录$x(t)=s(t)+n(t)$，其中有效信号$s(t)=b(t)*r(t)$，即等于地震子波$b(t)$与反射系数序列$r(t)$的褶积，$n(t)$为噪声，相应的频谱为$Z(f)=S(f)+N(f)$，$S(f)=B(f)R(f)$。当反射系数序列$r(t)$为白噪时，其频谱$R(f)=c$(常数)，所以有$S(f)=B(f)R(f)=cB(f)$，代入式(6-1-50)，得：

$$p=\frac{\left[\int_{-\infty}^{\infty}S(f)\cos\theta(f)\right]^2}{\int_{-\infty}^{\infty}S^2(f)\,\mathrm{d}f}=\frac{b_{\mathrm{M}}^2}{E} \tag{6-1-54}$$

在实际剖面上，分辨率与信噪比密切相关，噪声对同相轴的可分辨性有显著影响，在信噪比很低的条件下，提高反射波的频带宽度和频率成分也无法导致分辨率的提高。威得斯(1982)把有噪声影响的地震记录的分辨率定义为：

$$p_n=\frac{\left[\int_{-\infty}^{\infty}S(f)\cos\theta(f)\,\mathrm{d}f\right]^2}{\int_{-\infty}^{\infty}\left[S^2(f)+N^2(f)\right]\mathrm{d}f} \tag{6-1-55}$$

显然，上式分母中的噪声功率越小，分辨率就越高，无噪声时即为式(6-1-54)。在无噪声的情况下，零相位时，即$\theta(f)=0$，$\cos\theta(f)=1$，此时分辨率最高。因此，在处理时尽可能用各种手段进行去噪，并将波形零相位化，这也是提高分辨率的重要步骤。

为了把分辨率p_n与地震记录的信噪比联系起来，应把信噪比也看成是频率的函数。用$r^2(f)=\int_{-\infty}^{\infty}S^2(f)\,\mathrm{d}f\Big/\int_{-\infty}^{\infty}N^2(f)\,\mathrm{d}f$表示信噪功率谱比，用$r(f)=S(f)/N(f)$表示信噪比谱。于是有：

$$p_n=\frac{\left[\int_{-\infty}^{\infty}S(f)\cos\theta(f)\,\mathrm{d}f\right]^2}{\int_{-\infty}^{\infty}\left[S^2(f)+N^2(f)\right]\mathrm{d}f}=\frac{\left[\int_{-\infty}^{\infty}S(f)\cos\theta(f)\,\mathrm{d}f\right]^2}{\int_{-\infty}^{\infty}S^2(f)\,\mathrm{d}f\left[1+\int_{-\infty}^{\infty}N^2(f)\,\mathrm{d}f\Big/\int_{-\infty}^{\infty}S^2(f)\,\mathrm{d}f\right]}=pq \tag{6-1-56}$$

式中，p为无噪声时的分辨率；$q=1/(1+1/r^2)$。所以分辨率p_n完全由信噪比谱决定，不同频率的信噪比谱是不同的。由于总体信噪比与信噪比谱有关，为了保证总体信噪比，必须滤去信噪比谱中的低信噪比成分。一般情况下，有效波(信号)和干扰波的频谱是有重叠的，经频率滤波后，信号的主要能量集中在原始信噪比最有利的频率范围内。在滤除干扰波的过程中，有效波的频带宽度也相应变窄，使有效波的延续时间加长，从而降低了分辨率。为了提高分辨率，用反褶积技术来缩短有效波的长度，即扩展的频谱，在扩展时又带来了干扰噪声，降低了信噪比。因此，信噪比和分辨率是相互矛盾的。这是因为目前大多数去噪声的方法都具有低通或带通滤波的性质，提高了信噪比，损失了信号的高频成分，因而降低了分辨率，与此同时，提高分辨率的反褶积技术又大大降低了记录的信噪比。如何有效地克服信噪比与分辨率之间的矛盾成为学者们广泛研究的课题。

式(6-1-56)中的$q=1/(1+1/r^2)$反映了噪声对信号的破坏程度，称为信号纯洁度。当$r\to 0$时，即无信号时，信号纯洁度$q=0$，$p_n\to 0$；当$r\to\infty$时，即无噪声时，信号纯洁度为1，即无噪声时的分辨率。显然，地震记录的分辨率随着信噪比谱r的降低而降低。q与r之间的关系如表6-1-1所示。

表6-1-1 信噪比与信号纯洁度的关系

参数	取值									
r	0	1/8	1/4	1/2	1	2	4	8	16	∞
q	0	0.0154	0.0588	0.2	0.5	0.8	0.9412	0.9846	0.9961	1

从表6-1-1可以看出，信噪比谱$r<1$时，提高记录的信噪比谱成为改善分辨率的关键，这是因为，当r从0.5上升为1时，q从0.2上升到0.5，改善了2.5倍。在$r>2$以后，由表6-1-1可知，进一步提高分辨率谱对于改善q而言意义不大。因此，保持信噪比谱r为2~4是比较合适的，信噪比谱$r<1$是不能接受的。

3. 时间、空间采样率

地震勘探数字记录在时间和空间域都要进行采样，而且采样间隔都要满足采样定理才能不出现假频。

在时间域按一定间隔采样，把连续信号$x(t)$变成离散信号$x(n\Delta)$。这样得到的离散信号，是否还能恢复为原来的连续信号呢？这个问题可由采样定理予以证明。即如果信号$x(t)$的截止频率为f_c(尼奎斯特频率)，即当$|f|\geqslant f_c$时，其频谱$X(f)=0$，则只要采样间隔$\Delta t\leqslant 1/2f_c$时，由采样信号$x(n\Delta)$($n=\pm1,\ \pm2,\ \cdots$)可以精确地恢复原来的信号$x(t)$。一般在时域方向，采样间隔还可以进行内插加密，但也并非越密越好，只要到其截止频率为止，再密就会造成浪费，甚至还会带来噪声干扰。因此，认为只要采用高采样率就能提高地震记录的分辨率是不正确的。所以在处理过程中，要进行综合分析研究，既要考虑分辨率，也要考虑处理费用等因素。

地震勘探在空间域总是离散采样的，空间采样间隔(道间距)直接影响到施工效率和成本。空间采样密度通常会由于地面障碍和施工缺陷等而造成局部缺道，因此，空间采样密度经常是不够的，无法满足采样定理的要求。因此，这样的资料不能精确恢复出连续信号，不符合空间内插。由于道间距应小于第一菲涅耳带的半径，道间距不足也会直接影响横向分辨率。

关于道间内插的研究于 1981 年由 Lamer 等首先取得突破，他们的方法分为两步：第一步，搜索各个局部相干性最好的倾角；第二步，沿此倾角方向进行内插。因为不论倾角多大，沿倾角方向(同相轴方向)的视波长总是很大，在这个方向上是满足采样定理的，所以可以内插。1984 年，Raoult 提出了一种与 Lamer 等思路相似的方法，具体步骤为：第一步，搜索信号的倾角；第二步，把各道时移，使倾角变为零；第三步，做空间内插；第四步，做反时移恢复原来倾角。另外，King 等提出了智能内插方法，其做法是先在一个道上找出某个波形的若干特征，如极值幅度、极性、宽度和对称性等；再与相邻道的特征进行比较，根据其共同特征的时差确定信号的倾角；再沿此倾角方向内插。

国内外学者都十分重视道间内插问题，1988 年，俞寿朋等提出了多项式拟合方法，该方法认为，信号到达各地震道的时间是可用多项式表达的曲线，沿这条曲线的振幅变化也可用多项式描述。该方法分为两步：第一步，搜索信号同相轴，其突破了前人的方法中同相轴必须是直线的限制；第二步，沿同相轴方向内插，因采用次数不太高的多项式内插，故在一定程度上提高了信噪比。

4. 子波的形状

在相同振幅谱的条件下，零相位子波的分辨率最高，威得斯把有噪声影响的地震记录的分辨率定义为：

$$p_n = \frac{\left[\int_{-\infty}^{\infty} S(f)\cos\theta(f)\,\mathrm{d}f\right]^2}{\int_{-\infty}^{\infty}\left[S^2(f) + N^2(f)\right]\mathrm{d}f} \tag{6-1-57}$$

由上式可知，当子波为零相位时，即 $\theta(f)=0$，$\cos\theta(f)=1$ 时，分辨率 p_n 最大。

另外，如果将式(6-1-51)改写成：

$$p = b_{\mathrm{M}}^2/E = \frac{b_{\mathrm{M}}^2}{E_{\mathrm{M}}}\cdot\frac{E_{\mathrm{M}}}{E} = I_{\mathrm{t}}^{-1}I_{\mathrm{w}} \tag{6-1-58}$$

式中，E_{M} 为子波主瓣所含能量。则可将子波主瓣宽度，主瓣、旁瓣能量的比值和尾部振荡振幅与分辨率之间的关系反映出来。$I_{\mathrm{t}} = E_{\mathrm{M}}/b_{\mathrm{M}}^2$ 为主瓣时间宽度指标，一般小于信号子波的主瓣宽度，常以 $0.7b_{\mathrm{M}}$ 处 Δt 为量度，如主瓣能量 E_{M} 不变，则主瓣峰值 b_{M} 越大，主瓣越窄，即 I_{t} 越小。$I_{\mathrm{w}} = E_{\mathrm{M}}/E$ 称为波形指标，即主瓣能量与子波总能量之比($I_{\mathrm{w}} \leqslant 1$)。当 $I_{\mathrm{w}} \approx 0$ 时，即子波主瓣能量与总能量之比可忽略时，相当于正弦波的振荡情况，此时分辨率为零，即 $p = I_{\mathrm{t}}^{-1}I_{\mathrm{w}} = 0$；如果 $I_{\mathrm{w}} \approx 1$ 时，即旁瓣能量很小，子波主瓣能量几乎等于子波总能量时，旁瓣和尾部振荡能量几乎为零，即子波近于尖脉冲情况，此时分辨率最高。

5. 地震波的吸收衰减作用

由前述分析可知，地震记录的分辨率与反射波的频率有关。当地震波在地层中传播时，因地层的吸收衰减作用或滤波作用，地震波的能量会衰减，且随着频率的增高而衰减加剧。例如 10Hz 频率成分衰减量为 5.4dB，而对 120Hz 频率成分衰减量为 65dB，相差近 60dB。因此，地震波的频带变窄、变低，降低了分辨率。

地层对地震波的吸收作用，其振幅衰减部分可用下式表示：

$$A(f,\ t)=A(f,\ 0)\exp(-\pi fQ^{-1}t) \tag{6-1-59}$$

设 $S(f)$ 为大地滤波因子，即：

$$S(f)=\exp(-\pi fQ^{-1}t) \tag{6-1-60}$$

或：

$$S(f)=-27.3fQ^{-1}t \tag{6-1-61}$$

式中，$A(f,\ 0)$ 为起始振幅；t 为波在大地中的旅行时；Q 为大地介质的品质因子。

Q 值与岩石的颗粒大小、孔隙度、孔隙流体及含量等有关。一般疏松、干燥介质的 Q 值较小，即能量损失大；而致密地层的 Q 值大，传播单位波长能量损失较小。砂岩的 Q 值范围为10~50，泥岩 Q 值为25~75，灰岩 Q 值为50~190，而疏松表土层的 Q 值小于20。一般情况下，每个旅行波长的衰减可高达30dB。因此，低速、疏松、较厚的地表风化层对地震波的高频成分衰减发挥着很大作用，这对于高分辨率地震勘探是很不利的。

另外从式(6-1-59)中还可以看出，对于相同的旅行时间，Q 值越小，振幅随频率的衰减越严重，但对于相同的 Q 值，随着旅行时 t 的增大(穿透深度增加)，高频地震波的振幅衰减更严重。由此可以得出地震记录的分辨率，由于地层的滤波作用，地震波穿过的地层越深，高频成分衰减越大，即分辨率随勘探深度的加大而降低。例如，一般地震波的传播速度 v 为2000~5000m/s，且随着深度的增大而增大，而地震信号的主频 f 一般为20~50Hz，且随着深度的增大而减小。因此，地震波 $\lambda=v/f$ 的变化范围为40~250m，且随着深度的增大而增大。由于分辨率取决于波长 λ，所以深部地质体应比浅部更厚才可能被分辨。如在浅层波速为2000m/s，主频为50Hz时，分辨薄层的极限一般为 $\lambda/4$，此时，$\lambda/4=v/4f=10$，即至多可分辨薄至10m的地层，再薄就无法分辨；而对于深层速度5000m/s、主频为20Hz的情况，则 $\lambda/4=v/4f\approx62$，即可分辨的厚度至少需为62m。

6. *改善分辨率的措施*

(1)提高记录的纵向分辨率，必须要求较高的记录信噪比，较高的地震信号频带上限频率，较宽的频带。即所谓“二高一宽”的地震信息。但这些要求在实际工作中往往不能同时成立。因为当信号与噪声在频域上有重合部分时，在目前线性时不变滤波器的条件下，提高信噪比和分辨率总是一对矛盾的要求。只能根据地震勘探的实际情况，在两者之间采取折中的办法。

(2)目前的去噪方法，一般都具有低通或带通性质，因此会使信号的频带宽度变窄，从而影响了分辨率。因此，要设法使频带宽度不变，从而改进去噪方法。

(3)野外记录首先要有高信噪比，否则靠反褶积技术来提高分辨率是没有意义的。只有较高信噪比的原始记录才具有提高分辨率的反褶积效果。

(4)保证采样率满足采样定理。

(5)尽量将子波转化成零相位子波。

(6)进行吸收补偿，进行反 Q 滤波。

(7)从理论上讲，经偏移处理后，可将菲涅耳带收敛成一点，尽管在实际操作中，是无法实现的，只能尽量采用改进偏移方法、选好偏移参数来提高横向分辨率。在解释中始终使用偏移剖面。

(8)严格垂向分辨率定义分析中提及的一些相关措施。

第二节　地震剖面特征

一、地震面貌形成过程

图6－2－1所示是在同一地点得到的地质柱状图、速度测井曲线和地震记录。其中，地质柱状图和速度测井曲线的纵坐标已经根据速度资料进行了变换，即按照与野外地震记录一样的时间坐标，而不是按深度的线性坐标绘制的。图中，野外地震记录上只有几组明显的反射，而地质柱状图上的不同岩性地层的分界面有20多个，在速度测井曲线上划分得更细致，可以看到整个剖面是由数目很多(多于20层)、速度不同的薄层组成的。也就是说，可能存在很多的波阻抗界面。这表明，并不是地层柱状图上的每个地层分界面都在地震记录上对应有一个反射波。

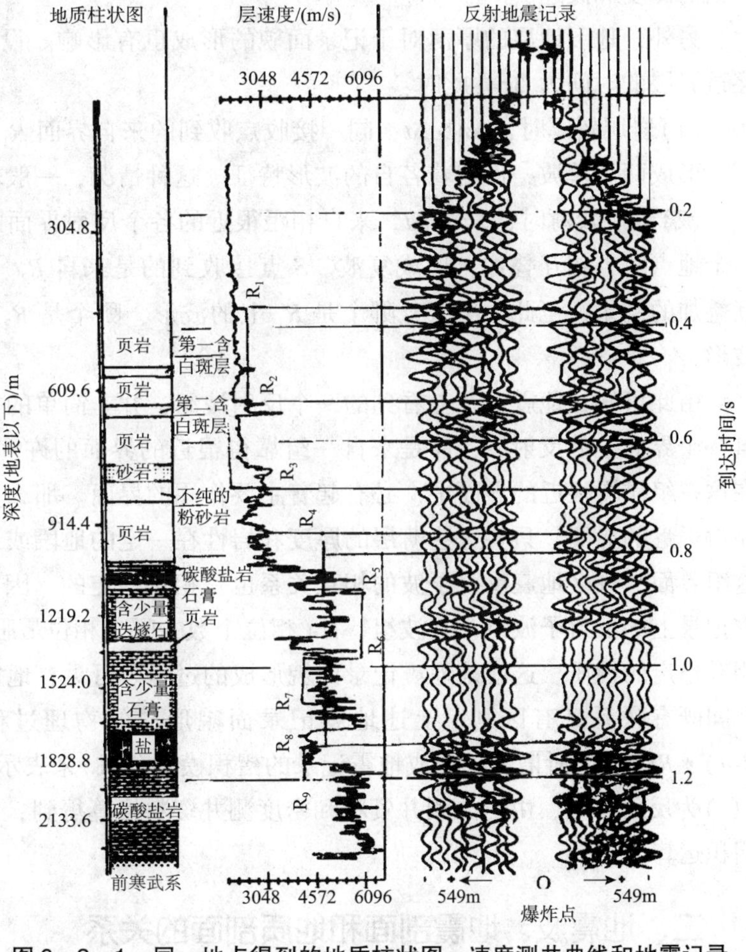

图6－2－1　同一地点得到的地质柱状图、速度测井曲线和地震记录

在地震记录上可以看到，只有0.6s、0.9s、1.2s处有较明显的反射，如果将柱状图和速度测井曲线相比较，就会发现柱状图上的第二含白斑层，以及相应的声波测井曲线上R_2附近速度的明显变化，同地震记录上的0.6s的反射波有密切联系；0.9s的反射波同柱状图上的含少量迭燧石石灰岩和速度曲线上的R_5-R_6段有密切联系；1.2s的反射波同柱状图上的盐层和速度曲线上的R_8-R_9段有密切联系。

那么，地震记录的面貌是怎样形成的呢？如前所述，爆炸时产生的尖脉冲，在爆炸点附近的介质中以冲击波的形式传播，当传播到一定距离时，波形逐渐稳定，称这时的地震波为地震子波。地震子波在继续传播过程中，其振幅会因各种原因而衰减，但波形的变化却可以认为是很小的，在一定条件下可以看成不变的。

地震子波在向下传播的过程中，遇到波阻抗分界面就会发生反射和透射。最后，地震子波从地下各个反射界面反射回来，这些反射回来的地震子波在波形上是有差别的，但可近似地视为一样，并且这些反射子波在振幅上有大有小(主要取决于反射界面的反射系数的绝对值)，极性有正有负(取决于反射系数是正或负)，到达时间有先有后(取决于反射界面的深度和波速)。

另外，地下地层的厚薄对于记录面貌的形成也有影响。设地震子波的延续时间为 Δt，穿过岩层的时间为 $\Delta\tau$，此时：

(1)岩层较厚时，$\Delta\tau > \Delta t$，同一接收点收到的来自界面 R_1 和 R_2 的两个反射面可以分开，形成两个单波，保留着各自的波形特征。这种情况，一般较少出现。

(2)岩层较薄时，$\Delta\tau < \Delta t$，来自相距很近的各个反射界面的地震反射子波，到达地面一个地点时，相互叠加，形成复波。S 点接收到的是来自 R_1、R_2、R_3 界面的地震子波相互叠加的结果，至此无法区分哪个是 R_1 上的波形，哪个是 R_2 上的波形，哪个是 R_3 上的波形。

由此可知，地震记录上看到的一个反射波组，并非简单的等于一个反射波，即并非来自一个界面上的反射波，而是来自一组靠得很近的界面的许多地震反射子波叠加的结果。在这一组靠得很近的界面中，必有起着主要作用的界面。那么，以某一个界面为主的一组靠得很近的界面，只要这些薄层的厚度和岩性在一定的地段或地区是相对稳定的，则来自这组界面的许多地震反射子波的相互关系也是相对稳定的。因此，它们的叠加结果——地震记录上的反射子波组，其波组特征(相位个数，哪个相位最强，等等)，也一定具有某些相对稳定的性质。这就是地震记录面貌形成的过程。可见，地震记录上的波组与地下岩层之间既有联系又有区别。上述地震记录面貌形成的物理过程，可用数学公式 $X(t) = B(t) * R(t)$ (即所谓人工合成地震记录的褶积模型公式)来表示。其中，$B(t)$ 为地震子波，$R(t)$ 为反射系数，由声波测井资料和密度测井资料换算得到，“ * ”表示对 $B(t)$ 和 $R(t)$ 作褶积运算。

二、地震波、地震剖面和地质剖面的关系

众所周知，地震信号(波形)在地下弹性介质内的传播过程中，由于岩性和产状等不同，地震波会发生变化。因此，可以根据波形形态的变化，来判断地下岩性和地质产状以及岩石的物理性质，进而预测油气储存的有利部位。

地震剖面是地质剖面对地震波的响应。在地震剖面中，蕴含着大量的地质信息。凡是地震反射波所涉及的地质现象，都应在地震剖面上有所反映，它们之间是极为相似的。当然，对于地震剖面上用目前的地震勘探技术方法还得不到的或与地质剖面无关的那些噪声

等信息除外。这是因为，地震剖面中的同相轴(反射波同相位的连线)反映了地下反射界面的高低起伏变化和地层埋藏深度等信息。反射波的强弱与界面的性质有关或与相邻两个地层之间的波阻抗(岩石的速度和密度的乘积)差的绝对值大小成正比。但因为地震剖面上得到的波是几经相互干涉的复合波，当地下条件较复杂时，在目前的技术条件下很难充分利用这些信息。尽管如此，仍可利用反射界面与地质界面的关系，通过反射波形形态的变化特征参数与地质构造、地层岩性等联系起来进行统计分析、研究，原因如下：

(1)由于同一反射界面的反射波有相同或相似的波形形态特征，所以可根据这些特征进行地层横向追踪、对比。当地层发生断层或尖灭时，地震剖面上反射同相轴也会发生错断或中止，这样可按地震反射波追踪一个地层界面或构造层面，再根据构造面进行分析，推断出可能的油气层，这是构造解释的基础。由于常规的地震剖面只能反映地层分界面的特征，所以主要着眼于反射的连续性，选出连续性好、波形稳定、能够长距离追踪的反射层，以确定反射标准层，从而保证构造制图的准确性，而并不反映地层本身的特征。

(2)由于地震反射波也受地层和岩性的影响，所以地震剖面与地层本身和岩性有关。地震勘探的大量实践和一些典型实验证明，连续地震反射一般来自地层界面或不整合面，而地层(或储层)内部的岩性变化，一般不产生连续反射，只能使地层分界面和不整合面的反射波形发生变化。这是由于层与层之间因时代不同和沉积条件的差异而出现波阻抗突变造成的，有时看上去上、下岩性类似，但由于两者存在物性等差异，波阻抗有差别，因而还会产生连续的地震反射。所以不能把地震反射所代表的地层的波阻抗界面理解为岩性界面。另外，由于地层内部的岩性变化是渐变的、参差不齐的，所以岩性分界面是非连续的。因此，一般不可能形成连续地震反射。在同一层内也有横向的岩性变化，图6-2-2(a)(b)所示的AA'、BB'为地层分界面，DD'、EE'为岩性分界面；对于不整合面CC'，尽管沿这个面下部的不同部位，会接触不同岩性而引起波形很大变化，甚至极性反转，但不整合面上、下波阻抗的差异仍不影响不整合面形成连续地震反射[图6-2-2(c)]，因此，可以根据波形形态特征参数等的横向变化来预测、判断地层的岩性和可能的含油气层。

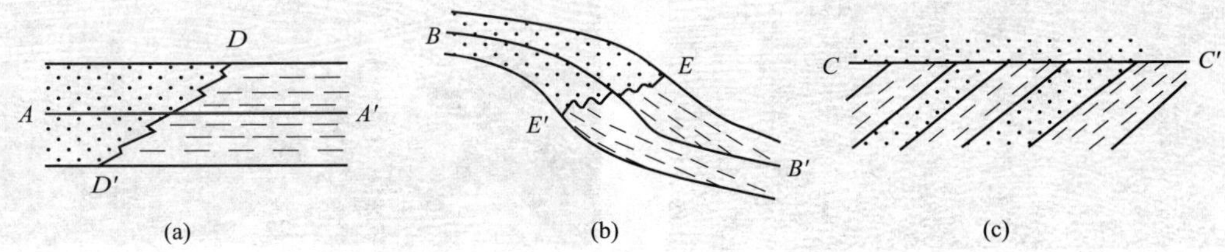

图6-2-2 沉积岩中的几类连续反射

(3)通常情况下，反射界面与地质界面是一致的。地震反射面是上、下地层波阻抗有差异的物性界面，在实际的地质剖面中，由于沉积间断或岩性的差异可以构成物性界面，地质上的层面、断面、侵入接触面、不整合面、流体分界面及任何不同岩性的分界面均可成为反射界面，所以二者有相似之处。

(4)地震反射界面与地质界面也并非完全一致。有些古老的地层，在长期构造运动和地层压力作用下，相邻地层可能有相近的波阻抗，因而地质上的层面，不足以构成反射界面；反之，同一岩性的地层，其中既无层面，又无岩性界面，但由于岩层中所含流体成分不同而构成物性界面(例如水层与气层分界面，含油层与含气层分界面，油层与水层分界面)，因此，地震反射界面有时也并非地质界面。

由上述分析可知，地震反射界面与地层界面并不具有一一对应的关系，在确定反射波所代表的地层层位和进行地震相分析和岩性预测时，常常不能直接利用地震反射剖面进行时间－地层单元划分，需结合地层、岩性、古生物和沉积旋回等地质信息进行综合分析，才能较好地确定地震反射界面所代表的地层界面。

第三节　与复杂地质现象有关的地震波

一、断面波

在时间剖面上，断面波是一种常见的反射波，它是由断层面上产生的反射形成的异常波。事实上，并不是所有的断层都会产生断面波，只有那些断层落差较大、断层面较光滑、断层面倾角不大的断层才会产生较强的断面波。由于断层两侧岩性不同，断层面是一个明显的波阻抗界面，在时间剖面上，断面反射波与地层界面反射波是有差别的；利用断面波可识别断层、确定断层位置和产状要素。断面波的特点主要有：

(1)断面波一般是大倾角反射波。当断层面倾角为30°~60°时，就会得到来自断面的反射波。在时间剖面上，断面波同相轴比较陡直，与地层反射波同相轴交叉，或切割反射波同相轴，并产生干涉现象(图6－3－1)。当测线垂直断层走向时，断面波倾角最大；斜交时，断面波变得比较平缓。断面波往往随断层面的起伏而发生变化。

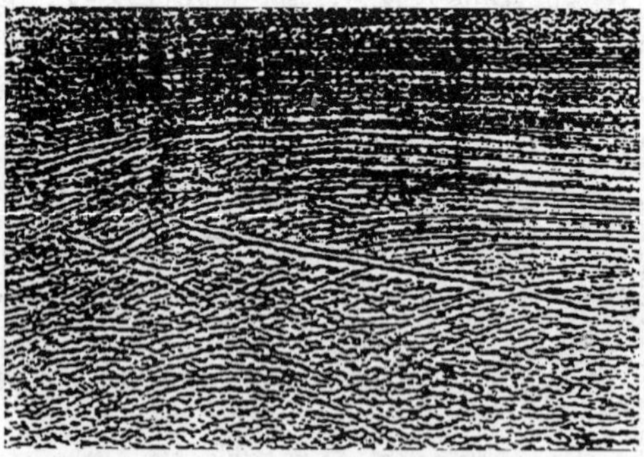

图6－3－1　水平叠加剖面上的断面波

图6－3－2　偏移叠加剖面上的断面波

(2)断面波能量强弱变化大。由于断层两侧岩性是变化的，断层面的光滑度不同，断面反射系数和波的强度也不同。断面波时强时弱，时隐时现，波形会发生变化，甚至发生相位反转的现象。一般情况，当断层落差大，切割两侧岩性差异大时(如在基底与上覆沉积层的分界面，或大套泥岩与灰岩的接触地段)，断面波的连续性较好(图6－3－2)。此外，由于断层落差小，断层面两侧形成的波阻抗界面段很小，反射系数曲线忽正忽负，正负相间不能形成连续的长反射段。这种微反射段只能产生散射，且会因相互干涉而抵消，故断面反射波能量变弱。

由于断裂作用会产生一定厚度和宽度的破碎物质(如断裂破碎岩带)，这些物质为水饱和或气侵时，将产生低速断层物质；如果断层裂隙为火成岩脉、方解石或白云岩充填，将产生高速断层物质；对于张性断层，断面有时是很粗糙的，断面反射可能因绕射或凸界面散射而变得模糊。由此可见，断层面能量的强弱变化是很剧烈的。当断面波能量很强时，对断面下覆反射层具有屏蔽作用，会造成下覆反射层能量变弱，信噪比降低。

(3)断面波常与绕射波、凸界面反射波和回转波伴生并相切。

(4)断面波可连续追踪，通过闭合对比可作出断面深度平面图，但断面波追踪范围受断层倾角、断面深度等因素控制，不能随意延伸。当断面倾角变化时，断面波同相轴会折成几段，并相互交叉。在水平叠加剖面上，断面波并不代表地下断层的真正位置，应向下倾方向偏移，并与地层反射相交。通常采用绕射图版法确定断层位置(图6－3－3)。断面上的每个反射点为断棱点，产生绕射波，它们的包络线就是断面波。实际上，断面波均与绕射波相切，这些绕射波顶点或极小点的连线，就是实际断层的位置。由此可以作出工区的绕射图版，作图比例尺与时间剖面相同；将图版沿时间剖面零线($t=0$)横向移动，可以分别找出与断面波同相轴相切的绕射波曲线，将它们的极小点连接起来，就是实际断层位置。

二、弯曲界面反射波

1. 凸界面反射波

凸界面反射波具有如下特点：

(1)凸界面反射波占据的范围总比实际界面长，容易造成与两翼较平反射波的干涉(图6－3－4)。

(2)相同曲率的凸界面，埋藏越深，凸界面反射波占据的范围越大(图6－3－4)。

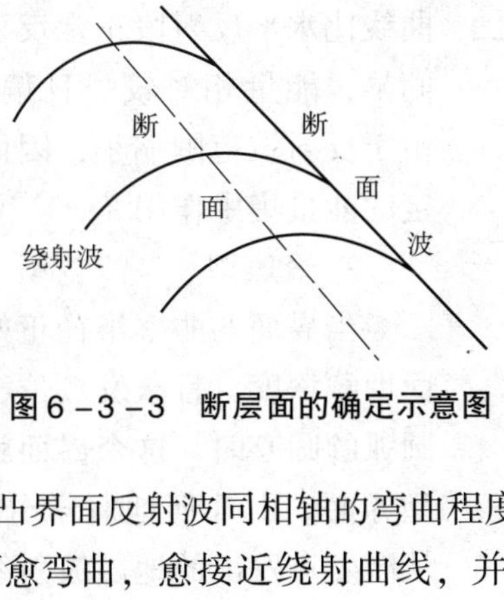

图6－3－3 断层面的确定示意图

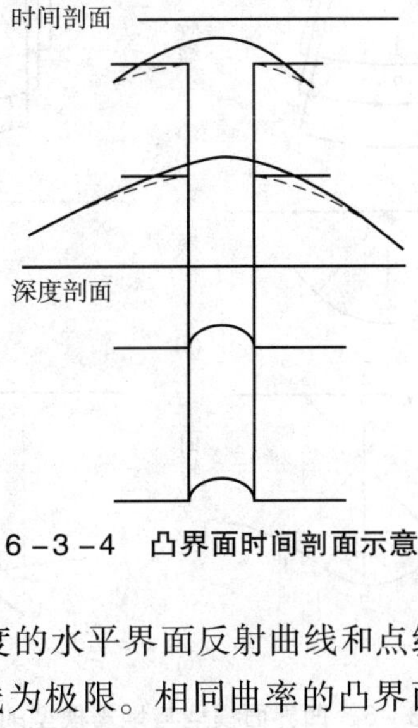

图6－3－4 凸界面时间剖面示意图

(3)凸界面反射波同相轴的弯曲程度介于同深度的水平界面反射曲线和点绕射曲线之间，界面愈弯曲，愈接近绕射曲线，并以绕射曲线为极限。相同曲率的凸界面，埋藏愈深，其同相轴弯曲程度愈接近相应深度的绕射波曲线。

(4)凸界面反射波能量是分散的。图6－3－5(a)所示是背斜构造的水平叠加剖面，图6－3－5(b)所示是图6－3－5(a)经过偏移处理后的结果。原来在图6－3－5(a)中发散的同相轴在图6－3－5(b)收敛到正确的位置，并且与两翼较平的反射波的交叉干涉现象也消除了，偏移处理是使凸界面反射波恢复正确形态的有效办法。

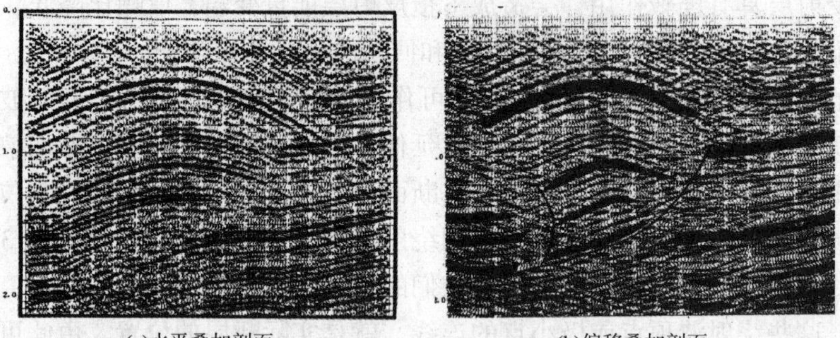

(a)水平叠加剖面　　(b)偏移叠加剖面

图6－3－5　两种叠加剖面

2. 凹界面反射波

凹界面情况比较复杂，按其曲率中心位于不同的深度位置，其反射波在水平叠加剖面上的特点，分为平缓向斜型、聚焦型和回转型3种类型。地震解释中最有实际意义的是回转型凹界面产生的反射波，通常称为回转波。

1)平缓向斜型

平缓向斜型凹界面的曲率中心位于地面以上，反射波占据的范围比实际凹界面小，缩小程度与凹界面的曲率和底点埋深有关；当界面长度不变，埋藏深度相同时，凹界面的曲率越大，反射范围越小；当界面长度不变，凹界面的曲率相等时，凹界面底点埋藏越深，反射波范围越小[图6－3－6(a)]。

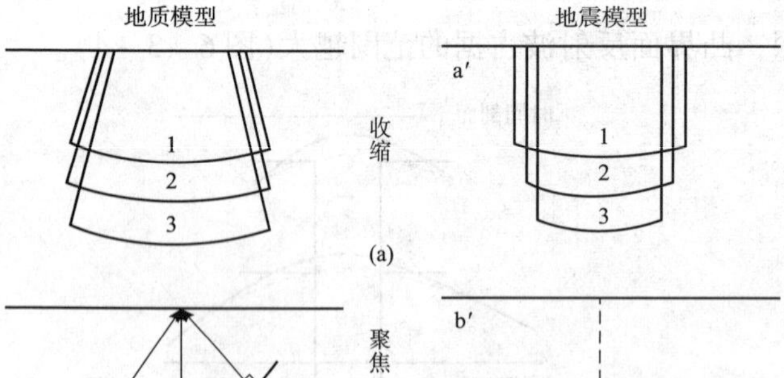

图6－3－6　凹界面模型与地震模型的关系示意图

平缓向斜凹界面的反射波时距曲线比水平反射段正常反射到达时间早，能量相对较强且偏向炮点，由于反射波范围缩小，因而具有一定的能量集中作用。

2)聚焦型

当界面的曲率半径正好等于界面埋藏深度，且激发点位于凹界面圆弧的圆心时，这个界面就是聚焦型界面。由几何地震学分析可知，从激发点发出的地震波射线，每一条都垂直入射到圆弧面上，又全部反射回圆心，汇聚于激发点上的反射波振幅最强，故称这种反射波为聚焦型凹界面反射波[图6－3－6(b)]；反射波时距曲线退到一个点，只有在激发点才能接收到反射波。

3)回转型

凹界面的曲率中心位于地面以下(凹界面的曲率半径小于地层埋藏深度)，就会形成回转波。由几何地震学分析可知，凹界面两翼的倾斜界面段的反射互相交叉，并且反射点与观测点的关系是“回转的”，形成一个复杂的面貌[图6－3－6(c)]。图6－3－7所示是一个凹界面地质模型的理论地震记录，对上述结论进行了形象展示。

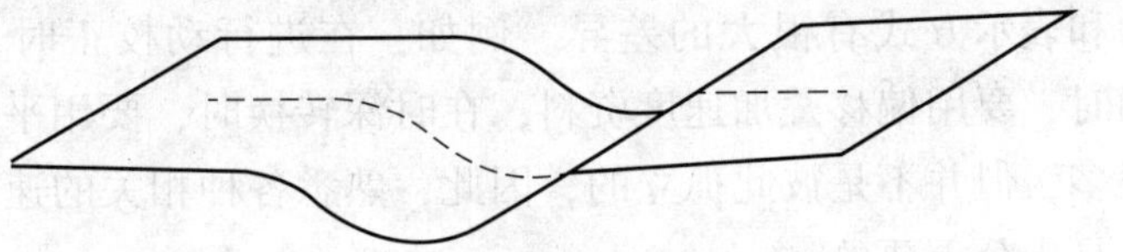

(a)

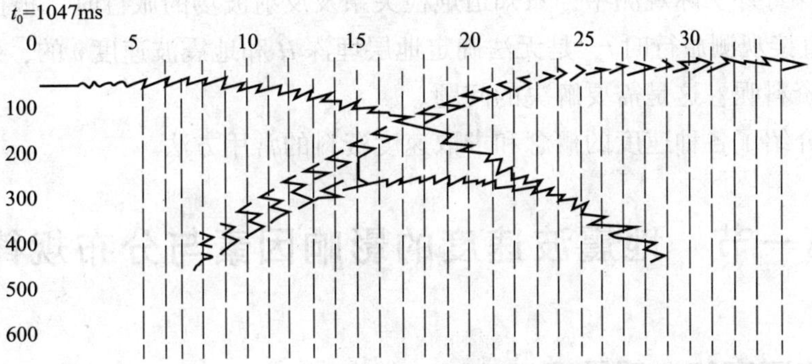

(b)

图6－3－7　凹界面地质模型的理论地震记录剖面示意图

第七章　地震波的速度

地震波的速度是用来表述地震波在介质中传播快慢的参数，是地震勘探中最重要的参数之一。实际应用中随着假设条件的不同、应用条件的变化，在地震资料处理和解释的过程中，速度的概念和表示方式有很大的差异。例如：在进行动校正时，要用叠加速度资料；进行偏移叠加时，要用偏移叠加速度资料；在时深转换时，要用平均速度资料。尽管速度的表述方式很多，但并不是彼此孤立的，因此，熟悉各种相关的速度概念和各种速度资料的求取方法，是十分重要的。

在地震勘探野外实际观测中，只知道炮检关系及反射波场的旅行时，根据公式 $H=vt/2$ 可知，通过直接观测旅行时 t，是无法确定地层埋深 H 和地震波速度 v 的，那么如何才能准确获取速度资料呢？这是需要解决的问题。

本章着重介绍了各种速度的概念和求取速度资料的常用方法。

第一节　地震波速度的影响因素与分布规律

一、影响速度的一般因素

地震勘探是以研究地震波在岩层中的传播规律为基础的。岩石的弹性性质（主要表现为地震波的传播速度）不同，地震波在其中传播的特征也就不同，地震勘探正是利用这种关系来研究地下地层的地质构造的。

理论研究和大量实际资料表明，地震波在岩层中的传播速度和岩层的性质（如弹性常数或岩石的成分、密度、埋藏深度、地质年代、孔隙率等）有关。

1. 岩石弹性常数与速度的关系

地震纵波和横波在介质中传播的速度与介质的弹性常数之间的定量关系为：

$$v_P=\sqrt{\frac{\lambda+2\mu}{\rho}}=\sqrt{\frac{E(1-\nu)}{\rho(1+\nu)(1-2\nu)}} \tag{7-1-1}$$

$$v_S=\sqrt{\frac{\mu}{\rho}}=\sqrt{\frac{E}{2\rho(1+\nu)}} \tag{7-1-2}$$

式中，λ、μ 为拉梅系数；ρ 为介质的密度；E 为杨氏模量；ν 为泊松比。

这些都是说明介质的弹性性质的参数。泊松比 ν 的值在大多数情况下约等于0.25，只有在最疏松的岩石中，有 $\nu\approx0.5$，可见 ν 的变化不大。杨氏模量的大小和岩石的成分、结构有关。随着岩石密度的增大，E 比 ρ 增加的程度更大，所以当岩石密度增大时，地震波的速度会增大。

从式(7-1-1)和式(7-1-2)可以得到同一介质纵波和横波速度的关系：

$$\frac{v_P}{v_S}=\sqrt{\frac{2(1-\nu)}{1-2\nu}} \tag{7-1-3}$$

可见，纵波与横波的速度之比取决于泊松比。因为在大多数情况下，泊松比约为0.25，所以纵波与横波的速度比值 v_P/v_S 一般为1.73。

2. 岩性与速度的关系

在用地震勘探方法解决石油勘探中的地质问题时，还需要详细地研究地震波传播速度与地层岩性的关系，特别是地震波在沉积岩中的传播速度的规律，这对于实际工作有重要的指导作用。

1)岩石成分的影响

岩性与地震波速度的关系非常密切，由于各种岩石类型成分和结构不同，所以地震波传播的速度也不同，且同一岩性的速度也在一定范围内变化。一般来说，火成岩的地震波速度比变质岩和沉积岩高，且变化范围小；变质岩的速度变化范围较大；沉积岩的速度较低，变化范围大。由表7-1-1可见，不同类型的岩石的地震波速度的变化范围是很大的。

表7-1-1　各类岩石的速度

岩石类型	速度/(m/s)
沉积岩	1500~6000
花岗岩	4500~6500
玄武岩	4500~8000
变质岩	3500~6500

2)岩石基质结构的影响

地震波特性也受岩石的基质结构控制，如颗粒与颗粒间的接触关系、磨圆度、分选性、胶结程度等。颗粒间接触关系差的岩石通常导致较低的地震波速度和波阻抗，而较大的胶结程度明显增大了地震波的速度。大颗粒的砂层比细颗粒砂层呈现出更高的地震波速度。分选性差的砂岩由于孔隙度降低而具有较高的地震波速度。圆滑的颗粒接触关系较好，从而会导致更大的地震波速度。

3. 密度与速度的关系

岩石的密度是岩石的波速和弹性模量的重要影响因素之一，岩石的波速和岩石的密度有函数关系。通过对大量岩石样品作岩石物性研究，在对大量数据分析整理的基础上，发现了地震纵波速度与岩石密度(完全充水饱和体积密度)之间的一些经验公式，Gardner公式是表示地震波速度随体积密度增大而增大的比较经典的经验关系式：

$$\rho=0.31V^{\frac{1}{4}} \tag{7-1-4}$$

理论上讲，地震波速度不会必然地随体积密度的增大而增大，如与白云岩相比，硬石膏具有更高的体积密度，却有更低的波速度。对部分气/水饱和岩石加入更多的水以增加体积密度，也将降低速度。因为加入的水增加了体积密度但不改变体积模量。因此，Gardner 公式有一定的适用条件。

4. 构造历史和地质年代及埋藏深度与速度的关系

速度与构造运动是有一定关系的，在强烈褶皱地区，通常可以观测到速度的增大；而在隆起的构造顶部，则会发现速度减小。一般情况下，地震波在岩石中的传播速度随地质过程中构造作用力的增强而增大。根据在实验室对岩石样品的分析发现，地震波的速度与压力之间有一定的关系，速度随压力的增大而增大。此外，压力的方向不同，地震波沿不同方向传播的速度也会不同，而地层中压力的变化则是与构造运动相关的。

大量实际观测资料表明，同样深度、成分相似的岩石，当地质年代不同时，波速也不同，地质年代老的岩石比地质年代新的岩石具有更高的速度。在岩石性质和地质年代相同的条件下，地震波的速度随岩石埋藏深度的增大而增大，这主要是埋藏深的岩石所受的地层压力大的缘故。

在不同地区，特别是在基底埋藏深度不同时，速度随深度变化的垂直梯度可能相差很大。一般情况下，在浅处速度梯度较大；深度增大时，速度梯度减小。

5. 孔隙率和含水性与速度的关系

地震波在沉积岩中的传播速度与岩石的孔隙率和含水性是密切相关的，在大多数沉积岩中，岩层的实际波速是由岩石基质的速度、孔隙率、充满孔隙的液体的速度以及颗粒之间的胶结物成分等因素来决定的。现在最常用的关于液体速度、颗粒速度与孔隙率之间一个很简单的关系式，叫作时间平均方程：

$$\frac{1}{v}=\frac{\Phi}{v_{\mathrm{f}}}+\frac{1-\Phi}{v_{\mathrm{r}}} \tag{7-1-5}$$

式中，v 为波在岩石中的实际速度；v_{f} 为波在孔隙流体中的速度；v_{r} 为波在岩石基质中的速度；Φ 为岩石的孔隙率。

这个公式的适用条件是岩层孔隙中只有油、气或水中的一种流体，并且流体压力与岩石压力相等。从公式中很容易看出，当孔隙率为零时，速度 v 等于 v_{r}；当孔隙率为100%时，v 等于 v_{f}。

由于地震波在油、气、水等流体中的传播速度比在岩石基质中小，因而岩石孔隙中含有流体时，波的速度会降低。

6. 频率和温度与速度的关系

试验资料表明，在很宽的频率范围内，纵波与横波的速度与频率无关，而这个频率范围正好和地震波的频带范围相当，因此，在地震勘探中，通常认为纵波和横波不存在频散现象。地震波速度随温度变化很微小，每升高100℃，约减少5% ~6%（图7-1-1）。

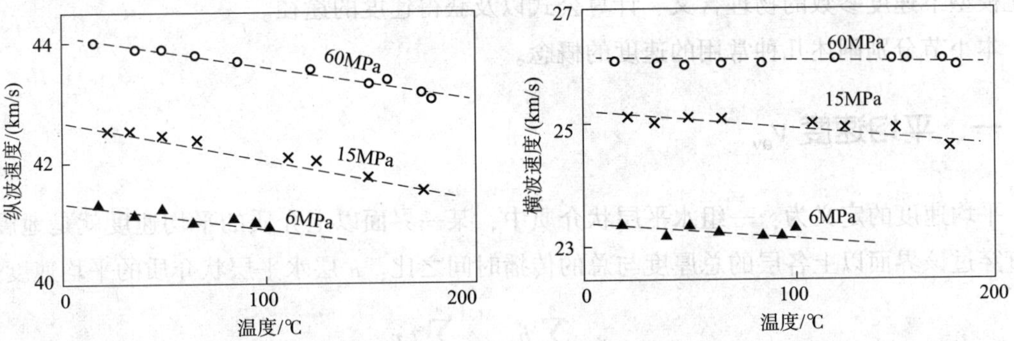

图 7－1－1　波速与温度的关系

二、沉积岩中速度的一般分布规律

1. 速度分布与沉积顺序及岩性的关系

在沉积岩中速度的空间分布规律决定于地层的沉积顺序及岩性特点。沉积岩的基本特点之一是成层分布。根据形成沉积的各种条件(如岩性、孔隙率等)，可以将整个地质剖面划分为许多地层，在各层中波传播的速度是不同的。因此，速度在剖面上的成层分布就成为沉积岩的基本特点，而这一特点恰恰是使用地震勘探的有利前提。

2. 速度分布与地层埋深及地质年代的关系

速度与深度和地质年代有关，其关系曲线基本上是平滑变化的。所有影响因素的共同作用表现出速度变化具有方向性，其方向接近于垂线方向。速度随着深度(或反射波 t_0 时间)的增大而增大。速度垂直梯度的存在也是速度剖面的又一重要特点。此外，速度梯度是随深度的增大而减小的。

3. 速度分布与沉积岩相变化的关系

工区地质构造与沉积岩相的变化，也会引起速度的水平方向变化。一般来说，速度的水平梯度不会很大，但要细致地处理和解释资料，考虑速度的水平梯度还是必要的，这个问题正在引起人们的注意。构造破坏(如断层)可以引起速度的突变，个别地层中的不整合及地层尖灭都会对速度的水平梯度有显著影响。

第二节　地震勘探中速度的概念

地震波在地层中的传播速度是一个十分重要的参数，但又很难精确测定它的数值。事实上，即使在同一种岩层中的不同位置或沿不同的方向，地震波的传播速度都是不同的，速度是一个关于空间坐标的函数，$v=v(x、y、z)$。但是在实际生产工作中，精确的速度函数关系是无法得到的，通常要根据问题的复杂程度，建立各种简化介质模型，从而引入相应的速度概念。本节讨论的各种速度概念，就是通过对地下介质的不同简化，定义不同简化模型下速度参数的物理含义、计算公式以及获得速度的途径。

本小节分别阐述几种常用的速度的概念。

一、平均速度 v_{av}

平均速度的定义为：一组水平层状介质中，某一界面以上介质的平均速度就是地震波垂直穿过该界面以上各层的总厚度与总的传播时间之比。n 层水平层状介质的平均速度是

$$v_{av}=\frac{\sum_{i=1}^{n}h_i}{\sum_{i=1}^{n}\frac{h_i}{v_i}}=\frac{\sum_{i=1}^{n}t_iv_i}{\sum_{i=1}^{n}t_i} \tag{7-2-1}$$

式中，h_i 为每一层的厚度；v_i 为每一层的速度。这相当于零偏移距条件下平均速度定义方式。

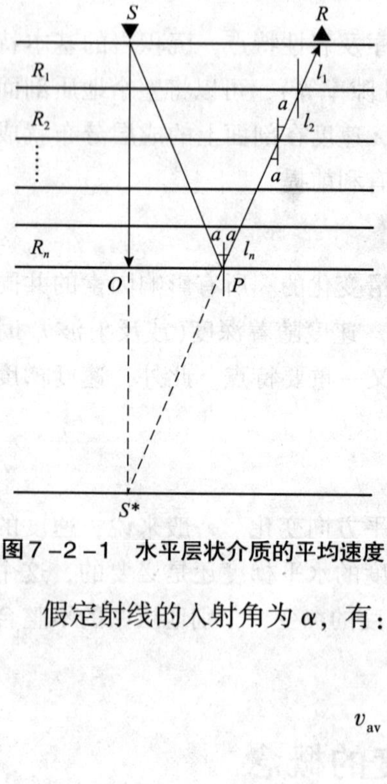

图 7-2-1　水平层状介质的平均速度

实际上在地震观测中，都是有一定的偏移距的（图 7-2-1），在 S 点激发，在 R 点接收，对于平均速度来说，提出这样的假设：波在介质中按最短路程传播，即当地震波从 S 入射到第 n 层的 P 点时，是沿直线传播的，射线 SP 是直线；S^* 是相对于 R_n 界面的虚震源，S^*PR 也是一条直线。所以 $SP=S^*P$，波走过的总路程相当于 S^*R。如果把平均速度定义为在水平层状介质中，波沿直线传播所走过的总路程与所需总时间之比，那么就有：

$$v_{av}=\frac{S^*R}{t_{S^*R}}=\frac{2(l_1+l_2+\cdots+l_n)}{2(t_{l1}+t_{l2}+\cdots+t_{ln})} \tag{7-2-2}$$

式中，l_1，l_2，…，l_n 为波在每层中走过的路程长度；t_{l1}，t_{l2}，…，t_{ln} 为波在每层中传播的时间。

假定射线的入射角为 α，有：

$$v_{av}=\frac{\left(\frac{h_1}{\cos\alpha}+\frac{h_2}{\cos\alpha}+\cdots+\frac{h_n}{\cos\alpha}\right)}{\left(\frac{\frac{h_1}{\cos\alpha}}{v}+\frac{\frac{h_2}{\cos\alpha}}{v}+\cdots+\frac{\frac{h_n}{\cos\alpha}}{v}\right)} \tag{7-2-3}$$

上式化简合并后得到：

$$v_{av}=\frac{\sum_{i=1}^{n}h_i}{\sum_{i=1}^{n}\frac{h_i}{V_i}} \tag{7-2-4}$$

按照上述假设导出的式(7-2-4)与式(7-2-1)一样。需要说明的是，地震波传播

时真正遵循的是费马原理，即“沿最小时间路程传播”，在非均匀介质(如层状介质)中，最小时间路程将是折线而不是直线，可见在引入平均速度时所作的“地震波沿最短路程直线传播”的假设是一种对实际介质结构的近似简化，即实际非均匀介质近似简化成速度大小为 v_{av} 的均匀介质。

二、均方根速度 v_R

根据费马原理可知，地震波的传播遵从“沿所需时间最短的路程”这一原理。在均匀介质中，所需时间最短的路程是直线，单层水平界面情况下反射波的时距曲线是一条双曲线，即：

$$\begin{cases} t=\dfrac{1}{v}\sqrt{4h_0^2+x^2} \\ \text{或} \\ t^2=t_0^2+\dfrac{x^2}{v^2} \end{cases} \tag{7-2-5}$$

式中，h_0 为界面的深度；t_0 为双程垂直反射时间；v 为介质中地震波的传播速度；x 为接收点与激发点距离；t 为在 x 处接收到反射波的时间。

式(7-2-5)表达了这样一个含义，即如果反射层的时距曲线的方程可以写成双曲线的形式，就表示波在介质中按某种速度以常速传播。

如果反射界面上覆盖层是连续介质或水平层状介质，其反射波时距曲线将如何表达？还是不是一条双曲线？如果不是，需要怎样处理？实际上，在这种条件下，反射波时距曲线非常复杂，已不是双曲线，具体的做法是引入新的速度概念。均方根速度的引入，就是在一定条件下，把不是双曲线关系的时距曲线方程简化为双曲线关系时引入的速度概念。均方根速度实际推导过程比较复杂，对于多层水平层状介质来说，均方根速度的具体表达式如下：

$$v_R^2=\frac{\sum\limits_{i=1}^{n}t_iv_i^2}{\sum\limits_{i=1}^{n}t_i} \tag{7-2-6}$$

式中，v_i 为第 i 层介质层间速度；t_i 为波在第 i 层介质中沿垂直界面方向的双程旅行时。

引入了均方根速度的概念，多层水平层状介质的时距曲线方程就可以用下式表示：

$$t^2=t_0^2+\frac{x^2}{v_R^2} \tag{7-2-7}$$

这是一个标准的双曲线方程。均方根速度的引入过程中，与平均速度不同之处在于其考虑了不均匀介质射线传播的偏折效应，因此适用范围更广泛。

三、等效速度 v_φ

在倾斜界面的均匀介质中，共中心点时距曲线方程如下：

$$t = \frac{1}{v}\sqrt{4h_0^2 + x^2\cos^2\varphi} \qquad (7-2-8)$$

式中，v 为介质的速度；h_0 为共中心点处界面的法线深度；φ 为界面倾角。

上式还可改写为：

$$t^2 = t_0^2 + \frac{X^2}{\frac{v^2}{\cos^2\varphi}} \qquad (7-2-9)$$

式中，$t_0 = \dfrac{2h_0}{v}$。

如果引入速度 v_φ 且令：

$$v_\varphi = \frac{v}{\cos\varphi} \qquad (7-2-10)$$

则式(7－2－9)可写成与水平均匀介质情况相同的形式，即：

$$t_0 = t_0^2 + \frac{x^2}{v_\varphi^2} \qquad (7-2-11)$$

式中，v_φ 为倾斜界面均匀介质情况下的等效速度。

引入等效速度概念的意义为：倾斜界面情况下的共中心点道集的叠加效果存在两个问题，即反射点分散和动校正不准确，如果用 v_φ 代替 v，倾斜界面共中心点时距曲线就可以变成水平界面形式的共反射点时距曲线，也就是说，用 v_φ 按水平界面动校正公式，对倾斜界面的共中心点道集进行动校正，可以取得很好的叠加效果，没有剩余时差。这样处理只是可以获得较好的叠加效果，从地质效果来说，反射点分散的问题并没有解决，要想解决反射点发散的问题，只能依靠偏移技术。

四、叠加速度 v_a

由上述分析可知，在一般情况下，无论地下介质是水平界面均匀介质、倾斜界面均匀介质、覆盖层为层状介质还是连续介质等，都可将共中心点反射波时距曲线看作双曲线，可用一个共同的公式来表示：

$$t^2 = t_0^2 + \frac{x^2}{v_a^2} \qquad (7-2-12)$$

式中，v_a 称为叠加速度。

叠加速度的主要作用是动校叠加，和均方根速度一样，叠加速度也不是一个具有明确物理意义的速度量，而是为了获得最好叠加效果的、具有速度量纲的数学参量，叠加速度与反射界面的倾角的余弦成反比。对于不同的介质结构，叠加速度有更具体的含意，例如对倾斜界面，均匀介质 v_a 就是 v_φ；对于水平层状介质，v_a 就是 v_R，等等(图 7－2－2)。

地层构造		方程式	$v_a=f(v_i)$
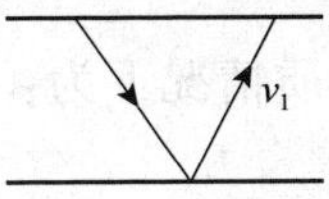	水平单层		$v_a=v_1$
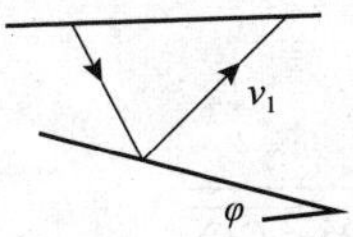	倾斜单层		$v_a=\frac{v_1}{\cos\varphi}$
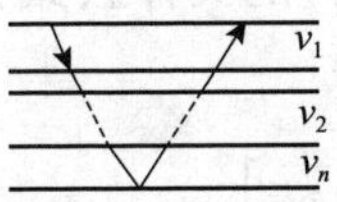	水平多层	$t^2=t_0{}^2+\frac{x^2}{v_a{}^2}$	$v_a=v_R$ $v_R{}^2=\frac{\sum_{i=1}^{n}v_i{}^2\Delta t_i}{\sum_{i=1}^{n}\Delta t_i}$
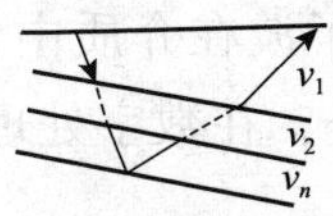	倾斜平行多层		$v_a=\frac{v_R}{\cos\varphi}$
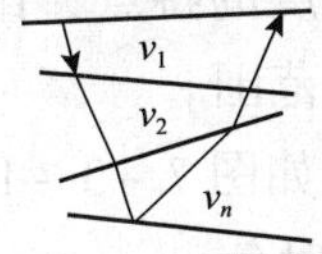	倾斜非平行多层		用叠代射线舯追踪

图7－2－2　不同介质结构下叠加速度和其他速度的关系

第三节　各种速度之间的相互关系

本节将通过对各种速度的相互比较，进一步阐述它们的含义及应用范围。

一、平均速度与均方根速度的比较

平均速度和均方根速度都是对介质模型作了不同的简化，引入不同的假设后导出的速度概念，为了比较它们之间的差别和精度，最好先找出一个更精确的速度值作为标准，射线平均速度就可以作为这一标准。

上述几种速度概念有一个共同的特点，即都是把不均匀的介质简化为具有某种“假想速度”的均匀介质。于是地震波在这种假想均匀介质中沿不同方向的传播速度都是一样的。显然，这是一种很粗略的近似。

实际上，当地震波在非均匀介质中传播时，沿不同的射线路径有不同的传播速度，不妨称其为射线速度。在沿射线的每一个点上，速度也可能不一样，为能够比较细致地进行计算，可以引入射线平均速度的概念，即将地震波沿某一条射线传播所走的总路程长度除以所需的时间称为波沿这条射线的射线平均速度。显然，射线平均速度对每条射线都不一样。因此，它既是地震波沿射线旅行时的函数（或是接收点的炮检距的函数），也是射线的出射角 α_0（或射线参数 P）的函数。

根据这一定义可以写出射线平均速度的公式，在水平层状介质情况下为：

$$v(P,t) = \frac{s}{t} = \sum_{i=1}^{n} \frac{h_i}{\sqrt{1-P^2v_i^2}} \bigg/ \sum_{i=1}^{n} \frac{h_i}{v_i\sqrt{1-P^2v_i^2}} \tag{7-3-1}$$

在连续介质情况下为：

$$v(P,t) = \int_0^z \frac{\mathrm{d}z}{\sqrt{1-P^2v^2(z)}} \bigg/ \int_0^z \frac{\mathrm{d}z}{v(z)\sqrt{1-P^2v^2(z)}} \tag{7-3-2}$$

当 $v(z)$ 的具体函数关系已知时，就可以得到 $v(P,\ t)$ 或 $v(\alpha_0,\ t_0)$ 的具体公式，例如，当 $v(z)=v_0(1+\beta z)$ 时，就推导出：

$$v(\alpha_0,\ t_0) = \frac{2}{\beta t_0 \sin\alpha_0}\left[2\arctan\left(\mathrm{e}^{v_0\beta\frac{t_0}{2}}\tan\frac{\alpha_0}{2}\right)-\alpha_0\right] \tag{7-3-3}$$

射线平均速度比平均速度、均方根速度等都更精确地描述了波在介质中传播的情况，在分析各种速度的精确度时可以用它作为一个比较的标准。此外，在数字处理中讨论偏移叠加速度时，也要用到射线平均速度的概念。

下面以射线平均速度为标准，分析比较平均速度和均方根速度的特点，比较各速度概念反映实际情况的精确程度，并总结各种速度概念和数值的应用范围。

设有一组由 3 个水平均匀层组成的层状介质模型，各层参数如图 7-3-1 所示。分别计算 R_3 界面以上介质的平均速度和均方根速度；计算分别以入射角 α_1，α_2，$\alpha_3\cdots$入射到 R_1 界面向下传播，然后在 R_3 界面发生反射和各条射线的射线平均速度。

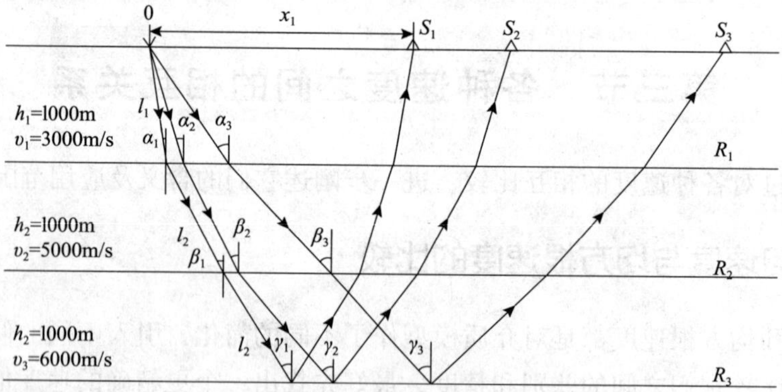

图 7-3-1　计算层状介质的射线平均速度示意图

平均速度 v_{av} 为：

$$v_{\mathrm{av}} = \frac{\sum\limits_{i=1}^{3} h_i}{\sum\limits_{i=1}^{3} \frac{h_i}{v_i}} = \frac{1000+1000+1000}{\frac{1000}{3000}+\frac{1000}{5000}+\frac{1000}{6000}} = 4286\mathrm{m/s}$$

均方根速度 v_{R} 为：

$$v_R = \sqrt{\sum_{i=1}^{3} t_i v_i^2 \Big/ \sum_{i=1}^{3} t_i} = \sqrt{\frac{\frac{1000}{3000} \times 3000^2 + \frac{1000}{5000} \times 5000^2 + \frac{1000}{6000} \times 6000^2}{\frac{1000}{3000} + \frac{1000}{5000} + \frac{1000}{6000}}} = 4472\text{m/s}$$

射线平均速度的计算比较复杂，由式(7－3－1)，有当$\alpha_1 = 10°$时，由图7－3－1可以看出：

$$\begin{cases} \beta_1 = \sin^{-1}\left(\sin 10° \times \frac{5000}{3000}\right) = 16°42' \\ \gamma_1 = \sin^{-1}\left(\sin 16°42' \times \frac{6000}{5000}\right) = 20°10' \end{cases}$$

这条射线向下入射到R_2界面时在三层介质中每一层的传播路程长度l_1、l_2、l_3分别是：

$$\begin{cases} l_1 = \frac{1000}{\cos 10°} = 1016\text{m} \\ l_2 = \frac{1000}{\cos 16°42'} = 1044\text{m} \\ l_3 = \frac{1000}{\cos 20°10'} = 1065\text{m} \end{cases}$$

地震波沿这条射线传播的时间是：

$$T = \frac{1016}{3000} + \frac{1044}{5000} + \frac{1065}{6000} = 0.725\text{s}$$

所以射线平均速度v_{a_1,R_3}为：

$$v_{a_1,R_3} = \frac{2 \times (1016 + 1044 + 1065)}{2 \times 0.725} = 4310\text{m/s}$$

这条射线从R_3界面反射，返回到地面在S_i点出射，炮检距OS_1等于x_1。

$$x_1 = 2(1000\tan 10° + 1000\tan 16°42' + 1000\tan 20°10') = 1648\text{m}$$

按照上述方法，可以计算出不同角度入射到R_3界面的各条射线的射线平均速度，计算结果如下：

$$\begin{cases} \alpha_1 = 10°,\ v_{\alpha_1 R_3} = 4310\text{m/s},\ x_1 = 1684\text{m} \\ \alpha_2 = 20°,\ v_{\alpha_2 R_3} = 4420\text{m/s},\ x_2 = 3977\text{m} \\ \alpha_3 = 25°,\ v_{\alpha_3 R_3} = 4560\text{m/s},\ x_3 = 6080\text{m} \\ \alpha_4 = 27°,\ v_{\alpha_4 R_3} = 4670\text{m/s},\ x_4 = 7570\text{m} \\ \alpha_5 = 29°30',\ v_{\alpha_5 R_3} = 5160\text{m/s},\ x_5 = 15458\text{m} \\ \alpha_6 = 30°,\ v_{\alpha_6 R_3} = 5450\text{m/s},\ x_6 = 27025\text{m} \end{cases}$$

从上面计算出的这些数据，可以得出几点认识：

(1)当介质不均匀时，如在图7－3－1所示的这个简单模型，地震波沿不同射线传播的速度是不同的。在一条射线的各段，速度也是不同的(连续介质时，则在射线上的每个点速度都不同)。不过用射线平均速度的概念已能较好地反映波沿不同射线传播情况不同这一特点，因此，可以用射线平均速度作为衡量其他速度的精度和特点的标准。

对同一介质结构，炮检距越大，射线平均速度也越大，且在炮检距逐渐增大时，射线平均速度趋近于剖面中速度最高的层的速度。这种情况与费马原理相符合的，因为波传播要沿时间最小的路径，因此，必然在高速层中多走一些路程。炮检距越大，这一特点越明显。

(2)平均速度与均方根速度都是把层状介质看成某种假想的均匀介质，因此，对于某一种介质结构，只有一个平均速度和一个均方根速度。而在前文中已指出，地震波在同一种介质结构中，沿不同射线传播，速度是不同的。这说明了用同一速度对道集中各道作动校正，是无法完全校正准确的。这种误差随着炮检距的增大而增大。

(3)在这个例子中，计算出的结果是：

$$v_{av}=4286\text{m/s}<v_R=4472\text{m/s}$$

如果在图 7－3－1 的模型中，3 个层的厚度不变，但速度分别改为 $v_1=3000\text{m/s}$，$v_2=5000\text{m/s}$，$v_3=4000\text{m/s}$。则可算得 $v_{av}=3454\text{m/s}$，$v_R=3477\text{m/s}$，仍有 $v_{av}<v_R$。并且由于后一种情况中 3 个层速度差异比前一种情况的小，因此，v_{av}与 v_R 的差别也小一些。

平均速度一定小于或等于均方根速度这一结论，还可以进行如下简要证明：

设在连续介质的情况下，速度是传播时间 t 的函数 $v(t)$。根据平均速度的定义有：

$$v_{av}(T)=\frac{1}{T}\int_0^T v(t)\,\mathrm{d}t \tag{7-3-4}$$

式中，T 为单程垂直传播时间。又根据均方根速度的定义，有：

$$v_R(T)=\left[\frac{1}{T}\int_0^T v^2(t)\,\mathrm{d}t\right]^{1/2} \tag{7-3-5}$$

根据许瓦兹(Schwarz)不等式有：

$$\left|\int_a^b f(t)g(t)\,\mathrm{d}t\right|\leqslant\left\{\int_a^b|f(t)|^2\mathrm{d}t\int_a^b|g(t)|^2\mathrm{d}t\right\}^{1/2} \tag{7-3-6}$$

取 $f(t)=1$，$g(t)=v(t)$(显然，这两个函数都是非负的函数)，$a=0$，$b=T$，于是有：

$$\begin{aligned}v_{av}(T)&=\frac{1}{T}\int_0^T 1\cdot v(t)\,\mathrm{d}t\leqslant\frac{1}{T}\left\{\int_0^T 1^2\cdot\mathrm{d}t\int_0^T v^2(t)\,\mathrm{d}t\right\}^{1/2}v_{av}(T)\\&\leqslant\frac{1}{T}\left\{T\int_0^T v^2(t)\,\mathrm{d}t\right\}^{1/2}v_{av}(T)\leqslant\left\{\frac{1}{T}\int_0^T v^2(t)\,\mathrm{d}t\right\}^{1/2}=v_R(T)\end{aligned} \tag{7-3-7}$$

(4)根据对图 7－3－2 模型的计算，可以得出平均速度、均方根速度、射线平均速度三者之间有图 7－3－1 所示的关系。从图 7－3－2 上可以看出，$x=0$ 时，射线平均速度与平均速度相等，而均方根速度与射线平均速度有差别。可见，在 $x=0$ 时，平均速度比均方根速度精度高。随着 x 的增加，平均速度与射线平均速度的差别越来越大，而均方根速度则与射线平均速度逐渐接近，在某一 x 处，两者相等，然后两者差别也逐渐增大。可见，在炮检距为某一数值附近(例如在 $x=5000\text{m}$ 附近)，均方根速度精度较高。但是当 x 很大时，均方根速度的误差也将很大。当 $x\to\infty$ 时，射线平均速度曲线是以最高速层的速度曲线(平行于 x 轴的直线)作为渐近线。对各种模型都可以得到类似的关系。对于图 7－3－1 的 R_3 界面，按多层介质计算出的时距曲线以及用 v_{av}、v_R 分别计算出的时距曲线如图 7－3－3 所示。

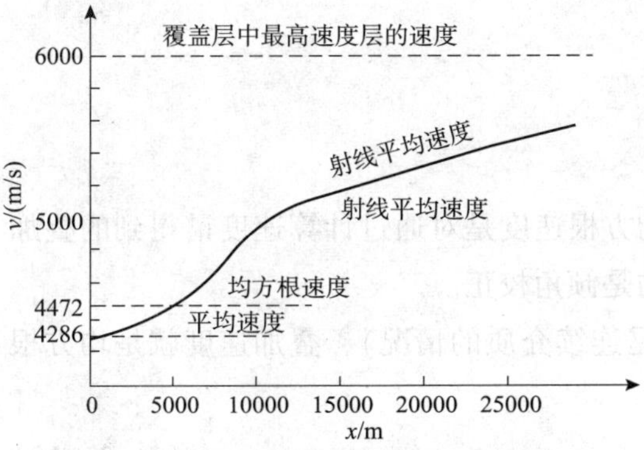

图7-3-2　平均速度、均方根速度和射线平均速度的比较

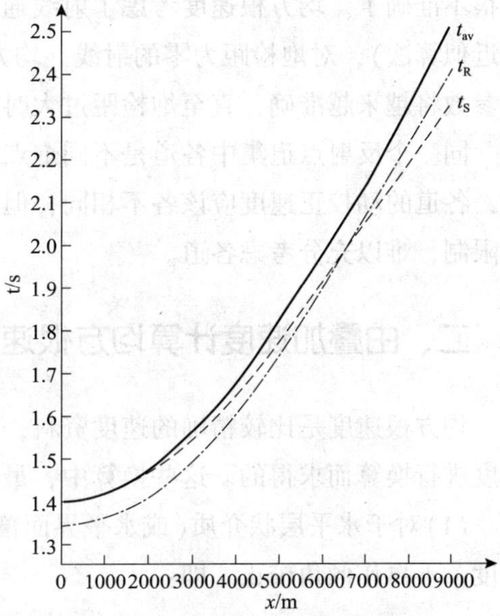

图7-3-3　R_3 界面按多层介质计算出的时距曲线以及用 v_{av}、v_R 分别计算出的时距曲线示意图

再从另一个角度分析平均速度和均方根速度的意义。

平均速度的公式为：

$$v_{av} = \frac{\sum_{i=1}^{n} h_i}{\sum_{i=1}^{n} \frac{h_i}{v_i}} = \frac{\sum_{i=1}^{n} t_i v_i}{\sum_{i=1}^{n} t_i} \tag{7-3-8}$$

由上式可知，某一层以上的平均速度，就是地震波垂直穿过该层以上的总地层厚度与总传播时间之比。在这组地层中每一小层波速是不同的，用一个假想速度(平均速度)来代替各小层的速度，使层状介质转化为理想的均匀介质。而这个假想速度——平均速度，并不是各小层速度的线性平均，而是按各小层速度化对垂直旅行时加权平均。并且，实际上波在各小层中垂直旅行时间一般是不相等的，所以在平均速度中，垂直旅行时间大的层的速度就对平均速度影响大，小的就影响小。

均方根速度的公式：

$$v_R = \sqrt{\sum_{i=1}^{n} t_i v_i^2 \Big/ \sum_{i=1}^{n} t_i} \tag{7-3-9}$$

从式(7-3-9)可知，均方根速度是沿着回声反射行程的介质速度对时间取均方根值。如同一般均方值，在均方根速度中，速度高的影响更大，并且均方根速度近似地考虑了层状介质中地震射线的偏折效应。

均方根速度与平均速度相比各有优缺点。平均速度能较好地描述炮检距为零(垂直入射和反射)的情况，所以设计井深、进行时深转换时要用到。但该参数对其他射线来而言就很不准确了。均方根速度考虑了射线通过界面透射时发生的偏折(但推导时又不得不考虑近似算法)，对炮检距为零的射线，均方根速度不如平均速度准确；但随着炮检距增大，该参数将越来越准确，直至炮检距过大时，均方根速度的精度将再次降低。

同一个反射点道集中各道是不同炮点和不同检波点的记录，射线路径皆不相同，理论上，各道的动校正速度应该各不相同，但目前在实际工作中，由于分析方法和计算工作量的限制，难以充分考虑各道。

二、由叠加速度计算均方根速度

均方根速度是比较精确的速度资料，目前均方根速度是对通过计算速度谱得到的叠加速度进行换算而求得的。这些换算中，最重要的是倾角校正。

(1)对于水平层状介质(或水平界面覆盖层是连续介质的情况)，叠加速度就是均方根速度，不再作倾角校正。即：

$$当\ \varphi=0\ 时，\ v_R=v_a \qquad (7-3-10)$$

(2)当界面倾角为 φ、覆盖层为均匀介质时，求得的叠加速度是等效速度 v_φ，这时要作倾角校正，即：

$$v_R=v_a\cos\varphi \qquad (7-3-11)$$

根据式(7－3－11)，利用 v_a 求 v_R 时，还要知道界面倾角 φ。在只有时间剖面的情况下，$\cos\varphi$ 的值可用下述方法近似用时间剖面上同相轴的一些参数表示(图 7－3－4)，在深度剖面上，有：

$$\Delta h=l\sin\varphi \qquad (7-3-12)$$

式中，l 为地面上任意两点之间的距离；Δh 为这两点下面界面的法线深度之差。

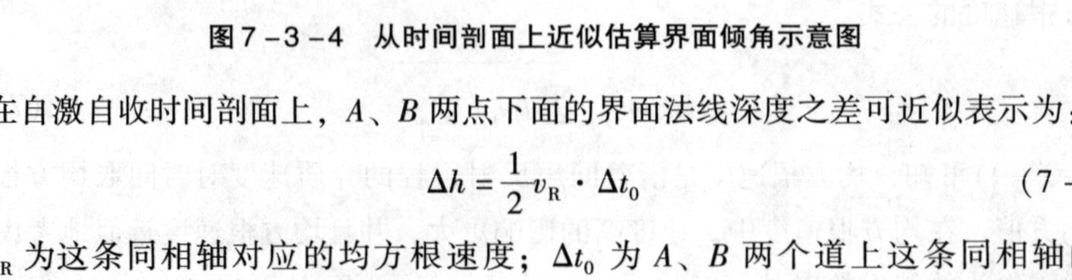

图 7－3－4　从时间剖面上近似估算界面倾角示意图

而在自激自收时间剖面上，A、B 两点下面的界面法线深度之差可近似表示为：

$$\Delta h=\frac{1}{2}v_R\cdot\Delta t_0 \qquad (7-3-13)$$

式中，v_R 为这条同相轴对应的均方根速度；Δt_0 为 A、B 两个道上这条同相轴的时差，$\Delta t_0=t_{0B}-t_{0A}$。

由式(7－3－12)和式(7－3－13)，有：

$$\begin{cases} l\sin\varphi = \dfrac{1}{2}v_{\mathrm{R}}\Delta t_0 \\ \sin\varphi = \dfrac{v_{\mathrm{R}}\Delta t_0}{2l} \\ \cos\varphi = \sqrt{1-\left(\dfrac{v_{\mathrm{R}}\Delta t_0}{2l}\right)^2} \end{cases} \tag{7-3-14}$$

把式(7-3-14)代回式(7-3-11)，有：

$$\begin{cases} v_{\mathrm{R}} = v_{\mathrm{a}}\cos\varphi = v_{\mathrm{a}}\sqrt{1-\left(\dfrac{v_{\mathrm{R}}\Delta t_0}{2l}\right)^2} \\ v_{\mathrm{R}} = \dfrac{v_{\mathrm{a}}}{\sqrt{\left(1+\dfrac{v_{\mathrm{a}}^2\Delta t_0^2}{4l^2}\right)}} \end{cases} \tag{7-3-15}$$

另外，也可以导出一个表示由 v_{a} 计算 v_{R} 时要对 v_{a} 进行校正的公式：

令 $\Delta v = v_{\mathrm{a}} - v_{\mathrm{R}}$，有：

$$\Delta v = v_{\mathrm{a}} - \frac{v_{\mathrm{a}}}{\sqrt{\left(1+\dfrac{v_{\mathrm{a}}^2\Delta t_0^2}{4l^2}\right)}} = \left[1 - \frac{1}{\sqrt{\left(1+\dfrac{v_{\mathrm{a}}^2\Delta t_0^2}{4l^2}\right)}}\right]\cdot v_{\mathrm{a}} \tag{7-3-16}$$

为了使用上的方便，可以根据式(7-3-16)，以 Δt_0 为参数制成 $\Delta v - v_{\mathrm{a}}$ 量板，当已知 v_{a} 及 Δt_0 时，从量板上即可查出 Δv，因而可算得 $v_{\mathrm{R}} = v_{\mathrm{a}} - \Delta v$。

(3)当界面倾斜、覆盖层为连续介质(速度随深度增加)时，不能按式(7-3-11)校正，否则会导致过分校正，因为在连续介质中，射线是弯曲的，对大倾角反射层来说，例如 t_0 为1s的反射波，弯曲的射线仅在较浅的地层中行走，因此，它的速度不能与同一 t_0(1s)的均方根速度来比较。为此提出了一些办法：

①用 t_0 校正法，一方面令 v_{a} 乘 $\cos\varphi$，化为 v_{R}；同时，令 t_0 也乘 $\cos\varphi$，化为 t_{H}(反射点的垂直方向时间)，即：

$$t_{\mathrm{H}} = t_0\cos\varphi \tag{7-3-17}$$

这样做可以校正一部分，但仍不能彻底解决 $\cos\varphi$ 系数的过分校正问题。

②对 $v(z) = v_0(1+\beta z)$ 的连续介质，可导出倾角校正系数为：

$$K_1 = \frac{v_{\mathrm{R}}}{v_{\mathrm{a}}} = \sqrt{\cos\varphi \cdot \cos i_0 \frac{1+\cos i_0}{1+\cos\varphi}} \tag{7-3-18}$$

式中，初始射线角 i_0 是：

$$i_0 = \sin^{-1}\frac{v_0}{2}\left(\frac{\Delta t}{\Delta x}\right) \tag{7-3-19}$$

式中，$\Delta t/\Delta x$ 为水平叠加剖面上同相轴的斜率，s/km。

$$\varphi = 2\tan^{-1}\left(\mathrm{e}^{\frac{1}{2}v_0\beta t}\tan\frac{i_0}{2}\right) \tag{7-3-20}$$

③对于 $v(z) = v_0(1+\beta_2 z)^{\frac{1}{2}}$ 的连续介质，可利用 v_{R} 和 v_{a} 的表达式，导出倾角校正系数

为：

$$K' = \frac{v_R}{v_a} \frac{\frac{1}{4}v_0\beta_2 t_0 \sin^3 i_0\left(1 + \frac{1}{4}v_0\beta_2 t_0 + \frac{1}{48}v_0\beta_2^2 t_0^2\right)}{\tan\varphi - \tan i_0 - (\varphi - i_0)} \tag{7-3-21}$$

式中，i_0 的含义同式(7－3－19)，有：

$$\varphi = i_0 + \frac{1}{4}v_0\beta_2 t_0 \sin i_0 \tag{7-3-22}$$

④考虑到上面提出的曲射线校正式(7－3－18)和式(7－3－21)太复杂，并根据对计算结果的分析，提出了一个经验公式：

$$v_a - v_R = \Delta v_\varphi Z = (1.56v_a - 0.89t_0 - 1.40)(1 - \cos\varphi) \tag{7-3-23}$$

在利用叠加速度换算均方根速度时，主要应该进行倾角校正。有时还要进行相位校等。

三、由均方根速度计算层速度

1. 层速度

如前所述，沉积岩中速度分布规律的特点之一，是速度在剖面上的成层分布。即一个地层剖面从浅到深一般可以分为几个速度层，各层之间在波速上存在较明显差别，这种速度分层同地层的地质年代、岩性上的分层一般是一致的，但也可能不完全一致。并且速度分层没有地质分层那么细，有时地质年代不相同但岩性相同的一些地层可以成为一个速度层。

在地震勘探中，把某一速度层的波速称为这一层的层速度。在地质条件有利的地区，正在研究用层速度来划分岩性、岩相，提高地震资料的解释精度和解决地质问题的能力。层速度可由均方根速度计算。

2. 由均方根速度计算层速度

层速度是一种对地震资料进行地质解释时很有用的资料。如前所述，可以通过地震测井和声波测井得到层速度，特别是声速测井可以得到细致、精确的层速度资料。但是，由于测井资料较少，如果能利用地震勘探的成果资料，换算出大量的层速度资料将是很有意义的。

利用叠加速度，经过倾角校正可得均方根速度。由均方根速度可以进一步利用下面的公式(Dix 公式)换算出层速度。

设有 n 层水平层状介质，各层层速度为 v_i，层厚为 h_i，在各小层中单程垂直传播时间为：

$$t_i = \frac{h_i}{v_i},\ i = 1,\ 2,\ 3,\ \cdots,\ n \tag{7-3-24}$$

显然，第一层至第 n 层的均方根速度 $v_{R,n}$ 为：

$$v_{R,n}^2 = \frac{\sum_{i=1}^{n} v_i^2 t_i}{\sum_{i=1}^{n} t_i} = \frac{2\sum_{i=1}^{n} v_i^2 t_i}{t_{0,n}} \tag{7-3-25}$$

$t_{0,n}$为第一层到第 n 层的 t_0 时间。第一层至第 $n-1$ 层的均方根速度 $v_{\mathrm{R},n-1}$ 为：

$$v_{\mathrm{R},n-1}^2 = \frac{\sum_{i=1}^{n-1} v_i^2 t_i}{\sum_{i=1}^{n-1} t_i} = \frac{2\sum_{i=1}^{n-1} v_i^2 t_i}{t_{0,n-1}} \tag{7-3-26}$$

式(7－3－25)减去式(7－3－26)，可得：

$$t_{0,n} \cdot v_{\mathrm{R},n}^2 - t_{0,n-1} \cdot v_{\mathrm{R},n-1}^2 = 2\sum_{i=1}^{n} v_i^2 t_i - 2\sum_{i=1}^{n-1} v_i^2 t_i = 2v_n^2 t_n \tag{7-3-27}$$

又有：

$$t_{0,n} - t_{0,n-1} = 2\sum_{i=1}^{n} t_i - 2\sum_{i=1}^{n-1} t_i = 2t_n$$

所以：

$$t_n = \frac{t_{0,n} - t_{0,n-1}}{2} \tag{7-3-28}$$

由式(7－3－27)和式(7－3－28)得：

$$t_{0,n} \cdot v_{\mathrm{R},n}^2 - t_{0,n-1} \cdot v_{\mathrm{R},n-1}^2 = 2v_n^2 \frac{t_{0,n} - t_{0,n-1}}{2}$$

所以：

$$v_n^2 = \frac{t_{0,n} v_{\mathrm{R},n}^2 - t_{0,n-1} v_{\mathrm{R},n-1}^2}{t_{0,n} - t_{0,n-1}} \tag{7-3-29}$$

这就是利用均方根速度求层速度的 Dix 公式。当已知第 n 层、第 $n-1$ 层的均方根速度，以及这两层的 t_0 时间，就可以利用式(7－3－29)计算第 n 层的速度。

式(7－3－29)是一个由均方根速度计算层速度的基本公式。实际操作中，可根据具体情况及条件，采用多种方法进行计算。

四、由均方根速度换算平均速度

在水平层状介质的情况下，根据已给出的均方根速度换算层速度的公式，很容易得出平均速度与均方根速度的关系：

$$V_{\mathrm{av}}(n) = \frac{\sum_{i=1}^{n} \sqrt{[T_{0i} V_{\mathrm{R}}(i)^2 - T_0(i-1) V_{\mathrm{R}}^2(i-1)][T_0(i) - T_0(i-1)]}}{T_0(n)} \tag{7-3-30}$$

第四节　地震勘探中速度的分析方法

一、平均速度测定

测定地震波传播速度的方法，基本上可以分为以下几类：

(1)根据岩石样品在实验室内测定。这种测定方法在地震勘探中较少使用。近年来，随着利用速度研究岩性工作的开展，研究人员也进行了大量的岩石样品在各种条件下速度变化情况的测定。这类研究主要是在实验室内进行，本书对这类方法不作介绍。

(2)根据井中观测资料(包括地震测井和连续速度测井)可以得到平均速度和层速度的较准确的资料，目前使用比较广泛。

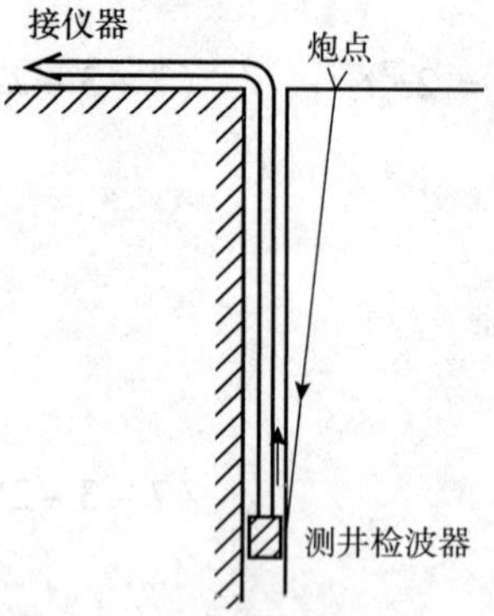

图7－4－1　地震测井示意图

(3)根据各种地震波的时距曲线，通过计算求取速度资料。在多次覆盖技术和数字处理技术广泛应用后，目前大量利用共反射点道集资料计算速度谱，或进行速度扫描，求取叠加速度，换算均方根速度和层速度。

1. 地震测井的野外工作

进行地震测井工作时，将测井检波器用电缆放入深井中(图7－4－1)，检波器隔一定距离向上提升一次，在井口附近爆炸激发一次地震波。测井检波器记录从井口到检波器深度处直达波的传播时间 t，检波器的深度可由电缆长度测得。这样就可以求得该深度 H 以上各地层的平均速度。

在我国，地震测井通常是由钻井队、地震队和电测队协作完成，一般是在深井完井前进行。测井前由井队负责洗井，以防止阻塞检波器，在保证安全的情况下，尽可能减小炮井至深井之间的距离。为了保证所测平均速度的精度，一般设远、近两个炮点，近炮点距深井60～100m，炮点按扇形排列；远炮点距深井300～500m，炮点按矩形排列，井距10m左右(图7－4－2)。

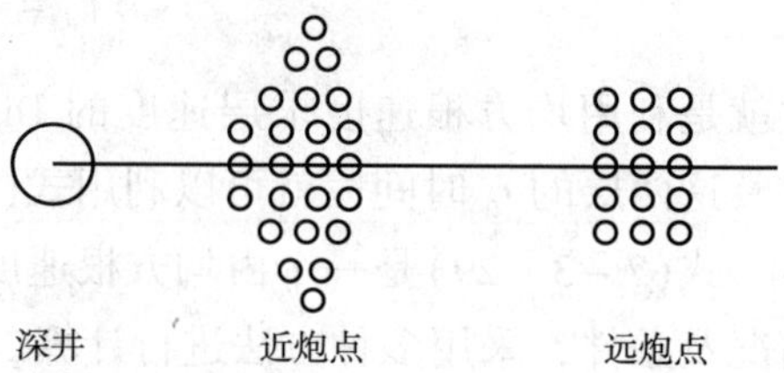

图7－4－2　地震测井时的炮点分布示意图

当地层倾角较大时，炮点应布置在地层下倾方向，以防折射波的干扰(图7－4－3)。在地层上倾方向放炮时，容易接收到折射波，在地层下倾方向放炮时，不易接收到折射波。

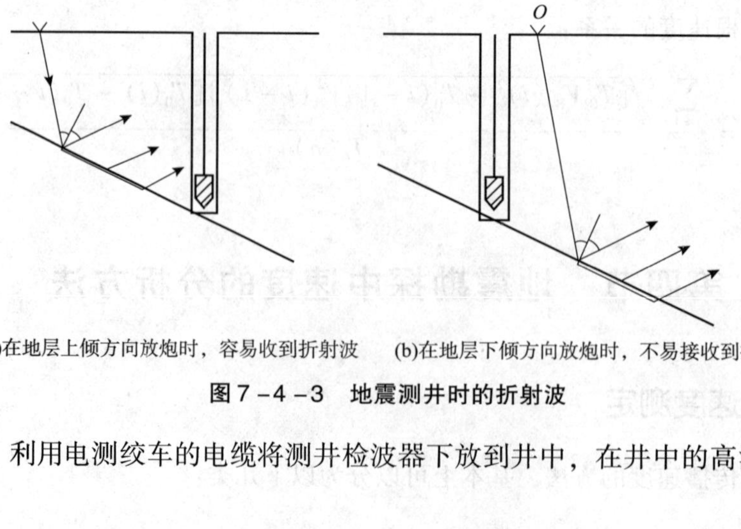

(a)在地层上倾方向放炮时，容易收到折射波　(b)在地层下倾方向放炮时，不易接收到折射波

图7－4－3　地震测井时的折射波

测井时，利用电测绞车的电缆将测井检波器下放到井中，在井中的高温高压下检波器

很容易发生漏电现象，因此，下井前要严格检查检波器的绝缘情况，用高压胶布将接头处包扎好，用水浸泡反复检查，务必使电缆检波器系统在地面有 50 ~ 100MΩ 的绝缘电阻才能下井。另外，如计数表是否正常运转，丈量电缆是否准确，检波器极性是否接错等都要仔细检查。

由于测井资料要利用记录下来的初至波，为了使初至起跳干脆，可用宽频挡记录。使用的炸药量和井深一般与生产中的相同。

测井时，首先将检波器沉放到井底，从井底测起，测点间隔 50m 左右，在地层的分界面附近适当加密测点。检波器在井中不能停留过长时间，以免出现泥浆固结卡住检波器的情况。如果在某一深度需要停留较长时间，可以在该点附近上下活动检波器。

测井资料的初步整理和分析必须在井场进行，发现问题及时检查和补充。例如，在现场绘制 $H-t_0$ 关系曲线(垂直时距曲线)，发现异常的点时，及时补炮检查。

2. 地震测井资料的整理

地震测井的情况及有关参数如图 7-4-4 表示。激发点在地面的位置是 O，但真正位置是井底 O'；爆炸井深度 h_c，爆炸井同深井的水平距离是 d。

通过测井得到的原始数据是每次检波器沉放深度 H 以及记录下来的相应的透过波传播时间 t_c。

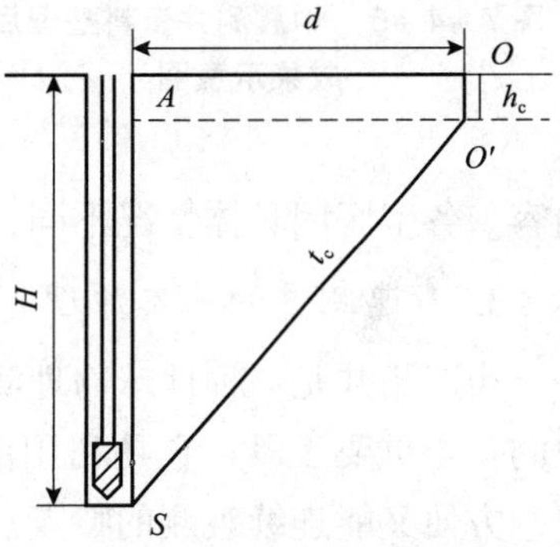

图 7-4-4　地震测井的有关参数示意图

计算速度时应从炮井井底 O'算起，即：

$$O'S=\sqrt{d^2+(H-h_c)^2} \tag{7-4-1}$$

如果在均匀介质中沿 $O'S$ 传播的时间为 t_c，则波沿 $AS=H-h_c$ 传播的时间 t 可用下式求出：

$$t=\frac{(H-h_c)\cdot t_c}{\sqrt{d^2+(H-h_c)^2}} \tag{7-4-2}$$

利用近炮点资料，根据式(7-4-2)可求得时间，然后根据下式计算平均速度 v_{av}：

$$v_{av}=\frac{H-h_c}{t} \tag{7-4-3}$$

同时，可以利用远炮点资料计算波沿 $O'S$ 方向传播的速度，即射线平均速度 v_S：

$$v_S=\frac{O'S}{t_c}=\frac{\sqrt{(H-h_c)^2+d^2}}{t_c} \tag{7-4-4}$$

射线平均速度一般大于平均速度，尤其在浅层更为明显，至深层会逐渐靠近平均速度。从这方面考虑，设计炮点时应该尽可能使 d 小一些。但是，若 d 太小则可能出现电缆波或套管波的干扰，对深井也不安全，因此，d 不能选得太小。

通过对地震测井资料的整理，可以得出几种成果：

(1)利用由式(7-4-2)和式(7-4-3)计算出的 t 和 v_{av}，先把 t 换算为 t_0($t_0=2t$)，把数据画在 $v_{av}-t_0$ 的坐标系中，就得到平均速度(随 t_0 变化)曲线(图 7-4-5)。

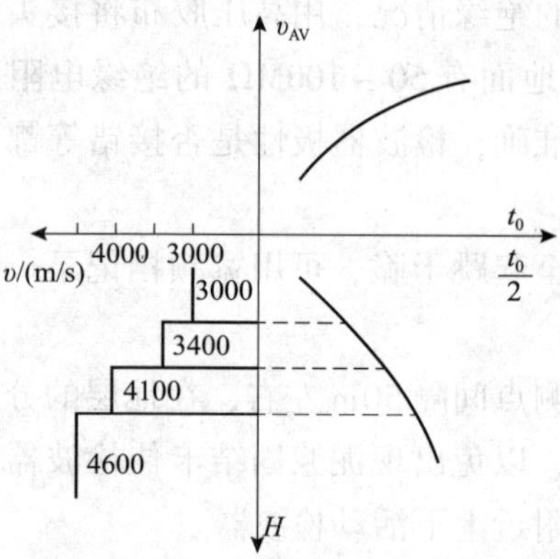

图7-4-5　地震测井资料整理后的成果示意图

(2)把 $H - t_0/2$ 的对应数据点在 $H - t_0/2$ 坐标系中得到地震波沿垂直向下方向传播的距离与传播时间之间的关系，称为垂直时距曲线。

(3)当地层剖面的速度分层明显时，在垂直时距曲线上将表现为由许多斜率不同的折线段所组成，每一段折线反映了一种层速度的地层。折线段的斜率的倒数就是这一地层的层速度 v_n，即 $v_n = \Delta H/\Delta t$。利用这一关系求出各层的层速度后，可做出 $v_n - H$ 曲线，反映层速度随深度变化的情况。

用地震测井求取的平均速度和层速度是比较可靠的速度资料，有条件时建议多开展地震测井。

还需指出，本小节介绍的是地震测井资料的基本内容。各工区因具体情况不同，资料的整理也可能有所不同，有时还要进行各种校正。

3. *声速测井的基本原理*

声速测井是一种地球物理测井方法，现已被广泛应用于地震勘探中，成为求取速度参数的一个重要手段。它是利用沿井壁滑行的初至折射波时差来求取速度参数的，具有简单、方便又能连续观测的特点。

目前常用的声速测井仪原理示意图如图7-4-6所示。主要有电子线路和声系两部分构成。声系包括一个超声波发生器和两个声波接收器，它们之间的距离分别是1m和0.5m。测量时，井下仪器由井底连续向上提，超声波发生器 O 发射的20千周脉冲波，经过泥浆，以临界角 $\theta_c = \sin^{-1}(v_n/v_k)$($v_n$ 为泥浆速度，v_k 为地层速度)入射到井壁上，产生一个沿井壁方向前进的滑行波。该波的一部分能量又经过泥浆，以临界角折射到接收器 M 和 N，形成时差 Δt_k，时差的大小决定于 M 和 N 之间的地层速度 v_k。因为 M、N 之间的距离是固定的，时差大表示声波在地层中的传播速度小；时差小表示传播速度大，通过井上仪器的记录，可以得到一条声速时差曲线，单位是μs/m。一般直接记录的时差是声波传播0.5m距离所用的时间，但为了使用方便，地面记录仪器调节时，换算成传播1m距离所用的时间 τ_k，其倒数就是相应地层的层速度。即 $v_k = 1/\tau_k$。这就是利用声速测井求取层速度的基本原理和过程。速度的倒数也称为慢度，并用 S 表示(Slowness的第一个字母)。在讨论某些问题时引入慢度概念会比较方便。

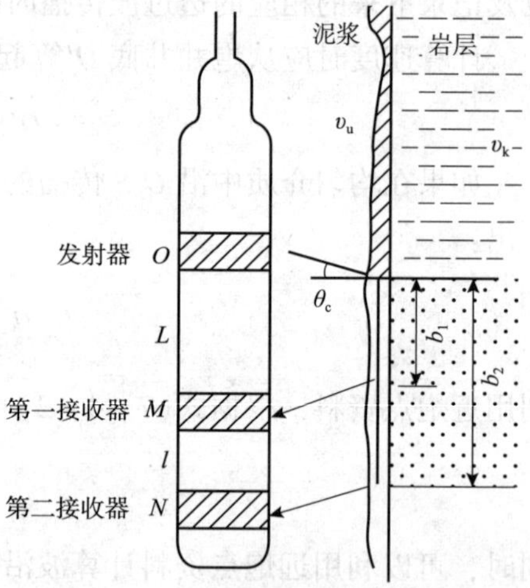

图7-4-6　声速测井仪原理示意图

4. 声速测井资料的整理解释

声速测井曲线 $\tau(h)$ 为一连续曲线，横坐标 τ 的单位是 μs/m(图 7－4－7)，即可求出波到达深度 H 的旅行时间 t_H：

$$t_H = \int_0^H \tau(h)\,dh \qquad (7-4-5)$$

而由地面至深度 H 的平均速度 $v_{av,H}$ 为：

$$v_{av,H} = \frac{H}{t_H} = \frac{H}{\int_0^H \tau(h)\,dh} \qquad (7-4-6)$$

具体求法有 3 种：①用积分仪求面积法，直接求得 t_H。②将 τ_k 值分段平均，用近似求积法计算(图 7－4－7)，则：

$$t_H = \sum_{k=1}^{n} \tau_k d_k \qquad (7-4-7)$$

式中，τ_k 为第 k 层中 $\tau(h)$ 的平均值；d_k 为该层厚度。

③如果声速测井仪有累计时间道，则可直接计算出累计时间 t_H，不必另行计算。

如前所述，利用声速曲线还可以求层速度：

$$v_k = \frac{1}{\tau_k} \qquad (7-4-8)$$

这样求出的层速度，分层细致、准确。但是分层时要参考岩性柱状图和井径曲线。

综上所述，地震测井和声速测井都是求取平均速度和层速度的有效方法，这是共同的，但也有差别，主要表现在以下几点：

(1)取得速度资料的方法不同。地震测井记录的信号频率是 20～80Hz；声速测井的信号频率为 20kHz，两者频率相差 1000～250 倍。理论上讲，利用声速测井求出的平均速度应代表地层的真实速度，但由于地震勘探具体的工作方法的固有特点，地震测井更接近于地震勘探的实际情况。

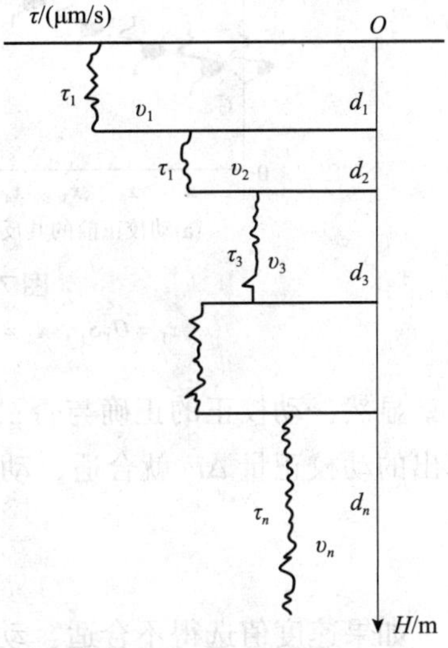

图 7－4－7　声速测井曲线

(2)工作条件不同。地震测井工作复杂、效率低、不方便，而声速测井则可在电测井的同时进行，效率高、方便。

(3)所得资料不同。地震测井时，如无其他干扰因素影响，则其所求的平均速度值的绝对误差较小，因时间值皆可直接读得，所以精度高。但因为是逐点测量，点距又不能很小，所以划分层速度粗糙。在声波测井中，时间 t_H 是用积分方法累积求出的，误差随深度增加，所求平均速度绝对误差增大，精度略低。但它属于连续测量，接收距又小，能细致划分层速度，能反映地层岩性特点，对地质解释比较重要。

二、叠加速度求取

本小节阐述用计算速度谱的方法求取叠加速度的基本原理。如前所述，共中心点反射波时距曲线可以视为一条双曲线。设共中心点道集上有一个反射波同相轴，那么，根据这个同相轴的 t_0 值，以及相应的速度值和各道的炮检距，就可以计算出道集内各道的动校正量 Δt_x，对这个道集进行动校正，可以使双曲线形状的同相轴被校正成水平直线形状的同相轴(图 7－4－8)。

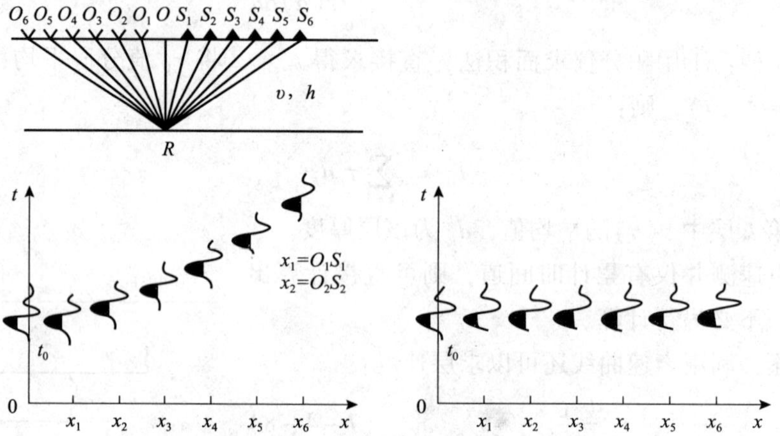

(a)动校正前的共反射点时距曲线　　(b)动校正后的共反射点时距曲线

图 7－4－8　共中心点叠加过程示意图

$x_1=O_1S_1$，$x_2=O_2S_2$，$x_3=O_3S_3$，$x_4=O_4S_4$，$x_5=O_5S_5$，$x_6=O_6S_6$

显然，动校正的正确与否，与速度的选择关系密切；如果速度值选得正确，按下式计算出的动校正量 Δt_x 就合适，动校正后的共反射点时距曲线就是水平直线：

$$\Delta t_x=\sqrt{\left(\frac{x}{v}\right)^2+t_0^2}-t_0 \tag{7-4-9}$$

如果速度值选得不合适，动校正后的共反射点时距曲线就不是水平直线。所谓速度谱分析就是根据这一原理。即选用一系列不同的速度值对共反射点时距曲线进行动校正，看选用哪一个速度值时正好能把共反射点时距曲线校正为水平直线，则这个速度就是合适的叠加速度。那么，共反射点时距曲线是不是已经被校直，应怎样来判断呢？最简单的方法是把这些共反射点道进行叠加。如果校成直线了，则各道的波形都没有相位差，叠加后的波形能量最强；如果没有校正成直线，则各道的波形仍然存在相位差，叠加后的波形能量较弱。用这种方法计算得到的称为叠加速度谱。此外，还可以计算共反射点道集的多道相关函数，用相关函数值的相对大小来判断是否同相。由此计算所得结果称为相关速度谱。

计算速度谱的过程为：设有一组反射点道集[图 7－4－9(a)]，认为其上只有一个反射波，它的 t_0 为 t_{01}。

先选一个较小的速度 v_1，按式(7－4－9)计算出各道的动校正量 Δt_x、v_1，对各道进行动校正。如果采用“叠加能量”准则，则校正后计算这组道上这个波的叠加能量得 ϕ_{v_1}。如

果所选的 v_1 比正确的速度值小，时距曲线变成向下弯，各道的波形之间存在相位差[图7－4－9(b)]，因此，得到的叠加能量 ϕ_{v_1} 较小。

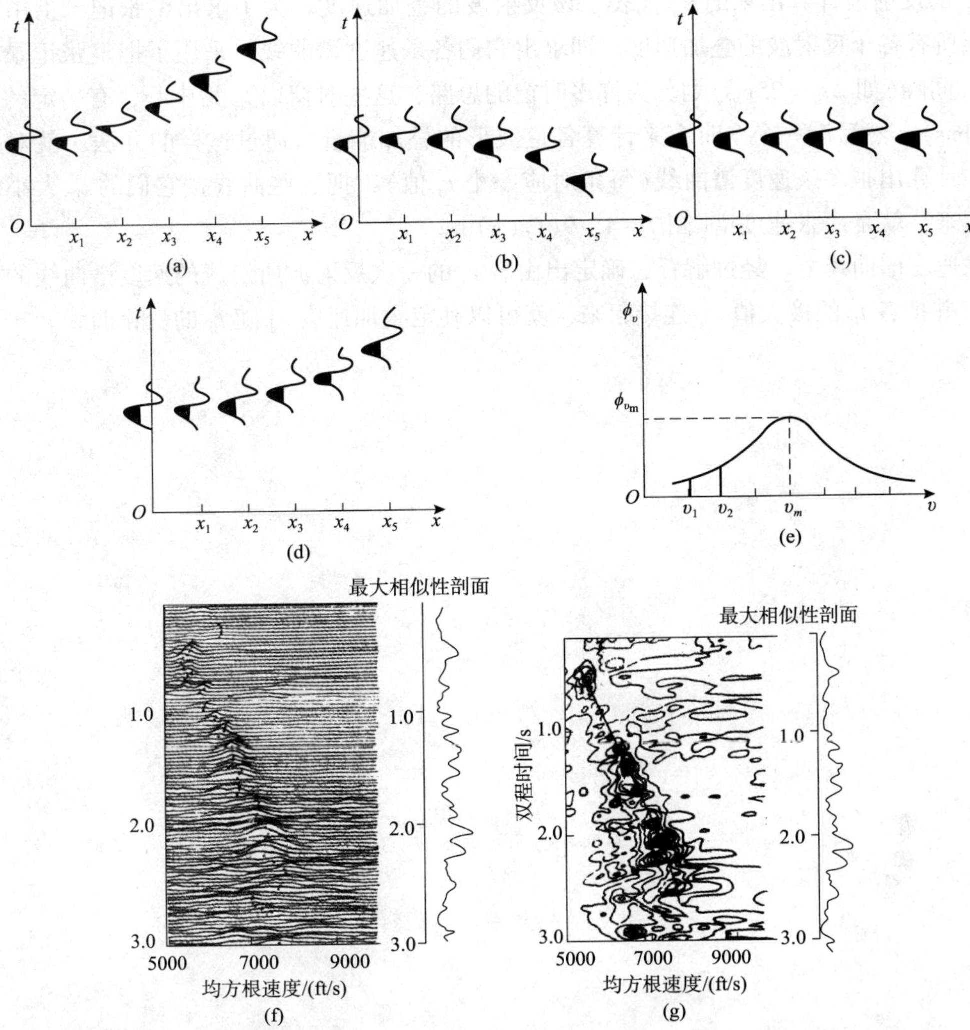

图7－4－9 速度谱计算过程示意图(a)～(e)和速度谱示例(f)(g)(1ft＝0.3048m)

再选一个速度值 $v_2 = v_1 + \Delta v$(Δv 是选定的一个速度增量)，重复上面步骤，计算出叠加能量 ϕ_{v_2}。

依次选 $v_3 = v_1 + 2\Delta v$，$v_4 = v_1 + 3\Delta v$，…，$v_n = v_1 + (n-1)\Delta v$，计算出一组叠加能量 ϕ_{v_1}，ϕ_{v_2}，…，ϕ_{v_n}。并把它们画在 $\phi_v - v$ 坐标系中，把这些点(ϕ_{v_1}，v_i)连成曲线[图7－4－9(e)]，这就是这个反射波的速度谱曲线。

由 $\phi_v - v$ 曲线可知，当 $v = v_m$ 时，ϕ_{v_m} 值最大，这就表明当选用 $v = v_m$ 时正好把共反射点时距曲线校正成水平直线[图7－4－9(c)]。也就是说，v_m 就是最合适的动校正速度。对于所选的大于 v_m 的速度值，计算出的动校正量会小于正确的动校正量，校正后的共反射点时距曲线就变成向上弯的[图7－4－9(d)]，这时各道波的叠加能量也较小。此后随着 v 的增大，ϕ_v 越来越小。

如上所述为对地震记录上某一个 t_0 值为 t_{01} 的地震波，以及其速度谱曲线步骤的计算。但是，实际地震记录上有来自不同界面的许多反射波，即有许多不同 t_0 的同相轴。根据 t_0 值为 t_{01} 的反射波计算出来的 v_m 代表了该反射波的叠加速度。为了求出整张记录上由浅层到深层所有各个反射波的叠加速度，即求出它们各条速度谱曲线，采用了把整张记录按一定的 t_0 间隔（如 $\Delta t_0 = 25$ms）划分为许多时窗的思路，这些时窗以 t_0 为中心，有一定的宽度（如 50ms），然后沿一个个时窗来计算各道波形的叠加能量。通过这样的办法，就对一张记录，计算出很多条速度谱曲线（每条对应一个 t_0 值），把这些曲线按它们的 t_0 大小依次排列起来，就是一张速度谱[图 7－4－9(f)(g)]。

在速度谱曲线上，经过解释，确定出由各 t_0 的一次反射波所形成的速度谱曲线的极大值 v_m，并把各 t_0 的极大值 v_m 连接起来，就可以确定叠加速度 v_d 随 t_0 的变化曲线。

参考文献

[1]陆基孟．地震勘探原理[M]．北京：石油大学出版社，1993.

[2]周绪文．反射波地震勘探方法[M]．北京：石油工业出版社，1989.

[3]何樵登．应用地球物理教程[M]．北京：地质出版社，1991.

[4]毛宁波，荣英．海洋石油地震勘探[M]．武汉：湖北科学技术出版社，2004.

[5]李录明，李正文．地震勘探原理、方法和解释[M]．北京：地质出版社，2007.

[6]普泽列夫 H. 反射波法地震资料解释[M]．林中洋．译．北京：中国工业出版社，1963.

[7]孙家振，李兰斌．地震地质综合解释教程[M]．北京：中国地质大学出版社，2002.

[8]张玉芬．反射波地震勘探原理和资料解释[M]．北京：地质出版社，2007.

[9]董敏煜．地震勘探原理[M]．北京：石油大学出版社，2000.

[10]王秀明．应用地球物理方法原理[M]．北京：石油工业出版社，2000.

[11]R. E. 谢里夫，L. P. 吉尔达特．勘探地震学[M]．北京：石油工业出版社，1999.

[12]陆基孟，王永刚．地震勘探原理[M]．东营：中国石油大学出版社，2009.

[13]贺振华．反射地震资料偏移处理与反演方法[M]．重庆：重庆大学出版社，1989.

[14]牟永光．地震数据处理方法[M]．北京：石油工业出版社，2007.

[15]李振春，张华军．地震数据处理方法[M]．东营：中国石油大学出版社，2004.

[16]王夑培．石油构造分析[M]．武汉：中国地质大学出版社，1990.

[17]李振春，张华军．地震数据处理方法[M]．东营：中国石油大学出版社，2004.

[18]熊翥．地震数据数字处理应用技术[M]．北京：石油工业出版社，1993.

[19]何樵登．地震勘探数字处理应用技术[M]．北京：地质出版社，1981.

[20]潘瑗．厚砾石覆盖区地震反射波法的野外工作方法[J]．地球物理学报，1965，14(4)：285－292.

[21]朱松元．地表条件复杂地区地震工作方法[J]．地球物理学报，1965，14(4)：276－284.

[22]石油科学研究院地质勘探开发研究所．地震勘探记录选集[M]．北京：科学出版社，1967.

[23]陆邦干，钟辛生，胡坤诚．黄土高原地震勘探方法[J]．石油地球物理勘探，1982，17(2)：74－83.

[24]黄洪泽．论沙漠区的干扰波[J]．石油物探，1983，22(3)：1－8.

[25]朱广生，陈传仁，桂志先．勘探地震学教程[M]．武汉：武汉大学出版社，2005.

[26]马在田．三维地震勘探方法[M]．北京：石油工业出版社，1989.

[27]何樵登，杨宝俊，程东峰．三维地震勘探技术[M]．长春：吉林大学出版社，1988.

[28]波林格 G A. 爆炸振动分析[M]．北京：科学出版社，1975.

[29]钱绍新．地震激发条件的选择[M]．北京：中国工业出版社，1998.

[30]钱荣钧．对地震资料野外采集工作中的一些问题的讨论[M]．北京：石油工业出版社，1993.

[31]阎万朝．复杂地区地震采集中的激发和接收[M]．石油工业出版社，1993.

[32]李驰，于鹏，李波．合理选择炸药震源最佳激发条件的因素分析[J]．石油物探，1997，36(3)：105－111.

[33]吕志良．地震地质条件和激发条件的探讨[J]．石油物探，1994，23(1)：35－46.

[34]物探局研究所．可控制震源的原理及工作方法[J]．石油地球物理勘探方法，1977，12(4)：1－34.

[35]张爱东，王永基，陈旭勤．地震可控震源非线性扫描应用初探[J]．石油物探，1988，23(1)：54－70.

[36]黄佩智，陈首桑．海洋地震电火花震源的研究[J]．石油地球物理勘探，1981，16(5)：74－83.
[37]王清源，陈首桑．电火花编码震源[J]．石油地球物理勘探，1981，16(1)：43－54.
[38]左公宁．陆地电火花震源的组合和垂直叠加效果[J]．石油地球物理勘探，1983，18(4)：331－338.
[39]孙鹞鸿，左公宁．用于井间地震的传输式电火花震源[J]．石油物探，2001，10(3)：57－60.
[40]张树林．莺歌海盆地天然气藏的四分量地震勘探[J]．勘探地球物理进展，2002，25(5)：41－51.
[41]秦政．石油地球物理勘探[M]．北京：石油工业出版社，1987.
[42]姚姚．地震勘探新技术与新方法[M]．武汉：中国地质大学出版社，1991.
[43]A A 兹维达也夫．地震勘探组合法[M]．谢明道．译．北京：石油工业出版社，1958.
[44]马恩泽．地震勘探组合法研究(一)[J]．地球物理学报，1965，14(1)：45－55.
[45]黄洪泽．脉冲组合法理论[J]．地球物理学报，1964，13(1)：76－90.
[46]朱广生．脉冲波多次覆盖与组合检波统一公式[J]．江汉石油学院学报，1981，3(1)：32－50.
[47]佩顿 C E．地震地层学[M]．徐怀大．译．北京：石油工业出版社，1980.
[48]纳尔逊 H R．勘探地球物理新技术[M]．北京：石油工业出版社，1986.
[49]张明学，胡玉双．层序地层学与油气[M]．北京：石油工业出版社，1999.
[50]中国石油天然气总公司．地震勘探新技术[M]．北京：石油工业出版社，1999.
[51]多布林．地球物理勘探[M]．北京：石油工业出版社，1983.
[52]格劳尔．地震岩性学[M]．北京：石油工业出版社，1987.
[53]莱夫赫．地球物理综合解释[M]．北京：石油工业出版社，1987.
[54]麦克奎林．地震解释概论[M]．北京：石油工业出版社，1985.
[55]顾攻叙．地球物理勘探基础[M]．北京：地质出版社，1991.
[56]海特曼．地质学家应用地球物理学[M]．北京：石油工业出版社，1984.
[57]郝均荣．三维地震勘探技术[M]．北京：石油工业出版社，1991.
[58]李大心．地球物理方法综合应用与解释[M]．武汉：中国地质大学出版社，2003.
[59]林壬子，张金亮．陆相储层沉积学进展[M]．北京：石油工业出版社，1995.
[60]刘企英．利用地震信息进行油气预测[M]．北京：石油工业出版社，1994.
[61]刘天佑．应用地球物理数据采集与处理[M]．武汉：中国地质大学出版社，2004.
[62]陆基孟．地震勘探原理及资料解释[M]．北京：石油工业出版社，1985.
[63]吴奇之．地震资料解释工作的现状与展望[J]．石油地球物理勘探，1987.
[64]张万选．陆相断陷盆地区域地震地层学的研究[M]．北京：石油大学出版社，1988.
[65]朱广生．地震资料储层预测方法[M]．北京：石油工业出版社，1995.
[66]威尔格斯．层序地层学原理[M]．北京：石油工业出版社，1992.
[67]张玉芬，罗延钟，凌峰．井震联合地震道多尺度反演[J]．地球科学——中国地质大学学报，2001，26(5)：533－537.
[68]Lstvan. 高分辨率地震在储层特性研究中的应用[J]．国外油气勘探，1993，5(4)：441－456.
[69]Risch. 非海相层序地层学[J]．国外油气勘探，1996，8(4)：417－421.
[70]Van Wagoner. 前陆盆地层序地层学综述：术语、论文摘要及层序地层学词汇[J]．国外油气勘探，1996，8(4)：404－416.